Hochschultext

H.-G. Franck A. Knop

Kohleveredlung

Chemie und Technologie

Mit 204 Abbildungen und 94 Tabellen

Springer-Verlag
Berlin Heidelberg New York 1979

Prof. Dr. rer. nat. Heinz-Gerhard Franck
Dr. rer. nat. André Knop
Rütgerswerke AG
Mainzer Landstraße 217
D-6000 Frankfurt a.M. 1

ISBN-13: 978-3-540-09627-6 e-ISBN-13: 978-3-642-67419-8
DOI: 10.1007/978-3-642-67419-8

CIP-Kurztitelaufnahme der Deutschen Bibliothek
Franck, Heinz-Gerhard:
Kohleveredlung : Chemie u. Technologie / H.-G. Franck ; A. Knop. – Berlin, Heidelberg, New York : Springer, 1979. (Hochschultext)

NE: Knop, André:

Reprint of the original edition 1979

Illustrationen von Wilhelm Bock
Gesamtherstellung: Beltz Offsetdruck, Hemsbach/Bergstr.
2144/3140-543210

Vorwort

Kohle ist reichlich vorhanden. Die Vorkommen sind geographisch breit gestreut; Entwicklungsländer verfügen darüber meist ebenso wie die großen Industrie-Nationen. Die Erdöl- und Erdgasvorkommen sind dagegen einseitiger verteilt und voraussichtlich in wenigen Jahrzehnten erschöpft. Im Vergleich zu Mineralöl und Erdgas ist die Kohle aufwendiger zu gewinnen und in der Handhabung weniger bequem. In den 50er und 60er Jahren büßte die Kohle daher erhebliche Marktanteile zugunsten des Mineralöls und Erdgases ein.

Durch die Entwicklungen der jüngsten Zeit hat die Kohle weltweit an Bedeutung gewonnen. Es wäre jedoch vermessen, die Preisentwicklung von Erdöl zahlenmäßig abzuschätzen und allein unter wirtschaftlichen Gesichtspunkten den Zeitpunkt einer zunehmenden Resubstitution des Erdöls durch Kohle fixieren zu wollen.

Die zukünftige Energie-, Kraftstoff- und Rohstoffversorgung muß ausreichend und langfristig gesichert sein, wobei gleichzeitig sowohl dem Gesichtspunkt der Wirtschaftlichkeit als auch den Erfordernissen des Umweltschutzes Rechnung zu tragen ist. Dabei dürfen auch politische Gegebenheiten nicht außer acht gelassen werden.

Daraus eröffnen sich für die Kohle neue Chancen aber auch gewaltige Aufgaben. Die Ziele der zukünftigen Kohleveredlung, die weit über die in den 20er, 30er und 40er Jahren in Deutschland erbrachten Pionierleistungen hinausgehen, sind die Überführung der Kohle in gasförmige und flüssige, umweltneutrale Energieträger und Chemierohstoffe.

Alle Maßnahmen zur Energie- und Rohstoffversorgung müssen langfristig angelegt werden, denn von der Planungsphase über die Entwicklung und Realisierung bis zur Auswirkung vergehen Jahre bis Jahrzehnte. Deshalb gilt es, neben der Forcierung der Bemühungen um eine möglichst wirtschaftliche Gewinnung und Verwendung der fossilen Rohstoffe, Erdöl und Kohle im optimalen Verbund einzusetzen. In diese Systembetrachtung müssen alle Verbrauchsbereiche - Wärme, Strom, Kraftstoffe und Chemierohstoffe - einbezogen werden.

Das vorliegende Buch, das einer Vorlesung des erstgenannten Autors an der Technischen Hochschule Darmstadt zugrundeliegt, trägt diesem komplexen Sachverhalt Rechnung. Neben der Verfügbarkeit und Beschaffenheit der Kohle im Vergleich zu den übrigen fossilen Rohstoffen wird der Stand der Technik bei der Verkokung, Vergasung und Hydrierung der Kohle einschließlich der in Entwicklung befindlichen Verfahren behandelt. Weitere Kapitel betreffen den Kohlenstoffbedarf der chemischen Industrie, die

Chemie des Steinkohlenteers, die Kohlefeuerung und die zukünftige Kraftstofferzeugung. Besondere Beachtung finden wirtschaftliche Zusammenhänge und umweltrelevante Notwendigkeiten.

Die Verfasser stellten sich die Aufgabe, sowohl der Fachwelt auf dem Gebiet der Chemie, der Chemischen Technologie, der Verfahrenstechnik und der Energieversorgung als auch den Studierenden und dem allgemein an Energie- und Rohstoffragen interessierten Leser eine gedrängte Übersicht über gegenwärtige und künftige Aspekte der Kohleveredlung zu vermitteln.

FRANKFURT am Main, Juli 1979 Die Verfasser

Inhaltsverzeichnis

1. Kohlenstoffquellen

1.1. Kohlenstoff in der Natur

Die Hauptkohlenstoffquelle für Heizöle, Treibstoffe, Heizgase sowie für die chemische Industrie ist zur Zeit das Erdöl. Es folgt das Erdgas und dann kommt die Kohle.

Wenn auch davon auszugehen ist, daß die Kohlenstoffquellen Erdgas und Erdöl im Laufe der nächsten Jahrzehnte allmählich versiegen werden, so ist andererseits doch festzustellen, daß Kohlenstoff auf unserer Erde im Überfluß vorhanden ist. Kohlenstoff kommt in der Natur im mineralischen Bereich (Lithosphäre), im Wasser (Hydrosphäre), in der Luft (Atmosphäre) und im Pflanzen-und Tierreich (Biosphäre) in Form von Kohlenstoffverbindungen vor (Tabelle 1.1).

Tabelle 1.1: Vorkommen des Kohlenstoffs in der Natur(1)

Lithosphäre	$2{,}9 \times 10^{16}$ t
Hydrosphäre	$3{,}8 \times 10^{13}$ t
Atmosphäre	$6{,}4 \times 10^{11}$ t
Biosphäre	$2{,}8 \times 10^{11}$ t

Im mineralischen Bereich, dem mengenmäßig wichtigsten Kohlenstoffträger, befindet sich Kohlenstoff vornehmlich in den Salzen der Kohlensäure, den Carbonaten. Die wichtigsten sind Calciumcarbonat (Kalkstein, Marmor und Kreide), Calcium-magnesium-carbonat (Dolomit), Magnesiumcarbonat (Magnesit), Eisencarbonat (Eisenspat), Mangancarbonat (Manganspat) und Zinkcarbonat (Zinkspat).

Das Meerwasser enthält zwar nur 0,005 % Kohlendioxid. Trotzdem entspricht der in den Welt-Meeren gespeicherte Kohlendioxid-Gehalt einer Menge von $3{,}8 \times 10^{13}$ t Kohlenstoff. Das ist das 100-fache des Kohlenstoffvorrates im Tier- und Pflanzenreich.

Der Gehalt der Luft an Kohlendioxid beträgt durchschnittlich nur 0,03 Vol.-%. Wegen des Umfanges der Atmosphäre übersteigt aber der in der Luft enthaltene Kohlenstoff mit einer Menge von $6{,}4 \cdot 10^{11}$ t den im Tier- und Pflanzenreich enthaltenen um mehr als das Doppelte.

Von den insgesamt in der Biosphäre vorhandenen $2{,}8 \times 10^{11}$ t Kohlenstoff entfallen über 99 % auf die Pflanzenwelt (Flora) und weniger als 1 % auf die Tierwelt (Fauna).

1.2 Fossile Rohstoffe, Entstehung und Zusammensetzung

Als Produkte der Umwandlung urweltlicher pflanzlicher und tierischer Organismen finden sich in der Natur die Kohlen, das Erdöl und das Erdgas. Sie werden zusammengefaßt unter der Bezeichnung fossile Rohstoffe.

1.2.1 Erdöl

Während die Hypothese der anorganischen Entstehung des Erdöls durch Umsetzung von Metallcarbiden mit überhitztem Wasserdampf in großen Tiefen der Erde sich durch chemische und geologische Naturbeobachtungen nicht erhärten ließ, liegen eindeutige Beweise für die Herkunft der Mineralöle aus organischer, teilweise sogar hochentwickelter organischer Substanz vor (2). Ein entscheidender Beweis für die organische Entstehung des Erdöls sind die in den Rohölen gefundenen Porphyrine, die nur aus Pflanzen und Tieren stammen können.

Ausgangsmaterial für die Erdölbildung sind nach heute allgemein anerkannter Vorstellung Fette, Eiweißstoffe, Kohlehydrate, Amino-und Nukleinsäuren sowie Pigmente, die sich in tonigen oder kalkig-mergeligen Sedimenten, vor allem aus dem Plankton und den im Meer lebenden Bakterien vergangener geologischer Zeiträume abgeschieden haben. Diese Organismen sanken nach dem Absterben zu Boden, wurden in lockere Sedimente eingebettet und zersetzten sich dort unter anaeroben Bedingungen unter Bildung von Öl. Bei diesem Prozeß kommen der Mitwirkung reduzierender Bakterien, der katalytischen Wirkung des Gesteinsmaterials sowie der Einwirkung von Druck und Temperatur der überlagernden Schichten eine entscheidende Bedeutung zu. Es wird angenommen, daß bei einer Erdwärme von mindestens 60 ^{o}C die Erdölbildung 40 - 50 Millionen Jahre beansprucht. Bei Fortsetzung der thermischen Beanspruchung der Öle in dem Speichergestein kommt es durch Abbau der höhermolekularen Kohlenwasserstoffe zu niedermolekularen, thermodynamisch stabileren Verbindungen. Es findet gewissermaßen eine natürliche Crackung des Erdöls statt.

Die Bildung von Erdöllagerstätten erfolgt im Laufe langer Zeiträume durch Wanderung der in den Muttergesteinen gebildeten und aus diesen ausgepreßten Öltröpfchen zu größeren Akkumulationen.

Die westeuropäischen Ölvorkommen liegen überwiegend in der Nordsee. Insgesamt sind in Westeuropa bisher rund 3.500 Mio t Erdöl nachgewiesen worden. Davon entfallen 2.900 Mio t auf die Nordsee. Von diesen 2.900 Mio t liegen etwa 2.000 Mio t im britischen und ca. 800 Mio t im norwegischen Seebereich.

Die bescheidenen deutschen Lagerstätten (65 Mio t gewinnbare Vorräte) finden sich überwiegend in Nordwestdeutschland, und zwar westlich der Ems (52 % der Vorräte), im Weser-Ems-Gebiet (22 %), im Gebiet Elbe-Weser (15 %) und nördlich der Elbe (7 %). In untergeordneter Menge außerdem noch im Alpenvorland und im Oberrheintal. Das größte Ölfeld in der Bundesrepublik Deutschland ist die an Valendis-Sandstein gebundene Akkumulation von Rühle im Emsland. Aus inländischer Förderung stammten 1978 5,1 Mio t Rohöl (3).

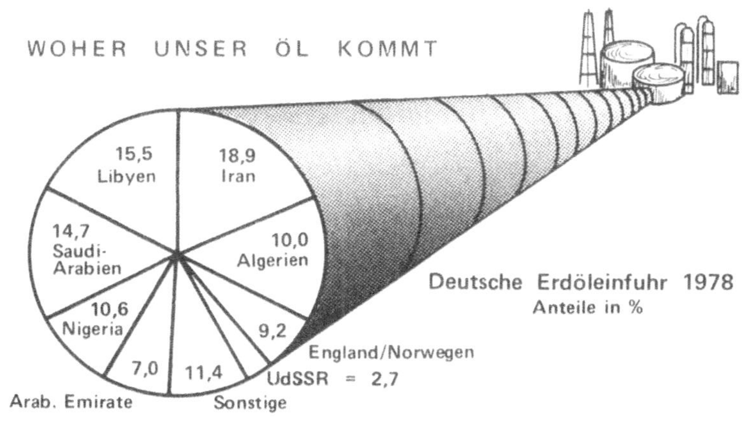

Abb. 1.1: Erdölversorgung der Bundesrepublik Deutschland(3)

1.2.1.1 Chemische Zusammensetzung von Erdölen

Erdöle haben eine dunkelbraune bis schwarzbraune Farbe. Sie sind mehr oder weniger zähflüssig und bei normalen Temperaturen pumpbar. Die flüssige Konsistenz der Erdöle ist der entscheidende Vorteil gegenüber der Kohle, da dadurch der Transport, die Handhabung sowie die Verarbeitung sehr erleichtert werden.

Tabelle 1.2: Durchschnittliche elementare Zusammensetzung verschiedener Erdöle

Kohlenstoff	**85 – 89 %**
Wasserstoff	**10 – 14 %**
Schwefel	**0,2 – 3,0 (max. 7) %**
Stickstoff	**0,1 – 0,5 (max. 2) %**
Sauerstoff	**0 – 1,5 %**

Außer Kohlenstoff (85 - 89 %) und Wasserstoff (10 - 14 %) enthalten die Erdöle je nach Provenienz unterschiedliche Mengen an Schwefel, Stickstoff und Sauerstoff sowie Spuren weiterer Elemente wie Vanadium, Nickel und Natrium (Tabelle 1.2).

An Kohlenwasserstoffen finden sich in den Erdölen neben Methan vornehmlich höhere Aliphaten, Naphthene und Aromaten. Olefine sind nur in Spuren vorhanden. In der Reihe der Paraffine wurden bisher alle Normalparaffinkohlenwasserstoffe von C_1 bis C_{33} isoliert. Bei den verzweigten Paraffinen sind die 2-methylsubstituierten vorherrschend, gefolgt von den 3-Methyl-

und 4-Methylverbindungen. Disubstituierte Paraffine werden nur in geringen Mengen angetroffen, ebenso die Äthylgruppe.

Unter den Cycloparaffinen, den Naphthenen, sind die Monocycloparaffine, hauptsächlich Cyclopentan- und Cyclohexan-Derivate am häufigsten. Im Unterschied zu den Normalparaffinen überwiegen bei den Cycloparaffinen die mehrfach methylsubstituierten Verbindungen.

Von den aromatischen Kohlenwasserstoffen wurden sämtliche Einringsysteme bis zum Siedepunkt von 190 °C isoliert. Die thermodynamisch stabilen 1,3-Dialkyl- und 1,2,4-Trialkylbenzole sind häufiger vertreten als 1,2-Dialkylbenzole (2). Die hochsiedenden Erdölfraktionen enthalten kondensierte Aromaten und Naphthenaromaten.

Nach den Kohlenwasserstoffen sind schwefelhaltige Verbindungen im Erdöl am häufigsten vertreten. Organische Schwefel-Verbindungen überwiegen neben Schwefelwasserstoff und zuweilen geringen Mengen an Elementar-Schwefel. Je nach Herkunft des Erdöls schwankt der Gesamtschwefelgehalt in weiten Grenzen zwischen 0,1 bis 7 %. 80 - 90 % des Schwefels finden sich in den höhersiedenden Anteilen der Erdöle und den Destillationsrückständen. Identifiziert wurden Mercaptane, Thioäther, Disulfide, cyclische Sulfide und in den hochsiedenden Fraktionen Benzothiophen. Die meisten dieser Schwefelverbindungen sind relativ instabil, sie zersetzen sich während der Verarbeitung.

Der Stickstoffgehalt der Erdöle liegt im allgemeinen unter 0,5 %. Überwiegend kommt der Stickstoff vor in Form von Pyridin und Pyridinabkömmlingen, die vermutlich durch den Abbau von Proteinen entstanden sind.

Der Sauerstoff ist fixiert in den Carboxylgruppen der Naphthensäuren und Fettsäuren, in phenolischen Hydroxylgruppen sowie als Brückenglied in höhermolekularen Verbindungen.

Der Aschegehalt von Erdöl ist recht niedrig. Er liegt zwischen 0,001 und 0,05 %. Die Asche enthält vorwiegend Vanadium, Nickel und Natrium, die zum Teil in Form öllöslicher metallorganischer Verbindungen vorliegen.

1.2.1.2 Aufarbeitung des Erdöls

Das entsalzt und entwässert angelieferte Rohöl wird durch Destillation und nachgeschaltete Verarbeitungsprozesse auf die vom Markt verlangten Produkte, vornehmlich Heizöle, Kraftstoffe, Chemierohstoffe und Straßenbaustoffe aufgearbeitet.

Da einige Aufarbeitungsverfahren für Erdöl auch für die Aufarbeitung flüssiger Kohleveredlungsprodukte Bedeutung haben werden und da sich erdölstämmige und kohlestämmige Chemierohstoffe überschneiden, wird nachstehend ein kurzer Überblick über die Aufarbeitung des Erdöls gegeben.

Ein besonderes Charakteristikum der Erdölverarbeitung ist die Koppelproduktion, d.h. der gleichzeitige zwangsläufige Anfall verschiedener Erzeugnisse. So fallen bei der Gewinnung leichtsiedender Benzin- und Dieselölfraktionen zwangsläufig schwere Heizölkomponenten an, die ebenfalls auf dem Markt abgesetzt werden müssen, d.h. das Verhältnis von leichten zu schweren Komponenten muß mit dem Bedarf des Marktes an Kraftstoffen und Heizölen in Einklang gebracht werden. Dieser Bedarf ist sowohl von Land zu Land verschieden als auch saisonalen Schwankungen unterworfen. So werden zum Beispiel im Winter mehr Heizöl und im Sommer mehr Kraftstoff benötigt.

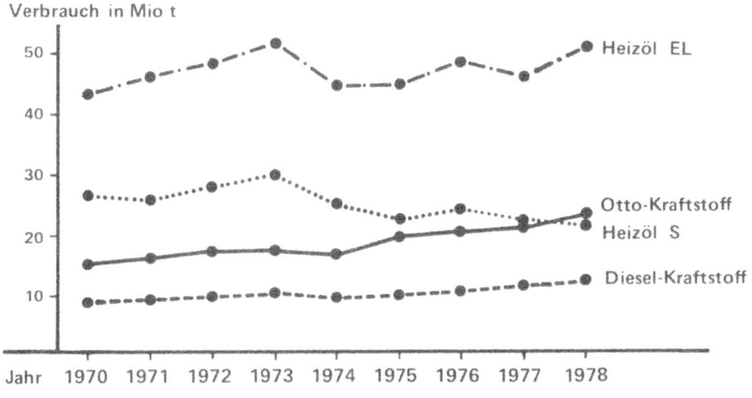

Abb.1.2: Verbrauch der wichtigsten Mineralölprodukte in der Bundesrepublik Deutschland 1970-1978

Der Mineralölmarkt in der Bundesrepublik Deutschland ist seit 1974 dadurch gekennzeichnet, daß die Gesamtnachfrage bei nicht ausgelasteter Raffineriekapazität praktisch stagniert.

Die starke Erhöhung des Rohölpreises Ende 1973 bewirkte einen drastischen Rückgang des Verbrauchs an leichtem und schwerem Heizöl; der Bedarf an diesen beiden Produkten blieb seitdem in etwa konstant. Die Nachfrage nach Motorenbenzin weist dagegen eine deutlich steigende, die für Dieselkraftstoff eine schwach steigende Tendenz auf. Die Mineralölindustrie leidet daher an einem Überschuß an schweren Produkten, da diese in der Menge, in der sie anfallen, nicht voll als Heizöl sowie Bitumen abgesetzt werden können. Die Umwandlung schwerer Fraktionen in niedriger siedende gewinnt daher zunehmend an Bedeutung. Durch verschiedene Crackverfahren ist es möglich, die Ausbeute an Kraftstoffen zu Lasten der schweren Ölfraktionen zu erhöhen.

Vereinfacht unterscheidet man drei Typen von Raffinerien:

1. die einfach konzipierte Heizöl-Raffinerie, die für die maximale Produktion von leichtem und schwerem Heizöl ausgelegt ist bei gleichzeitiger Gewinnung der in dem Rohöl vorhandenen Kraftstoff-Fraktionen,

2. die Kraftstoff-Raffinerie, bei der unter Nachschaltung von Crackanlagen das Schwergewicht auf einer optimalen Kraftstoffausbeute liegt,

3. die petrochemische Raffinerie, ein zur Zeit noch seltener Raffinerietyp, bei dem die Gewinnung von Chemierohstoffen im Vordergrund steht.

In der mittelfristigen Zukunft wird wahrscheinlich ein vierter Raffinerietyp entstehen, welcher der sich ausbildenden Arbeitsteilung zwischen Kohle und Mineralöl Rechnung trägt.

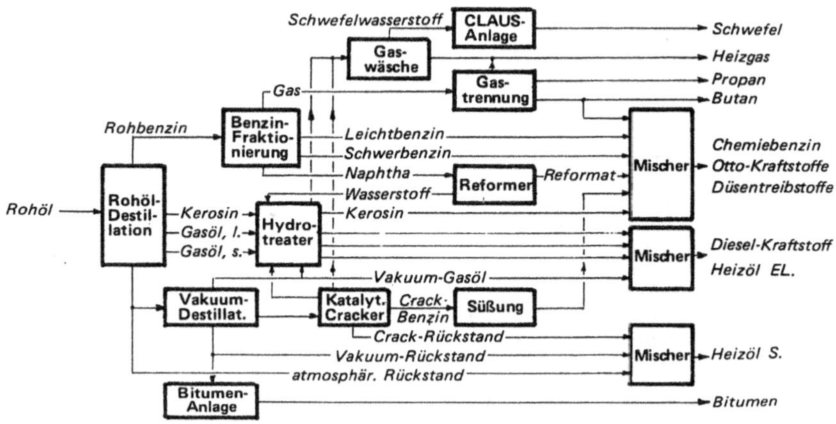

Abb. 1.3: Blockschema einer Kraftstoff-Raffinerie(4)

Kennzeichnend für eine Kraftstoff-Raffinerie ist, daß zunächst ein breiter Rohbenzin-Schnitt, der auch die gasförmigen Kohlenwasserstoffe enthält, abgezogen wird, der erst in einer zweiten Stufe zur Feinfraktionierung gelangt. Das dabei anfallende Gas wird gemeinsam mit den schwefelwasserstoffhaltigen Abgasen des Hydrotreaters, in dem die Mitteldestillate Kerosin und Gasöl durch Wasserstoffbehandlung entschwefelt werden, mit Hilfe von Mono- oder Diäthanolamin-Lösungen von Schwefelwasserstoff befreit und durch Druckdestillation in Raffineriegas und Flüssiggas getrennt. Der beim Regenerieren der Aminlösung anfallende Schwefelwasserstoff wird durch Oxydation an Aluminiumoxid-Katalysatoren in einer Claus-Anlage zu elementarem Schwefel umgesetzt.

Das in der Hauptsache aus Äthan, Methan und Wasserstoff bestehende Raffineriegas findet entweder als Industrieheizgas Verwendung oder wird an Nickelkatalysatoren zu Stadtgas konvertiert. Das Flüssiggas, d.h. die unter Druck durch Kühlung mit Wasser verflüssigbaren C_3- und C_4-Kohlenwasserstoffe, wird als Brennstoff, als Kraftstoffkomponente und als Rohstoff für die Petrochemie genutzt.

Die bei der Benzinfraktionierung anfallenden Destillate mit unterschiedlichem Siedebereich, wie Leichtbenzin und Schwerbenzin (Naphtha), dienen einmal zur Herstellung von Kraftstoffen und sind außerdem der wichtigste Ausgangsstoff für die Petrochemie. Die durch Destillation gewonnenen Straight-run-Benzinfraktionen sind wegen der geringen Klopffestigkeit als Kraftstoffkomponenten nicht geeignet. Sie werden in einem Reformer einer thermisch-katalytischen Nachbehandlung (Reformierung) unterzogen, bei der aus den Normalparaffinen und Naphthenen vorwiegend Aromaten und Isoparaffine gebildet werden. Diese Reformate sind begehrte Kraftstoffkomponenten und gleichzeitig Ausgangsmaterial für die Gewinnung von Benzol, Toluol und Xylol (BTX-Aromaten). Der bei der Reformierung anfallende Wasserstoff wird zur Entschwefelung im Hydrotreater eingesetzt.

Der Rückstand der atmosphärischen Rohöldestillation, dessen Menge von der Provenienz des Erdöls abhängt, wird einer Vakuumdestillation unterworfen. Das dabei anfallende Gasöl dient als Kraftstoffkomponente und als leichtes Heizöl, während das schwere Vakuumdestillat durch anschließendes Cracken in leichtere Fraktionen umgewandelt werden kann.

Nach dem grundsätzlichen Verfahrensprinzip werden drei Crackverfahren unterschieden, nämlich thermisches Cracken, katalytisches Cracken und Hydrocracken, deren wesentliche Verfahrensparameter in Abb. 1.4 dargestellt sind.

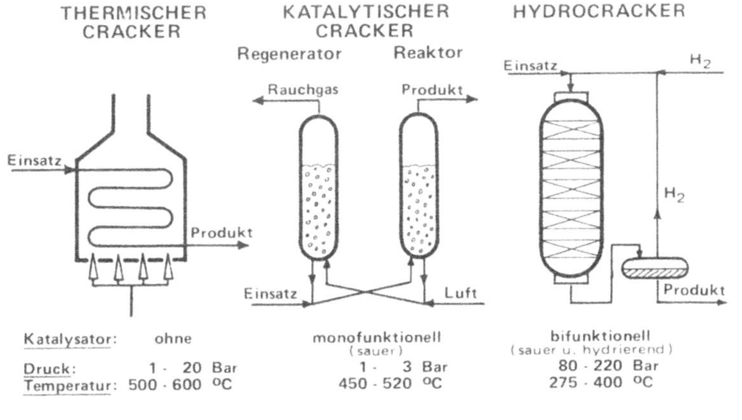

Abb. 1.4: Crackverfahren(5)

Thermische Crackverfahren wurden früher in großem Umfang benutzt, um bei der Aufarbeitung des Rohöls die Benzinausbeute zu erhöhen. Mit der Einführung der wesentlich schonender arbeitenden katalytischen Crackverfahren verlor das thermische Cracken immer mehr an Bedeutung, so daß es für die Gewinnung von Benzinfraktionen heute keine Rolle mehr spielt. Dafür haben sich zwei Varianten des thermischen Crackens, das Visbreaking und das Delayed-Coking-Verfahren (Abb. 2.8) für spezielle Aufarbeitungen durchgesetzt.

Das Visbreaking-Verfahren(Viscosity breaking) stellt eine milde Form des thermischen Crackens dar,bei dem vornehmlich zusätzliche Mitteldestillat-Komponenten anfallen und bei dem nur eine relativ leichte Erhöhung der Viskosität des verbleibenden Rückstandes resultiert, so daß dieser ohne Schwierigkeiten in schweren Heizölen untergebracht werden kann.

Bei dem Delayed-Coking-Verfahren werden schwere Ölfraktionen bei Temperaturen bis zu 490°C gecrackt, wobei als Rückstand je nach Art des Einsatzmaterials bis zu 15 % Petrolkoks verbleiben. Hauptprodukte des Delayed-Coking sind Benzin, Gasöl und Spaltgas.

Tabelle 1.3: Kapazitäten der in der Bundesrepublik Deutschland installierten Crack-Anlagen(3). Stand: Januar 1979

Anlagentyp	Kapazität (Mio t / a)
Thermisch	13,3
davon: Visbreaker	5,7
Coker	4,0
Katalytisch	9,3
Hydrocracker	1,8

Durch die im Vergleich zu den thermischen Verfahren schonendere Behandlung des Einsatzmaterials beim katalytischen Cracken ergeben sich folgende Vorteile:

- geringerer Anfall von Methan, Äthan und Äthylen zugunsten von C_3- und C_4-Kohlenwasserstoffen
- geringerer Anfall von Diolefinen, die die Beständigkeit der Benzinfraktion negativ beeinflussen
- stärkere Bildung von verzweigten Kohlenwasserstoffen, Naphthenen und Aromaten, die eine höhere Klopffestigkeit des Benzins bewirken infolge der isomerisierenden Wirkung der Katalysatoren.

Als Katalysatoren werden Mischkatalysatoren vom SiO_2-Al_2O_3-Typ oder Zeolithe in einer SiO_2-Al_2O_3-Matrix verwendet. Während des Crackens lagert sich auf der Oberfläche des Katalysators Koks ab. Der Katalysator wird dadurch desaktiviert und muß in regelmäßigen Abständen regeneriert werden. Die Regenerierung erfolgt durch Verbrennen der Koksablagerung durch Einblasen von Luft. Die Temperatur des Katalysators erhöht sich dabei bis auf 650 ^{o}C. Die Verbrennungswärme wird für das endotherme Cracken genutzt. Das abwechselnde Cracken und Regenerieren geschieht in zwei Wirbelbettreaktoren. Während in dem einen Reaktor die Produktumsetzung stattfindet, wird in dem anderen der Katalysator regeneriert.

Haupteinsatzmaterial für katalytische Cracker sind Vakuum-Destillate. Die wesentlichen Produkte sind Crackbenzin und gasförmige Kohlenwasserstoffe. Als Rückstand verbleibt ein Schweröl. Katalytische Crackverfahren eignen sich nicht zur Verarbeitung von Rückstandsölen, da die darin enthaltenen Metall- und Stickstoffverbindungen eine Desaktivierung des Katalysators bewirken, die sich beim Regenerieren durch Verbrennen des Kokses nicht rückgängig machen läßt. Naturgemäß ist ein katalytischer Cracker auch nicht zur Entschwefelung des Einsatzmaterials in der Lage.

Das flexibelste und wirkungsvollste, leider aber auch sowohl hinsichtlich der Investitionen als auch der laufenden Kosten mit Abstand teuerste Crackverfahren ist das Hydrocracken.

Beim Hydrocracken wird das Einsatzprodukt mit Wasserstoff unter Druck an bifunktionellen Katalysatoren umgesetzt, z.B. an Co-Mo/SiO_2-Al_2O_3-Katalysatoren oder an mit Platin oder Palladium modifizierten Zeolithen, die sowohl die Crackung wie auch die Hydrierung der Crackprodukte bewirken. Der Wasserstoffverbrauch liegt zwischen 300 - 550 m^3 pro Tonne Einsatzprodukt. Als Einsatzprodukte finden schwere Vakuumgasöle sowie zuweilen auch Rückstandsöle Verwendung. Im Unterschied zum katalytischen Cracken treten wegen der gleichzeitigen Hydrierung Koksablagerungen auf dem Katalysator, die zu dessen Inaktivierung führen, praktisch nicht auf.

Im Vergleich zum Hydrotreating, das im wesentlichen der Entschwefelung dient, ist das Hydrocracken eine spaltende Hydrierung. Die typischen Produkte eines Hydrocrackers sind Flüssiggas, Benzin, Düsentreibstoff und Dieselkraftstoff bzw. extra leichtes Heizöl, sogenanntes Heizöl EL. Die Mengenanteile der einzelnen Produkte lassen sich mit hoher Flexibilität steuern.

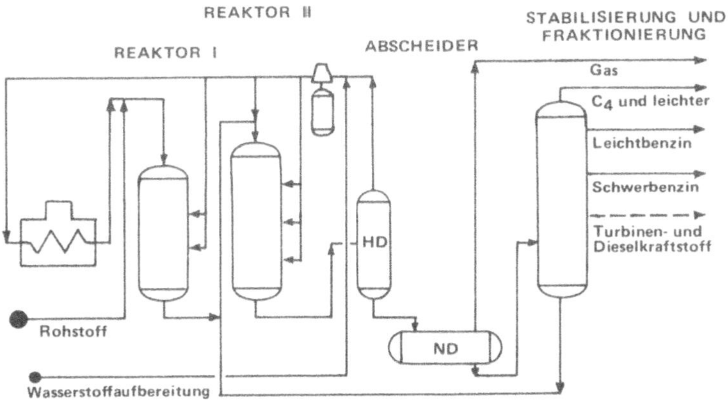

Abb. 1.5: Hydrocracken nach dem Union-Oil-Verfahren (Unicracking)

Die Hydrocracker liefern praktisch schwefelfreie Produkte, da die Schwefelverbindungen unter Schwefelwasserstoff-Bildung gespalten werden. Weitere Vorteile des Hydrocrackens sind seine Eignung für praktisch alle Einsatzöle, die Möglichkeit der weitgehenden Umwandlung des Einsatzmaterials in wertvolle leichte Erzeugnisse, der geringe Anfall an Raffineriegas und die gute Qualität der erzeugten Kraftstoffe. Wegen der hohen Investitions- und Betriebskosten, die insbesondere durch die relativ hohen Wasserstoffkosten (in Europa zur Zeit höher als in den USA) bedingt sind, findet das Hydrocracken in der Bundesrepublik Deutschland nur zögernd Eingang. Die größte Anlage wird zur Zeit bei der Wintershall AG in Flingen betrieben (Abb. 1.5).

Es ist bemerkenswert, daß die Technik der hydrierenden Spaltung in den 20er Jahren im Rahmen der Kohleverflüssigung (s. Kapitel 7.1) entwickelt wurde und erst im Anschluß daran auf das Erdöl übertragen wurde.

Ein besonders aktuelles Thema in der Technik der Mineralölaufarbeitung ist die Herstellung klopffester Kraftstoffe, da der Bleigehalt von Ottokraftstoffen wegen der gesundheitsgefährdenden Wirkung des Bleis in den meisten Ländern deutlich herabgesetzt wurde; in der Bundesrepublik Deutschland zum Beispiel von 0,6 g/l auf 0,15 g/l ab Januar 1976.

Für die Umwandlung von Kohlenwasserstoff-Fraktionen in klopffeste Kraftstoffkomponenten dienen die Verfahren der Alkylierung, der Isomerisierung und der Polymerisation. Der wesentliche Unterschied dieser Verfahren im Vergleich zu der Reformierung beruht darauf, daß es sich hier um spezifische chemische und physikalisch-chemische Prozesse handelt, die auf bereits weitgehend reine Verbindungen angewendet werden.

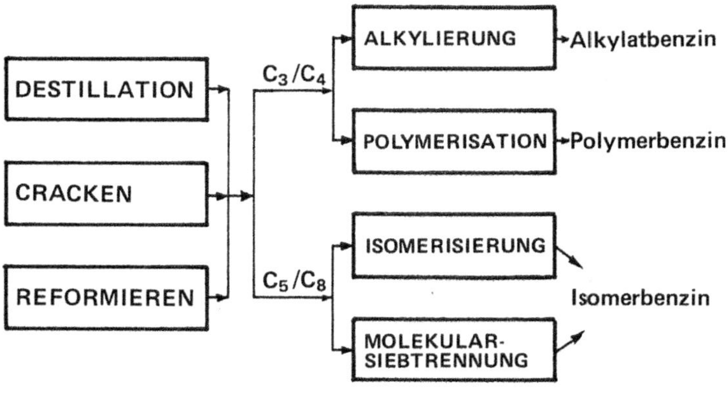

Abb. 1.6: Verfahren zur Herstellung klopffester Kraftstoffkomponenten

Bei der Alkylierung werden gasförmige Olefine und verzweigte gesättigte Kohlenwasserstoffe, wie Isobutan, in Gegenwart von Schwefelsäure oder Fluorwasserstoff bei niedrigen Temperaturen umgesetzt. Dabei entstehen fast ausschließlich Isoparaffine.

Bei der Polymerisation von Olefinen, wie zum Beispiel Propylen und Isobutylen, findet als Katalysator insbesondere Phosphorsäure Verwendung. Das entstehende Polymerbenzin enthält weit überwiegend Monoolefine.

Die Herstellung von klopffestem Isomerbenzin erfolgt durch Isomerisierung von Leichtbenzinfraktionen (n-Paraffinen) in Gegenwart von bifunktionellen (Edelmetalle auf saurem Trägermaterial) oder Friedel-Crafts-Katalysatoren zu Isoparaffinen.

Eine Anreicherung von Isoparaffinen kann schließlich auch durch selektive Adsorption der Normalparaffine an natürlichen oder synthetischen mikroporösen Aluminiumsilikaten (Zeolithe) - auch Molekularsiebe genannt - erfolgen.

1.2.2 Erdgas

Die Mehrzahl der Erdgasvorkommen ist an Ölprovenienzen gebunden. Man bezeichnet sie deshalb als assoziierte Erdgase.

Im Unterschied zu dem gemeinsamen Vorkommen von Erdöl und Erdgas findet man gemeinsame Kohle- und Erdölvorkommen praktisch nicht.

Die Entstehung von Erdgas läßt sich auf drei Ursachen zurückführen:

1. gemeinsame Entstehung von Erdöl und Erdgas aus Ölmuttergesteinen

2. Ableitung der Erdgase aus flözführenden Kohleschichten infolge fortschreitender Inkohlungsvorgänge

3. Entstehung aus Ölschiefern durch natürliche Schwelvorgänge bei höheren Temperaturen.

Das Erdgas ist innerhalb nur eines Jahrzehnts neben Heizöl und Kohle zur dritten tragenden Säule der Energieversorgung unseres Landes geworden. Im Jahr 1978 wurden in der Bundesrepublik Deutschland 61,7 Milliarden m^3 Erdgas verbraucht, das entspricht 55 Mio t SKE. Der Anteil des Erdgases an dem Primärenergieverbrauch in der Bundesrepublik Deutschland ist damit auf 15,4 % gestiegen. Vor 10 Jahren lag dieser Anteil noch bei 2 %.

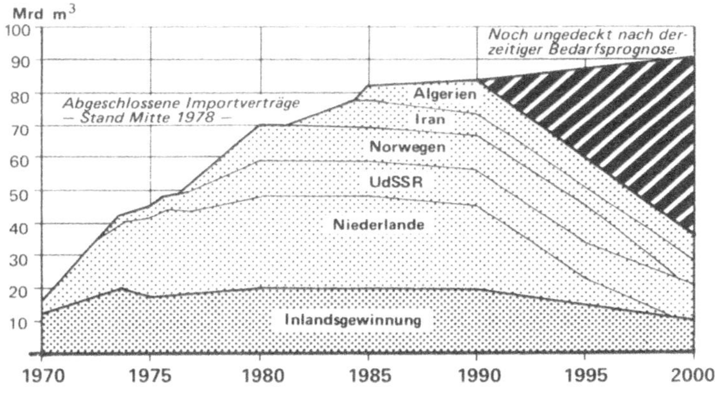

Abb. 1.7: Deckung des Erdgasbedarfes in der Bundesrepublik Deutschland bis zum Jahre 2000 (6)

38 % des deutschen Erdgasverbrauches stammten im Jahre 1977 aus inländischer Förderung. 49 % kamen aus den Niederlanden, 11 % aus der Sowjetunion und 2 % aus der norwegischen Nordsee. Die Erdgasreserven in der Bundesrepublik Deutschland, die sicher oder wahrscheinlich zu gewinnen sind, werden zur Zeit auf etwa 292 Milliarden Kubikmeter geschätzt. Der bedeutendste Gaslieferant ist das Gebiet zwischen Weser und Ems (rund 70 % der Reserven). Abb. 1.7 zeigt die Entwicklung der Erdgasversorgung aufgrund der abgeschlossenen Lieferverträge(6). Zu einem steilen Abfall der Versorgung kommt es ab 1990, wenn keine neuen Verträge abgeschlossen werden. Erste Lücken in der Bedarfsdeckung können ab 1985 eintreten. Hier zeichnet sich ein breites Betätigungsfeld für die Kohle ab.

1.2.2.1 Chemische Zusammensetzung der Erdgase

Erdgase bestehen zum überwiegenden Teil aus Methan, das von wechselnden Mengen an Paraffinen bis C_5 begleitet wird. In Spuren sind Kohlenwasserstoffe bis über C_{20} sowie gelegentlich auch Aromaten, vor allem Benzol, außerdem Stickstoff sowie als saure Komponenten Kohlendioxid und Schwefelwasserstoff enthalten.

Tabelle 1.4: Zusammensetzung einiger Erdgasvorkommen (Vol.-%)

Lagerstätte	Methan	Äthan	Propan	Butan	Pentan	CO_2	N_2	H_2S
Frankreich *– Lacq*	69,3	3,0	0,9	0,6	0,8	9,3	0,2	15,8
Norw. Nordsee *– Ekofisk*	90,8	6,1	0,7	0,1	–	1,8	0,5	<0,1
USA / Texas *– Panhandle*	73,2	6,1	3,2	1,6	0,6	0,3	14,3	0,6
Saudi-Arabien *– Dammam*	73,0	3,9	1,1	0,8	0,3	10,8	8,4	1,5

Zur Kennzeichnung ihrer Zusammensetzung werden die Erdgase eingeteilt in "Sauer- bzw. Süßgas" sowie in "trockene" oder "nasse" Gase.

Erdgase werden als Sauergas bezeichnet, wenn sie Kohlendioxid und/oder Schwefelwasserstoff in störender Konzentration enthalten. Die sauren Bestandteile müssen vor der Weiterleitung durch einen geeigneten Waschprozeß (Süßen) entfernt werden.

Als Süßgas bezeichnet man ein Erdgas, wenn es weniger als 2 % CO_2 und praktisch keinen Schwefel enthält. CO_2 ist in erster Linie als Ballast anzusehen, der die Fernleitung verteuert und den Heizwert herabsetzt. H_2S dagegen ist giftig und führt bei den im Erdgasbetrieb üblichen hohen Drucken schon in geringen Konzentrationen zu Korrosionen und Spannungsrissen. Es darf daher nur in Spuren von wenigen ppm enthalten sein.

Erdgase mit größeren Anteilen an höheren Kohlenwasserstoffen bezeichnet man als nasse Gase, die hauptsächlich aus Methan bestehenden als trockene Erdgase. Nasse Erdgase sind von großer Bedeutung als petrochemische Rohstoffe. 1977 wurden etwa 65 % der gesamten Äthylenproduktion der USA aus nassen Erdgasen gewonnen. Zur weiteren Aufarbeitung werden die nassen Erdgase im allgemeinen zunächst in drei Fraktionen zerlegt, und zwar in eine methanreiche, in eine äthanreiche (LHG-Light Hydrocarbon Gas) und eine propanreiche (LPG-Liquified Petroleum Gas).

1.2.2.2 Aufarbeitung der Erdgase

In den Feldanlagen wird das Erdgas, das in den einzelnen Sonden eines Feldes mit Drucken bis zu 400 bar ansteht, zunächst von Wasser und anderen Kondensaten, die bei der Entspannung auf den Druck der Sammelleitung anfallen, befreit. Dieser Druck liegt im allgemeinen bei etwa 100 bar.

Während trockenes Süßgas direkt von den Feldanlagen in das Verteilernetz eingespeist wird, folgt für Sauergas zunächst die weitere Aufbereitung durch Entschwefelung und CO_2-Entfernung bzw. für Naßgas durch Gewinnung der höheren Kohlenwasserstoffe.

Die Anwendung der verschiedenen Verfahren zur Erdgasaufbereitung wie Absorption, Adsorption, partielle Kondensation und Tieftemperaturdestilla-

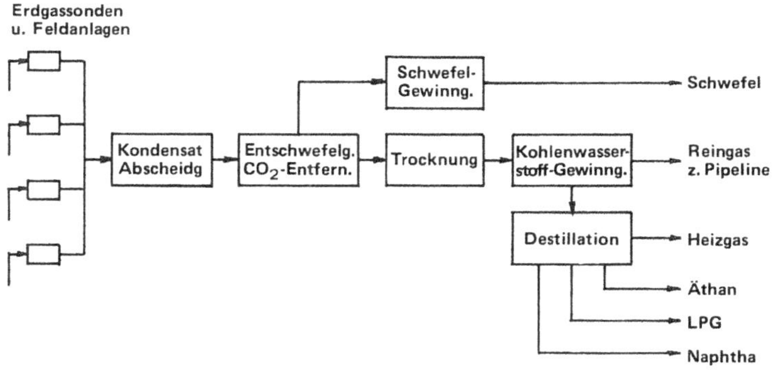

Abb. 1.8: Grundschema der Erdgas-Aufbereitung(7)

tion, richtet sich nach der Menge der Begleitstoffe und der geforderten Reinheit (Gasreinigungsverfahren s. Kapitel 6.2).

Erdgas muß oft viele tausend Kilometer von der Förderstätte zum Verbraucher transportiert werden. Sowohl für den Transport wie auch für die Lagerung kommt daher der Verflüssigung des Erdgases besondere Bedeutung zu, da bei der Verflüssigung eine Volumenreduzierung auf 1/600 eintritt. Flüssiges Erdgas wird in speziellen Tankschiffen transportiert und kann auch in flüssigem Zustand z.B. zur Deckung des Energiespitzenbedarfes im Winter gelagert werden.

1.2.3. Kohlen

1.2.3.1. Inkohlung und Kohlenpetrographie

Die Kohlen haben sich aus höheren Pflanzen gebildet, die auf einem feuchten, langsam absinkenden Boden wuchsen und nach dem Absterben verhältnismäßig rasch von Wasser bedeckt und so vom Luftsauerstoff abgeschlossen wurden. Durch chemische und mikrobiologische Prozesse entsteht aus dem abgestorbenen Pflanzenmaterial unter normalen Druck- und Temperaturbedingungen zunächst Torf, der bei fortschreitendem Absinken in tiefere Regionen allmählich in Braunkohle übergeht. Man nennt diesen Abschnitt die erste oder die biochemische Phase der Inkohlung (Frühdiagenese). Das Endprodukt dieses ersten Inkohlungsabschnittes ist weder morphologisch noch chemisch homogen.

In der zweiten Phase der Inkohlung, der geochemischen Phase, bilden sich aus den Braunkohlen Steinkohlen (Spätdiagenese). Diese Phase ist dadurch gekennzeichnet, daß die kohleführenden Schichten in größere Tiefen - der Bergmann nennt sie Teufen - sinken. Unter dem Einfluß der dabei steigenden Temperaturen geht die Weichbraunkohle über Hartbraunkohle und Glanzbraunkohle allmählich in Steinkohle über. Mitentscheidend für diese Entwicklung ist die Zeit, während dem Druck geringere Bedeutung zukommt.

Der zweite Inkohlungsabschnitt ist ebenfalls eine Diagenese, obwohl die Abgrenzung zur Metamorphose nicht eindeutig ist. In dem dritten Abschnitt der Inkohlung, einer echten Metamorphose, findet der Übergang von Anthrazitkohle in Graphit statt.

In der biochemischen Phase der Inkohlung(8) werden die Organe und Gewebe des in heterogener Mischung vorliegenden pflanzlichen Ausgangsmaterials in unterschiedlichem Maße und mit unterschiedlicher Geschwindigkeit umgesetzt (verkohlt). Demgemäß bestehen die Kohlen aus morphologisch getrennten und mikroskopisch erfaßbaren (Abb. 1.9) Gefügebestandteilen, die in der Kohlenpetrographie in Analogie zu den anorganischen Mineralen als Macerale bezeichnet werden. Das Vorkommen bestimmter Macerale und ihre relativen Mengenanteile, von denen die technologischen Eigenschaften der Kohle wesentlich bestimmt werden, sind abhängig vom Inkohlungsgrad.

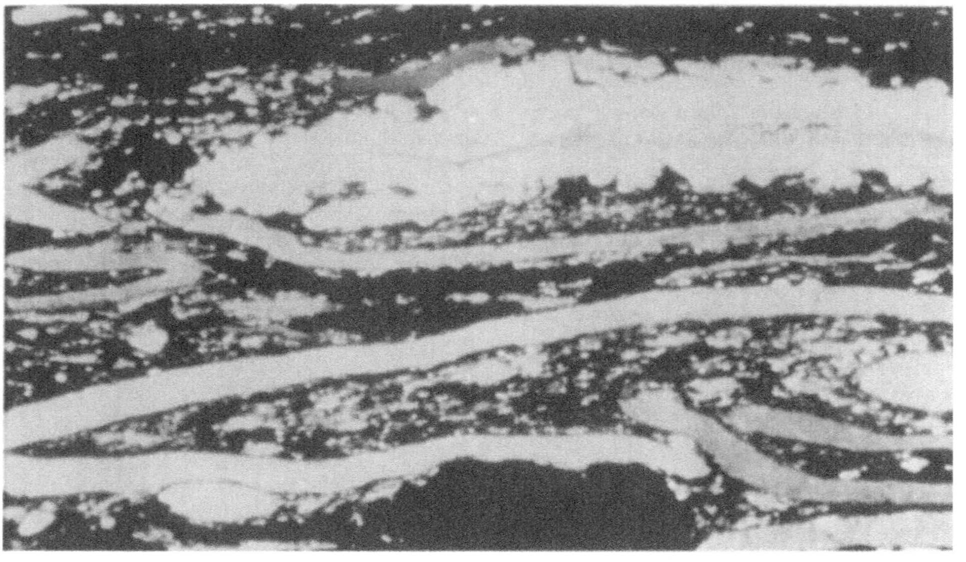

Abb. 1.9: Steinkohle unter dem Mikroskop(9)

Wegen ihrer Vielfältigkeit werden Macerale zunächst in Gruppen unterteilt (Tabelle 1.5). Die einzelnen Gruppen lassen sich weiter unterteilen in verschiedene Maceraltypen und Variätäten. Bei fortschreitender Inkohlung verändern die Macerale ihre chemischen und physikalischen Eigenschaften.

Die Maceralgruppen unterscheiden sich besonders bei niedrig inkohlten Steinkohlen auch in ihrer Elementarzusammensetzung beträchtlich. Die Exinite sind wasserstoffreicher, die Inertinite wasserstoffärmer als der Hauptbestandteil der Steinkohle Vitrinit.

Die petrographische Zusammensetzung der Steinkohlen ist ein wichtiges Kriterium für ihren Einsatz bei der Verkokung im Horizontalkammerofen. Die für eine gute Kokskohle wichtigsten Macerale, die Vitrinite, sind in den hellen Kohlestreifen angereichert. Sie leiten sich von den verholzten Pflanzenbestandteilen und der Rinde ab. Bei der Herstellung von Hochofen-

Tabelle 1.5: Macerale der Braun- und Steinkohlen(8)

BRAUNKOHLEN		STEINKOHLEN	
Maceral-Gruppe	Maceral	Maceral-Gruppe	Maceral
Huminit	Textinit Ulminit Attrinit Densinit Gelinit Corpohuminit	Vitrinit	Telinit Collinit Vitrodetrinit
Liptinit	Sporinit Cutinit Resinit Suberinit Alginit Liptodetrinit Chlorophyllinit	Exinit	Sporinit Cutinit Resinit Alginit Liptodetrinit
Intertinit	Fusinit Semifusinit Macrinit Sclerotinit Inertodetrinit	Inertinit	Micrinit Macrinit Semifusinit Fusinit Sclerotinit Inertodetrinit

koks aus backenden Kohlen zeigen die Macerale der Vitrinit-Gruppen ein thermoplastisches Verhalten; sie erweichen und quellen beim Erhitzen und verbinden dadurch die nichtplastischen Bestandteile.

Die Exinite sind aus Harzen, Zellwänden, Sporen und Algen entstanden. Auch ein wesentlicher Teil der Exinite trägt zur Plastizität der Kohle bei. Die Inertinite, die durch Zersetzungs- und biochemische Oxidations-Prozesse gebildet wurden, verhalten sich dagegen weitgehend inert.

Die Maceralzusammensetzung kann auch zur Bestimmung des Inkohlungsgrades herangezogen werden. Sie erfolgt durch Messung des Reflexionsvermögens der Vitrinite, das mit steigendem Inkohlungsgrad zunimmt.

1.2.3.2 Chemische Zusammensetzung der Kohlen

Alle Kohlen bestehen im wesentlichen aus Kohlenstoff, Wasserstoff und Sauerstoff sowie geringen Mengen Stickstoff und Schwefel(10). Der Anteil des Kohlenstoffs (Tabelle 1.6) nimmt mit wachsendem Inkohlungsgrad zu. Er steigt von etwa 65 % bei Weichbraunkohlen bis auf über 91 % bei Anthraziten. Entsprechend nimmt der Sauerstoffanteil ab von ca. 30 % bei Weichbraunkohle bis auf unter 2 % bei Anthraziten. Auch der Wasserstoffanteil verringert sich von 8 % auf unter 4 %. Diese Angaben beziehen sich auf die wasser- und aschefreie (waf) organische Kohlensubstanz.

Die flüchtigen Bestandteile, die sich aus der Gewichtsabnahme der trockenen Kohle beim Erhitzen unter Luftabschluß ergeben, sind ein Maßstab für den Inkohlungsgrad. Kohle enthält außerdem in wechselnden Mengen Wasser und Mineralien. Die mineralischen Bestandteile fallen bei der Verwendung

Tabelle 1.6: Gehalt an Wasser und flüchtigen Bestandteilen sowie Elementarzusammensetzung von Braun- und Steinkohlen(11)

– % (waf) –	Wasser	flüchtige Bestandteile	Kohlenstoff	Wasserstoff	Sauerstoff
Weichbraunkohle	63-55	60-50	65-70	8-5	30-18
Hartbraunkohle	40-30	50-47	70-73	8-5	25-16
Glanzbraunkohle	10-8	47-43	72-75	7-5,5	18-12
Flammkohle	8-4	45-40	75-81	6,6-5,8	> 9,8
Gasflammkohle	4-2,5	40-35	81-85	5,8-5,6	9,8-7,3
Gaskohle	2,5-1,2	35-28	85-87,5	5,6-5,0	7,3-4,5
Fettkohle	1,2-0,8	28-19	87,5-89,5	5,0-4,5	4,5-3,2
Eßkohle	< 1	19-14	89,5-90,5	4,5-4,0	3,2-2,8
Magerkohle	< 1	14-12	90,5-91,5	4,0-3,75	2,8-2,5
Anthrazit	< 1	< 12	> 91,5	< 3,75	< 2,5

der Kohle als Asche an und haben daher erheblichen Einfluß auf die Technologie der Verarbeitung.

1.2.3.2.1 Struktur der Braunkohle

Die Inkohlung ist bei der Braunkohle erst so weit fortgeschritten, daß bei der asche- und wasserfreien Kohlesubstanz der Gehalt an Kohlenstoff zwischen 65 % und 75 %, der Gehalt an Sauerstoff zwischen 12 % und 30 % und der Gehalt an Wasserstoff zwischen 5 % und 8 % liegt. Der Wassergehalt der Braunkohle (Tabelle 1.6) kann Werte von mehr als 60 % erreichen. Der Aschegehalt variiert in weitem Bereich bis zur Grenze der Brennbarkeit.

Braunkohlen bestehen in wechselnden Mengen aus Bitumen, Huminsäuren und einem Rest, der weder mit Laugen extrahierbar noch in organischen Lösungsmitteln löslich ist.

Als Bitumen werden wachs- und harzartige Anteile bezeichnet, die sich mit Lösungsmitteln aus der Braunkohle extrahieren lassen. Die Teerausbeute beim Schwelen von Braunkohle hängt im wesentlichen vom Bitumengehalt ab.

Huminsäuren (Abb. 1.10) sind die in Alkalilaugen löslichen Bestandteile der Braunkohlen.

1.2.3.2.2 Struktur der Steinkohle

Im Unterschied zu der relativ einfachen Ermittlung der Elementarzusammensetzung ist die Aufklärung der chemischen Struktur der Kohlen ein recht schwieriges Problem, das noch nicht endgültig gelöst ist. Die Kohle ist im Prinzip eine Polymermischung einer Vielzahl grundsätzlich ähnlicher Bausteine, die sich jedoch im Molekulargewicht und ihrer Struktur erheblich

I II

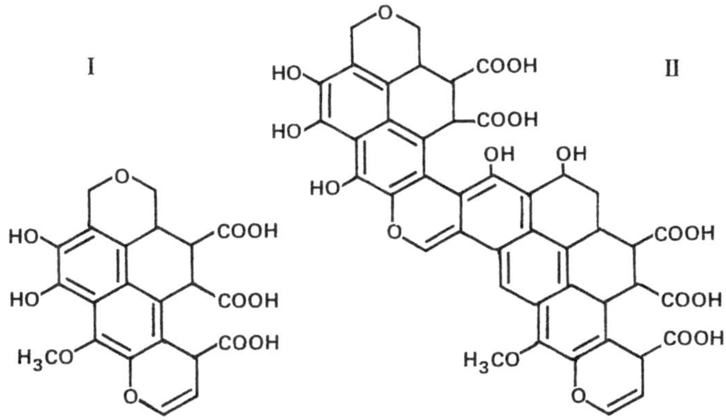

Abb. 1.10: Strukturmodell von Huminsäuren

unterscheiden. Nach der klassischen, heute allgemein anerkannten Vorstellung ist die Kohle hauptsächlich aus hochkondensierten Aromaten aufgebaut.

Benzol 2-Methylnaphthalin Coronen

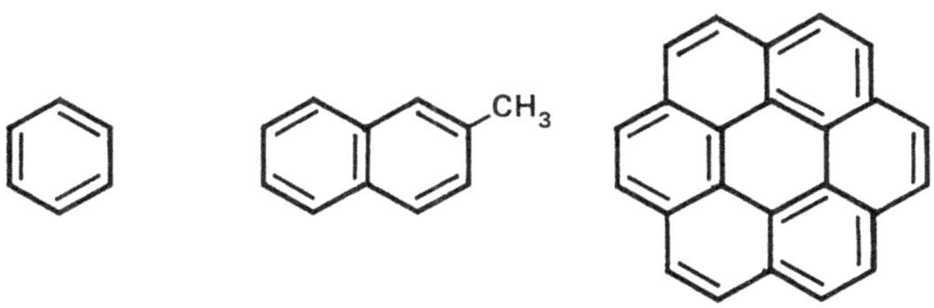

C_6H_6 $C_{11}H_{10}$ $C_{24}H_{12}$

Das Verhältnis von Kohlenstoffatomen zu Wasserstoffatomen (Tabelle 1.7) liegt bei niedriginkohlten Steinkohlen um 1 : 1, also wie beim Benzol oder beim Methylnaphthalin. Bei Anthraziten steigt das C/H-Verhältnis bis auf 2 : 1, ein Wert, der im niedermolekularen Bereich Coronen ($C_{24}H_{12}$) aufweist.

Der Anteil aromatischer Kohlenstoffatome am Gesamtkohlenstoff steigt mit dem Inkohlungsgrad der Steinkohlen von 80 % bei Flammkohlen auf nahe 100 % beim Anthrazit. Wasserstoff ist dagegen lediglich zu einem Viertel an aromatische Ringe gebunden.

Der Stickstoff kommt fast ausschließlich in cyclischen Strukturen vor.

Tabelle 1.7: Atomzahlverhältnis verschiedener Kohlesorten

	C	H	O	N	S
Glanzbraunkohle	100	100	15,4	1,9	0,5
Gasflammkohle	100	82	7,7	1,6	0,4
Fettkohle	100	65	3,2	1,6	0,4
Eßkohle	100	57	2,5	1,51	0,4
Magerkohle	100	52	2,2	1,5	0,4
Anthrazit	100	49	$<$1,5	1,5	0,4

Schwefel bildet, besonders in jüngeren Kohlen, neben Thiophenstrukturen auch Thioäther. Der Sauerstoff findet sich in Steinkohlen etwa zur Hälfte in Form von phenolischen Hydroxylgruppen; den Rest bilden Carboxyl-und Äthergruppen.

Die heute meist benutzten Hypothesen zur Kohlestruktur gehen aus vom 9.10-Dihydroanthracen (Given(12)) bzw. vom 9.10-Dihydrophenanthren (Dryden (13)).

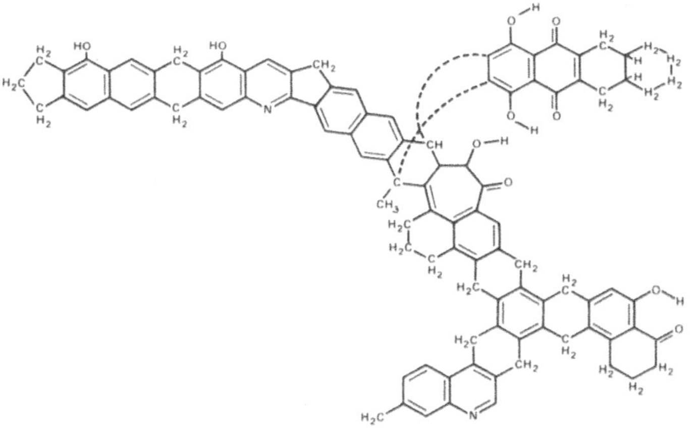

Abb. 1.11: Kohlestrukturmodell nach Given(12)

Die aliphatischen Brückenbindungen (Tabelle 1.8) zwischen den aromatischen, phenolischen, heterocyclischen und hydrierten Ringsystemen (14) sind die schwächsten Glieder der Kohlemoleküle. Die thermische und chemische Einwirkung findet daher bevorzugt an diesen Stellen statt.

Methylseitenketten kommen in den Kohlemolekülen relativ häufig vor, während längere Seitenketten kaum vorhanden sind. Steinkohlen enthalten auch einige Prozente an längerkettigen Paraffinen, die besonders in den Exiniten angereichert sind. Sie stammen offenbar aus den Pflanzenwachsen.

Tabelle 1.8: Brückenglieder zwischen aromatischen Struktureinheiten

$-CH_2-$	$-O-$	$-CH_2-O-$
$-CH_2-CH_2-$	$-S-$	$-CH_2-S-$
$-CH_2-CH_2-CH_2-$	$-S-S-$	

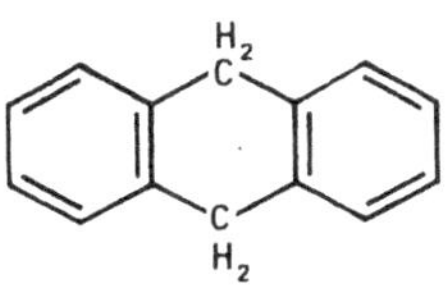

9.10 - Dihydro-anthracen

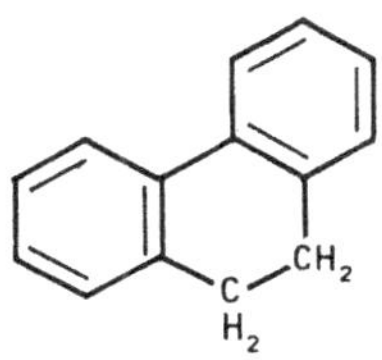

9.10-Dihydro-phenanthren

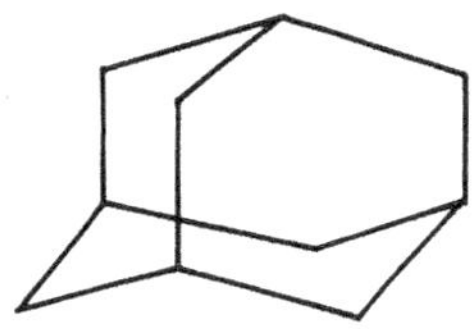
Adamantan

Interessant, jedoch kaum haltbar, ist ein Vorschlag, nach dem die Kohle in erheblichem Umfang nicht-aromatische Polymantan-Strukturen als Brückenglieder zwischen aromatischen Einheiten enthalten soll(15). Die Stammsubstanz dieser polycyclischen Alkane mit Urotropinstruktur ist der Kohlenwasserstoff Adamantan, in dem 4 Cyclohexanringe spannungsfrei und völlig gleichartig in Sesselform fixiert sind. Chemisch besitzen diese Strukturen wegen ihrer Kugelgestalt ein sehr geringes Reaktionsvermögen und zeichnen sich durch relativ hohe Schmelzpunkte und hohe Flüchtigkeit aus.

1.2.3.2.3 Besonderheiten der Kokskohlen

Die zur Herstellung von hochwertigem Koks für die Metallurgie geeigneten Kohlen müssen eine Reihe petrographischer, chemischer und physikalischer Merkmale erfüllen(16).

Gute Kokskohlen enthalten eine ausgewogene Zusammensetzung an "reaktiven" und "inerten" Maceralen, wie sie in den Kohlen mittleren Inkohlungsgrades vorkommen. Der Anteil flüchtiger Bestandteile, als Maßstab für den Inkohlungsgrad, liegt zwischen 18 - 30 %. Bezogen auf die chemisch-analytische Zusammensetzung (Primär-Struktur) enthalten sie 84 - 91 % Kohlenstoff (bevorzugt 89 %), 4 - 5,5 % Wasserstoff, 4 - 8 % Sauerstoff, 1,1 - 1,5 % Stickstoff und 0,6 - 0,9 % Schwefel (waf). Sie besitzen einen hohen Anteil an alicyclischen und nicht-substituierten aromatischen Struktureinheiten (Sekundär-Struktur), die durch relativ schwache Brückenglieder verbunden sind. Mit Bezug auf den polymeren Feststoffcharakter zeigen Kokskohlen anhand der Röntgenstrahl-Interferenzen eine flüssigkeitsähnliche Struktur mit einem fortgeschrittenen Ordnungszustand (Tertiär-Struktur).

Wichtige physikalische Eigenschaften für die Verkokungstechnologie sind die Temperaturgrenzen zwischen Erweichung und Wiederverfestigung, die Entgasungs-Temperatur sowie die Entgasungsgeschwindigkeit (Treibdruck). Der plastische Bereich soll möglichst breit und die Viskosität der flüssigen Phase relativ hoch sein. Das Maximum der Entgasungsgeschwindigkeit soll mit einem bestimmten Viskositätsbereich zusammentreffen, damit ein poröser Koks mit hoher Druckfestigkeit entsteht. Zu niedrige Viskosität bei hoher Entgasungsgeschwindigkeit führt zur Bildung relativ großer Blasen und demzufolge zu einem Koks mit niedriger Druckfestigkeit.

Weitere wichtige Kriterien für die Kokskohle sind das Backvermögen, die Quellung und das Schwinden (Kontraktion), für die standardisierte Prüfverfahren entwickelt wurden. Neben der Ermittlung der flüchtigen Bestandteile als Maß für den Inkohlungsgrad bilden sie die Basis für die unterschiedliche nationale und internationale Klassifizierung der Steinkohlen (s. Kapitel 1.2.3.7).

1.2.3.3 Löslichkeit und Molekulargewicht der Kohlen

Steinkohlen sind aufgrund ihrer Struktur und wegen des hohen Molekulargewichtes unter Normalbedingungen nur schwer löslich. Für das Molekulargewicht werden in der Literatur häufig Werte von 3.000 - 5.000 angegeben, doch lassen neuere Arbeiten darauf schließen, daß ein großer Teil der Kohle auch Molekularmassen von 100.000 und mehr hat.

Die Löslichkeit der Kohlen(17) ist in ausgeprägtem Maße von der Zusammensetzung der Macerale und der Art des Lösungsmittels abhängig. Aus Anthraciten können höchstens 10 % der Kohlesubstanz extrahiert werden, aus backenden Steinkohlen (hochwertigen Kokskohlen) dagegen bis zu 90 %. Von den Lösungsmitteln sind Naphthene wirksamer als Aromaten. Hohes Lösungsvermögen haben insbesondere hydrierte Stickstoff-Heterocyclen.

Mit Bezug auf das Lösungsvermögen für Kohlen können die Lösungsmittel in vier Gruppen eingeteilt werden:

1. Nichtspezifische Lösungsmittel, die bis 100°C nur Spuren bzw. wenige Prozente meist harz- und wachsartiger Bestandteile aufzulösen vermögen, z.B. Äthanol oder Pentan.

2. Spezifische Lösungsmittel, in denen bis 200°C bis zu 40 % der Kohlesubstanz gelöst werden können. Sie haben meist einen ausgeprägten nucleophilen Charakter, wie z.B. Pyridin, aromatische Amine und Phenole. Die Extrakte sind der Ursprungssubstanz Kohle weitgehend ähnlich.

3. Destruktive Lösungsmittel, womit bei Temperaturen bis etwa 400°C bis zu 90 % der Kohle extrahiert werden können, z.B. Anthracen, Phenanthren, Phenole. Bei diesen hohen Temperaturen kommt es bereits zur Spaltung der Makromoleküle zu kleineren Fragmenten. Die Lösungsmittel können weitgehend chemisch unverändert vom Extrakt getrennt werden.

4. Reaktive Lösungsmittel,bei denen ein chemischer Prozeß dem Lösungsvorgang vorgelagert wird. Sie werden ebenfalls bei höheren Temperaturen angewendet. Meist handelt es sich um Wasserstoff-übertragende

Lösungsmittel, wie Tetralin, Tetrahydrochinolin oder p-Cyclohexylphenol, deren chemische Struktur während des Prozesses verändert wird (z.B. Tetralin zu Naphthalin). Die Extrakte unterscheiden sich deutlich von denen, die mit rein destruktiven Lösungsmitteln erhalten werden.

Die spezifischen Lösungsmittel werden vornehmlich zum Zweck der Strukturanalyse angewendet. Die in Benzol oder Toluol löslichen, in Pentan aber unlöslichen Bestandteile, meist monofunktionelle Phenole, Stickstoffverbindungen und Äther, werden als Asphaltene bezeichnet. Ihr Molekulargewicht liegt zwischen 300 und 700.

Die in Pyridin löslichen, in Benzol aber unlöslichen Bestandteile bezeichnet man als Asphaltole. Diese mehrfach substituierten, meist Stickstoff enthaltenden Verbindungen mit bis zu 5 phenolischen OH-Gruppen im Molekül neigen aufgrund ihrer Struktur stark zur Assoziation. Das Molekulargewicht liegt im Bereich zwischen 400 und 2.000.

Bei der Kohle-Extraktion mit nicht-reaktiven Lösungsmitteln bei hohen Temperaturen (400 $^{\circ}$C) ist die thermiche Spaltung schwacher Bindungen für die hohe Löslichkeit maßgebend. Durch kurzzeitiges (1 - 10 min) Vorerhitzen der Kohle auf 300 $^{\circ}$C - 400 $^{\circ}$C steigt zum Beispiel die Löslichkeit in Chloroform von wenigen Prozenten bis auf Werte zwischen 10 und 15 %. Bei Verwendung von Teeröl-Fraktionen können auch chemische Wechselwirkungen nicht ausgeschlossen werden, da die Teeröle nicht unverändert aus dem Extrakt zurückgewinnbar sind. Beim wiederholten Einsatz sinkt ihr Lösungsvermögen beträchtlich, so daß sie durch spezielle Verfahren reaktiviert werden müssen (siehe auch Pott-Broche-Verfahren, Kapitel 7.4).

Die Löslichkeit der Kohle in Gasen bei überkritischen Bedingungen wird in Kapitel 7.6 beschrieben.

1.2.3.4 Kohlenasche und ihre Zusammensetzung

Die Kohlen enthalten eine Vielzahl mineralischer Bestandteile in unterschiedlichster Menge und Verteilung. Die wichtigsten Minerale sind in Tabelle 1.9 aufgeführt. Anteilmäßig werden sie gemeinsam mit den Elementen, die Bestandteil von Kohlenstoffverbindungen sind, als Asche erfaßt. Die chemischen und physikalischen Eigenschaften der mineralischen Bestandteile haben erheblichen Einfluß auf die Chemie und Technologie der Kohleveredlung.

Die Minerale in der Kohle verhalten sich entweder chemisch inert (Gips, Quarz, Rutil) oder katalysieren die thermische Spaltung, die Vergasung und Hydrierung oder nehmen aktiv an einer chemischen Reaktion teil. Die Minerale der Tongruppe werden insbesondere bei der dehydrierenden Entschwefelung (H_2S-Abspaltung) der in der Kohle enthaltenen Sulfide, Thiophene und Mercaptane wirksam. Alkalisalze und Oxide katalysieren die Kohlevergasung, Eisensulfide die Kohlehydrierung. Calcium- und Magnesiumcarbonat sowie die basischen Oxide binden die sauren Gase H_2S und SO_2 und sind damit die Hauptursache für den Verbleib eines Teils des Schwefels in der Asche.

Tabelle 1.9: Minerale in der Kohle

Bezeichnung	Formel	Einfluß
Pyrit	$Fe\,S_2$	Chemische Reaktion und/oder Katalyse
Markasit	$Fe\,S_2$	
Pyrrhotin	$Fe_{1-x}\,S$	
Troilit	$Fe\,S$	
Calcit	$Ca\,CO_3$	
Dolomit	$Ca\,Mg\,(CO_3)_2$	
Siderit	$Fe\,CO_3$	
Hämatit	$Fe_2\,O_3$	
Kaolinit	$Al_2[Si_2\,O_5]\,(OH)_4$	Katalyse
Illit	$K_{0,7}\,Al_2\,Mg_3\,Fe'''_2\,Fe''_3\,[Si_{3,3}\,Al_{0,7}\,O_{10}]\,(OH)_2$	
Montmorillonit	$Al\,[Si_2\,O_5]\,OH$	
Muskovit	$K\,Al_2\,[Al\,Si_3\,O_{10}]\,(OH,F)_2$	
Gips	$Ca\,SO_4 \quad 2\,H_2O$	Inert
Quarz	$Si\,O_2$	
Rutil	$Ti\,O_2$	

Schwefel kommt in der Kohle hauptsächlich als Pyrit (FeS_2, kubisch, D = 5,0), in geringem Maße als Markasit (FeS_2, rhombisch, D = 4,87) und in einigen Sulfaten vor. Bei höheren Temperaturen (ab 420 °C) wandelt sich Markasit in Pyrit um. Pyrit spaltet in reinem Zustand oberhalb 550 °C einen Teil des Schwefels ab unter Bildung von Eisensulfid.

$$2\,Fe\,S_2 \underset{}{\overset{K_1}{\rightleftharpoons}} 2\,Fe\,S + S_2 \qquad (1.1)$$

$$2\,Fe\,S \underset{}{\overset{K_2}{\rightleftharpoons}} 2\,Fe + S_2 \qquad (1.2)$$

Die Gleichgewichtskonstante K_1 beträgt 1 bei etwa 700 °C; K_2 kann bei dieser Temperatur vernachlässigt werden (10^{-12}). Bei Anwesenheit von Kohlenstoff oder Wasserstoff erfolgt die Spaltung schon bei erheblich tieferen Temperaturen.

Die bei der Verbrennung bzw. bei der Vergasung der Kohle zurückbleibende Asche kann in flüssigem Zustand als Schmelze abgezogen werden, wenn die Feuerungs- bzw. die Vergasungstemperatur hoch genug ist. Der Anteil, die Zusammensetzung und das Schmelzverhalten der Asche beeinflussen die Auslegung des Reaktors oder der Brennkammer.

Der Schmelzbereich der Braunkohlenasche (Tabelle 1.11) liegt im Vergleich zur Steinkohlenasche niedriger wegen des relativ hohen Anteils an Na_2O bzw. K_2O und SO_4-Ionen. Natrium ist hauptsächlich an die phenolischen Hydroxyl- oder Carboxylgruppen der Huminsäuren gebunden.

Ist die Verbrennungstemperatur nicht hoch genug, verfestigt sich die Asche zu einem trockenen Pulver oder gesintertem Agglomerat (Klinker). Sie setzt sich dabei häufig an den Ofen- oder Reaktorwänden ab, verschlechtert dadurch den Wärmedurchgang und den Gastransport und initiiert Korrosionsvorgänge. Der Schmelzbereich der Asche liegt im allgemeinen hoch, wenn entweder basische (CaO: Mp 2.614°C, MgO: Mp 2.852°C) oder saure Bestandteile (SiO_2: Mp 1.723°C, Al_2O_3: 2.072°C) stark überwiegen. Durch Zusatz bestimmter Additive kann der Schmelzbereich , je nach ursprünglicher Zusammensetzung, innerhalb gewisser Grenzen verschoben werden. Zusätze können auch die Breite des Schmelzbereiches, die Viskosität der Schmelze und ihre korrosive Wirkung beeinflussen und dadurch die Verschlackung und Korrosion im Feuerraum verringern.

Tabelle 1.10: Beispiele für die Zusammensetzung und das Schmelzverhalten der Asche nach ASTM-D-1857 (18)

		Gasflammkohle	Lignit
	Asche:	17,3 %	12,8 %
	Schwefel:	4,2 %	1,1 %
Analyse der Asche:	SiO_2	47,5 %	41,8 %
	Al_2O_3	17,9 %	13,6 %
	TiO_2	0,8 %	1,5 %
	Fe_2O_3	20,1 %	6,6 %
	CaO	5,7 %	17,6 %
	MgO	1,0 %	2,5 %
	$Na_2O + K_2O$	2,1 %	0,7 %
	Gesamt:	95,1 %	84,3 %
Sinterungsbeginn:	Reduzierende Bedingungen	1.080 °C	1.065 °C
	Oxidierende Bedingungen	1.250 °C	1.120 °C
Fließpunkt:	Reduzierende Bedingungen	1.260 °C	1.210 °C
	Oxidierende Bedingungen	1.420 °C	1.240 °C

Tabelle 1.11: Zusammensetzung und Schmelzverhalten von Braunkohlenasche in reduzierender Atmosphäre

Zusammensetzung der Asche:	SiO_2	46 – 50 %
	Al_2O_3	15 – 21 %
	Fe_2O_3	5 – 11 %
	CaO	6 – 9 %
	MgO	1 – 2 %
	SO_4	6 – 10 %
	P_2O_5	0 – 0,5 %
	$Na_2O + K_2O$	2 – 10 %
Schmelzverhalten in schwach reduzierender Atmosphäre	Sinterungsbeginn	900 – 950 °C
	Erweichungspunkt	1.200 – 1.250 °C
	Schmelzpunkt	1.300 – 1.400 °C
	Fließpunkt	1.340 – 1.415 °C

1.2.3.5 Steinkohlenlagerstätten in der Bundesrepublik Deutschland

Die Kohlenlagerstätten sind nicht unbegrenzt nutzbar. Grundsätzlich ist zu unterscheiden zwischen geologischen Vorräten, gewinnbaren Vorräten und ausbringbaren bauwürdigen Vorräten. Geologische Vorräte beinhalten Flöze von 1 cm bis 100 und mehr Metern. Gewinnbare Vorräte sind diejenigen, die nach Mächtigkeit, Einfallen, Teufe und ähnlichen Kriterien abbaubar sind. Ausbringbare bauwürdige Vorräte schließlich lassen sich mit den derzeitigen technischen Methoden wirtschaftlich gewinnen. Die Grenze zwischen gewinnbaren Vorräten und ausbringbaren Vorräten ist fließend.

Die großen Steinkohleförderländer in der Welt sind die USA, die Sowjetunion und die Volksrepublik China. Die Bundesrepublik Deutschland folgt nach Polen, Großbritannien und Indien auf Platz 7, gefolgt von Südafrika und Australien (Abb. 1.12).

Die wichtigsten Steinkohlenlagerstätten in der Bundesrepublik Deutschland sind das Rhein-Ruhr-Revier, das Saar-Nahe-Gebiet, das Revier von Aachen-Erkelenz und das Ibbenbürener Revier. Alle vier Reviere sind im Karbon entstanden.

Die Haupteinsatzgebiete für deutsche Steinkohle waren 1978 mit rund 32 % die Eisenhüttenindustrie und mit etwa 48 % die Kraftwerke, d. h. die Stromerzeugung.

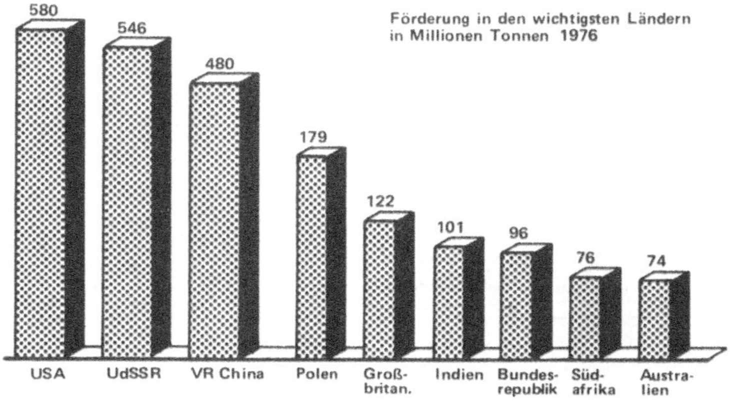

Abb. 1.12: Steinkohlenförderung der Welt nach Ländern(6)

Tabelle 1.12: Kohlenvorräte der Bundesrepublik Deutschland

Milliarden Tonnen	sichere und bauwürdige Vorräte	sichere und wahrscheinliche Vorräte	
	bis 1.200 m	bis 1.500 m	bis 2.000 m
Ruhr	10,6	39,0	214,0
Saar	1,8	3,0	5,5
Aachen	1,3	1,7	10,5
Ibbenbüren	0,2	0,3	0,3
Summe :	13,9	44,0	230,3

Noch vor 20 Jahren hatte der westdeutsche Bergbau etwa 250 fördernde Steinkohlenbergwerke und eine jährliche Förderleistung von 150 Mio t. Infolge des Vordringens des Mineralöls wurde ein großer Teil der Zechen stillgelegt bzw. zu größeren Einheiten zusammengefaßt. Zur Zeit gibt es in der Bundesrepublik Deutschland noch 43 Schachtanlagen (davon 28 im Bereich der Ruhrkohle AG), die 1977 auf eine Förderleistung von 85 Mio t kamen. In den letzten beiden Jahrzehnten ist also die Kohleförderung in der Bundesrepublik Deutschland um 43 % geschrumpft.

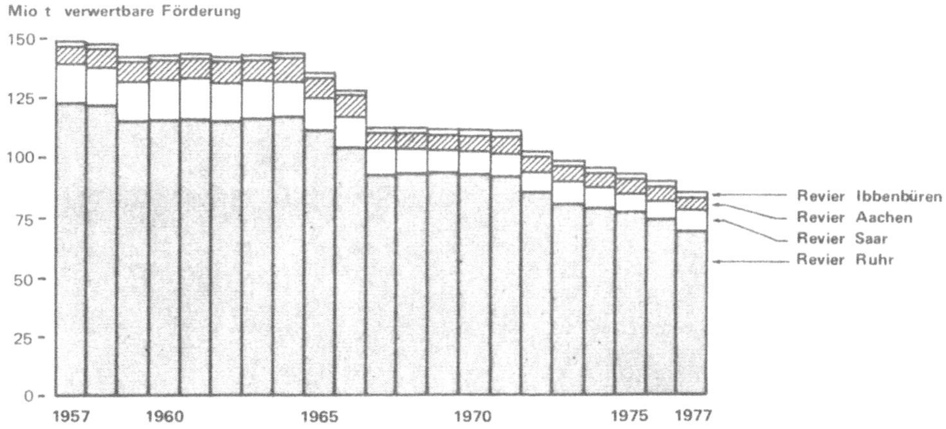

Abb. 1.13: Steinkohleförderung in der Bundesrepublik Deutschland 1957-1977 (6)

Im Unterschied zu vielen ausländischen Lagerstätten sind die westdeutschen Kohlevorkommen durch Tektonik (Verwerfungen) in ihrer ursprünglichen Lage verändert und weisen eine Reihe von Störungen auf, wodurch die bergmännische Gewinnung erschwert wird. Ein Vorteil der deutschen Steinkohle ist die vorzügliche Qualität, insbesondere der Kokskohle.

In den Abbaubetrieben des Steinkohlenbergbaus der Bundesrepublik Deutschland werden die Flöze zu 99 % vollmechanisch abgebaut. Die Handarbeit gehört der Vergangenheit an. Die Kohle wird mit dem Kohlenhobel oder mit Walzenschrämladern aus dem Berg gelöst.

Abb. 1.14: Kohlenhobel (Photo: Ruhrkohle AG, Essen)

Mit dem Hobel erfolgt eine schälende Gewinnung; der Hobelspan hat eine Dicke von 6 - 10 cm. Bei der schneidenden Gewinnung mit dem Walzenschrämlader beträgt die Schnittiefe rund 80 cm. Die Leistung beider Geräte ist dennoch in etwa gleich, da der Hobel mit höherer Geschwindigkeit arbeitet.

Abb. 1.15: Walzenschrämlader mit schreitendem Streb-Ausbau (Photo: Ruhrkohle AG, Essen)

Der Einsatz der beiden Kohlegewinnungsmaschinen richtet sich hauptsächlich nach der Mächtigkeit und Neigung der Flöze. Die Walzenschrämlader haben sich beim Abbau mächtiger Flöze den Hobeln überlegen erwiesen.

Auch der Ausbau, die Abstützung des Arbeitsraumes, ist heute bereits weitgehend mechanisiert. So werden in den 28 Bergwerken der Ruhrkohle AG bereits 89 % der Förderung aus Streben mit mechanisiertem schreitendem Ausbau gewonnen (Abb. 1.15). Infolge der Verwerfungen der Flöze ist im Ruhr-Revier nur ein Teil der Lagerstätten abbauwürdig, da die Mechanisierung des Abbaus in steiler Lagerung, d.h. bei einem Einfallwinkel von über 40°, mit maschinellen Einrichtungen nur mit großem Aufwand möglich ist. Auch wenn die Mächtigkeit der Kohlenflöze zu gering wird und unter 70 - 80 cm fällt, ist der maschinelle Abbau im allgemeinen nicht mehr lohnend.

Zur Überwindung dieser Schwierigkeiten wurde auf der Zeche Hansa in Dortmund seit 1977 der hydromechanische Kohleabbau erprobt. Erhebliche Probleme ergaben sich bei der Beherrschung des Nebengesteins und der großen Wassermengen.

Die Mechanisierung des Kohleabbaus hat eine merkliche Verschlechterung der Rohkohleneigenschaften zur Folge. So beträgt der Anteil verwertbarer Förderung an der Rohförderung heute nur noch 55 % und weniger. Zugleich steigt der Gehalt der teuer aufzubereitenden Körnung unter 0,5 mm und die Feuchtigkeit der Rohförderkohle (9).

Aufgabe der Aufbereitung (Abb. 1.16) ist es, einen Qualitäts-Ausgleich zwischen dem Rohkohlenangebot der Grube und den Anforderungen des Marktes zu erreichen. So können der Asche- und der Wassergehalt, zum Teil auch die Körnung und der Schwefelgehalt (Pyrit-Anteil) der Kohle beeinflußt werden. Ein Eingriff in technologische Eigenschaften, wie zum Beispiel die Verkokungseigenschaften oder das Schwel-, Brenn- und Ascheschmelzverhalten, ist dagegen nur begrenzt möglich.

Die Rohförderkohle wird in der Sieberei bei 150 mm abgesiebt. Der Sieb-überlauf wird von Fremdkörpern befreit, auf unter 150 mm zerkleinert und mit dem Siebunterlauf gemeinsam der Aufbereitung zugeführt. Das so vorbereitete Gut wird in Vergleichmäßigungsbunkern oder in Mischlägern homogenisiert. Anschließend wird die Rohwaschkohle bei etwa 10 mm abgesiebt. Setzmaschinen oder auch Schwertrübescheider sortieren das Gut zwischen 120 und 10 mm in drei Produkte: die Berge, die verworfen werden, das Mittelgut, das entweder durch Zerkleinern aufgeschlossen oder unmittelbar einem Kraftwerk zugeführt wird und die gewaschene Nußkohle, die klassiert und versandt wird.

Die Rohfeinkohle bis 10 mm wird im Luftstrom gesichtet, wobei die Körnung unter 0,5 mm (Staub) mehr oder weniger vollständig abgetrennt wird. Die entstaubte Rohfeinkohle (10 bis 0,5 mm) wird Setzmaschinen zur Sortierung in Kohle, Mittelgut und Berge aufgegeben. Die erzeugte Feinkohle wird in Zentrifugen entwässert. Das durch Abrieb entstandene Feinstkorn bildet mit dem Waschwasser eine Suspension und wird mit Hilfe von Flockungsmitteln sedimentiert und entwässert.

Um die nicht verkokbare und nicht in den Kraftwerken gebrauchte Anthrazit-, Mager- und Eßfeinkohle von 6 bis 0 mm direkt in Kleinfeuerungen verwerten zu können, ist ein Stückigmachen dieser Kohlen durch Brikettierung erforderlich. In den letzten Jahren ist die Brikettherstellung infolge der zunehmenden Verwendung von Heizöl im Hausbrandsektor stark zurückgegangen. Außerdem wurde das Verbrennen pechgebundener Briketts im Rahmen des Bundesimmissionsschutzgesetzes eingeschränkt (9).

Es sind daher neue Verfahren zur Herstellung von raucharm verbrennenden Steinkohlenbriketts durch Verwendung von Sulfitablaugen und Spezialbindemitteln anstelle von Pech, durch Heißbrikettierung mit backender Kohle (s. Kapitel 3.4.5.3) und durch thermische Nachbehandlung pechgebundener Briketts entwickelt worden.

In der Förderleistung steht der westdeutsche Steinkohlenbergbau an der Spitze der europäischen Kohleproduzenten. Die tägliche Förderung je Schachtanlage lag in der Bundesrepublik im Jahre 1977 bei über 8.000 t verwertbarer Förderung. Mit einer Untertageleistung von 521 kg je Beschäftigten und Stunde in 1977 führt die Bundesrepublik Deutschland vor Großbritannien (367 kg) und Frankreich (325 kg).

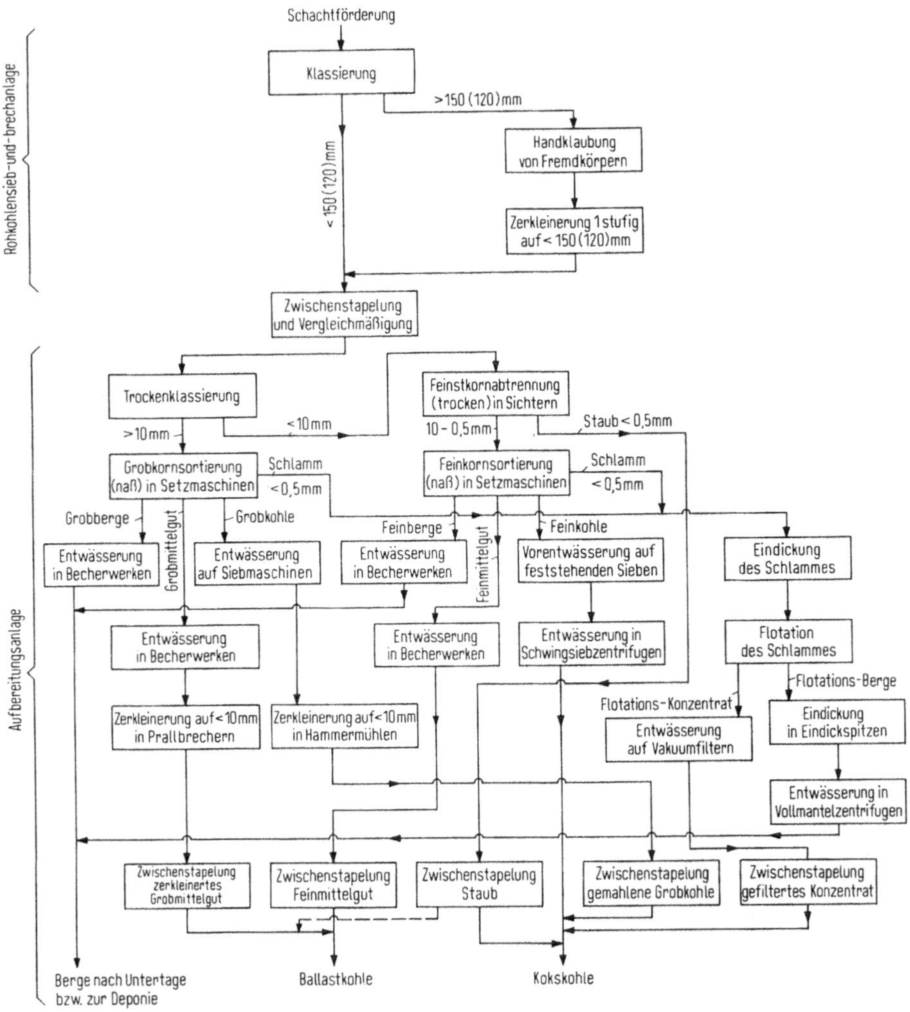

Abb. 1.16: Verfahrensstammbaum einer Rohkohle-Aufbereitungsanlage (9)

1.2.3.6 Braunkohlenlagerstätten in der Bundesrepublik Deutschland

Die bisher nachgewiesenen geologischen Vorräte an Steinkohle in der Bundesrepublik Deutschland sind mit 230 Mrd. t etwa 4 mal höher als die der Braunkohle. Bei einem Vergleich der zur Zeit wirtschaftlich gewinnbaren Vorräte verschiebt sich das Bild. Die Braunkohle liegt hier mit 38,9 Mrd. t deutlich vor der Steinkohle mit 23,9 Mrd. t, wobei allerdings nicht vergessen werden darf, daß die Steinkohle wesentlich energie- und kohlenstoffreicher ist als die Braunkohle. So ist der Heizwert der Steinkohle rund 3 mal größer als der Heizwert der Braunkohle.

Tabelle 1.13: Vorräte an Steinkohle und Braunkohle in der Welt und in der Bundesrepublik Deutschland (19)

Mrd. Tonnen	Geologische Vorräte		Wirtschaftlich gewinnbare Vorräte	
	Steinkohle	Braunkohle	Steinkohle	Braunkohle
Bundesrepublik Deutschland	230,3	61,1	23,9	38,9
W E L T	7.724,8	4.805,0	492,4	403,4

Weltweit sind von der Menge her gesehen die wirtschaftlich abbaubaren Vorräte an Steinkohle mit rund 490 Mrd. t und an Braunkohle mit etwa 400 Mrd. t durchaus vergleichbar. Die mit weitem Abstand größten Braunkohlenvorräte der Welt liegen in den USA, die über 87 % der geologischen Vorkommen bzw. 48 % der wirtschaftlich abbaubaren Vorräte verfügen.

Die Vorräte an Braunkohle in der Bundesrepublik Deutschland, die an das kohlenführende Tertiär gebunden sind, belaufen sich auf etwa 61 Mrd. t. Von diesen beachtlichen Vorräten sind nach dem heutigen Stand der Tagebautechnik und nach den derzeitigen Energiepreisen etwa 39 Mrd. t, also 64 %, wirtschaftlich gewinnbar.

Rund 90 % der Braunkohlenreserven liegen im Rheinland. Der Rest verteilt sich auf die Reviere Helmstedt, Hessen und Bayern. 87 % der Gesamtbraunkohlenförderung in der Bundesrepublik Deutschland stammten im vergangenen Jahr aus dem rheinischen Braunkohlebergbau. Das rheinische Braunkohlenrevier ist die größte Braunkohlenlagerstätte Europas. Es handelt sich um eine sogenannte miozäne Braunkohle, die im Tagebau abgebaut wird. Die Kohle hat bei einem Wassergehalt von durchschnittlich 59 % und einem Aschegehalt von 2 - 8 % einen Heizwert von ca. 8 MJ/kg. Mit Zunahme der Teufe der Flöze steigt der Heizwert an.

Tabelle 1.14: Braunkohlenförderung in der Bundesrepublik Deutschland im Jahre 1977 aufgeteilt nach Revieren (19)

Revier	Mill. Tonnen	%
Rheinland	107,8	87
Bayern	7,6	6
Helmstedt	4,6	4
Hessen	2,9	3
Gesamt :	122,9	100

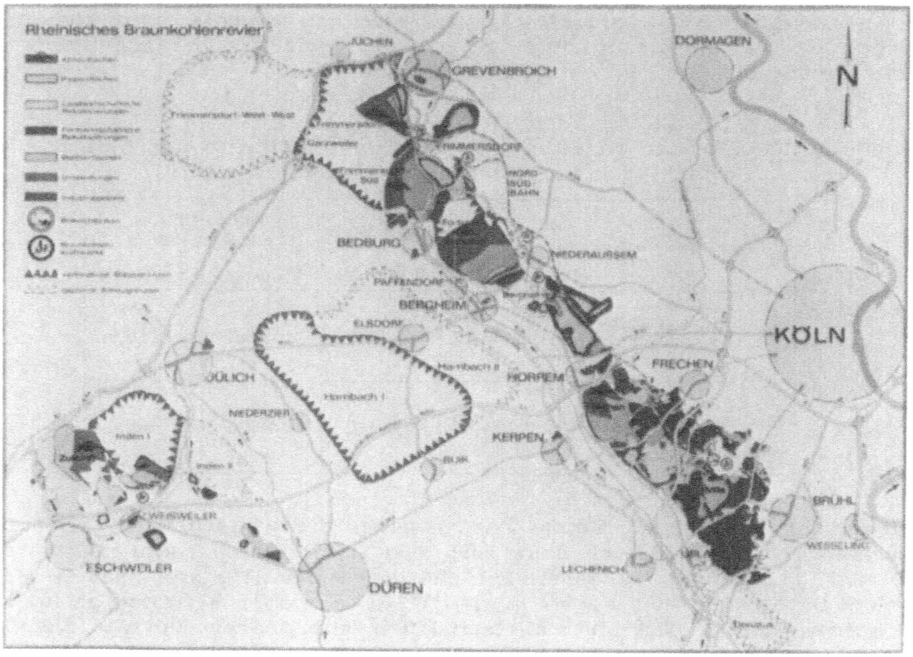

Abb. 1.17: Rheinisches Braunkohlenrevier (20)

Von den Anfängen des Braunkohlenbergbaus im vorigen Jahrhundert bis etwa gegen Ende des 2. Weltkrieges wurden fast ausschließlich Braunkohlenflöze abgebaut, die wenige Meter unter der Erdoberfläche anstanden. Derzeitig müssen im Rheinischen Braunkohlenrevier überdeckende Abraumschichten bis zu 250 m Mächtigkeit abgetragen werden, bevor die Braunkohle gefördert werden kann.

Die Grundvoraussetzung für die Erschließung eines Tagebaus ist, daß den abzubauenden Schichten das Wasser entzogen wird. Dazu sind am Tagebaurand und in der Fließrichtung der Grundwasserströme Brunnengalerien installiert, die den Grundwasserspiegel mit Hilfe von Tauchmotorpumpen auf die erforderliche Tiefe absenken.

Mit einer jährlichen Gesamtleistung von 150 Mio m^3 Abraum und Kohle ist der Tagebau Fortuna der derzeit größte Bergwerksbetrieb der Erde. Sein Kohleinhalt betrug 1976 rund 429 Mio t, die voraussichtlich Mitte bis Ende der 90er Jahre gewonnen sein werden. Die Flöze haben eine Mächtigkeit bis zu 70 m. Die riesigen Mengen, die bewegt werden müssen, erfordern Fördergeräte mit einer außerordentlich hohen Kapazität. Zum Einsatz gelangen Schaufelradbagger, deren größte Typen eine tägliche Förderleistung von über 200.000 m^3 erreichen.

Im rheinischen Revier ist 1978 der Neuaufschluß Hambach I begonnen worden. Bei einer vorgesehenen Tiefe bis zu 470 m ist eine tägliche Kohlenförderung von 150.000 t bei einer Abraumbewegung von über 750.000 m^3

Abb. 1.18: Schaufelradbagger (Photo: Rheinbraun AG, Köln)

vorgesehen. Wegen der zunächst erforderlichen Entfernung der Abraumschichten wird in Hambach I erst im Jahre 1981 mit der Braunkohlenförderung begonnen werden.

1.2.3.7 Klassifizierung der Kohlen

Zur Bewertung der Kohlen hinsichtlich ihrer Verwendung als Brenn- und Rohstoff wurden in verschiedenen Ländern Klassifikationssysteme aufgestellt. Allen Einteilungssystemen ist gemeinsam, daß neben einer Kennzahl für den Inkohlungsgrad noch 1 bis 2 weitere Ziffern zur Charakterisierng des technologischen Verhaltens hinzukommen (8).

Die in Europa übliche Einteilung in Braun- und Steinkohlen erfolgt aufgrund des Brennwertes der lufttrockenen (30 ^{o}C, 96 % Luftfeuchte) und aschefreien Substanz. Dieser beträgt bei Steinkohlen mindestens 23.900 kJ/kg.

Als Maßstab für den Inkohlungsgrad gilt in der Bundesrepublik Deutschland die Bestimmung der Flüchtigen Bestandteile nach DIN 51 720. Die Bestimmung erfolgt durch Probeverkokung im Quarzglastiegel bei 900 ^{o}C unter genau festgelegten Bedingungen.

Tabelle 1.15: Internationale Klassifizierung der Steinkohlen (ECE)

Gruppen Backvermögen: zweite Stelle der Kennzahl	Alternativ-Parameter: Blähzahl (Swelling-Index)	Alternativ-Parameter: Backzahl nach ROGA	Kennzahlen										Untergruppen Kokungsvermögen: dritte Stelle der Kennzahl	Alternativ-Parameter: Dilatationsverlauf %	Alternativ-Parameter: GRAY-KING-Kokstyp
3	4½ bis 9	> 45					435	535	635				5	> 140	> G8
						334	434	534 [Vc]	634				4	> 50 bis 140	G5 bis G8
						333 [Vᴀ]	433 [Vʙ]	533	633	733			3	> 0 bis 50	G1 bis G4
						332 a, 332 b	432	532	632 [Vᴅ]	732	832		2	≦ 0	E bis G
2	2½ bis 4	> 20 bis 45				323	423	523	623 [VIᴀ]	723	823		3	> 0 bis 50	G1 bis G4
						322 [IV]	422	522	622	722	822		2	≦ 0	E bis G
						321	421	521	621 [VIʙ]	721	821		1	nur Kontraktion	B bis D
1	1 bis 2	> 5 bis 20			212	312	412	512	612	712	812		2	≦ 0	E bis G
					211	311 [III]	411	511	611 [VII]	711	811		1	nur Kontraktion	B bis D
0	0 bis ½	0 bis 5		100 A, B [I]	200 [II]	300	400	500	600	700	800	900	0	keine Erweichung	A
Klassen	erste Stelle der Kennzahl		0	1	2	3	4	5	6	7	8	9	Anhaltswerte für Flüchtige Bestandteile Klasse 6: 33 bis 41 Massen-% Klasse 7: 33 bis 44 Massen-% Klasse 8: 35 bis 50 Massen-% Klasse 9: 42 bis 50 Massen-%		Die Kohlenproben dürfen bei den Untersuchungen nicht mehr als 10 % Massen-% Asche enthalten, andernfalls muß die Kohle aufbereitet werden.
	Flüchtige Bestandteile der wasser- und aschefreien Substanz Massen-%		0 bis 3	> 3 bis 10 (> 3 bis 6,5 / > 6,5 bis 10)	> 10 bis 14	> 14 bis 20 (> 14 bis 16 / > 16 bis 20)	> 20 bis 28	> 28 bis 33	> 33						
	Brennwert der lufttrockenen (30°C, 96 bis 97 % Luftfeuchte) und aschefreien Substanz kJ/kg								> 32400	32400 bis > 30100	30100 bis > 25500	25500 bis > 23900	Römische Zahlen: Statistische Klassifikationsgruppen nach Kohlenarten		

Tabelle 1.16: Internationale Klassifizierung der Braunkohlen nach ISO-2950

Gruppenparameter: Teerausbringung, trockene aschefreie Basis (waf)	**Gruppenzahl**	**Codezahl**					
> 25	4	14	24	34	44	54	64
> 20 zu 25	3	13	23	33	43	53	63
> 15 zu 20	2	12	22	32	42	52	62
> 10 zu 15	1	11	21	31	41	51	61
≤ 10	0	10	20	30	40	50	60
Klassenzahl:		1	2	3	4	5	6
Klassenparameter: Gesamt-Feuchtigkeitsgehalt von geförderter Kohle auf aschefreier Basis		≤ 20	> 20 zu 30	> 30 zu 40	> 40 zu 50	> 50 zu 60	> 60 zu 70

Die nach DIN 51 720 ermittelte Menge der flüchtigen Bestandteile entsteht bei technischen Prozessen nur dann, wenn sie nach den gleichen Erhitzungsbedingungen arbeiten.

Nach der vom Coal Commitee of the Economic Comission for Europe (ECE) verabschiedeten internationalen Klassifikation werden die Steinkohlen in neun Klassen eingeteilt (vergl. DIN 23003), wobei jede Steinkohle durch eine dreiziffrige Code-Nummer gekennzeichnet wird. Die erste Ziffer gibt die Steinkohlenklasse an. Die Einteilung der Klassen erfolgt anhand der flüchtigen Bestandteile, ermittelt nach DIN 51 720 (Klasse 1-5) sowie nach dem Brennwert entsprechend DIN 51 900 (Klasse 6-9). Die zweite Ziffer kennzeichnet die Gruppe, wobei die Unterteilung nach dem Backvermögen vorgenommen wird. Das Backvermögen kann durch die Blähzahl (free-swelling index, DIN 51741) oder die Backzahl nach Roga charakterisiert werden.

Durch die dritte Ziffer werden die Untergruppen festgelegt. Hier dient das Kokungsvermögen zur Unterteilung. Es wird durch den Dilatationsverlauf (DIN 51 739) oder durch den Gray-King-Test festgelegt.

Zur Klassifikation von Braunkohlen nach ISO 2950 werden aufgrund des Teerausbringens fünf Gruppen unterschieden, die ihrerseits aufgrund des Wassergehaltes der grubenfeuchten Kohlen in 6 Klassen unterteilt werden.

In den USA werden nach ASTM-D 388 vier Inkohlungsklassen I-IV unterschieden. Bei hochinkohlten Kohlen werden die Klassen aufgrund des Gehaltes an Kohlenstoff und an flüchtigen Bestandteilen (Klassen I und II_{1-3}), bei niedrig inkohlten Kohlen aufgrund des Brennwertes (Gruppen II_{3-5}, III, IV) in Gruppen unterteilt. Der Unterschied in den Kriterien beruht darauf, daß der Brennwert bei den höher inkohlten Kohlen nur noch geringe Abweichungen aufweist.

Tabelle 1.17: Klassifizierung der Kohlen nach ASTM-D 388

Class	Group	Fixed carbon limits, % (dry mineral-matter-free basis)	Volatile matter limits, % (dry mineral-matter-free basis)	Calorific value limits, Btu/lb (moist mineral-matter-free basis)	Agglomerating character
I Anthracitic	1. Meta-anthracite	$\geq$ 98	$\leq$ 2	–	Nonagglomerating
	2. Anthracite	92 – 98	2 – 8	–	
	3. Semianthracite	86 – 92	8 – 14	–	
II Bituminous	1. Low volatile bituminous coal	78 – 86	14 – 22	–	Commonly agglomerating
	2. Medium volatile bituminous coal	69 – 78	22 – 31	–	
	3. High volatile A bituminous coal	< 69	> 31	$\geq$ 14000	
	4. High volatile B bituminous coal	–	–	13000 – 14000	
	5. High volatile C bituminous coal	–	–	11500 – 13000 10500 – 11500	Agglomerating
III Subbituminous	1. Subbituminous A coal	–	–	10500 – 11500	Nonagglomerating
	2. Subbituminous B coal	–	–	9500 – 10500	
	3. Subbituminous C coal	–	–	8300 – 9500	
IV Lignitic	1. Lignite A	–	–	6300 – 8300	
	2. Lignite B	–	–	< 6300	

1.3 Verfügbarkeit und Verwendung fossiler Rohstoffe

Die zur Zeit nachgewiesenen geologischen Vorräte in der Welt an den fossilen Rohstoffen Kohle, Erdöl und Erdgas liegen in der Größenordnung von 13.000 Mrd. t SKE, das entspricht $3{,}7 \cdot 10^{14}$ MJ (19). Davon entfallen 62 % auf Steinkohle, 19 % auf Braunkohle, 17 % auf Erdöl, und zwar einschließlich Ölschiefer und Teersande, und nur 2 % auf Erdgas.

Die nach dem heutigen Stand der Technik wirtschaftlich abbaubaren Kohlevorräte betragen 636 Mrd. t SKE bzw. $1{,}9 \cdot 10^{12}$ MJ. Bei Berücksichtigung der zur Zeit geplanten nuklearen Elektrizitätserzeugung würden sie für 235 Jahre reichen.

Auf der Basis dieser Rohstoffreserven und unter Annahme von jährlichen Erdölexplorationsraten von etwa 2 Mrd. t wird der Höhepunkt des Erdölverbrauches im Jahre 1995 erreicht sein.

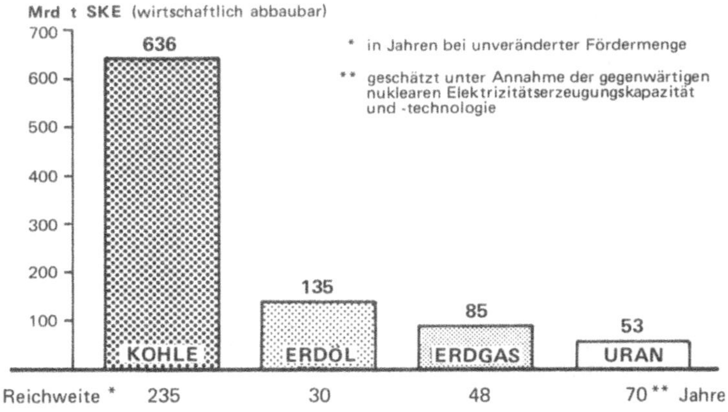

Abb. 1.19: Weltenergiereserven (21)

Da zu erwarten ist, daß infolge der steigenden Rohstoffpreise der Nutzungsgrad, der zur Zeit bei den Energierohstoffen außerordentlich niedrig ist, erheblich steigen wird und da außerdem im Laufe der nächsten Jahrzehnte wahrscheinlich neue Energiearten eine zunehmend größere Bedeutung gewinnen werden, dürfte es möglich sein, die fossilen Rohstoffvorräte wesentlich zu strecken. Diese Aussage ist umso mehr berechtigt, als bei den bisherigen Prognosen die riesigen Vorräte an Ölschiefer und Teersanden, die zur Zeit noch nicht abgebaut werden, keine Berücksichtigung gefunden haben.

Im Jahre 1977 wurden weltweit 3,4 Mrd. t Kohle und 3,0 Mrd. t Erdöl gefördert. Die Weltkohleförderung stieg in den letzten beiden Jahrzehnten um ein Drittel, während die Erdölförderung sich in dem gleichen Zeitraum verdreifachte, in der absoluten Menge die Kohleförderung jedoch noch nicht erreichte. Von der Weltkohleförderung des Jahres 1977 entfielen drei Viertel (2,536 Mrd. t) auf Steinkohle und ein Viertel (1,898 Mrd. t) auf Braunkohle (bezogen auf SKE).

Nach den vorliegenden Schätzungen soll die Weltkohleproduktion sich bis zum Jahre 1985 um ein weiteres Drittel auf über 4 Mrd. t pro Jahr erhöhen. In Westeuropa, wo die Kohleförderung in den letzten beiden Jahrzehnten stetig zurückging, soll bei gleichzeitiger Erschließung neuer Lagerstätten die ursprünglich vorgesehene weitere Drosselung der Kohleproduktion gestoppt werden.

Abb. 1.20 zeigt, daß auch bei weiter ansteigender Erdölförderung bis 1990 gewaltige Aufgaben auf die Kohle zukommen.

Da sowohl bei der Kohle als auch beim Erdöl der Verbrauch als Chemierohstoff rein mengenmäßig derzeitig nur eine untergeordnete Rolle spielt, darf bei einer Betrachtung der Versorgungssituation für Chemiekohlenstoff die Energieproblematik nicht außeracht gelassen werden. Die gern vertretene These, Erdöl und Kohle seien als Energierohstoffe viel zu schade, klingt zwar recht überzeugend, sie geht aber an den tatsächlichen Gegebenheiten,

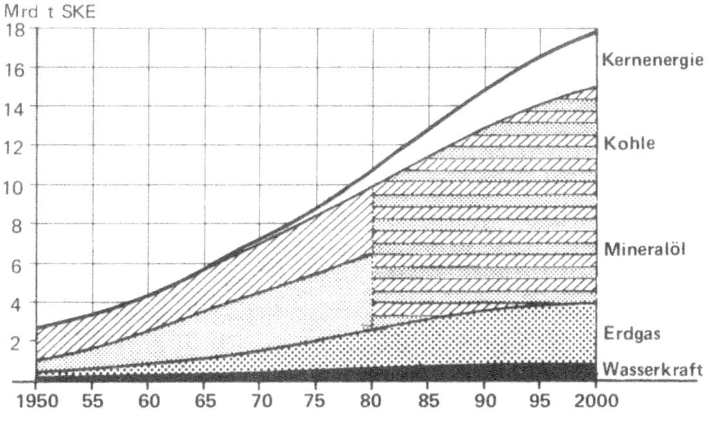

Abb. 1.20: Weltenergiebedarf und seine Deckung in den Jahren 1950 - 2000(6)

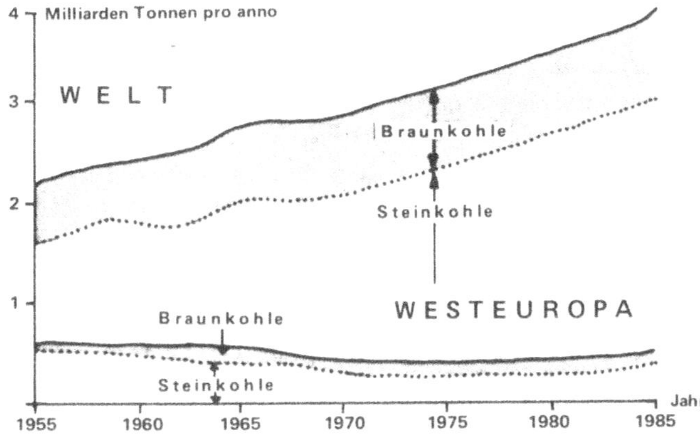

Abb. 1.21: Weltkohleförderung 1955 bis 1985

wie sie zur Zeit und selbst bei größtem Optimismus mit Sicherheit auch noch in den nächsten 15 Jahren bestehen werden, völlig vorbei (22).

Der Primärenergieverbrauch der Bundesrepublik Deutschland im Jahre 1978 betrug 387 Mio t SKE. Die Deckung dieses Bedarfes erfolgte zu rund 2/3 durch Erdöl und Erdgas (52 % Erdöl, 16 % Erdgas) und zu 27 % durch Kohle (18 % Steinkohle, 9 % Braunkohle). Die restlichen 5 % entfielen vornehmlich auf Kernenergie (3 %) und Wasserkraft (2 %).

Für die Stromerzeugung, die in der Bundesrepublik Deutschland derzeit zu 87 % von öffentlichen Kraftwerken, zu 11 % aus Eigenanlagen der Industrie und zu 2 % von der Deutschen Bundesbahn aus Eigenanlagen getragen wird, wurden rund 30 % der Primärenergie verbraucht.

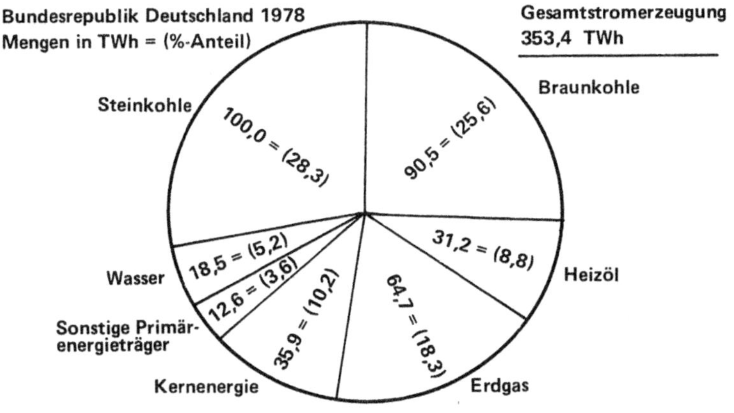

Abb. 1.22: Anteile der Primärenergieträger an der Stromerzeugung in der Bundesrepublik Deutschland 1978 (23)

Über die Hälfte des in der Bundesrepublik Deutschland verbrauchten Erdöls - 1978 waren es rund 138 Mio t - dienten zur Erzeugung von Wärme, 27 % als Kraftstoffe, 5 % zur Erzeugung von Strom, 3 % als Straßenbaustoffe und nur 9 % fanden Verwendung als Chemierohstoffe.

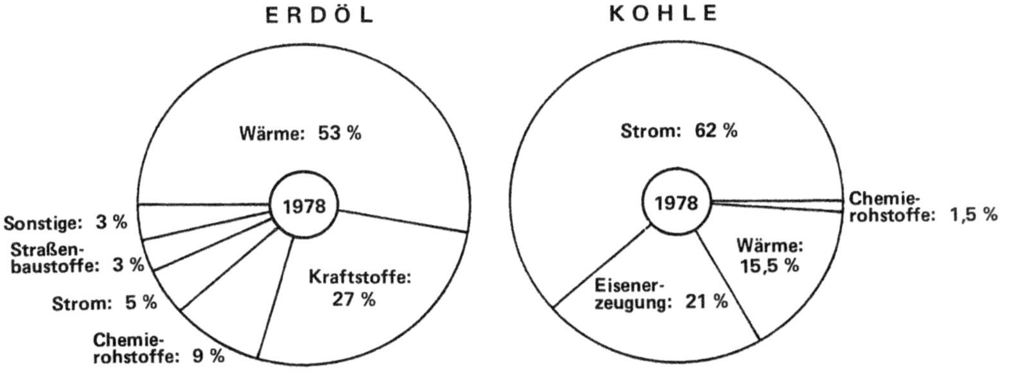

Abb. 1.23: Verbrauchsstruktur von Erdöl und Kohle (Braun- und Steinkohle) in der Bundesrepublik Deutschland

Die Verbrauchsstruktur der Kohle (Abb. 1.23) zeigt zwar ein gänzlich anderes, bezüglich der Verwendung als Chemierohstoff aber noch bescheideneres Bild. Im Jahre 1978 dienten 62 % des gesamten Kohleverbrauches in Höhe von 105 Mio t SKE zur Erzeugung von Strom, 21 % reduzierten in Form von Hüttenkoks Eisenerz zu metallischem Eisen, 15,5 % dienten zur Wärmegewinnung und nur rund 1,5 % fanden als Chemierohstoffe im engeren Sinne, und zwar im wesentlichen in Form von Kokereinebenprodukten, Verwendung.

Tabelle 1.18: Mineralölverbrauch in der Bundesrepublik Deutschland 1977/78 (3)

Inlandsabsatz in Tt	**1977**	**1978**	1978/77 ±%
Flüssiggas	2.734	2.768	+ 1,2
Motorenbenzin	21.809	23.015	+ 5,5
(darunter: Superbenzin)	(12.813)	(13.549)	(+ 5,7)
Flugbenzin	40	38	– 5,0
Spezialbenzin	109	97	– 11,0
Testbenzin	180	164	– 8,9
Rohbenzin	5.280	5.687	+ 7,7
Petroleum	65	65	0,0
Flugturbinenkraftstoff	2.184	2.397	+ 9,8
Dieselkraftstoff	11.677	12.174	+ 4,3
Schmieröle und Schmiermittel	1.118	1.141	+ 2,1
Heizöl, leicht	47.142	50.148	+ 6,4
Heizöl, mittel und schwer	22.063	22.217	+ 0,7
Paraffine, Vaselin	166	163	– 1,9
Bitumen	3.852	3.891	+ 1,0
Petrolkoks	1.519	1.380	– 9,2
Raffineriegas	1.906	1.965	+ 3,1
Extrakte, Rückstände u.and. Prod.	2.066	2.466	+ 19,4
Summe:	123.910	129.776	+ 4,7
Eigenverbrauch der Raffinerien			
Heizöl, leicht	48	29	– 39,6
Heizöl, schwer	4.033	3.798	– 5,8
Petrolkoks	328	316	– 3,7
Raffineriegas	3.418	3.574	+ 4,6
Summe:	7.827	7.717	– 1,4
insgesamt :	131.737	137.493	+ 4,4

Tabelle 1.19: Gasaufkommen[x] in der Bundesrepublik Deutschland 1977 in Mrd. m^3, $H_o = 9,769$ kWh/m^3 (24)

Gasart	**1977** Menge	**1977** Anteil	**1977/76** Veränd g. %
Erd- und Erdölgas	**51,348**	69,2	+ 6,9
Gruben- und Klärgas	**0,477**	0,6	– 3,2
Gas aus Mineralölerzeugnissen [1])	**10,947**	14,7	+ 0,3
Kokereigas	**6,493**	8,8	– 14,9
Hochofengas	**4,936**	6,7	– 13,4
Generatorgas	**0,024**	—	– 31,4
insgesamt:	**74,225**	100,0	+ 1,9

[1]) Raffineriegas, Raffinerie-Spaltgas, Flüssiggas, Gas aus Leichtbenzin, Ölen und Teer

[x]) Der Unterschied zwischen dem Gasverbrauch und Gasaufkommen beruht auf Eigenverbrauch, Verlusten und Beständen (Ausfuhr: 10,9 Mrd m^3)

Tabelle 1.20: Gasverbrauch[x)] 1977 in der Bundesrepublik Deutschland in Mrd. m³, H_o= 9,769 kWh/m³ (24)

Hauptverbrauchergruppen	1977 Menge	Anteil	1977/76 Veränd. %
Eisenindustrie	**11,953**	17,8	– 4,2
Chemische Industrie	**9,376**	14,0	+ 1,6
Industrie der Steine u. Erden, Glas und Keramik	**3,774**	5,6	+ 2,0
Übrige Industrie	**9,924**	14,8	– 1,8
Elektrizitäts- und Wärmekraftwerke	**15,737**	23,4	– 0,5
Haushalte	**9,789**	14,6	+ 3,7
Sonstige Abnehmer	**6,553**	9,8	+ 24,3
insgesamt:	**67,106**	100,0	+ 1,6

x) siehe Fußnote, Tabelle 1.19

Tabelle 1.21: Aufkommen und Verwendung von Steinkohlen in der Bundesrepublik Deutschland 1977 in 1.000 t; Heizwert H_n 29.300 kJ/kg (25)

Aufkommen und Verwendung	1977	Verändg. 1977/76 in %
Förderung	**84.840**	– 5,0
Haldenbestände [1])	**18.702**	+ 38,7
Verbrauch von Einsatzkohle für die Brikett- und Koksproduktion sowie in Zechenkraftwerken [2])	**29.688**	– 13,1
Zechenselbstverbrauch und Deputate	**733**	– 13,5
Versorgung des Bundesgebietes mit Steinkohle, Steinkohlenbriketts und -koks [3])	**54.924**	– 15,0
Verbrauch im Bergbau und Verarbeitenden Gewerbe	**34.354**	– 3,8
darunter: Chemische Industrie	**3.957**	– 0,8
davon: Steinkohlen und -briketts	**3.519**	– 1,0
Steinkohlenkoks	**438**	+ 0,6

1) einschl. Zechenkoks und Briketts
2) ohne Einsatzkohle bei Hüttenkokereien und bei Gaswerken
3) errechnet unter Berücksichtigung der Veränderung der Haldenbestände sowie der Ein- und Ausfuhr

Tabelle 1.22: Aufkommen und Verwendung von Braunkohlen in der Bundesrepublik Deutschland 1977 in 1.000 t SKE ; Heizwert H_n 29.300 kJ/kg (25)

Aufkommen und Verwendung	1977	Verändg. 1977/76 in %
Förderung	**33.188**	– 8,6
Verbrauch von Einsatzkohle für Brikett- und Schwelkoksproduktion [1]) sowie Herstellung von Staub- u. Trockenkohle u. in eigenen Kraftwerken	**2.934**	– 3,2
Selbstverbrauch und Deputate	**628**	+ 0,3
Versorgung des Bundesgebietes mit Braunkohle, Briketts, Schwelkoks [1]), Staub- u. Trockenkohle sowie Hartbraunkohle [2])	**33.890**	– 8,4
Verbrauch im Bergbau und Verarbeitenden Gewerbe	**2.534**	– 3,2
darunter: Chemische Industrie	**536**	+ 4,8
davon: Rohbraunkohle	**365**	+ 5,4
Braunkohlenbriketts und -koks [1])	**69**	– 9,0
sonstige Braunkohlen	**102**	+ 14,6

1) Umrechnung in Tonnen Steinkohleneinheiten (SKE) nach: 1 t Steinkohle = 0,97 Steinkohlenkoks; 0,27 Braunkohle; 0,69 Braunkohlenbriketts u. -koks
2) errechnet unter Berücksichtigung der Ein- und Ausfuhr

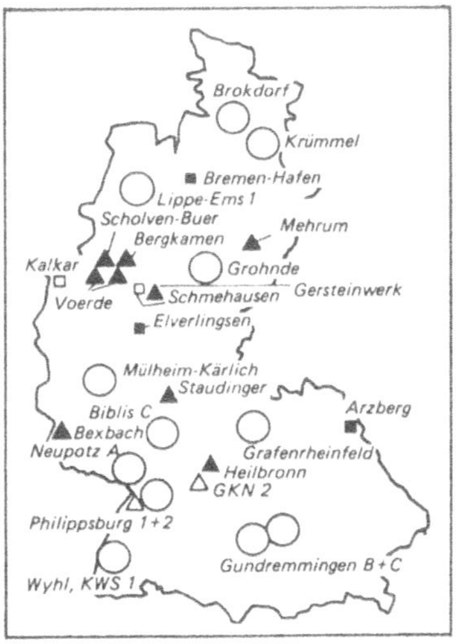

Einheiten-größe	Kernkraftwerke	konv. Wärme-kraftwerke
bis 500 MW	□	■
500–1000 MW	△	▲
> 1000 MW	○	●

Abb. 1.24: Ausbau der Kraftwerksleistung in der Bundesrepublik Deutschland: Stand Jan. 1979 (26)

Die installierte Leistung der Kernkraftwerke in der Bundesrepublik Deutschland (ohne Versuchskraftwerke unter 100 MW) betrug Anfang 1979 insgesamt 8.200 MW in 11 Kraftwerksblöcken. Zusätzlich zu dem bereits fertiggestellten Kraftwerk Philippsburg 1 befinden sich noch weitere 8 Kernkraftwerksblöcke im Bau. Drei weitere Projekte haben zwar eine erste Errichtungsgenehmigung, können sie jedoch derzeit nicht nutzen, da die Vollziehbarkeit durch Verwaltungsgerichte aufgehoben ist. Etwa 10 weitere Kraftwerksprojekte mit zusammen 12.500 MW befinden sich derzeit im Stadium der Planung, haben aber noch keine Teilerrichtungsgenehmigung. Mit einer Fertigstellung dieser Kraftwerke ist vor 1985 nicht zu rechnen, so daß bei realistischer Einschätzung die insgesamt installierte Leistung 1985 nur wenig über 20.000 MW kommen kann.

In der Erzeugung von Kernenergie führen mit weitem Abstand die USA vor der UdSSR, Frankreich und Japan; die Bundesrepublik Deutschland nimmt den 5. Rang ein. Mitte 1978 waren in der gesamten Welt 206 Kernkraftwerke mit insgesamt rund 110 000 MW in Betrieb, weitere 244 Blöcke mit insgesamt rund 220 000 MW im Bau und weitere 130 Blöcke mit rund 130 000 MW so weit in der Planung, daß mit der Fertigstellung zwischen 1985 und 1990 gerechnet werden kann.

Die im März 1977 vom Bundeskabinett verabschiedeten Grundlinien und Eckwerte für die zweite Fortschreibung des Energieprogrammes führen für 1985 zu einem Primärenergieverbrauch von 483 Mio t SKE (Tabelle 1.24).

Die Planung für 1985 geht davon aus, daß die Kernenergie kräftig ausgebaut wird und bereits 10 % des Primärenergieverbrauchs deckt. Wegen der eingetretenen Verzögerung bei dem Bau neuer Kernkraftwerke (s. Tabelle 1.23) ist diese Planung heute nicht mehr realistisch. Der Anteil der Kernenergie wird 1985 deutlich unter 10 % liegen. Die entstehende Deckungs-

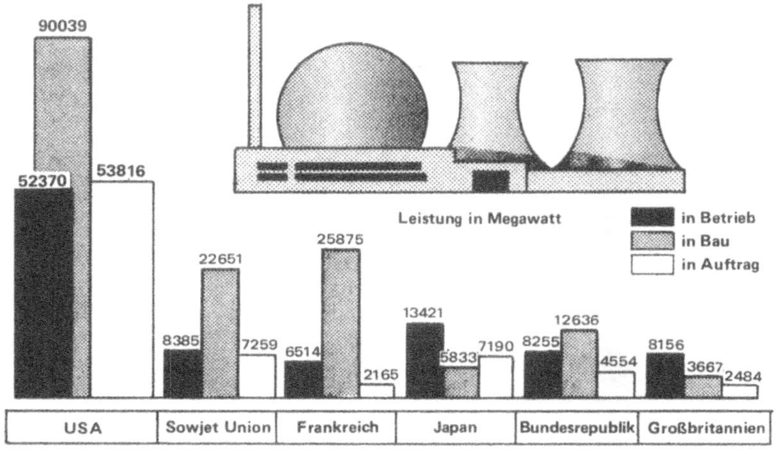

Abb. 1.25: Stromerzeugung aus Kernenergie nach Ländern, Stand Ende 1978, Quelle: Französisches Atomenergie-Kommissariat

lücke wird von der Kohle übernommen werden müssen, so daß sich deren Beitrag zur Deckung des Primärenergieverbrauchs erhöhen wird.

Recht interessant ist ein Blick auf das Jahr 2000. Nach den Prognosen des Deutschen Institutes für Wirtschaftsforschung, Berlin, des Energiewirtschaftlichen Institutes an der Universität Köln und des Rheinisch-westfälischen Institutes für Wirtschaftsforschung, Essen, wird der Primärenergieverbrauch der Bundesrepublik im Jahre 2000 auf 600 Mio t SKE geschätzt. Auch nach 1985 rechnet man mit einem weiteren Zuwachs des Energiebedarfes, der mit einem Anstieg von 0,8 % pro Jahr aber sehr bescheiden ausfällt. Die Ursache für diese deutliche Reduzierung der Energiezuwachsrate, die in den Jahren zwischen 1977 und 1985 noch bei 1,6 % liegt, ist das zunehmende Wirksamwerden der durchgeführten Maßnahmen zur rationellen Energieverwendung.

Für die Kernenergie wird angenommen, daß sie rund 27 % des Primärenergiebedarfes zur Jahrtausendwende deckt. Dies würde einen Ausbau der Leistung der Kernkraftwerke auf etwa 80.000 MW erforderlich machen. Der Anteil des Mineralöls und des Erdgases wird deutlich sinken und nur noch etwa 43 % der Deckung des Primärenergieverbrauches übernehmen.

Für die Steinkohle sagen die Prognosen nach 1985 auch in der Bundesrepublik Deutschland eine Tendenzwende voraus:
Nach der Schrumpfungsperiode während der 16-jährigen Kohlenkrise von 1957 bis 1973 wird davon ausgegangen, daß die tendenzielle Stabilisierungsphase, die mit der Ölkrise des Jahres 1973 begann, bis zum Jahre 1985 anhält, allerdings auch weiterhin zeitweise belastet von gravierenden Problemen. Nach 1985 beginnt für die deutsche Kohle wieder ein neuer Aufschwung, vergleichbar mit der Zeit, als Kohle die Industrialisierung in Deutschland eingeleitet und getragen hat sowie vergleichbar mit der Zeit nach dem zweiten Weltkrieg, als eine steigende Kohleförderung den Wiederaufbau der Wirtschaft ermöglichte.

Tabelle 1.23: Neu- und Erweiterungsbauten von Kraftwerken in der Bundesrepublik Deutschland mit Einheiten über 100 MW 1979 - 1987 (26)

Betreiber	Kraftwerk	Netto-leistung MW	Energie-träger	V	geplante Betriebs-aufnahme
BW/EVS	Philippsburg 1	864	K (SWR)	★	1979
VKR	Scholven-Buer	687	SK	★	1979
Preag/Stw. Hann/Braunschw.	Mehrum	650	SK	★	1979
Preag	Staudinger	620	Ö/E	★	1979
Stw. Bremen	Bremen-Hafen	300	SK	★	1979
BELG	Arzberg	122	BK	★	1979
BAG	Grafenrheinfeld	1.225	K (DWR)	★	1980
HEW/NWK	Krümmel	1.260	K (SWR)	★	1981
VEW / STEAG	Bergkamen	680	SK	★■	1981
BAG / RWE	Gundremmingen B	1.244	K (SWR)	★	1982
RWE	Mülheim-Kärlich	1.223	K (DWR)	★	1982
BW / BAG / EVS	Bexbach (Saar)	690	SK	★	1982
EW Mark	Elverlingsen	300	SK	★	1982
THTR	Schmehausen	300	K (HTR)	★	1982
Preag/Interargem	Grohnde	1.300	K (DWR)	★	1983
BW / EVS	Philippsburg 2	1.280	K (DWR)	★	1983
BAG / RWE	Gundremmingen C	1.244	K (SWR)	★	1983
RWE/SER/Synatom	Kalkar	295	K (SNR)	★	1983
STEAG	Voerde	2 x 654	SK	■	1983
HEW / NWK	Brokdorf	1.290	K (DWR)	★	1984
VEW	Gersteinwerk	700	SK / E	★	1984
EVS	Heilbronn	675	SK / E	★	1984
BW / EVS	Wyhl, KWS 1	1.250	K (DWR)	★	1986
RWE / Pfalzwerke	Neupotz A	1.247	K (DWR)	★	1986
RWE	Biblis C	1.228	K (DWR)	★	1986
Neckarwerke, TWS, EW Heilbronn, DB	Gemeinschafts-Kernkraftwerk Neckar 2	775	K (DWR)	★	1986
VEW	Lippe-Ems 1	1.230	K (DWR)	★	1987

SK = Steinkohle, BK = Braunkohle, Ö = Heizöl, E = Erdgas, K = Kernenergie
V = Versorgungsbereich: ★ = Öffentliche Versorgung, ■ = Industrie

Bei den Prognosen sollte nicht dem Versuch der exakten Schätzung des künftigen Kohlebedarfs die ausschlaggebende Bedeutung zugemessen werden, sondern vielmehr der Tatsache, daß alle Überlegungen zu dem Ergebnis führen, daß der Kohlebedarf deutlich steigen wird.

Daraus ist zu folgern, daß auf das Erdölzeitalter ein neues Kohlezeitalter folgen wird. Dafür müssen schon jetzt die Weichen gestellt und die Voraussetzungen geschaffen werden, da nur bei rechtzeitigem Handeln die Folgen des Rückganges der Erdöl- und Erdgasvorräte ohne ernsthafte Erschütterungen kompensiert und die Aufgaben, die in der Zukunft auf uns zukommen, bewältigt werden können. Daß auch die Erdölindustrie diese Tendenzwende und die daraus resultierende Herausforderung erkannt hat, zeigt die Tatsache, daß die amerikanischen Ölkonzerne inzwischen die größten Kohleproduzenten der Vereinigten Staaten geworden sind. Wie aussichtsreich diese Gesellschaften die Chancen der Kohle beurteilen, zeigt eine veröffentlichte Studie des größten Ölkonzerns der Welt, der Exxon Corp., die davon ausgeht, daß sich die Weltkohleförderung (ohne Ostblock) bis zum Jahre 1990 verdoppeln wird.

Tabelle 1.24: Entwicklung des Primärenergieverbrauchs der Bundesrepublik Deutschland bis 1985 und 2000

Mio t SKE (%)	1977 (IST)		1985 *)		2000	
Mineralöl	193,5	(52,2)	223	(46)	162	(27,0)
Erdgas	55,0	(15,0)	88	(18)	97	(16,0)
Steinkohle	65,7	(17,7)	75	(16)	102	(17,0)
Braunkohle	35,2	(9,5)	35	(7)	38	(6,5)
Kernenergie	11,7	(3,2)	50	(10)	163	(27,0)
Sonstige	9,0	(2,4)	12	(3)	38	(6,5)
Gesamtverbrauch	370,1	(100,o)	483	(100)	600	100,0)

*) nach den Grundlinien und Eckwerten für die Fortschreibung des Energieprogrammes der Bundesregierung vom 23. März 1977

1.4 Kosten fossiler Rohstoffe

Nach den Regeln der Marktwirtschaft entscheiden die Kosten und die davon abhängigen Preise über die Durchsetzung eines Produktes am Markt. Das gilt naturgemäß auch für die Rohstoffe. Wenn die Kohle in den vergangenen beiden Jahrzehnten wesentliche Marktanteile verloren hat, dann lag die Ursache in ihrem zu hohen Preis.

Tabelle 1.25: Preise für fossile Rohstoffe in der Bundesrepublik Deutschland 1977

		Preis DM/t	Heizwert kJ/kg
Rohöl	Grenzübergangswert	244	42.500
Heizöl, schwer	Durchschnittspreis	193	41.050
Erdgas und andere Gase	Durchschnittserlös der Gasversorgungsunternehmen bei Sonderabnehmern	0,18 *)	31.850 *)
Steinkohle	Industriekohle C	168	29.300
Braunkohle	6-Zoll-Briketts	76	20.100

*) bei Gasen = DM/m^3 bzw. kJ/m^3

Abb. 1.26 zeigt die Energie-Preisentwicklung von Kraftwerkskohle, Heizöl und Rohöl, jeweils auf die Energieeinheit bezogen, in der Bundesrepublik Deutschland seit 1973. Es ist deutlich zu erkennen, wie die Mineralölkrise im Jahr 1973 zu einer Tendenzwende geführt hat. Durch die erneute starke Verteuerung des Rohöls und des schweren Heizöls im Jahr 1979 hat sich die Konkurrenzfähigkeit der Kohle weiter verbessert.

1.5 Biomasse als Kohlenstoffquelle

Die Aufklärung des Pflanzenwachstums hat die Forscher seit dem Altertum beschäftigt. Bereits Aristoteles hat Vorstellungen hierüber entwickelt.

Wir wissen heute, daß die Energiequelle für das Pflanzenwachstum die Sonnenenergie ist. Unter Einwirkung des Sonnenlichtes bilden die chlorophyllhaltigen pflanzlichen Organismen in einem komplexen Prozeß, der Photosynthese, organische Substanz aus Kohlendioxid und Wasser. In der Regel entsteht dabei freier Sauerstoff. Die Photosynthese (27) ist ein endothermer Prozeß, der mit einer Zunahme an freier Energie verbunden ist, da die absorbierte Strahlungsenergie zur Synthese einer energetisch höherwertigen organischen Verbindung aus einfachen anorganischen Ausgangssubstanzen Kohlendioxid und Wasser verwendet wird. Vereinfacht ausgedrückt handelt es sich hier also um einen Prozeß zur Speicherung der Sonnenenergie.

$$6\,CO_2 + 12\,H_2O \xrightarrow[\text{Chloroplast}]{\text{Licht}} C_6H_{12}O_6 + 6\,O_2 + 6\,H_2O \qquad (1.3)$$

$$\Delta G^{\circ} = +\,2.826\ \text{kJ/Mol Hexose}$$

Für einige Länder wird diese recente biologische Kohlenstoffquelle in zunehmendem Maße als Energierohstoff und als Kohlenstofflieferant interessant bzw. richtiger gesagt wiederentdeckt, denn Holz und andere Ligno-Cellulose-Produkte waren ja nicht nur die ersten, sondern auch lange Zeit die einzigen Brennstoffe der Menschheit.

Die Solarenergie, die jährlich auf die Erdoberfläche auftrifft, ist gewaltig. Sie liegt in der Größenordnung von 3.10^{24} J pro Jahr. Auf den derzeitigen Energieverbrauch der Welt umgerechnet, würde eine Stunde der Sonnenstrahlung ausreichen, um den jährlichen Gesamtbedarf zu decken.

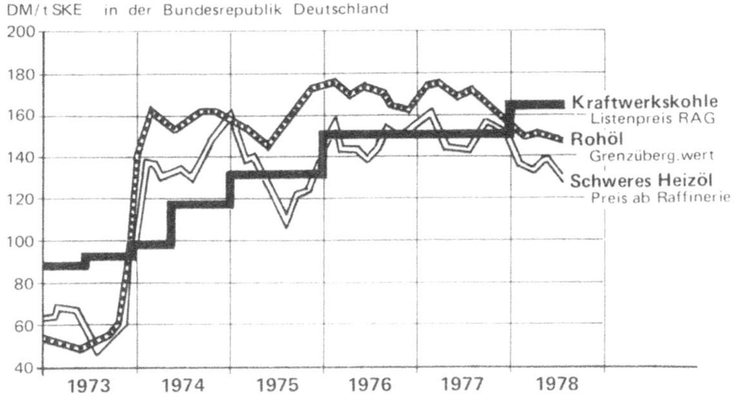

Abb. 1.26: Preisentwicklung von Kraftwerkskohle und Heizöl im Vergleich zum Rohöl in der Bundesrepublik Deutschland 1973-1978 (6)

Pro Jahr werden 2.10^{11} t Kohlenstoff in der Welt photochemisch fixiert. Das enspricht einer photosynthetisch gespeicherten Energie von 3.10^{21} J/ Jahr, d.h. nur 0,1 % der Sonnenenergie wird von der Biosphäre gespeichert (28). Der photochemische Nutzungsgrad der Gesamtstrahlung liegt bei Pflanzen bei optimalen Feldbedingungen zwischen o,5 - 1,3 % in gemäßigten Regionen, in tropischen Gebieten kann er auf 3 % im mittleren Jahresdurchschnitt steigen. Besonders effizient in der Energieausnutzung des Sonnenlichtes sind Zuckerrohr, Maniok und eine Reihe von Wasserpflanzen. Hauptquellen für Biomassen sind Kommunalabfälle und Abfälle der organischen Industrie, Abfall- und Überschußprodukte der Landwirtschaft sowie Land- und Wasserpflanzen (Maniok, Zuckerrohr und Algen), die speziell zur Energiegewinnung, aber auch wegen besonderer Pflanzeninhaltsstoffe angebaut werden.

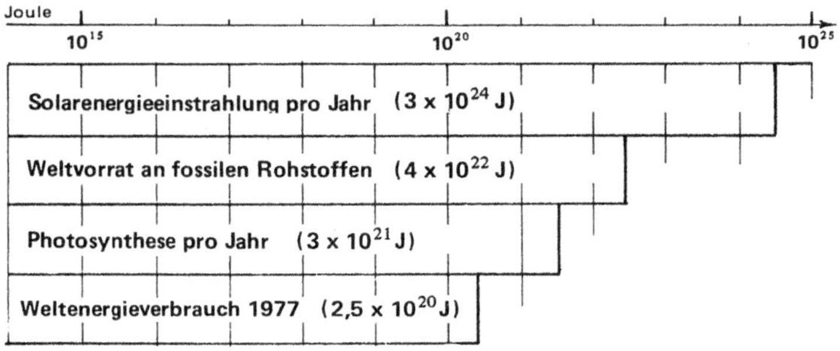

Abb. 1.27: Sonnenenergie, Weltvorrat an fossilen Rohstoffen, Photosynthese und Welt-Energieverbrauch im Jahre 1977

Da die Verfahren der sogenannten "Biokonversion" in dem erforderlichen Großmaßstab bisher kaum erprobt sind, ist der Zeitpunkt einer ökonomisch lohnenden und konkurrenzfähigen Anwendung nur ungenau abzuschätzen. Ob solche Biokonversionsverfahren einen wesentlichen Beitrag zur Versorgung mit organischen Rohstoffen liefern können, hängt weitgehend vom Preisgefüge, der Wirtschaftsstruktur und der weltwirtschaftlichen Verflechtung des jeweiligen Landes ab. In Ländern ohne hoch entwickelte petrochemische Infrastruktur, wie etwa Brasilien, ist bereits heute zum Beispiel die Herstellung von Äthanol aus Rohrzucker und dessen Verwendung als Treibstoffzusatz wirtschaftlich sinnvoll, zumal der Aufbau eines rentablen petrochemischen Industrieverbundes infolge der stark gestiegenen Investitionskosten sehr teuer wäre.

Die gezielte Produktion von Biomasse, zum Beispiel durch schnellwachsende "Energiewälder" oder die Züchtung von Algen, erscheint für die Bundesrepublik Deutschland unrealistisch, weil diese Verfahren - abgesehen von dem großen Flächenbedarf - mit belastenden Faktoren, wie Monokultur, Schädlingsbefall und Beeinträchtigung des Landschaftsbildes behaftet sind.

Die Technologien zur Kohleumwandlung können trotz gewisser Analogien nicht ohne weiteres auf die Energieerzeugung aus Biomasse angewandt werden.

Die Bundesregierung fördert die Nutzung der Biomasse durch Verbesserung des Biogas-Faulgasprozesses, den Bau von Pilotanlagen zur Gewinnung von Biogas aus landwirtschaftlichen Abfällen, den Förderschwerpunkt "Biologischer Abbau von Cellulose und Lignin" zur Erschließung neuer Rohstoffe aus holzartiger Biomasse für die chemische, Nahrungs- und Futtermittelindustrie, die Verbesserung von Berge-, Transport- und Lagertechniken von Abfallholz und Stroh sowie die Verbesserung der Verbrennungstechniken für Holz und Stroh.

In der europäischen Gemeinschaft fallen z.B. pro Jahr über 70 Mio t Stroh an. 3 kg Stroh haben etwa den gleichen Heizwert wie 1 kg Heizöl. Trotzdem ist es kaum anzunehmen, daß es in der Bundesrepublik Deutschland möglich sein wird, aus Biomasse in der Zukunft mehr als 1 % des Energieverbrauchs zu decken.

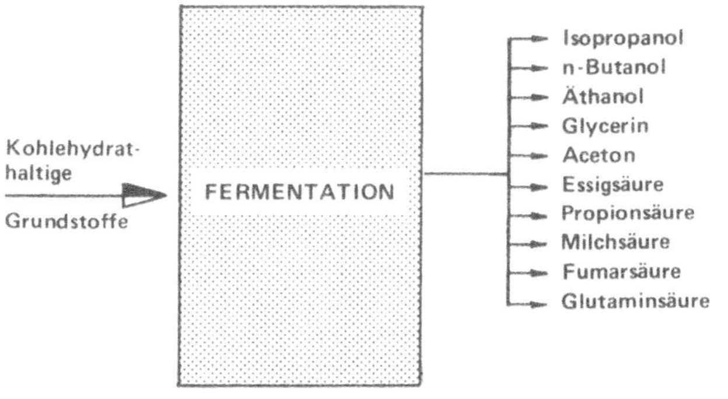

Abb. 1.28: Fermentative Prozesse für organische Primärchemikalien

Die technischen Prozesse zur Umwandlung von biologischem Material sind die destruktive Destillation, die Fermentation mit oder ohne Sauerstoff und die Hydrolyse mit Säuren oder Enzymen.

Die kommerzielle Nutzung der Fermentationsprozesse in der chemischen Industrie ist zur Zeit noch beschränkt auf die Erzeugung von Vitaminen, Antibiotika und Enzymen. Es gibt bereits großtechnisch ausgearbeitete biotechnologische Herstellungsverfahren mit Hilfe von Mikroben für mengenmäßig bedeutende Grundchemikalien wie Äthanol, Essigsäure, Isopropanol, Aceton, Butanol, Glycerin und Fumarsäure und damit für die Folgeprodukte Äthylen, Methyläthylketon, Maleinsäureanhydrid u.a. Infolge der relativ kleinen Produktionseinheiten im Vergleich zu der großtechnischen synthetischen Erzeugung sind diese Verfahren jedoch noch nicht genügend wirtschaftlich.

2. Kohlenstoffbedarf der chemischen Industrie

Bei den derzeitigen wirtschaftlichen Verhältnissen ist, abgesehen von der Erzeugung wasserstoffarmer Produkte, der Chemiekohlenstoff auf Basis Kohle gegenüber dem Erdöl nur in wenigen Ländern der Welt konkurrenzfähig. Aufgrund der vorliegenden Prognosen ist jedoch anzunehmen, daß der Wettbewerbsvorteil des Erdöls zu Beginn der 90er Jahre erheblich geschrumpft sein dürfte. Diese Zeitspanne kann sich verkürzen, wenn es zu unerwarteten Preissteigerungen für Rohöl kommen sollte.

Voraussetzung für die Beurteilung der Chancen und Probleme bei der beginnenden Resubstitution des Erdöls durch Kohle als Chemierohstoff ist die Kenntnis der benötigten Mengen und der Verwendung der chemischen Grundstoffe.

2.1 Kohlenstoffbedarf der organisch-chemischen Industrie

In der Bundesrepublik Deutschland liegt der Chemiekohlenstoffbedarf zur Zeit in der Größenordnung von 8 Mio t/Jahr umgerechnet auf Kohlenstoff. Er wird gedeckt zu 86 % aus erdölstämmigen Rohstoffen, zu 10 % aus kohlestämmigen Rohstoffen und zu 4 % aus Erdgas. Der mit großem Abstand wichtigste Einzelrohstoff, dessen Verbrauch bei über 14 Mio t/a liegt, ist das Chemiebenzin (Naphtha).

Tabelle 2.1: Deckung des Chemiekohlenstoffbedarfes in der Bundesrepublik Deutschland im Jahre 1978 (1)

– in Mio Tonnen –		Ausgangsprodukte
14,5	erdölstämmig	Chemiebenzin (Naphtha) [1]
1,7	erdölstämmig	mittelschwere Erdölfraktionen u. Heizöl S
1,4	erdölstämmig	gasförmige Kohlenwasserstoffe
1,8		kohlestämmige Rohstoffe (Steinkohlenteer, Kokereibenzol, Carbid-Kohlenstoff)
1,2		Erdgas (1.498 Mio m^3_N)

[1]) einschl. Pyrolysebenzin-Rücklauf

Die wichtigsten organischen Primärchemikalien, geordnet nach dem mengenmäßigen Verbrauch sind Äthylen, Propylen, Benzol, Butadien und Butylene in Summe als C_4-Olefine, Methanol, Xylole, Toluol und Acetylen.

Die Gewinnung der Primärchemikalien erfolgt entsprechend dem C/H-Verhältnis der Rohstoffe. Am wasserstoffreichsten ist Erdgas, es folgt das Erdöl, die Braunkohle und schließlich die Steinkohle.

Die wasserstoffreichen Produkte, wie Äthylen, Propylen und Butadien mit

Tabelle 2.2: Produktion wichtiger organischer Primärchemikalien in der Bundesrepublik im Jahre 1978 (1)

– in 1.000 Tonnen –			
Äthylen	3.237	Methanol	799
Propylen	1.769	Xylole	456
Benzol	1.026	Toluol	232
Butadien u. Butylene	975	Acetylen	176

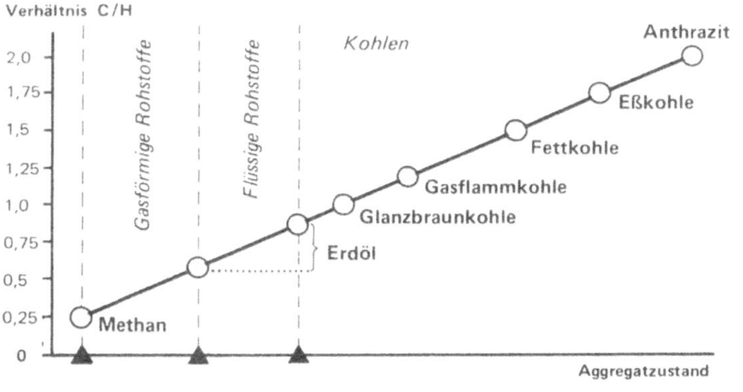

Abb. 2.1: C/H-Verhältnis von Erdgas, Erdöl und Kohle

einem C/H-Verhältnis unter 1 sind erdgas- und erdölstämmig. Benzol mit einem C/H-Verhältnis von 1 stammt in der Bundesrepublik Deutschland über das Kokereibenzol zu einem Viertel aus der Kohle, während kondensierte Aromaten, wie Naphthalin und Anthracen mit einem C/H-Verhältnis über 1 fast ausschließlich kohlestämmigen Ursprungs sind. Sie werden aus dem Steinkohlenteer gewonnen.

2.2 Organische Industriechemikalien

2.2.1 Olefine

2.2.1.1 Äthylen und Propylen

Äthylen und Propylen sind die beiden mengenmäßig wichtigsten Grundstoffe der organisch-chemischen Industrie. Im Jahre 1977 wurden in den USA 5,5 Mio t Äthylen und 2,7 Mio t Propylen hergestellt. In der Bundesrepublik Deutschland betrugen die Mengen im Jahr 1978 3,2 Mio t Äthylen und 1,9 Mio t Propylen.

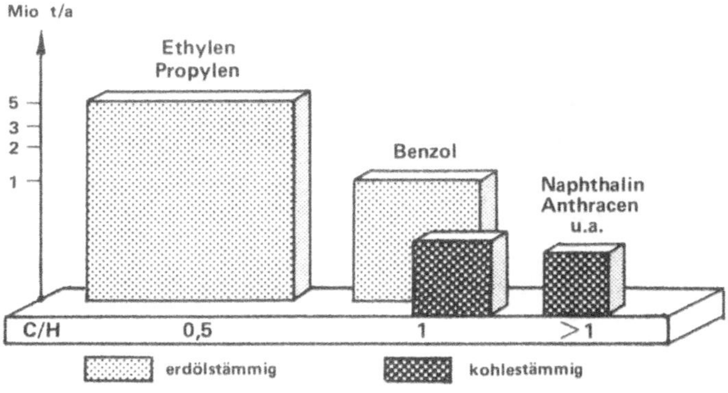

Abb. 2.2: Herkunft der in der Bundesrepublik Deutschland im Jahre 1978 gewonnenen Primärchemikalien

Die Herstellung der beiden Olefine erfolgt durch Crackung von Erdgas, Raffineriegas oder erdölstämmigen Fraktionen. Durch die Art des Crackprozesses und durch den Einsatzstoff ist das Mengenverhältnis der bei der thermischen Spaltung anfallenden Produkte vorgegeben. Es handelt sich um eine typische Koppelproduktion.

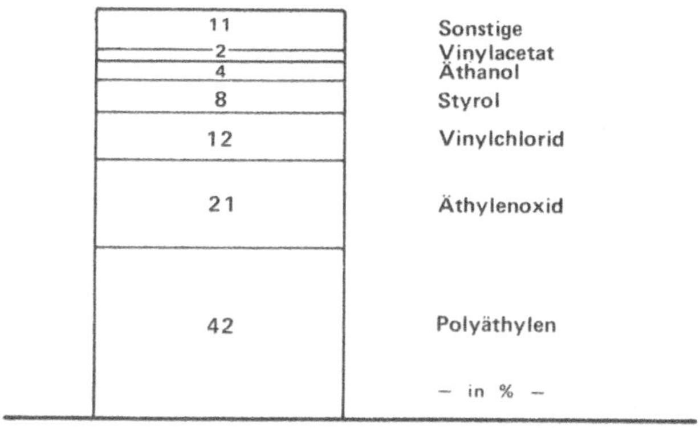

Abb. 2.3: Äthylenverwendung in den USA 1977 (2)

Haupteinsatzgebiet von Äthylen ist die Herstellung der Massenkunststoffe Polyäthylen, Polyvinylchlorid und Polystyrol, wofür mehr als 60 % der Äthylenerzeugung verbraucht werden. Das wichtigste chemische Folgeprodukt des Äthylens ist Äthylenoxid, auf das in 1977 in den USA 21 % des Äthylenverbrauches entfielen.

Analog wie beim Äthylen ist auch beim Propylen das Polymerisat, das Polypropylen, das mengenmäßig wichtigste Folgeprodukt. Es folgen Acrylharze, die über Acrylnitril (Ammon-oxidation von Propylen) hergestellt werden sowie Propylenoxid zur Herstellung von Polyolkomponenten, insbesondere für Polyurethan- und Polyesterkunststoffe. Auch das Cumol dient als Vor-

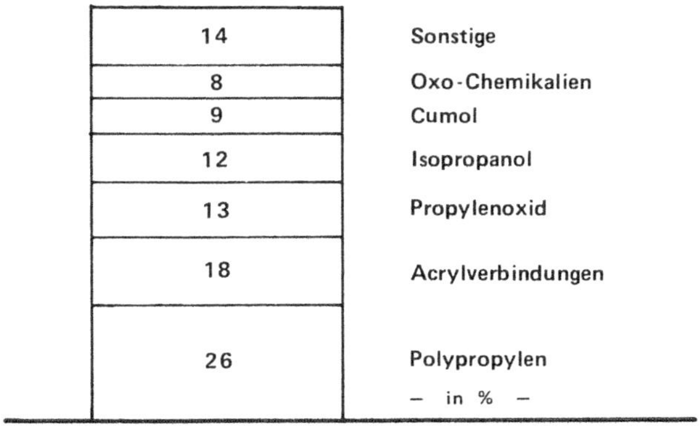

Abb. 2.4: Propylenverwendung in den USA 1977 (2)

produkt für Phenol überwiegend der Kunststofferzeugung (Phenolharze).

Isopropanol, für dessen Erzeugung 1977 in den USA rund 12 % des Propylens eingesetzt wurden, war das erste petrochemische Folgeprodukt. Mit der Herstellung von Isopropanol aus Propylen wurde bereits im Jahre 1920 begonnen, dies war die Geburtsstunde der Petrochemie. Obwohl die Bezeichnung Petrochemie sprachlich falsch ist, sie leitet sich von dem griechischen Wort "petros" (Stein) ab, hat sich trotz vieler Einsprüche die sprachlich richtige Umtaufung in Petrolchemie nicht durchgesetzt.

Als Rohstoff zur Herstellung von C_2- und C_3-Olefinen dominiert in den USA das Äthan-, Propan- und Butan-reiche Erdgas, das sogenannte nasse Erdgas, sowie Raffineriegas. Diese Gase liefern bei der katalytischen Crackung hohe Äthylenausbeuten bei vergleichsweise geringem Propylenanfall. In vielen europäischen Ländern und auch in Japan fehlt das äthanreiche Erdgas. In diesen Ländern wird, ebenso wie in der Bundesrepublik Deutschland, daher vorwiegend Naptha (Siedeende 180-200°C) als Ausgangsmaterial für die thermische Spaltung verwendet. Dabei entstehen neben Äthylen auch größere Mengen Propylen.

Tabelle 2.3: Olefin- und Aromatenausbeuten beim Cracken in Abhängigkeit vom Einsatzmaterial (3)

Rohstoff	Produktverteilung – % –				
	Äthylen	Propylen	Butadien	Aromaten (BTX)	Sonstige
Äthan	84,0	1,4	1,4	0,4	12,8
Propan	44,0	15,6	3,4	2,8	34,2
n-Butan	44,4	17,3	4,0	3,4	30,9
Rohbenzin	31,7	13,0	4,7	13,7	36,9
Gasöl, leicht	28,3	13,5	4,8	10,9	42,5
Gasöl, schwer	25,0	12,4	4,8	11,2	46,6
Wachs-Destillate	28,3	16,3	6,4	4,5	44,5
Rohöl-Dest.-Rückstand	21	7	2	11	59
Rohöl	32,8	4,4	3,0	14,4	45,4

Das Äthylen/Propylen-Verhältnis sinkt mit steigendem Molekulargewicht des Einsatzmaterials. Bei Äthan als Rohstoff beträgt es 1 : 0,017, bei Butan 1 :0,039. Bei Naphtha liegt es bereits bei 1 : 0,41 und bei Gasöl schließlich bei 1 : 0,5. Da der Propylenbedarf deutlich schneller steigt als der Bedarf an Äthylen, gewinnen neben Naphtha zunehmend auch höher siedende Erdölfraktionen, wie zum Beispiel Gasöle mit einem Siedebeginn ab 200°C Bedeutung für die Olefinspaltung.

Tabelle 2.4: Grundstoffe für die Olefingewinnung (3)

Rohstoff	1978 nach Ländern – % –		
	Nord-Amerika	West-Europa	Welt
Raffinerie-Gas	5	1	3
Äthan, Propan, LP-Gas	55	2	22
Naphtha	3	78	48
Gasöl	10	3	4
Sonstige und Unbekannt	27	16	23

Tabelle 2.4 gibt einen Überblick über die Einsatzstoffe für die C_2- und C_3-Olefinerzeugung in den USA, in Westeuropa und im Weltdurchschnitt. In Europa besteht das Ausgangsmaterial zu rund drei Viertel aus Naphtha und nur in geringer Menge aus gasförmigen Rohstoffen. Das Verhältnis in den USA ist umgekehrt; mehr als die Hälfte stammen aus Erdgas und ähnlichen Grundstoffen und nur wenige Prozent aus Naphtha.

Die Spaltung des Einsatzmaterials für die Olefinherstellung erfolgt im allgemeinen bei Temperaturen von 700 bis 900°C. Gecrackt wird ohne Anwendung von Katalysatoren bei Anwesenheit von Wasserdampf als Verdünnungsmedium (Steamcracking). Die durch den Wasserdampf erzielte Partialdruckerniedrigung der Kohlenwasserstoffe vermindert Kohlenstoffablagerungen und verhindert eine Polymerisation der Olefine.

Alle gesättigten und ungesättigten Kohlenwasserstoffe sind bei den Crack-Temperaturen thermodynamisch instabil. Die aus der Spaltstrecke austretenden Produkte müssen zur Vermeidung unerwünschter Folgereaktionen deshalb rasch auf einen stabileren Zustand heruntergekühlt werden. Diese rasche Kühlung (Quenchung) erfolgt durch Einsprühen von Wasser.

Bei allen Spaltverfahren wird eine möglichst hohe Selektivität angestrebt, d.h. eine maximale Ausbeute an C_2- bis C_4-Olefinen und ein Minimum an Methan und C_5-Derivaten. Eine hohe Ausbeute an Olefinen wird gefördert durch niedrigen Kohlenwasserstoff-Partialdruck und kurze Verweilzeit. Mit steigender Temperatur wird die Bildung niederer Olefine begünstigt und die Crackgeschwindigkeit erhöht.

Allgemein werden Kohlenwasserstoffe umso leichter gespalten je höher ihr Molekulargewicht ist. Die Spaltung von Naphtha erfolgt bereits bei Temperaturen von 675 - 700°C. Äthan wird dagegen erst bei 800°C gespalten. n-Paraffine ergeben hohe Äthylenausbeuten, Isoparaffine führen bevorzugt zu Propylen. Cycloparaffine sind relativ schwer zu spalten. Sie bilden im allgemeinen Aromaten, die unter den üblichen Bedingungen des Crackpro-

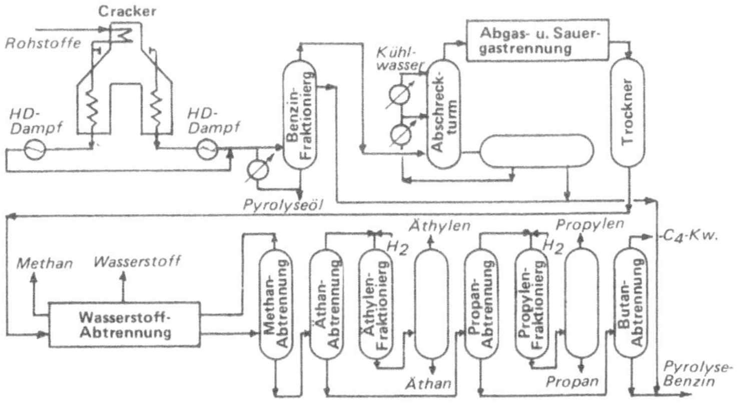

Abb. 2.5: Lummus-Prozeß für die Crackung von Naphtha oder Gasöl zur Herstellung von Olefinen

zesses nicht abgebaut werden. Die Herstellung von niedermolekularen Olefinen wird begünstigt, wenn die thermische Spaltung bei hoher Temperatur, kurzer Verweilzeit und niedrigem Partialdruck erfolgt. Dagegen wird die Bildung von Aromaten durch längere Verweilzeit und höheren Partialdruck begünstigt.

Tabelle 2.5: Olefinausbeuten bei der thermischen Spaltung von Naphtha bei unterschiedlicher Crackschärfe (3)

Produkte	Ausbeute in % bei	
	niedriger Crackschärfe	hoher Crackschärfe
Methan	10	15
Äthylen	26	31
Propylen	16	12
Butadien	4	5
Butene	8	3
BTX-Aromaten	10	13
C_5 und höher	17	9
Pyrolyseöl	3	6
Sonstige	6	6

Bei der thermischen Spaltung von Kohlenwasserstoffen zur Olefinherstellung haben sich im wesentlichen zwei Verfahrensweisen mit unterschiedlicher Crackschärfe und Verweilzeit herausgebildet: "low severity"-Cracken bei Temperaturen unter 800°C mit einer Verweilzeit von 1 Sekunde und das "high severity"-Cracken bei Temperaturen von nahe 900° C mit einer Verweilzeit von 0,5 Sekunden und weniger.

Die Produktausbeute in Abhängigkeit von der Crackschärfe zeigt Tabelle 2.5. Bei niedrigerer Crackschärfe werden weniger Äthylen und BTX-Aromaten und dafür mehr Propylen erzeugt als bei dem "high severity"-Prozeß.

2.2.1.2 Butene und Butadien

Butene fallen als zwangsläufige Nebenprodukte beim Cracken von Erdgas, Naphtha und Gasöl sowie bei der Kraftstoffgewinnung in großer Menge an. Gezielte ältere Herstellungsverfahren, wie z.B. die Gewinnung aus Butanolen oder aus Acetylen sind daher bedeutungslos geworden. Hauptrohstoffquelle für Buten in Westeuropa ist der C_4-Schnitt der Naphthaspaltung.

Tabelle 2.6: Zusammensetzung eines C_4-Schnittes der Naphthaspaltung bei verschiedenen Crackbedingungen (4)

Produkte aus der Naphthaspaltung	Gewichts-% bei	
	niedriger Crackschärfe	hoher Crackschärfe
1.3-Butadien	26	47
2-Buten	32	22
1-Buten	20	14
trans-Buten-(2)	7	6
cis-Buten-(2)	7	5
n-Butan	4	3
Vinylacetylen	0,2	2
Rest: i-Butan, Äthylacetylen und 1.2-Butadien		

Mit steigender Crackschärfe verringert sich der Anfall des C_4-Schnittes. Dafür nimmt der relative Gehalt des Butadiens in diesem Schnitt wegen dessen größerer thermischer Stabilität zu (Tabellen 2.5 und 2.6).

Der C_4-Schnitt läßt sich wegen der zu geringen Siedepunktdifferenz der einzelnen Komponenten durch fraktionierte Destillation nicht mehr wirtschaftlich auftrennen. Es kommen daher selektive physikalische und chemische Trennverfahren zum Einsatz.

Die Aufarbeitung eines C_4-Schnittes (4,5,6) beginnt mit der Isolierung des Butadiens durch Extraktivdestillation. Dabei wird durch Zugabe selektiver Lösungsmittel, wie N-Methyl-pyrrolidon, Furfurol, Dimethylformamid, Acetonitril oder Aceton der Dampfdruck des Butadiens so weit erniedrigt, daß es im Sumpf der Destillationskolonne verbleibt, während die Butene über Kopf abgenommen werden.

Bei dem N-Methyl-pyrrolidon-Verfahren der BASF wird bei einer Butadien-Ausbeute von 96 % ein 99,8 %iges Reinbutadien gewonnen.

Butadien dient nahezu ausschließlich zur Herstellung von Elastomeren, hauptsächlich Styrol-Butadien-Kautschuk (SBR) und Polybutadien-Kautschuk (BR).

In den USA wird aufgrund der "nassen" Erdgasvorkommen 1.3-Butadien vielfach durch Dehydrierung von n-Butan und n-Butenen gewonnen. Als Katalysatoren für die Dehydrierung dienen bei dem HoudryVerfahren Chrom-Aluminium-Oxid ($600^{\circ}C$/15 mbar) und bei dem DOW-Verfahren Calcium-Nickel-Phosphat ($640^{\circ}C$/1 bar).

Auf chemischem Wege kann das Isobuten durch Hydratisierung in Gegenwart verdünnter Schwefelsäure zu tert.-Butanol (TBA) umgewandelt wer-

<u>Tabelle 2.7:</u> Verwendung von Butadien in Westeuropa 1977

SB - Kautschuk incl. Latex (SBR)	61 %
Polybutadien - Kautschuk	25 %
Nitril - Kautschuk	5 %
Chloropren - Kautschuk	3 %
ABS - Copolymere	4 %
Polyamid 12	1 %
Sonstige	1 %

den, das entweder durch Destillation oder Extraktion leicht abgetrennt werden kann. Durch anschließende Rückspaltung des Alkohols läßt sich Isobuten in sehr reiner Form isolieren.

Die Trennung kann auch durch Fraktionierung erfolgen. Dazu wird 1-Buten (Bp -6,3 °C) zunächst zu 2-Buten (Bp +0,9 °C trans- bzw. +3,7 °C cis-Form) isomerisiert und dann vom Isobuten (Bp -6,6 °C) in einer Reinheit von 89 - 90 % destillativ getrennt.

Sehr selektiv können n-Butene und Isobuten schließlich mit 3-10 Å-Molekularsieben, z.B. nach dem Olefinsiv-Verfahren der Union Carbide Corp. getrennt werden (99 % Reinheit). Molekularsiebe (Zeolithe) sind natürliche oder synthetische Aluminiumsilikate, die sich durch hohe Porosität und insbesondere durch einheitliche Porengröße auszeichnen und daher für die Trennung von Gemischen nach der geometrischen Molekülgröße geeignet sind.

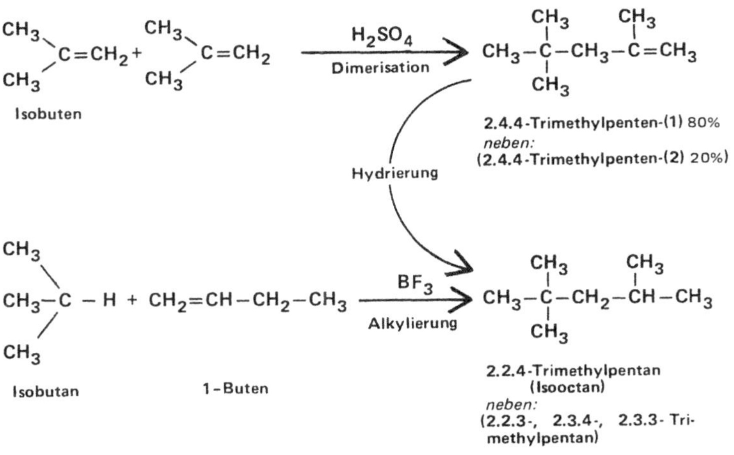

(2.1)

(2.2)

Isobuten und 1-Buten werden bevorzugt zu klopffestem Polymerisat- und Alkylatbenzin verarbeitet (5). Dazu wird Isobuten im wesentlichen zu Diisobuten (Trimethylpenten) dimerisiert (2.1) und 1-Buten mit Isobutan alkyliert (2.2). Hohe Reinheit ist für diese Anwendung nicht erforderlich.

Tabelle 2.8: Verwendung von Butenen in den USA 1977

Vergaser-Kraftstoff	88,0 %
Chemische Zwischenprodukte:	
Butadien	5,6 %
Polybutene	2,0 %
Butylkautschuk	1,3 %
sek.-Butanol	1,7 %
Verschiedenes	1,4 %

2.2.2 Aromaten

2.2.2.1 BTX-Aromaten

Die mengenmäßig wichtigsten Aromaten sind Benzol, Toluol sowie die o-, m- und p-Isomeren des Xylols. Kondensierte Aromaten wie insbesondere Naphthalin und Anthracen haben zwar ebenfalls große technische Bedeutung, ihr mengenmäßiger Verbrauch ist aber deutlich geringer.

Die wichtigsten Aromatenquellen in der Vergangenheit waren die bei der Verkokung der Steinkohle anfallenden sogenannten Kohlenwertstoffe Steinkohlenteer und Kokereigas. Heute werden die BTX-Aromaten weit überwiegend aus dem Mineralöl gewonnen.

Tabelle 2.9 gibt einen Überblick über den Ursprung des Benzols in den USA und in Westeuropa im Jahre 1977. 11 % bzw. 9 % des Benzols sind heute kohlestämmig. Hauptquelle für Benzol in Europa ist das Pyrolysebenzin (56 %), in den USA das Reformatbenzin (78 %).

Tabelle 2.9: Quellen zur Gewinnung von Benzol in Westeuropa und USA 1977 (7)

– in % –	West-Europa	USA
Reformatbenzin	33	78
Pyrolysebenzin	56	13
Steinkohlenverkokung	11	9

Im Unterschied zur Herkunft des Benzols ist seine Verwendung in Westeuropa und in den USA weitgehend gleich. Fast die Hälfte mit 45 bzw. 48 % dient zur Herstellung von Äthylbenzol und damit zur Gewinnung des Massenkunststoffes Polystyrol. Weitere 20 % finden Verwendung für die Phenolerzeugung und 17 % für die Herstellung von Cyclohexan, das als Ausgangsmaterial für die Faserherstellung dient. Über Nitrobenzol und Anilin werden 5 % des Benzols in Farbstoffe umgewandelt.

Tabelle 2.10: Verwendung von Benzol in Westeuropa und USA 1977 (7)

– in % –	West-Europa	USA
Äthylbenzol (Styrol)	45	48
Cumol (Phenol)	21	20
Cyclohexan (Polyamide)	17	17
Nitrobenzol (Anilin)	5	5
Maleinsäureanhydrid	4	4
Sonstige	8	6

Als Ausgangsmaterial für die Gewinnung von Toluol und Xylolen eignet sich besonders Reformatbenzin, das durch Reformierung der C_5/C_8-Straight-run-Destillate mit bifunktionellen Katalysatoren zur Isomerisierung und Aromatisierung gewonnen wird.

Im Unterschied zum Pyrolysebenzin ist der Benzolgehalt des Reformatbenzins (Tabelle 2.11) im allgemeinen vergleichsweise gering. Reformatbenzin kann ohne weitere Vorbehandlung zur Aromatengewinnung durch Extraktion eingesetzt werden. Pyrolysebenzin und Kokereibenzol müssen dagegen zuvor durch katalytische Hydrierung von zur Verharzung neigenden Mono- und Diolefinen befreit werden. Dabei werden gleichzeitig auch die schwefel-, stickstoff- und sauerstoffhaltigen Verbindungen entfernt.

Bei Bedarfsschwankungen der einzelnen BTX-Aromaten können diese ineinander umgewandelt werden. Die wichtigsten Umwandlungsverfahren sind:

Hydrodealkylierung des Toluols zur Gewinnung von Benzol,

Isomerisierung des m-Xylols zur Erzeugung von o- und p-Xylol,

Disproportionierung (Dismutation) des Toluols zur Herstellung von Benzol und Xylolen,

Transalkylierung des Toluols mit Trimethylbenzolen zur Gewinnung von Xylolen.

Grundsätzlich möglich ist auch die Synthese von Aromaten aus einfachen aliphatischen Bausteinen, wie z.B. von Benzol aus Acetylen oder von Xylolen aus Diisobuten. Technisch haben diese Verfahren - da unwirtschaftlich - keine Bedeutung.

Für die Aromatengewinnung aus Kohlenwasserstoffgemischen sind je nach Art des Einsatzmaterials verschiedene Verfahren entwickelt worden (4,5,6):

Flüssig-Flüssig-Extraktion
Extraktivdestillation
Azeotropdestillation
Kristallisation
Adsorption

Tabelle 2.11: Typische Zusammensetzung von Reformat- und Pyrolysebenzin

Produkt (in Gew.-%)	Reformatbenzin	Pyrolysebenzin
Benzol	6	51
Toluol	18	18
Xylole	19	6
Gesamt-Aromaten	62	77
Paraffine u.a.	38	23

Die verbreitetste Methode zur Trennung von Aromaten und Nichtaromaten ist die Extraktion. Mit großem Abstand folgt die Extraktivdestillation.

Als Lösungsmittel bei den Extraktionsverfahren finden Mono-, Di- und Triäthylenglykol, Tetrahydrothiophendioxid (Sulfolan), Dimethylformamid und N-Methyl-pyrrolidon Verwendung, wobei insbesondere Di- und Triäthylenglykol sowie Sulfolan industrielle Anwendung finden. In Lösung gehen die BTX-Aromaten, während Paraffine und Naphthene zurückbleiben. Die Abtrennung vom Lösungsmittel erfolgt durch Destillation. Die Flüssig-Flüssig-Extraktion ist die bei weitem häufigste Methode zur Gewinnung von reinem Benzol und Toluol.

Die Extraktivdestillation unterscheidet sich von der Normaldestillation dadurch, daß sie in Gegenwart eines hochsiedenden Lösungsmittels durchgeführt wird, das zu der zu gewinnenden Komponente eine höhere Affinität aufweist. Die gelösten Aromaten verbleiben demgemäß im Sumpf der Kolonne und werden anschließend in einer zweiten Destillation häufig unter Zusatz von Dampf von dem Lösungsmittel getrennt. Als Lösungsmittel finden insbesondere Verwendung Dimethylformamid, Tetrahydrothiophendioxid oder N-Formyl-morpholin.

Bei der Azeotropdestillation werden Aromaten, Paraffine und Naphthene destillativ getrennt in Gegenwart stark polarer Hilfsstoffe, die mit Paraffinen und Naphthenen azeotrope Gemische bilden, die tiefer sieden als die Aromaten. Als Azeotropbildner eignen sich u.a. Aceton und Methanol, gegebenenfalls unter Zusatz geringer Wassermengen. Aceton eignet sich insbesondere für die azeotrope Destillation der Benzolfraktion, Methanol für die Toluolfraktion. Wirtschaftlich ist die Anwendung der Azeotropdestillation nur bei einem Aromatengehalt der aufzuarbeitenden Fraktion von mehr als 90 %, d.h. bei geringen Mengen an abzutrennenden Nichtaromaten, wie sie im Pyrolysebenzin oder beim Rohbenzol der Steinkohleverkokung vorliegen.

Durch Kristallisation kann aus der Xylolfraktion das höherschmelzende p-Xylol (Fp +13,3 ^{o}C) gewonnen werden.

Als Beispiel für die selektive Adsorption zur Gewinnung von BTX-Aromaten sei das Parex-Verfahren der UOP zur Isolierung von p-Xylol unter Einsatz von Molekularsieben erwähnt. In einem kontinuierlichen Prozeß wird bei 120 - 175 ^{o}C das p-Xylol aus einem C_8-Aromatenschnitt oder einem Xylol-Isomerisierungsgemisch an Molekularsieben festgehalten. Die Desorption erfolgt mit einem niedrig siedenden Kohlenwasserstoff. Die Reinheit des nach der Destillation erhaltenen p-Xylols liegt über 99 %.

2.2.2.2 Kondensierte Aromaten

Unter den kondensierten Aromaten ist mengenmäßig am wichtigsten das Naphthalin. Mit großem Abstand folgt das Anthracen. Die aus dem Steinkohlenteer stammenden Aromaten Benzol, Naphthalin und Anthracen waren in der zweiten Hälfte des vorigen Jahrhunderts die Grundlage für den stürmischen Aufschwung der organisch-chemischen Großindustrie.

Bereits im Jahre 1819 hatte der englische Chemiker Garden Naphthalin und 1832 die französischen Forscher Dumas und Laurent das Anthracen im Steinkohlenteer gefunden. Benzol wurde nach seiner Entdeckung durch Faraday im Jahre 1825 durch August Wilhelm von Hoffmann 1845 erstmals im Steinkohlenteer nachgewiesen.

Bis heute wird in Europa Naphthalin vornehmlich aus dem Steinkohlenteer, zum Teil auch aus Pyrolyseöl, gewonnen. Die Gewinnungsverfahren für kondensierte Aromaten sind im Kapitel Steinkohlenteer beschrieben. In den USA hat neben der Naphthalingewinnung aus Steinkohlenteer auch die Gewinnung aus aromatischen Erdölfraktionen eine gewisse Bedeutung erlangt. Die Isolierung der Naphthalin-Homologen erfolgt durch Flüssig-Flüssig-Extraktion oder durch Adsorption. Aus den Alkylnaphthalinen wird durch Entalkylierung das Naphthalin erhalten.

Die Naphthalinerzeugung in der Welt liegt zur Zeit in der Größenordnung von 1 Mio t/a. Naphthalin wird hauptsächlich für die Gewinnung von Phthalsäureanhydrid, Farbstoffen, Insektiziden, Gerbstoffen und Lösungsmitteln (Tetralin und Decalin) verwendet (8).

Während der Naphthalingehalt des Steinkohlenteers in der Größenordnung von 10 % liegt, ist der Anthracengehalt mit etwa 1,5 % wesentlich geringer. Anthracen dient praktisch ausschließlich zur Erzeugung von Anthrachinon,

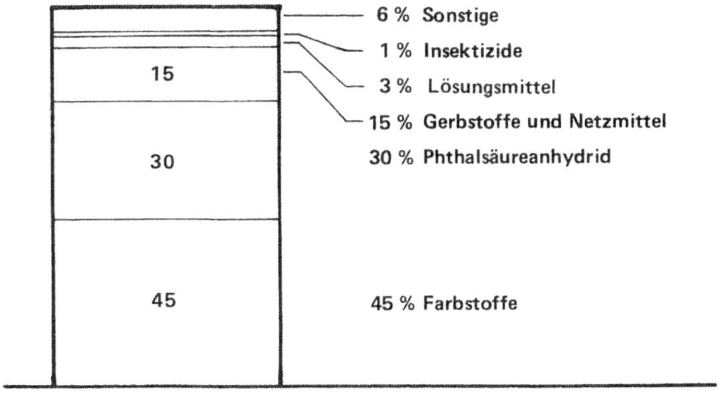

Abb. 2.6: Naphthalinverwendung in der Bundesrepublik Deutschland 1978

einem wichtigen Ausgangsprodukt für die Herstellung von Beizen-, Küpen-, Dispersions- und Reaktivfarbstoffen. Die Welterzeugung von Anthracen liegt in der Größenordnung von 30.000 t/a. Davon wird etwa die Hälfte in der Bundesrepublik Deutschland hergestellt.

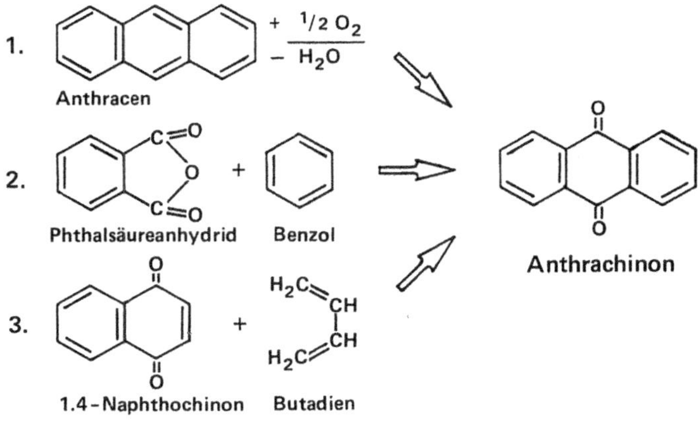

Abb. 2.7: Verfahren zur Herstellung von Anthrachinon

Außer durch Oxidation von Anthracen kann Anthrachinon gewonnen werden durch Friedel-Crafts-Reaktion von Phthalsäureanhydrid mit Benzol und Diels-Alder-Reaktion von 1.4-Naphthochinon mit Butadien. Beide Verfahren finden großtechnische Anwendung.

2.2.3 Methanol

2.2.3.1 Wirtschaftliches und Verwendung in der Chemie

Nach den Olefinen, Äthylen und Propylen ist Methanol die mengenmäßig wichtigste Primärchemikalie. Die großtechnische Herstellung von Methanol erfolgt ausschließlich aus Synthesegas (s.Kapitel 6.8). Im Jahre 1977 wurden in der westlichen Welt etwa 9,5 Mio t Methanol erzeugt. Von dieser Erzeugung entfielen 9,4 %, das sind knapp 890.000 t, auf die Bundesrepublik Deutschland. Da den deutschen Herstellern im Unterschied zu ihren amerikanischen und in letzter Zeit auch niederländischen Konkurrenten billiges Erdgas nicht zur Verfügung stand, basieren die deutschen Methanolanlagen in dem Rohstoff für das Synthesegas hauptsächlich auf schwerem Heizöl und ähnlichen Rückstandsölen.

Sowohl in den USA wie in Westeuropa und Japan entfallen etwa die Hälfte des Methanolverbrauchs auf die Herstellung von Formaldehyd, das vornehmlich zur Herstellung von Phenol-, Harnstoff- und Melaminharzen dient.

Die klassische Palette der Methanol-Verwendung, wie sie Tabelle 2.12 zeigt, wird sich mit großer Wahrscheinlichkeit in den kommenden Jahrzehnten verändern, da Methanol bei allen Prognosen über die zukünftige Rohstoff- und Energieversorgung eine Schlüsselstellung einnimmt. Zusätzlich zu den zur Zeit wahrgenommenen Funktionen eines Syntheserohstoffes kann

Tabelle 2.12: Methanolverwendung in Europa, USA und Japan 1977

– in % –	USA	Japan	West-Europa
Formaldehyd	44	54	51
Dimethylterephthalat	7	9	16
Lösungsmittel	8	9	10
Methylmethacrylat	5	4	5
Methylamine	5	3	4
Methylhalogenide	4	3	4
Sonstiges	27	18	10

Methanol als Vorprodukt zur Herstellung von Äthylen über die Dehydratisierung des Dimethyläthers bzw. Mobil Oil-Verfahren (s.Kapitel 8.5.2), als Energieträger und als Grundstoff für die Gewinnung von Proteinen dienen.

2.2.3.2 Methanol als Kraftstoff

Für die Verwendung von Methanol als Energieträger (s. Kapitel 8.5.2) gibt es verschiedene Möglichkeiten:

Wirtschaftlich und ökologisch vorteilhaft könnte mittelfristig die Zumischung von Methanol zu den üblichen Kraftstoffen bis zu einer Menge von 15 Vol.-% werden. Bereits der Ersatz von 5 Vol.-% Normalbenzin durch Methanol erlaubt eine Herabsetzung des Bleigehalts von 0,45 auf 0,15 g/l Kraftstoff ohne Beeinträchtigung des Klopfverhaltens.

Selbst an den Einsatz von Reinmethanol als Vergaserkraftstoff kann gedacht werden, da nur wenige konstruktive Veränderungen am Vergaser und an der Gemischvorwärmung erforderlich sind. Nachteile des Methanols gegenüber den herkömmlichen Kraftstoffen sind die geringere Verbrennungsenthalpie und die Wasserlöslichkeit.

Methanol wird bereits in erheblichem Umfang in Form des Methyl-tert.-butyläthers (MTBE) als Kraftstoffadditiv zur Verbesserung der Klopffestigkeit von Benzin eingesetzt.

Eine recht aussichtsreich erscheinende Variante der Methanolnutzung als Kraftstoff wurde kürzlich in den USA entwickelt. Dabei wird Methanol durch Reaktion an Zeolithen in konventionelle Ottokraftstoffe mit Octanzahlen über 100 umgewandelt. Auch aromatische Kohlenwasserstoffe lassen sich nach diesem Verfahren aus Methanol herstellen (Mobil Oil-Verfahren).

Es wird auch diskutiert, Methanol aus Erdgas in der Nähe der Erdgasfelder herzustellen. Das Methanol könnte dann in normalen Tankern zum Verbraucher gebracht werden und zum Beispiel anstelle des Erdgases in Kraftwerken zum Einsatz gelangen oder in synthetisches Naturgas (SNG) rückgewandelt und in das Gasverteilungsnetz eingespeist werden.

2.2.3.3 Methanol als Rohstoff zur Proteingewinnung

Single cell protein (SCP) ist ein einzelliger Organismus, der neben anderen Bestandteilen insbesondere Protein enthält. SCP ist für die menschliche Nahrung ohne weiteres im allgemeinen nicht verwendbar, insbesondere wenn n-Paraffine als Substrat verwendet wurden.

Mikroorganismen, vornehmlich Hefen und Bakterien, können aus einfachen Kohlenstoffverbindungen in Gegenwart wäßriger Nährsalzlösungen, die essentielle anorganische Schwefel-, Phosphor- und Stickstoffverbindungen enthalten, Proteine aufbauen.

Die ersten technischen Anlagen zur Erzeugung von Proteinen auf Basis von n-Paraffinen wurden von der BP in Schottland und Frankreich errichtet. Die gemeinsam von BP und Anic in Italien errichtete Proteingroßanlage aus n-Paraffinen (Toprina) ist wegen toxikologischer Bedenken stillgelegt worden.

$$CH_4 \rightarrow CH_3-OH \rightarrow H-C{\overset{\displaystyle O}{\underset{\displaystyle H}{\lessgtr}}} \rightarrow H-C{\overset{\displaystyle O}{\underset{\displaystyle OH}{\lessgtr}}} \rightarrow CO_2 \qquad (2.3)$$

Bei Einsatz von n-Paraffinen zur Proteinherstellung ist der biochemisch schwierigste Schritt der Abbau zum Alkohol. Dieser Schritt erübrigt sich, wenn der Alkohol (Methanol) direkt zum Einsatz gelangt. Methanol hat auch den Vorteil, daß es mit dem wäßrigen Nährsalzsystem homogen mischbar ist. Im Unterschied zu dem Einsatz von n-Paraffinen ergeben sich daher verringerte Energiekosten. Toxikologische Bedenken bestehen bei Verwendung von Methanol als Rohstoff nicht.

Abb. 2.8 zeigt das Fließschema des 1978 in Betrieb genommenen SCP-Verfahrens auf Basis Methanol nach dem Hoechst-Uhde-Prozeß. Die mit Unterstützung des Bundesministeriums für Forschung und Technologie errichtete großtechnische Versuchsanlage hat eine Kapazität von 1.000 t/a Protein. Der kontinuierliche Prozeß läuft praktisch vollautomatisch. Das aus dem Fermenter abfließende Produkt wird in Durchlaufzentrifugen eingedickt und über Sprühtrockner in ein lagerfähiges Pulver verwandelt. Es ist geeignet für den Einsatz bei der Mischfutterherstellung.

Tabelle 2.13: Biomasse aus Methanol (10)

2,0 kg Methanol		1,0 kg Biomasse (mit 7% Mineralstoffen)
+ 0,16 kg NH_3	$\xrightarrow{\text{Mikroorganismen}}$	+ 14,2 kg Abluft (mit 5% CO_2)
		+ 1,9 kg H_2O
+ 15,5 kg Luft (bei 50% Ausnutzung)		+ 27.216 kJ (bei 40 °C)

Die optimale biologische Wertigkeit des SCP muß durch nachträgliche Beimischung derjenigen Aminosäuren eingestellt werden, die in den Einzellenproteinen nicht ausreichend vertreten sind. Zur Erhöhung des Eiweißgehaltes in Kraftfuttern werden Einzellen-Proteine neben Sojabohnen und Fisch-

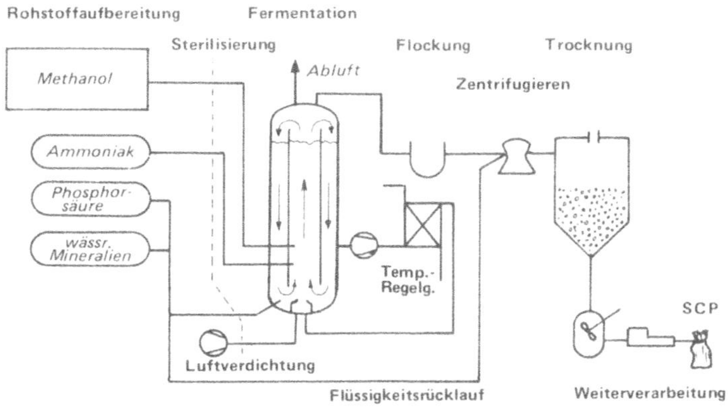

Abb. 2.8: Fließschema Hoechst-Uhde-Verfahren auf Basis Methanol (10)

mehl in Zukunft steigende Bedeutung gewinnen. Ihre Einführung in die Nahrungsmittelkette ist zur Zeit nur über diesen Weg vorgesehen.

Außer der eben beschriebenen Hoechst-Anlage betreiben auch Shell, Mitsubishi Gas Chemical und Dow Chemical Versuchsanlagen zur Herstellung von SCP mit Methanol als Substrat. Die ICI baut in Billingham eine Großanlage mit einer Kapazität von 50.000 t/a (Markenname Pruteen).

2.2.4 Technischer Kohlenstoff

Eine relativ wenig bekannte Materialgruppe, für deren Herstellung die chemische Industrie Kohlenstoff braucht, sind die sogenannten technischen Kohlenstoffe (11). Hierzu gehören:

Petrolkoks und Pechkoks,
Elektrodenpeche,
Ruße,
Premiumkokse,
Aktivkohle,
Kohleelektroden,
Graphitprodukte.

Das mengenmäßig wichtigste Produkt ist der Petrolkoks, dessen Gesamtproduktion ohne die Sowjetunion, dem neben den USA wahrscheinlich größten Petrolkokserzeuger der Welt, in der Größenordnung von 25 Mio t/ Jahr liegen dürfte.

Im Unterschied zu allen anderen technischen Kohlenstoffen ist der Petrolkoks ein bei der Herstellung von leichten Produkten aus schweren Rückstandsölen der Erdölverarbeitung in einer Menge von 10 - 15 % zwangsläufig anfallendes Nebenprodukt. Die Crackung der schweren Öle erfolgt nach dem sogenannten Delayed-Coking-Prozeß bei Temperaturen bis zu

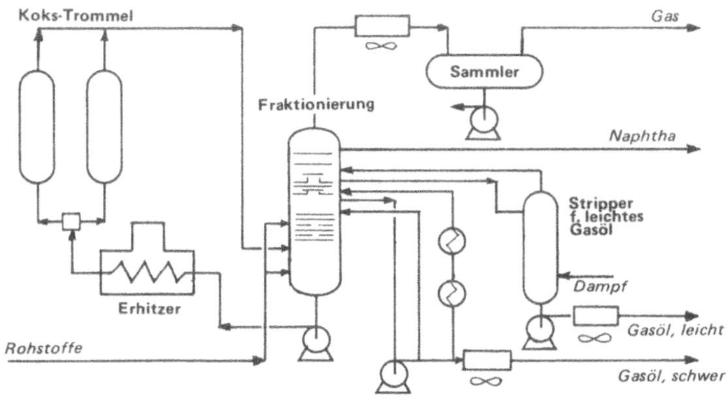

Abb. 2.9: Delayed-Coking-Prozeß

450°C. Der als Rückstand bei der Crackung verbleibende Koks sammelt sich in den alternierend geschalteten Kokstürmen und wird aus diesen, sobald ein Turm voll ist, mit einem unter hohem Druck stehenden Wasserstrahl herausgeschnitten.

Haupteinsatzgebiet von Petrolkoks ist die Aluminium- und Graphitherstellung. Die nicht absetzbare Menge dient als Energierohstoff.

Für die Aluminiumerzeugung wurden 1976 knapp 6 Mio t Kohlenstoffelektroden verbraucht (12). Der Weltverbrauch an Graphitelektroden für die Erzeugung von Elektrostahl liegt zur Zeit in der Größenordnung von 1 Mio t/a. Der Verbrauch von Graphitelektroden für die Chloralkalielektrolyse ist vergleichsweise gering. Er liegt bei rund 60.000 t/a. Kohlenstoffelektroden werden weiter gebraucht zur Herstellung von Calciumcarbid und zur Herstellung von Phosphor (ca.14.000 t/a).

Premiumkoks ist ein kristallitischer Spezialkoks, der sich relativ leicht graphitieren läßt und daher bevorzugtes Einsatzmaterial für die Erzeugung von Graphitelektroden ist.

Die Welt-Ruß-Produktion liegt zur Zeit ohne Ostblock und ohne China bei 3,5 Mio t/a. Die wichtigsten Anwendungsgebiete für Ruß sind verstärkende Füllstoffe, insbesondere für Reifen und Elastomere. Außerdem dient Ruß als Pigment für Kunststoffe, Lacke und Druckfarben. Die Herstellung von Ruß erfolgt durch unvollständige Verbrennung geeigneter Mineralöl- oder Teerfraktionen (Kapitel 4).

Aktivkohlen (13) finden Verwendung zur Gastrennung, zur Gasreinigung, zur Lösungsmittelrückgewinnung, zur Reinigung von Flüssigkeiten, zur Luftentfeuchtung und als Katalysator. Sie werden hergestellt durch chemische Aktivierung oder Gasaktivierung geeigneter Ausgangsmaterialien wie Sägemehl, Kokosnußschalenmehl, Torf, Braunkohle und Steinkohle. Die Aktivierung dient zur Erzeugung der gewünschten Porenstruktur. Als chemische Aktivierungsmittel finden Zinkchlorid oder Phosphorsäure bei

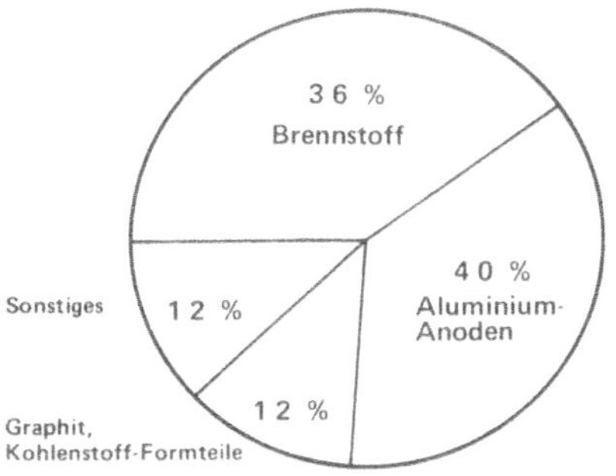

Abb. 2.10: Verwendung von Petrolkoks in den USA 1977

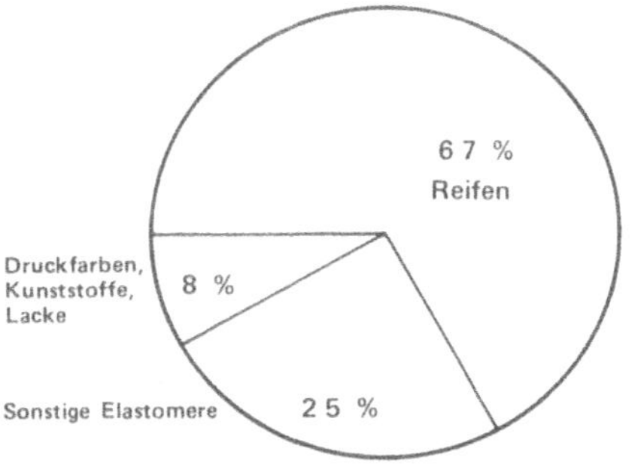

Abb. 2.11: Rußverwendung in den USA 1977

Temperaturen von 400 - 1.000°C Verwendung. Die Gasaktivierung erfolgt durch sauerstoffhaltigen Wasserdampf oder Kohlendioxid bei 800 - 1.000°C.

Ein Verfahren zur Herstellung von Aktivkohlen aus Steinkohlen wurde von der Bergbau-Forschung entwickelt. Sie sollen in technischen Prozessen, insbesondere zur Abwasser- und Abluftreinigung eingesetzt werden. Kohlenstoff-Molekularsiebe wurden für die Luftzerlegung in Sauerstoff und Stickstoff bzw. für die Gewinnung von Wasserstoff aus Kokereigasen in Verbindung mit der Druckwechseltechnik (pressure swing adsorbtion) vorgeschlagen.

2.2.5 Koks

Der mit Abstand mengenmäßig wichtigste technische Kohlenstoff ist der durch Verkokung der Steinkohle hergestellte Hüttenkoks. Die Reduktion

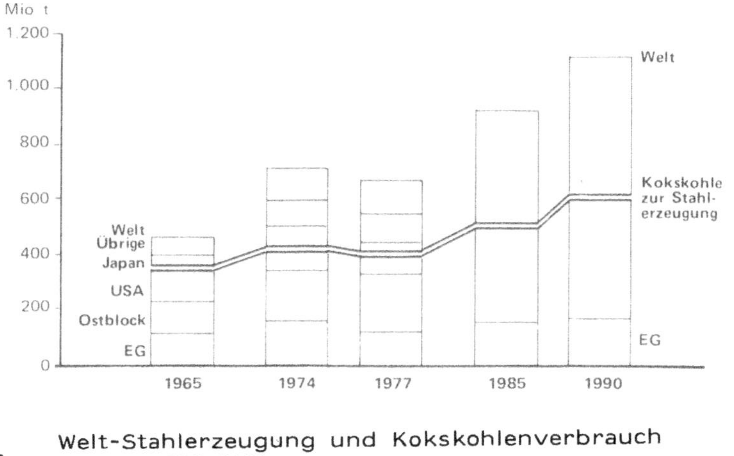

Abb. 2.12: Welt-Stahlerzeugung und Kokskohlenverbrauch 1965 - 1990 (15)

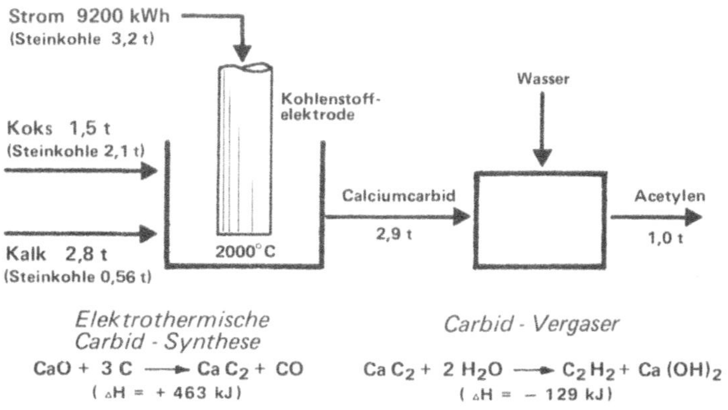

Abb. 2.13: Carbid- und Acetylen-Herstellung

der Eisenerze erfolgt derzeitig in der Welt zu 98 % mit Hilfe von Koks. Die Weltrohstahlerzeugung lag im Jahre 1978 bei 712 Mio t. Dafür wurden rund 400 Mio t Kokskohle verbraucht.

Vor dem Aufblühen der Petrochemie war der wichtigste Rohstoff für die Aliphatenchemie das aus Kalk und Koks hergestellte Calciumcarbid, aus dem durch Umsetzung mit Wasser Acetylen gewonnen wurde. Noch vor 10 Jahren wurden weltweit rund 9 Mio t/a Carbid produziert, davon etwa zwei Drittel zur Weiterverarbeitung auf Acetylen, der Rest hauptsächlich für das Düngemittel Kalkstickstoff und Dicyandiamid. Seitdem ist die Carbid-Erzeugung stetig zurückgegangen. In der Bundesrepublik Deutschland sank die Erzeugung an Calciumcarbid von 1967 bis 1977 von über 1 Mio t pro Jahr auf 530.000 t in 1977 (1).

3. Schwelung und Verkokung der Kohle

3.1 Geschichte der Kokereitechnik und Eisenverhüttung

Die Steinkohle war schon vor der Zeitwende den Griechen bekannt. Theophrast (371 bis 300 v.Chr.) erwähnt in seinem Buch über Steine bereits im 4. Jahrhundert vor Christus seltsame, brennbare Steinarten. Griechische Schmiede verwandten Steinkohle, die sie in den Bergen des Olymp fanden, für ihr Schmiedefeuer.

In England war die Steinkohle bei den Schmieden im 13. Jahrhundert schon so allgemein in Benutzung, daß sich der Adel über die Belästigung Londons durch üblen Rauch und Geruch beschwerte. Da dem Steinkohlenrauch vorgeworfen wurde, er sei die Ursache vieler ansteckender Krankheiten und anderer Übel für Mensch, Tier und Pflanze, wurde die Verwendung von Steinkohle für den häuslichen Gebrauch untersagt. Ein Mann, der beschuldigt wurde, durch den Gebrauch der Steinkohle seine Nachbarschaft vergiftet zu haben, wurde sogar auf die Folter gespannt. Die negative Einstellung gegenüber der Steinkohle hielt sich in London bis in die Mitte des 19. Jahrhunderts.

Vor Steinkohlenkoks hatte als Reduktionsmittel für die Eisengewinnung vornehmlich Holzkohle Verwendung gefunden. Da Holzkohle nur Spuren von Schwefel enthält, zudem fast aschefrei ist und leicht vergast wird, eignet sie sich vorzüglich zur Reduktion.

Die Holzkohle wurde in 1 m tiefen Gruben oder in offenen Meilern gewonnen. Die Kunst des Köhlers bestand darin, die Verkohlung des Holzes so zu leiten, daß das Holz nicht bis auf die Asche verbrannte. Er erreichte dies durch ein geschicktes Regeln der Luftzufuhr, indem er vorübergehend an verschiedenen Punkten des Meilers die Decke abhob und dann wieder verschloß. Kleinere Meiler brannten 6 - 7, große 12 - 15 Tage. Nachdem der Meiler abgegart war, wurde er zum Abkühlen einen Tag stehen gelassen, anschließend aufgerissen und die heiße Holzkohle durch Bespritzen mit Wasser abgekühlt.

Als in der ersten Hälfte des 15. Jahrhunderts der Holzkohlenhochofen von Nordfrankreich nach Südengland kam, stürzten sich die englischen Adeligen auf die Eisenerzeugung. In relativ kurzer Zeit waren ihre Hochwälder in den Hochöfen verschwunden. Die zunehmende Entwaldung bedrohte am Ausgang des 16. Jahrhunderts sogar die Existenz der Eisenindustrie.

Das wird leicht verständlich, wenn man bedenkt, daß im mittelalterlichen Rennprozeß die Herstellung von 1 t Schmiedeeisen 6 t trockene Holzkohle erforderte. Für 1 t Holzkohle brauchte der Köhler 5 t Holz, d.h. die Erzeugung 1 t Eisen bedingte den Einsatz von 30 t Holz (1).

Nachdem das Holz weitgehend verbraucht war, begann die Suche nach einem anderen Rohstoff, der als Brennstoff und Reduktionsmittel geeignet war. Er fand sich in der Steinkohle. Die Rohkohle machte jedoch dem Hüttenmann des Mittelalters in den kleinen Hochöfen erhebliche Schwierigkeiten. Sie schmolz und backte im Ofen zusammen, so daß der Durchgang des Gebläsewindes erschwert wurde. Auch die starke Rauchentwicklung war eine höchst unangenehme Beigabe. Da der Vorgang der Holzkohlenerzeugung allgemein bekannt war, lag es nahe, in analoger Weise wie das Holz auch die Rohkohle vor dem Einsatz in dem Hochofen zu behandeln. Mit derartigen Gedanken beschäftigte man sich nicht nur in England, sondern auch in Deutschland.

So hatte der Münstermeister Daniel Stumpfelt aus der alten Salzstadt Halle am 15. Oktober 1583 von dem Administrator des Erzbistums Magdeburg ein Privileg erhalten, um den Kohlen "den Gestank, die Wildigkeit und Unart" zu nehmen, damit sie beim Salzsieden gebraucht werden könnten. Stumpfelt erhielt für seine Erfindung, die er auch dem Kurfürsten von Sachsen anbot, ein kaiserliches Generalpatent.

Zur gleichen Zeit gab es in England eine Reihe von Pseudoerfindern, die mit Hilfe unklarer und mystisch abgefaßter Patentschriften, auf die sie weitgehende Privilegien erhielten, möglichst viel Geld zu gewinnen hofften. Der Vergleich mit den Alchimisten, die behaupteten, Gold machen zu können, ist durchaus vertretbar.

Der erste Hüttenmann, dem es im Jahre 1621 gelang, kleinere Mengen Eisen mit Koks zu erblasen, war Dud Dudley, der schon von seiner Herkunft her als Sohn eines Lords und einer Köhlertochter für diese Aufgabe gewissermaßen prädestiniert war. Die technische Verwirklichung seiner Versuche scheiterte aber an äußeren Umständen. Trotzdem gelang den Engländern als ersten, wenn auch erst etwa 100 Jahre nach den Dudley-schen Versuchen, die Verkokung der Steinkohle und das Verhütten von Eisenerzen mit Koks in technischem Umfang. Abraham Darby ist Anfang des 18.Jahrhunderts dieser Durchbruch gelungen.

Während zu Beginn der Eisenerzverhüttung mit Koks noch etwa 8 t Koks pro Tonne Roheisen erforderlich waren, sank durch das um 1830 eingeführte Vorwärmen der Luft der Koksverbrauch auf ca. 5 t pro Tonne Roheisen bei gleichzeitiger Steigerung der Durchsatzleistung der Öfen um etwa die Hälfte. Zur Zeit sind pro Tonne Roheisen noch etwa 450 kg Koks erforderlich, d.h. der Koksverbrauch für die Eisenherstellung hat sich im Laufe der letzten 150 Jahre auf etwa ein Zehntel verringert.

Neben den Eisenhütten waren auch die Nichteisen-Metallhütten bedeutende Koksverbraucher. So waren in Deutschland schon vor 1800 zahlreiche Kupfer- und Bleihütten zum Schmelzbetrieb mit Koks übergegangen. Zunehmend größere Koksverbraucher wurden zudem die Eisenbahnen. Die Eisenbahngesellschaften hatten bei Aufnahme ihrer Tätigkeit in Großbritannien sofort die Auflage erhalten, ihre Lokomotiven nur mit Koks zu beheizen, da der bei der Steinkohlefeuerung entstehende Rauch als öffentliches Ärgernis galt, vor dem die Bevölkerung geschützt werden mußte. Auch die erste deutsche Eisenbahn, die 1835 zwischen Nürnberg und Fürth ihren Betrieb aufnahm, fuhr demgemäß mit Koks, und zwar mit Saarkoks.

3.2 Einleitung und Grundlagen

Unter Schwelung und Verkokung versteht man das Erhitzen von Kohle unter Luftabschluß. Dabei entstehen je nach Zusammensetzung der Kohle unterschiedliche Mengen an Gasen, Wasser und Teer. Als Rückstand verbleiben Koks und eine anorganische Phase entsprechend dem Aschegehalt.

Nach der Höhe der Temperatur, auf die die Kohle erhitzt wird, unterscheidet man zwischen Schwelung - 450 bis 700 °C -, Mitteltemperaturverkokung - 700 bis 900 °C - und Hochtemperaturverkokung - über 900 °C.

Zwischen Schwelung und Verkokung besteht also kein Unterschied grundsätzlicher Art. Die beiden Verfahren unterscheiden sich nur in der Höhe der Temperatur, auf die die Kohle erhitzt wird. Sie führen aber zu unterschiedlichen Produktqualitäten und erfordern verschiedene Technologien.

Steinkohlen und Braunkohlen verhalten sich beim Erhitzen unter Luftabschluß grundlegend verschieden.

Steinkohlen des mittleren Inkohlungsbereiches sind thermoplastisch. Sie erweichen im Temperaturbereich zwischen 350 und 480 °C.

Bei Braunkohlen und bei hochinkohlter Steinkohle, wie Anthrazit, findet beim Erhitzen unter Luftabschluß kein Erweichen der Kohlesubstanz statt. Es erfolgt lediglich die Abspaltung flüchtiger Bestandteile unter teilweiser Zersetzung. Zurückbleibt ein mehr oder weniger zusammenhängender, stark geschrumpfter Koks. Die Koksausbeute ist beim Verkoken von Braunkohle wesentlich geringer als beim Verkoken von Steinkohle.

3.3 Schwelung und Verkokung von Braunkohlen

Aufgrund des hohen Anteils an flüchtigen Bestandteilen erfährt die Braunkohle bei der Schwelung und Verkokung einen hohen Gewichtsverlust, der mit einer erheblichen Reduzierung des Volumens verbunden ist. Da die Braunkohlen keine Backfähigkeit besitzen, ist die Anwendung des Kammerverkokungsverfahrens zur Erzeugung eines stückigen Kokses nicht möglich.

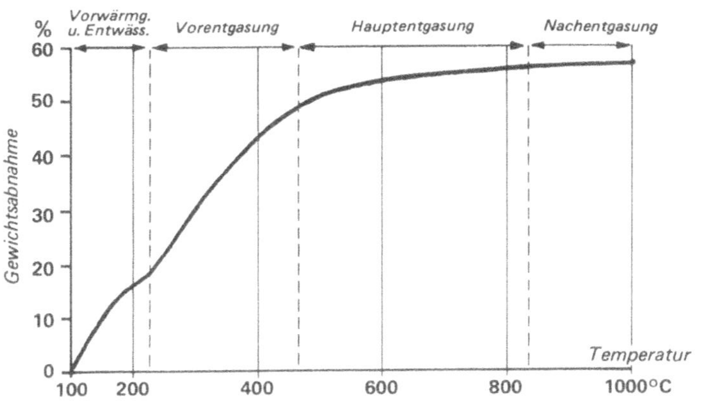

Abb. 3.1: Gewichtsverlust eines ohne Bindemittel hergestellten Braunkohlenbriketts in Abhängigkeit von der Temperatur (2)

Der Gewichtsverlust eines bindemittellos hergestellten Braunkohlenbriketts beträgt bei Erhitzung auf 1.000°C mit einer Aufheizgeschwindigkeit von 2°C pro Minute etwa 55 % (Abb. 3.1). Beim Erhitzen von 1.000 kg nicht-vorgetrockneter und nicht brikettierter Weichbraunkohle mit 60 % Ausgangsfeuchte und 2 % Asche bis auf 1.000°C resultieren 600 kg Eigenwasser, 45 kg Reaktionswasser, 35 kg Teer und 135 kg Gas; zurückbleiben 185 kg Koks, d.h. der Gewichtsverlust liegt in diesem Falle sogar bei 82 % (2).

Bei der Braunkohlenpyrolyse sind 4 Phasen zu unterscheiden:

> Vorwärmung und Entwässerung bis 220°C, die Vorentgasungsphase zwischen 220 und 465°C, die Hauptentgasungsphase zwischen 465 und 830°C und die Nachentgasungsphase oberhalb 830°C.

In der ersten Stufe findet zunächst die Verdunstung bzw. bei Temperaturen über 100°C die Verdampfung des Wassers statt. Bei 220°C ist das in der Braunkohle enthaltene Wasser vollständig ausgetrieben. Oberhalb dieser Temperatur beginnt die Zersetzung der Braunkohle, die ab 270°C in die Teerbildungsphase einmündet. Zwischen 400 und 450°C durchläuft die Teerbildung ein Maximum. Sie ist bei 600°C abgeschlossen. Im Temperaturbereich bis 470°C werden hauptsächlich flüssige Produkte freigesetzt. Oberhalb 470°C dominiert die Gasbildung. Wasserstoff entweicht bevorzugt erst bei Temperaturen über 600°C.

Die Aufheizgeschwindigkeit hat großen Einfluß auf Menge und Zusammensetzung der Spaltprodukte. Bei gleichzeitiger Zuführung vergasend wirkender Medien, wie Sauerstoff, Wasser, Kohlendioxid und Wasserstoff, wird die Teer- und Koksausbeute erheblich vermindert.

3.3.1 Produkte

3.3.1.1 Schwelgas

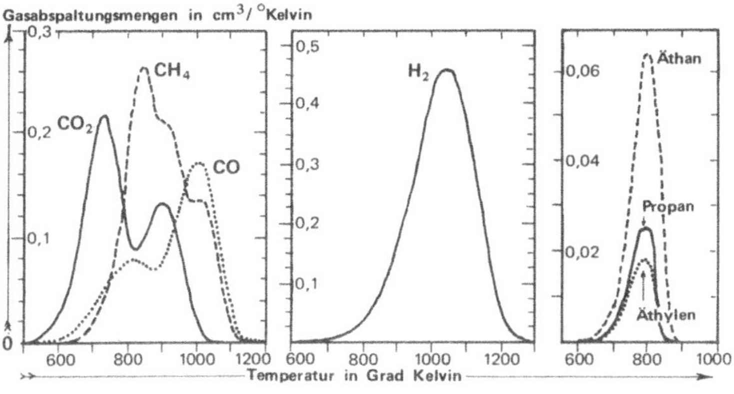

Abb. 3.2: Gasbildung bei der Erhitzung von Glanzbraunkohle (3) bei einer Aufheizgeschwindigkeit von 3,3°C/min (in Argon)

Die wichtigsten gasförmigen Spaltprodukte der Braunkohlenpyrolyse sind Wasserstoff, Kohlenmonoxid, Kohlendioxid, Methan, Äthan, Propan und Äthylen.

Abb. 3.2 zeigt die Geschwindigkeit der Gasbildung (3) beim Erhitzen einer Glanzbraunkohle (74 % Kohlenstoff, 6 % Wasserstoff, 18 % Sauerstoff -waf -) in Argon als Schutzgas mit einer Aufheizgeschwindigkeit von 3,3 ^{o}C/min. Als erstes Gas wird Kohlendioxid abgespaltet. Zwei Maxima der CO_2-Kurve bei 520 ^{o}C und 650 ^{o}C weisen auf unterschiedliche Reaktionsmechanismen hin. Das erste Maximum entspricht der Decarboxylierung der Huminsäuren. Ein Teil des später abgespaltenen Kohlendioxids stammt aus der Zersetzung der in der Asche enthaltenen Carbonate.

Auch die Kohlenmonoxid-Kurve zeigt zwei Maxima und damit die Bildung aus unterschiedlichen Quellen, so zum Beispiel aus Ätherbindungen und Ketogruppen. Ein Teil des Kohlenmonoxids entsteht auch gemäß dem Boudouard-Gleichgewicht.

Auf das Volumen bezogen ist Wasserstoff mit 40 Vol.-% das bedeutendste Pyrolysegas vor Methan und CO_2. Gewichtsmäßig sehen die Verhältnisse wegen des niedrigen spezifischen Gewichtes des gasförmigen Wasserstoffs anders aus. Bezieht man die Gasausbeute auf den Heizwert,so liegt Methan, aus dem etwa die Hälfte des Heizwertes des Pyrolysegases stammt, an der Spitze. Ähnlich wie Wasserstoff entsteht Methan über einen weiten Temperaturbereich aus verschiedensten Molekülgruppen. Äthan, Propan und Äthylen machen insgesamt nur 3 - 4 Vol.-% aus. Aufgrund ihres hohen Heizwertes ergeben sie allerdings einen Energieanteil von 14 %.

Die Zusammensetzung und die Menge der Gase sind sowohl von der Art der Kohle als auch von den Pyrolysebedingungen abhängig. Bei hoher Aufheizgeschwindigkeit reduziert sich der Gasanfall zugunsten einer höheren Teerausbringung. Bei geringer Aufheizgeschwindigkeit werden die zunächst gebildeten flüssigen Produkte zum Teil unter Gasbildung gecrackt.

Technisch erzeugtes, trockenes Schwelgas, gewonnen durch indirekte Beheizung, besitzt einen Heizwert H_u von $14{,}6.10^{6}$ J/m³. Bei direkter Beheizung mit heißen Spülgasen enthält das Schwelgas Stickstoff in Anteilen von 30-60 Vol.-%, so daß sich der Heizwert in etwa halbiert. Energieinhalte verschiedener technischer Gase sind im Kapitel 8.4 angeführt.

3.3.1.2 Teer und Schwelwasser

Der Hauptanteil der flüssigen Produkte wird im Temperaturbereich zwischen 300 und 500 ^{o}C abgespalten. Die Bezeichnung flüssig bezieht sich dabei auf alle bei 20 ^{o}C unter Normaldruck kondensierbaren Produkte (z.B. Reaktionswasser, Phenole, Teer).

Braunkohlenteer (4) ist ein Vielstoffgemisch, dessen Zusammensetzung bisher nur zum Teil aufgeklärt wurde. Während Steinkohlenteer einen aromatischen Charakter besitzt, ist Braunkohlenteer vorwiegend aliphatischer Natur und weist einen hohen Anteil an Sauerstoffverbindungen auf. Schwelteere sind reich an Paraffinen und Olefinen und enthalten darüber hinaus Phenole, Ketone, Lactone und Carbonsäuren. Wegen des hohen Paraffin-

und Olefingehaltes sind sie gut geeignet für eine Umwandlung in Motorkraftstoffe durch Hydrierung. Das im Braunkohlenteer in geringer Menge enthaltene Benzol wird bevorzugt erst bei Temperaturen über 600°C gebildet. Das bedeutet, daß Benzol hauptsächlich bei der Pyrolyse des Rückstandes entsteht und nicht bei der Niedertemperatur-Depolymerisation der Kohle.

Das Schwelwasser, das sich aus der Kohlefeuchtigkeit und dem Reaktionswasser zusammensetzt, enthält in geringen Konzentrationen Paraffine und Olefine sowie Alkohole und Ketone, Mono- und Dicarbonsäuren, Phenole, Schwefel- und Stickstoffverbindungen. Es muß daher vor seiner Einleitung in das Abwasser einer Aufbereitung unterzogen werden (s. Kapitel 3.4.4).

3.3.1.3 Koks

Braunkohlenkoks ist wegen seiner geringen Festigkeit für den Einsatz im Hochofenprozeß nicht geeignet.

Tabelle 3.1: Zusammensetzung und physikalische Kenndaten von Braunkohlenschwelkoks und Steinkohlenhochtemperaturkoks (4)

(Mittelwerte)		Braunkohlen-Schwelkoks (ca. 550°C)	Steinkohlen-Hochtemperaturkoks (ca. 1000°C)
Flüchtige Bestandteile	%	12,0	1,0
Dichte	g/cm^3	1,55	1,80
Spez. Oberfläche	m^2/g	70	250
Zündpunkt	°C	250	370
Elementaranalyse (wasser- u. aschefrei)			
C	%	88,4	98,7
H	%	3,0	0,6
S	%	0,2	0,1
O + N	%	8,4	0,6

Für eine Reihe von Anwendungsbereichen besitzt der Braunkohlenschwelkoks dagegen spezifische Vorteile. Stückiger Herdofenkoks findet in Elektroöfen zur Herstellung von Ferrochrom, Ferrosilicium und Silicochrom Verwendung. Formkoks wird eingesetzt in den Niederschachtöfen der Metallhütten für die Gewinnung von Kupfer und Blei sowie zur Calciumcarbid- und Phosphorherstellung. Feinkoks wird verwendet als Sinterbrennstoff, als Magerungskomponente in Kammerkokereien, zur Formkokserzeugung und als Reduktionsmittel in Drehrohröfen. Wegen seiner hohen spezifischen Oberfläche und seiner großen Reaktivität ist er ferner besonders geeignet zur Herstellung von Aktivkohle und Adsorptionskoks sowie als Ausgangsmaterial für die Vergasung.

3.3.2 Wirtschaftliche Bedeutung der Braunkohleveredlung

Wirtschaftliche Bedeutung hat die Braunkohleverkokung bisher nur in der DDR, und zwar bedingt durch den Mangel an Steinkohle. Im Jahre 1975 wurden in der DDR 3,5 Mio t Braunkohlenkoks hergestellt.

Tabelle 3.2: Braunkohlenverkokung (2); Spülgasverkokung bei 1.000°C

EINSATZ	2.614 kg	Braunkohlenbrikett
	1.600 kg	Luft
	935 kg	Brenngas
	2.535 kg	Heißgas
AUSBEUTE	1.000 kg	Hochtemp.-Koks
	1.547 kg	Überschußgas *)
	204 kg	Teer
	256 kg	Bildungswasser
	935 kg	Brenngas
	2.942 kg	Gas
	1.207 kg	Brüden

*) Schwachgas mit Heizwert $H_u = 6{,}6 \times 10^6$ J/Nm³

Bei der Verkokung von Trockenbraunkohle bei Temperaturen bis zu 1.000°C mit heißen Rauchgasen als Spülgas fallen im Mittel neben Schwachgas etwa 38 % Koks und 8 % Teer an (Tabelle 3.2).

In der Bundesrepublik Deutschland befaßt sich die Rheinische Braunkohlenwerke AG seit der Inbetriebnahme einer ersten Anlage zur Feinkokserzeugung nach dem Herdofenverfahren Mitte 1976 mit der Braunkohlenkokserzeugung. Im Jahre 1977 wurden 0,1 % der Braunkohlenförderung in der Bundesrepublik, das sind 139.000 t, zur Kokserzeugung eingesetzt. Gewonnen wurden dabei 58.000 t Braunkohlenkoks (5).

Tabelle 3.3: Braunkohleförderung und Braunkohleverwendung(5) in der Bundesrepublik Deutschland 1977

	Mill. t	%
Braunkohleförderung	122,9	100,0
Braunkohleverwendung		
Elektrizitätserzeugung	106,0	86,2
Brikettherstellung	8,2	6,7
Feinkoksherstellung	~ 0,1	~ 0,1
Sonstige	8,6	7,0

Die mit weitem Abstand wichtigste Verwendung der Braunkohle ist die Verstromung. Die Braunkohlenkraftwerke in der Bundesrepublik Deutschland verfügten Anfang 1978 insgesamt über eine installierte Leistung von 14.065 MW. Das sind 17 % der installierten Kraftwerksleistung von insgesamt 83.700 MW.

Das Braunkohle-Kraftwerk Niederaussem bei Jülich ist mit einer installierten Leistung von 2.799 MW Europas größtes Wärmekraftwerk.

Abb. 3.3: Braunkohle-Kraftwerk Niederaussem
(Photo: Rheinbraun AG, Köln)

3.3.3 Verfahren zur Schwelung und Verkokung von Braunkohle

Für die Schwelung und Verkokung von Braunkohlen wurde eine Reihe von Verfahren entwickelt, die nicht nur für Braunkohlen, sondern auch für die Schwelung von nichtbackenden Steinkohlen oder Ölschiefern geeignet sind (s. auch Kapitel 7.7).

Die Abgrenzung der Verfahren kann nach der Art der Beheizung oder nach der Art des verwendeten Reaktors erfolgen. Das Prinzip des Schüttgutreaktors, des Wirbelschichtreaktors und des Flugstromreaktors (Förderreaktor) wird in Kapitel 5.3.2 beschrieben.

Die Korn- bzw. Stückgröße des Rohstoffes beeinflußt maßgeblich die Technik der Verkokung bzw. die Reaktorauswahl. Man unterscheidet zwischen Fein-, Stück- und Formkoksverfahren, wobei Stückkoks sowohl nach den Verfahren für Feinkoks als auch für Formkoks erzeugt werden kann.

3.3.3.1 Feinkokserzeugung

Feinkörniger bis staubförmiger Koks kann für metallurgische Prozesse, zur Erzeugung von Formkoks und als Magerungsmittel für Kokskohle in Kokereien verwendet werden.

Bei dem von der Firma Salem Corp., Pittsburgh, entwickelten Herdofen-Verfahren wird die zu verkokende Kohle in einer dünnen Schicht von 100 bis 200 mm auf einem scheiben- oder ringförmigen, rotierenden Herd (Schüttgutreaktor) erhitzt. Dabei werden die flüchtigen Bestandteile ausgetrieben und oberhalb der Kohleschicht teilweise oder vollständig mit Luft verbrannt. Die Verbrennungswärme dient zur Erhitzung der rotieren-

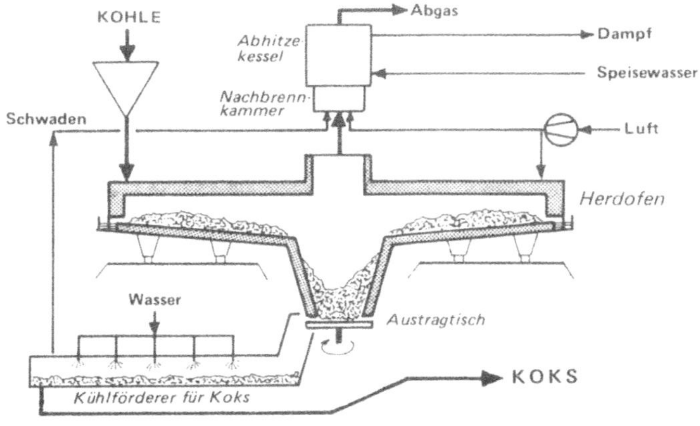

Abb. 3.4: Salem-Herdofen-Verfahren

den Kohleschicht (durch Wand-oder Gasstrahlung), die dabei Temperaturen bis zu 1.000°C erreicht. Über der Herdplatte angebrachte Schaufeln wenden die Kohle bei der Drehung der Platte und schieben sie langsam vom Außenrand zum Herdzentrum, wo sich der Koksaustrag befindet. Durch Wenden gelangt jedes Kohleteilchen während der Verweilzeit von 40 - 60 Minuten an die Oberfläche und in den Einfluß der Strahlungswärme.

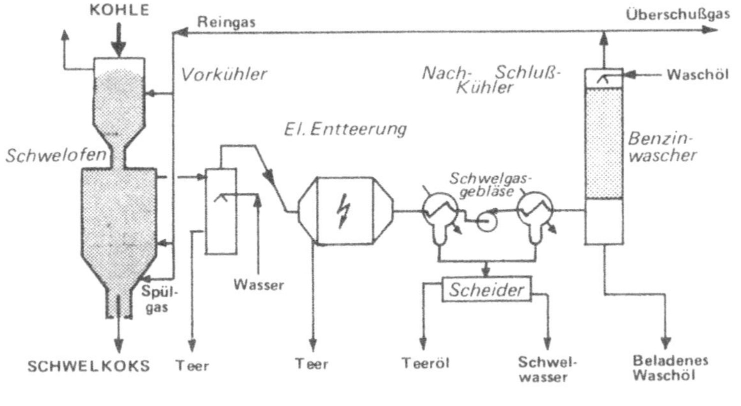

Abb. 3.5: Spülgasschwelung von Braunkohle nach Lurgi

Bei dem von der Lurgi entwickelten Verfahren der Spülgasschwelung (6) wird die zum Trocknen und Schwelen der Kohle notwendige Wärme dem Einsatzgut direkt durch aufgeheizte Kreislaufgase (Spülgase) zugeführt, die die Schüttung durchströmen. Die Kohle wird in einem Schachtofen im Gegenstrom zu den Spülgasen geführt und dabei geschwelt. Feinkörnige Braun- und Steinkohlen werden vorher brikettiert. Die Kohle durchwandert den Schwelofen von oben nach unten und durchläuft dabei drei Zonen: zunächst die Trocken- und Vorwärmezone, dann die Schwelzone und schließlich die Kokskühlzone.

In der obersten Zone wird die Kohle durch einen Kreislauf heißer Spülgase getrocknet und bis auf 150 °C vorgewärmt. In der mittleren Zone, der Schwelzone, erhitzen die Spülgase die Kohle bis auf Temperaturen von 500 bis 850 °C. In der untersten Zone wird der Schwelkoks durch kalte Kreislaufgase gekühlt und anschließend ausgetragen.

Aus dem Spülgas-Schwelgas-Gemisch, das aus der Schwelzone entweicht, werden die flüssigen Nebenprodukte in entsprechenden Kondensationseinrichtungen abgeschieden. Die Hauptmenge des so gereinigten Gases wird den Brennern der Trocken- und Schwelzone zugeführt, ein Teil wird direkt in die Kokskühlzone eingeleitet. Das für den Prozeß nicht benötigte Überschußgas wird für Heizzwecke abgegeben. Die Kondensationseinrichtungen bestehen aus Vorkühler, Teerabscheider, Nachkühler, Schlußkühler und gegebenenfalls Benzinwascher. Im Vorkühler werden die Gase durch Einspritzen und Verdampfen von Schwelwasser auf etwa 120 °C abgekühlt. Als Teerabscheider findet im allgemeinen ein Elektrofilter Verwendung. In diesen beiden Kondensationsstufen fällt der Schwelteer an, während im Nach- und Schlußkühler die Teeröle und das Schwelwasser zur Kondensation gelangen. In dem Benzinwascher wird das Benzin mit einer Mittelfraktion des Teeröls ausgewaschen.

Das Prinzip der Entgasung feinkörniger Braun- und Steinkohle in der Wirbelschicht (6) zeigt die Abbildung 3.6.

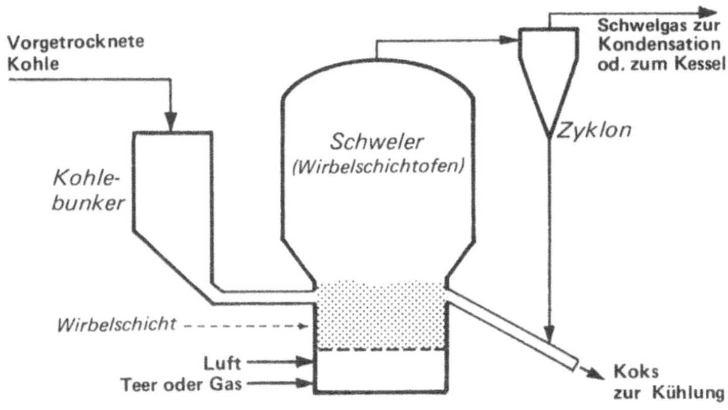

Abb. 3.6: Schwelung feinkörniger Stein- und Braunkohle im Wirbelschichtofen

Feinkörnige, vorgetrocknete Kohle bis zu 6 mm Korndurchmesser wird kontinuierlich in ein heißes, durch Luft bzw. Verbrennungsgase aufgewirbeltes Koksbett eingeführt und vergast. Nichtbackende Kohle wird durch eine Dosierschnecke zugeführt, backende Kohle wird eingeblasen. Die zur Entgasung erforderliche Wärme wird durch Teilverbrennung von Koks, Teerdämpfen und Schwelgasen im Wirbelbett erzeugt oder über heiße Rauchgase zugeführt. Der Koks wird durch einen Überlauf aus dem Ofen ausgetragen, der von den Schwelgasen mitgerissene Flugstaub in nachgeschalteten Abscheidern abgetrennt. Außer einem feinkörnigen bis staubförmigen Koks entsteht Teer, Mittelöl und ein mit Verbrennungsgasen verdünntes Schwelgas.

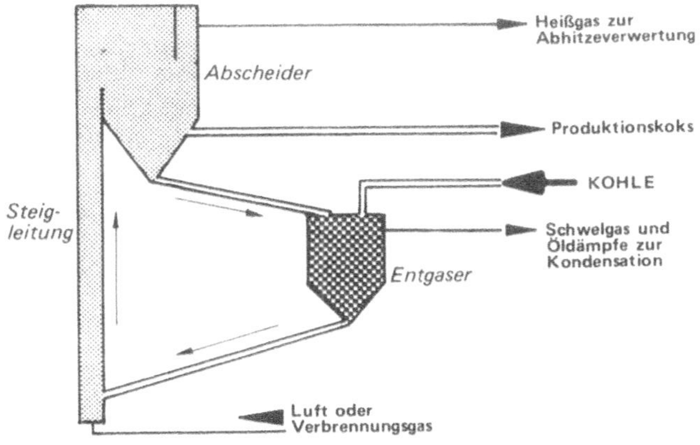

Abb. 3.7: Lurgi-Ruhrgas-Verfahren

Bei dem Lurgi-Ruhrgas-Flugstromverfahren mit umlaufendem Koks als Wärmeträger (6) wird ebenfalls feinkörnige Braunkohle (oder Steinkohle) mit einem Korndurchmesser bis zu 6 mm eingesetzt. Ein Teil des erzeugten Kokses wird im Flugstromteil des Reaktors mit heißen Rauchgasen aufgeheizt und der Frischkohle vor dem eigentlichen Verkokungsreaktor im Verhältnis von ca. 10 : 1 zugemischt. Die Braunkohle wird dabei auf Temperaturen von 500 -850 °C erhitzt je nach dem gewünschten Restgehalt an flüchtigen Bestandteilen. Durch diese Art der Erhitzung werden zusätzliche Vergasungsreaktionen vermieden. Das Verfahren liefert daher im Unterschied zu anderen Prozessen ein Starkgas und eine hohe Teerausbeute.

3.3.3.2 Formkokserzeugung

Bei weltweit steigender Stahlproduktion sind hochwertige Kokskohlen für den Einsatz in der herkömmlichen Kammerverkokung nur beschränkt verfügbar. Es sind daher Verfahren entwickelt worden zur Erzeugung von stückigem Hüttenkoks konstanter Qualität auch aus nicht backender Braunkohle oder schwach backender Steinkohle. Die Verfahren sind mehrstufig und im Ablauf kontinuierlich. Man bezeichnet sie als Formkoksverfahren.

In der großtechnischen Praxis hat Formkoks für Hochofenzwecke bisher noch keinen Einsatz gefunden. Einen hohen Verfahrensentwicklungsstand für die Formkokserzeugung aus Braunkohle haben zwei Verfahren erlangt, die von der Bergbau-Forschung und der Lurgi gemeinsam entwickelte Zweikomponenten-Heißbrikettierung, das sogenannte BFL-Verfahren, und das Lauchhammer-Verfahren. Das BFL-Verfahren wird im Abschnitt Steinkohleverkokung beschrieben.

Das Lauchhammer-Verfahren ist ein in Mitteldeutschland großtechnisch praktiziertes Verfahren (4) mit dem Ziel, aus bindemittellosen Braunkohlenbriketts einen Hochtemperaturkoks herzustellen. Einem Spülgastrockner ist aus diesem Grunde ein indirekt beheizter Vertikalkammerofen nachgeschaltet, der Verkokungstemperaturen bis 1.200 °C zuläßt. Infolge der hohen Verkokungstemperatur enthält der nach dem Lauchhammer-Verfahren hergestellte Formkoks nur noch flüchtige Bestandteile von 0,5 - 1 %.

3.4 Schwelung und Verkokung von Steinkohle

Bei der Erhitzung unter Luftabschluß von Steinkohlen des mittleren Inkohlungsbereiches, denen für die Kokserzeugung besondere Bedeutung zukommt, lassen sich drei Temperaturzonen unterscheiden (7,8):

1. die Zone bis zur beginnenden Erweichung bei 350°C,
2. die plastische Zone vom Beginn der Erweichung bis zur beginnenden Kohleverfestigung bei Temperaturen um 480°C,
3. die Nachentgasungszone vom Beginn der Wiederverfestigung bis zur vollständigen Entgasung und Bildung eines geschmolzenen Kokses im Temperaturbereich über 480°C.

Zunächst verdampft bei der Erhitzung das Wasser. Ab 100°C entweichen auch die eingeschlossenen Gase Sauerstoff, Stickstoff, Methan und Kohlenoxide. In der bei über 250°C einsetzenden Vorentgasung beginnt die Abspaltung leichtflüchtiger, gesättigter und ungesättigter Kohlenwasserstoffe. Bei ca. 350°C ist die Vorentgasung beendet. Die Kohle beginnt zu erweichen.

In dem Temperaturbereich zwischen 350 und 480°C, dem plastischen Bereich, findet die Koksbildung und die Entgasung statt. Die Verweilzeit in diesem Bereich ist weitgehend bestimmend für die endgültige Koksqualität und die Zusammensetzung der Entgasungsprodukte.

Ab 480°C setzt nach der Wiederverfestigung die Nachentgasung ein, wobei der Halbkoks den noch gebundenen Wasserstoff abgibt. Der Halbkoks schwindet mehr oder weniger stark je nach den Eigenschaften der Einsatzkohle. Dabei entsteht ein festes, dichtes, feinporiges Koksskelett mit einer Porosität von 40 - 60 %. Der Verkokungsvorgang ist ab 900°C abgeschlossen.

Die Gesetzmäßigkeiten der Gasbildung und Gaszusammensetzung bei der Schwelung der Steinkohle sind weitgehend vergleichbar mit den schon beschriebenen Gesetzmäßigkeiten bei der Braunkohlenschwelung. Die Beschaffenheit des Steinkohlenschwelteeres ist abhängig von der Art der Einsatzkohle und von dem Schwelverfahren, insbesondere von der Aufheizgeschwindigkeit(8).

Tabelle 3.4: Produkt-Ausbeuten bei schneller und langsamer Entgasung (7) einer Gasflammkohle bei Erhitzung bis auf 600°C

Produkt-Mengenanteile in g/kg Kohle	Schnelle Entgasung	Langsame Entgasung
Gas	70	100
Schwelwasser	75	81
Leichtöl	19	41
Mittel- und Schweröl	82	54
Pech	86	17
Schwelkoks	668	707

Bei langsamem Erhitzen wird die gebildete flüssige Phase über längere Zeit erheblicher Temperaturbelastung ausgesetzt. Wegen der relativ hohen Siedepunkte der flüssigen Bestandteile kommt es zu Spaltprozessen unter Bildung von leichter flüchtigen Komponenten und einem höher siedenden Teerrückstand (Pech). Gase und niedrigsiedende Teerkomponenten überwiegen deshalb bei langsamer Entgasung. Der hochmolekulare Pechanteil bleibt in diesem Fall relativ gering.

Tabelle 3.5: Zusammensetzung der Schwelteere bei unterschiedlicher Aufheizgeschwindigkeit (7)

	Schnellschwelteer		Fischer-Teer	
Paraffine	2,3		7,1	
Olefine	2,8		3,4	
Aliphaten gesamt		5,1		10,5
1-Ring-Aromaten	1,5		5,3	
2-Ring-Aromaten	3,9		5,7	
3-Ring-Aromaten	6,2		6,6	
4-Ring-Aromaten	2,9		9,3	
5-Ring-Aromaten	0,5		0,4	
Aromaten gesamt		16,1		33,1
Phenole		14,1		25,9
Basen		0,3		2,5
Pechrückstand		64,4		28,0

Bei hoher Erhitzungsgeschwindigkeit kommt es nur in geringem Maße zu Spaltprozessen. Der Anteil an Aliphaten, Aromaten, Phenolen und Basen bleibt daher zurück zugunsten eines hohen Pechrückstandes. Als Fischer-Teer (Tab. 3.5) wird die Teerausbeute bei der Schwelung von Kohlen bezeichnet, die unter bestimmten Erhitzungsbedingungen in einer von Franz Fischer, Entdecker der Fischer-Tropsch-Synthese, entworfenen Retorte anfällt.

3.4.1 Vorgänge bei der Verkokung im Horizontalkammerofen

Für die Beurteilung des technologischen Verhaltens von Steinkohlen bei der Verkokung im Horizontalkammerofen ist die Kenntnis einer Vielzahl von Parametern erforderlich (9,10). Die Beschreibung des erforderlichen Eigenschaftsprofils von Kokskohlen findet sich im Kapitel 1.2.3, auf genormte physikalische Prüfverfahren wird im Kapitel 1.2.3.7 hingewiesen.

Für die Hochtemperaturverkokung im Kammerofen ist ein gewisses Treib- und Schwindvermögen der Kohlen erforderlich, wobei per Saldo für einen guten Ofengang das Schwinden überwiegen sollte. Bei stark ausgeprägtem Treiben und hohen Treibdruckspitzen werden die Koksöfen einer erheblichen mechanischen Beanspruchung ausgesetzt, die bis zur Zerstörung der Ofenwände führen kann. Wird das Treiben durch einen gleichzeitigen Schwindvorgang überlagert, kommt es häufig zu dem notwendigen Ausgleich. Für den Verkokungserfolg ist deshalb die sorgfältige Mischung verschiedener Kohlesorten eine wichtige Voraussetzung.

Die Kokskohle mit einem Wassergehalt von höchstens 10 % wird nach dem Einfüllen in die von zwei Seiten beheizte Ofenkammer, deren Wände 1.200-1.350 °C heiß sind, zonenweise von der Kammerwand zur Kammermitte über die Trocknungsstufe, Erweichungsstufe, Halbkoksstufe in Hochtemperaturkoks umgewandelt.

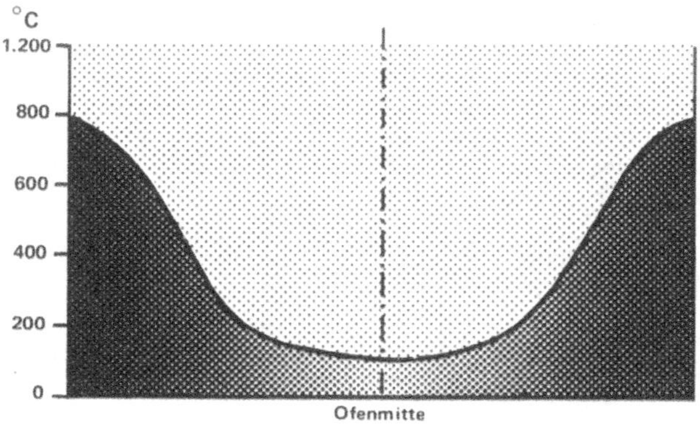

Abb. 3.8: Temperaturprofil bei der Kammerverkokung in der 5. Stunde der Garungszeit

Die Temperatur in den inneren Schichten der Kokskammer steigt nur sehr langsam an. Abb. 3.8 zeigt das Temperaturprofil in der Kammer in der 5. Stunde des insgesamt 14-20 Stunden dauernden Garungsprozesses(8). Im Inneren der Kammer ist die Temperatur in einem weiten Bereich erst auf wenig über 100°C gestiegen. Der eigentliche Temperaturanstieg in der Mittelschicht beginnt nach der Verdampfung des Wassers etwa nach Erreichung der Hälfte der Garungszeit. In diesem Stadium hat sich an den Wänden bereits eine Koksschicht gebildet.

Ab 350°C bildet sich an den Kammerwänden durch Erweichung der Kohle eine plastische Schicht von 15-30 mm Dicke, die mit fortschreitender Verkokung der Kohle langsam von den beiden Seitenwänden zur Mitte der Ofenkammer wandert. Die plastische Zone verfestigt sich ab 480°C. Es entsteht ein Halbkoks, der unter Schwindung allmählich in Koks übergeht.

Die in der plastischen Zone entstehenden Gase entweichen vorzugsweise durch die beim Schwinden des Kokses entstandenen Risse in Richtung zur Kammerwand, an der sie nach oben zum Gassammelraum steigen. Dieser als Außengas bezeichnete Gasstrom, der etwa 90 % des insgesamt entweichenden Gases ausmacht, unterliegt somit erheblichen thermischen Einwirkungen. Nur ein kleiner Teil des Gases - etwa 10 % - , das Innengas, gelangt mit dem Wasserdampf durch die unverkokte Kohle in den Gassammelraum (7). Durch das Durchströmen des glühenden Kokses und den Kontakt mit der heißen Kammerwand wird das Außengas weitgehend gecrackt und enthält deshalb viel Wasserstoff. Das Innengas erreicht dagegen nur Temperaturen von wenig über 100°C. Erst im Gassammelraum wird es durch Berührung mit den heißen Wänden und dem Außengas gespalten. Wegen der Crackvorgänge der Gase und des Teeres am heißen Koks kommt es zur Bildung von Kohlenstoff, der sich bevorzugt in den Entgasungswegen, d.h. in den beim Schwinden des Kokses entstandenen Rissen, ablagert.

Etwa zu Beginn der zweiten Hälfte der Verkokungsperiode vereinigen sich die beiden plastischen Schichten in der Ofenmitte und es entsteht die Koks- oder Teernaht. An dieser Naht zerfällt der Kokskuchen beim Ausdrücken aus der Ofenkammer in zwei annähernd gleiche Teile.

Abb. 3.9: Verkokungsvorgang im Kammerofen, Bildung der Teernaht

3.4.2 Verfahren zur Verkokung von Steinkohle

Die großtechnische Kokerei (7,11), eine Fabrik zur Gewinnung von Koks und Gas durch thermische Zersetzung von Kohlen unter Luftabschluß, ist ein Werk mit hohem Flächenbedarf.

Sie besteht zunächst aus einem umfangreichen Kohlelager. Um eine gleichmäßige gute Koksqualität zu erhalten, müssen in der Bundesrepublik Deutschland mindestens 3-4 Kohlesorten, in Japan sogar 10-15 Kohlesorten eingesetzt werden. Die Kohlen werden vom Kohlelager abgezogen, zerkleinert, in bestimmtem Verhältnis gemischt und in den Kohlenturm gefördert, von dem aus über den Füllwagen die einzelnen Kokskammern gefüllt werden. In modernen Kokereien erfolgt dieser gesamte Vorgang computergesteuert.

Die Ofenbatterie für die Verkokung der Kohle ist das Herzstück der Kokerei. Zum Einfüllen der Kohle in die Ofenkammer, zum Ausstoßen des Kokses und zur anschließenden Beförderung zum Löschturm sind spezielle Maschinen erforderlich, die unter dem Begriff Koksofen-Bedienungsmaschinen zusammengefaßt werden. Ein weiterer, sehr ausgedehnter Anlagenteil einer Kokerei ist die Aufbereitung des anfallenden Kokereigases.

Die Kriterien zur Festlegung des günstigsten Standortes einer Kokerei haben im Laufe der letzten Jahrzehnte eine deutliche Verschiebung erfahren. Früher wurden die Kokereien meist bei den Zechenbetrieben angesiedelt (Zechenkokerei). Heute werden die Kokereien bevorzugt im Rahmen der Eisenhütten gebaut (Hüttenkokerei).

Der entscheidende Grund für den Wechsel von der Zechen- zur Hütten-

Abb. 3.10: Modell einer Kokerei
(Photo: Krupp-Koppers GmbH, Essen)

Abb. 3.11: Kokerei Hibikinada, Ofenbatterie
(Photo: Krupp-Koppers GmbH, Essen)

kokerei, von dem es natürlich auch weiterhin Ausnahmen gibt, ist der mögliche Energieverbund. Der Koksofen wurde früher vornehmlich mit eigenem Kokereigas, dem Starkgas, betrieben. Das nicht benötigte Überschußgas wurde und wird an Gasversorgungsbetriebe abgegeben. Seit dem Aufkommen des Erdgases und der Errichtung eines Erdgasverteilungssystems ist die Bedeutung des Kokereigases für die öffentliche Gasversorgung stark zurückgegangen (Tabelle 1.19).

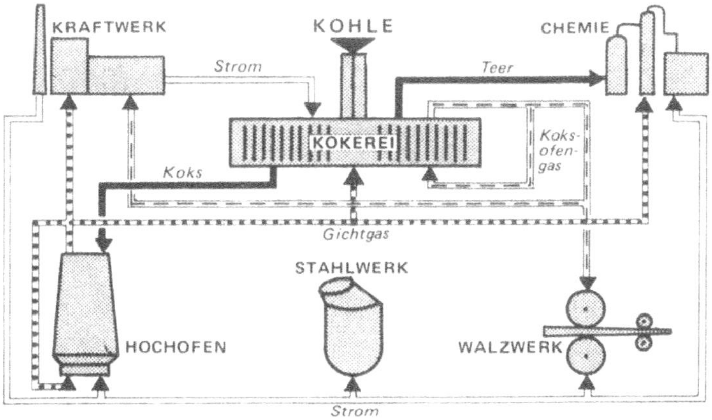

Abb. 3.12: Energieverbund Kokerei - Stahlwerk (12)

Der Koksofen wird heute als Verbundofen gebaut, der wahlweise mit eigenem Starkgas oder aber mit Fremdgas, nämlich mit Gichtgas, einem Schwachgas des Hüttenwerkes, beheizt wird - daher der Name Verbundofen. Das energiereiche Kokereigas findet in dem Hüttenbetrieb, nämlich dem Stahlwerk, dem Walzwerk und im Hochofen, Verwendung. Wenn aus irgendwelchen Gründen, wie zum Beispiel bei Störungen im Stahlwerk, die Kokskammerbeheizung von Schwachgas auf Koksofengas umgestellt werden soll, ist das innerhalb kürzester Zeit möglich.

3.4.2.1 Verkokung im Horizontalkammerofen

Für die Verkokung von Steinkohle zur Herstellung eines qualitativ hochwertigen Hochofen- und Gießereikokses hat heute praktisch nur noch der Horizontalkammerofen Bedeutung. Schräg- oder Vertikalöfen (1), die früher vornehmlich in Gaswerken mit geringem Kohledurchsatz Verwendung fanden, sind heute ohne Bedeutung. Die Bezeichnung Horizontalkammerofen bezieht sich nicht auf die Orientierung der Ofenkammern, die senkrecht stehen, sondern auf den horizontalen Bewegungsablauf beim Ausstoßen des Kokses mit der Koksausdrückmaschine.

Die zubereitete Kohlemischung gelangt über ein Förderband in den Kohlenturm, von dem aus der Kohlenfüllwagen gefüllt wird. Die einzufüllende Kohlemenge wird mit einer Gleiswaage gewogen. Über 5 Einfüllöffnungen fällt die Kokskohle aus dem Füllwagen in die einzelnen Ofenkammern. Auf der einen Seite des Kammerofens befindet sich die Koksausdrückmaschine, auf der anderen Seite der Kokskuchenführungswagen, der Kokslöschwagen und schließlich die Schrägrampe.

Die Garungsdauer beträgt für Hüttenkoks je nach Kohlequalität und Leistungsfähigkeit der Anlage zwischen 14 und 20 Stunden. Für Gießereikoks,

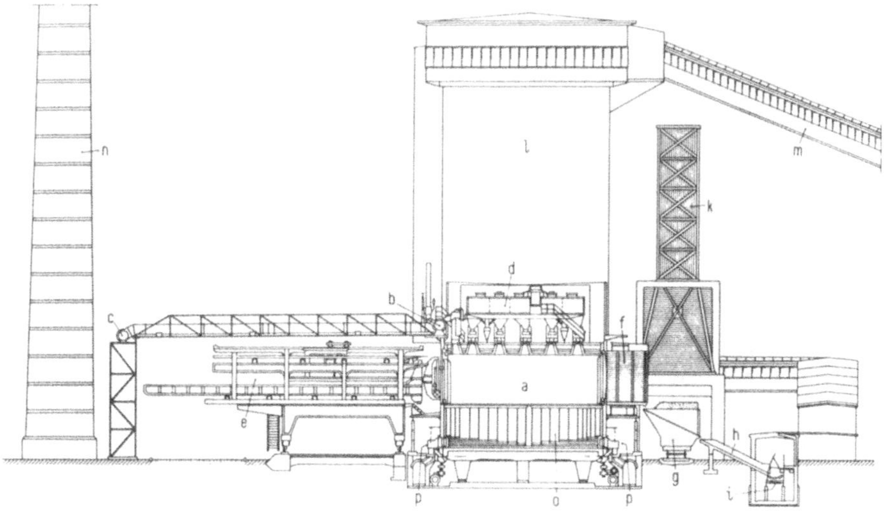

a Koksofen; b Vorlage; c Rohgas-Sammelleitung; d Koksofen-Füllwagen; e Koks-Ausdrückmaschine; f Kokskuchen-Führungswagen; g Koks-Löschwagen; h Koksrampe; i Rampenabzugsband zur Kokssieberei; k Löschturm; l Kohlenturm; m Kohlenzufuhr; n Kamin für Abgase; o Regenerator; p Begehkanal

Abb. 3.13: Schema des Koksofenbetriebes (7)

der mengenmäßig von geringerer Bedeutung ist, sind Garungszeiten in der Größenordnung von 30 Stunden erforderlich.

Nach beendeter Garung werden die Ofentüren abgenommen und der glühende Koks durch die Koksausdrückmaschine über den Kokskuchenführungswagen in den Kokslöschwagen gedrückt. Anschließend werden die Türen gereinigt, wieder eingehängt und die Ofenkammer erneut gefüllt.

Der Löschwagen fährt unter den Löschturm, wo der noch glühende Koks mit Wasser gelöscht wird. Der gelöschte Koks wird dann zum Auskühlen auf eine Schrägrampe (Koksrampe) geworfen. Von hier aus gelangt er über ein Förderband in die Kokssieberei und von dort zur Verladestation.

Ein einzelner Koksofen enthält je nach Ofengröße 200 bis 600 t feuerfestes Material und 20 bis 50 t Stahl. Es gibt eine Vielzahl von Koksofenbauarten. Sie unterscheiden sich im wesentlichen durch die Art des Heizzug- und Regeneratorsystems sowie durch die Zuführung des Feuerungsgases zu den Heizzügen. Am weitesten verbreitet sind die Ofensysteme der deutschen Firmen Didier Engineering, Krupp-Koppers, Dr. C. Otto und C. Still, die mit ihren know how weltweit führend sind. Die konstruktiven Merkmale der einzelnen Ofenbauarten sind in der Fachliteratur beschrieben (1,7,11). Abb. 3.15 zeigt als Beispiel einen Kreisstrom-Verbund-Koksofen.

Die Gleichmäßigkeit der Beheizung der großen Ofenwände über die gesamte Höhe und Breite ist ein wichtiges Kriterium eines Koksofens. Der spezifische Wärmebedarf bei Einsatz feuchter Kohle liegt zwischen 2.200 und 2.350 kJ pro kg Kohle; die neueren Heizkammerkonstruktionen sind in ihrer Wärmewirtschaftlichkeit weitgehend gleichwertig.

Die wesentlichen Bauelemente des Horizontalkammerofens sind die senk-

Abb. 3.14. Schnittbild eines Koksofens in verschiedenen Ebenen (Zeichnung: C. Still, Recklinghausen)

rechten Heizwände mit den dazwischen liegenden Ofenkammern, der Oberofen, und die unter den Kammern angeordneten Regeneratoren, der Unterofen. Bis zu 80 Öfen werden zu einer Ofengruppe, einer Batterie, zusammengefaßt.

Die Heizwände bestehen aus hochwertigem, feuerfestem Steinmaterial. Sie sind in eine Anzahl senkrechter Heizzüge unterteilt, in denen die Verbrennungsgase in definierter Richtung strömen. Als Baustoffe für den feuerfesten Teil des Koksofens finden ausschließlich Silika-Koksofensteine Verwendung. Sie bestehen aus über 95 % SiO_2, 1-2 % Aluminiumoxid und 1-3 % Calciumoxid. Die Druckfeuerbeständigkeit der Silika-Steine reicht bis 1.650°C.

Um den Kokskuchen nach beendeter Garungszeit leichter aus den Kammern herausdrücken zu können, sind die Kammern zur Koksseite hin um 40 - 80 mm erweitert. Die mittlere Kammerbreite liegt zwischen 400 und 500 mm. Sie richtet sich nach der angestrebten Verkokungsgeschwindigkeit und nach dem Verwendungszweck des Kokses (großstückiger Gießereikoks oder Hochofenkoks). Für die Hochofenkokserzeugung wird im allgemeinen eine mittlere Kammerbreite von 450 mm bevorzugt. Die Höhe der Ofenkammern beträgt 4 bis 7 m. Der zur Zeit größte Koksofen der Welt (13) in Ogishima in Japan (Nippon Kokan) besitzt eine Kammerhöhe von 7,55 m bei einer Länge von 17 m. Die nutzbare Kammerlänge liegt im allgemeinen zwischen 12 und 17 m, so daß das Volumen einer Ofenkammer 20 bis 50 m^3 beträgt.

Der Oberofen umfaßt im wesentlichen die Koksofenkammern mit den Heizwänden und die Ofendecke mit den Steigrohren für die Abführung des Produktgases. Die 1 bis 1,5 m dicke Ofendecke enthält je nach Bauart 4 bis 5 Füllöcher je Kammer, durch die die Kohle im Schüttbetrieb eingefüllt wird. Beim Stampfbetrieb, der bei Einsatz hochflüchtiger oder weniger gut

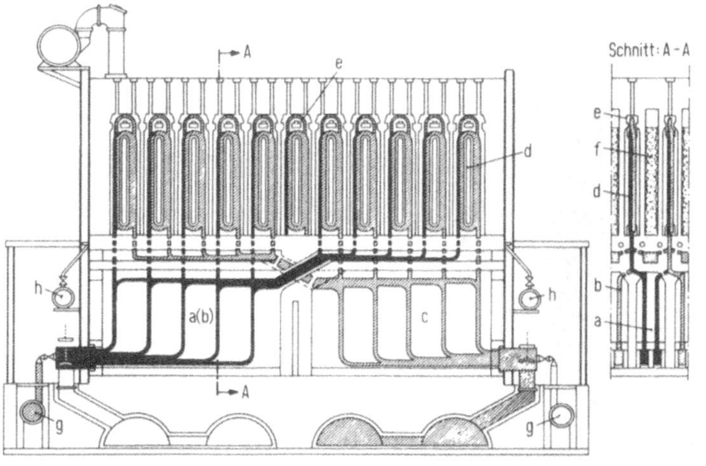

a luftführende Generatorhälfte; b gasführende Generatorhälfte; c gasabführende Generatorhälfte; d Zwillingsheizzug für Kreisstrombeheizung; e Differentialbeheizung; f Ofenkammer; g Zuführungsleitung für Schwachgas; h Zuführungsleitung für Starkgas

Abb. 3.15: Kreisstrom-Verbund-Koksofen (Bauart Krupp-Koppers GmbH, Essen)

kokender Kohle durchgeführt wird, hat die Ofendecke nur eine Öffnung, um die Füllgase abzusaugen. Der Unterofen besteht aus den Einrichtungen für die Zuführung der Feuerungsgase, den Regeneratoren und den Einrichtungen zum Ableiten der Verbrennungsgase. Jeder Ofen hat sein eigenes Regeneratorpaar, in dem die Wärme des Abgases zur Vorwärmung der Heizgase genutzt wird.

Bei Starkgasbeheizung wird nur die Verbrennungsluft, bei Schwachgasbeheizung werden sowohl das Schwachgas als auch die Verbrennungsluft vorgewärmt. Das Starkgas wird deshalb nicht vorgewärmt, weil die Gefahr der Kohlenstoffausscheidung infolge der Spaltung von Kohlenwasserstoffen besteht, wodurch sich die Regeneratoren zusetzen könnten. Die großen Flächen der Heizwände müssen auf gleichem Temperaturniveau gehalten werden - wobei der Wärmebedarf aufgrund der Vorgänge in der Kammer an einigen Stellen unterschiedlich sein kann, - damit ein gleichmäßig ausgegarter Koks mit konstantem Restgehalt an flüchtigen Bestandteilen anfällt. Die Beheizung kann programmiert erfolgen entsprechend dem sich während der Garung ändernden Wärmebedarf der Ofencharge.

3.4.2.2 Koksofen-Bedienungsmaschinen

Zu den Koksofen-Bedienungsmaschinen gehören der Kohlenfüllwagen, die Koksausdrückmaschine, der Kokskuchenführungswagen und der Kokslöschwagen. Die Maschinen sind unter erheblichem Aufwand in ihrer Leistung weiterentwickelt worden (14,15). Hierzu haben sowohl das wachsende Umweltbewußtsein (16,17) als auch die Notwendigkeit zur Steigerung der Produktivität und der Schaffung besserer Arbeitsbedingungen für das Bedienungspersonal beigetragen.

Ein Ofenspiel, das ist die Gesamtheit der von den Koksofen-Bedienungsmaschinen zu bewältigenden Aufgaben, beträgt 8 - 10 min. Die Dauer wird bestimmt durch den Kokslöschwagen, der die längste Zeit benötigt, bis er wieder in Ausgangsstellung steht. Die Zahl der Ofenspiele pro Tag und Maschinensatz ist wegen der hohen Kosten für die automatisierten Bedienungsmaschinen eine wichtige Kenngröße für die Wirtschaftlichkeit einer Kokerei.

Der Kohlenfüllwagen hat die Aufgabe, die Kohle vom Kohlenturm zu den einzelnen Ofenkammern zu transportieren und nach dem Abheben der Füllochdeckel die Kammern mit Kohle zu füllen. Die weiteren Aufgaben sind das Absperren der Vorlage, Absaugen und Verbrennen der Füllgase, Reinigen der Steigrohre und Schließen der Füllöcher.

In der Vergangenheit war die erhebliche Staub- und Rauchgasentwicklung während des Füllvorganges eine empfindliche Umweltbelastung. Die Verhältnisse haben sich schon seit einiger Zeit erheblich gewandelt. Neben der bewährten Methode der Füllgasreinigung auf dem Füllwagen wird bei Großraumöfen aus Gewichtsgründen und wegen der verschärften Umweltschutz-Auflagen (16,17) neuerdings die Reinigung stationär durchgeführt, d.h. die entsprechenden Anlagen stehen neben der Batterie. Bei diesem System wird das beim Befüllen der Öfen anfallende Füllgas über den Füllwagen in Entstaubungskanäle geleitet, die seitlich und oberhalb der Ofenbatterie angeordnet sind. Das Füllgas wird dann in Rotoclonen, Schlauchfiltern oder Rotoclonen mit nachgeschalteten Naß-Elektrofiltern vom Staub befreit. Der Reststaubgehalt liegt unter 100 mg/m^3. Während des Füllens tritt auf der Ofendecke kein sichtbarer Staub oder Qualm mehr auf.

Zusätzlich kann beim Füllen der Großraumöfen Ammoniakwasser unter hohem Druck in die Vorlage gespritzt werden. Dadurch entsteht am Fuß des Steigrohres ein Unterdruck, wodurch ein erheblicher Teil der Füllgase direkt in die Vorlage abgesaugt wird. Allerdings gelangt dadurch Feinkohle in die Gasbehandlung und verschlechtert die Teerqualität.

Die Füllochdeckel werden entweder eingedreht oder mit Mörtel bzw. einem Gemisch aus Tonerde und Wasser mit Hilfe einer mechanischen Vergießeinrichtung, die am Füllwagen installiert ist, wirksam abgedichtet. Die Ofendecke wird mit einem Vakuumreiniger gereinigt und der angefallene Kohlenstaub in einem Schlauchfilter gesammelt.

Die Koksausdrückmaschine dient mit ihrer Drückstange zum Ausstoßen des Kokses nach vollendeter Garung und ebnet dabei gleichzeitig die Kohlefüllung eines benachbarten frisch gefüllten Ofens mit einer Planierstange.

Der Kokskuchenführungswagen, der die hintere Kammertür abhebt, reinigt und wieder vorsetzt, dient außerdem zum Überbrücken der Strecke zwischen Kokskammer und Löschwagen. Drückmaschine und Kokskuchenführungswagen sind mit Tür- und Rahmenreinigungsgeräten ausgestattet. Die beim Planieren der Füllung austretenden Gase werden entweder abgesaugt oder in die Öfen zurückgedrückt.

Der Kokslöschwagen nimmt den glühenden Koks auf und läßt ihn unter dem Löschturm durch Berieselung mit Wasser in einer Zeit zwischen 60 bis 100 Sekunden löschen und ausdampfen. Dabei werden etwa 1 bis 1,3 t Wasser pro Tonne Koks aufgegeben. Anschließend wird der Koks auf die Schrägrampe zum Auskühlen gefahren.

Abb. 3.16: Kokerei Ogishima, Japan
Ofendecke mit Steigröhren und Sammelleitung
(Photo: C. Still, Recklinghausen)

Abb. 3.17: Kohlenfüllwagen (Photo: Dr.C.Otto & Co.GmbH, Bochum)

3.4.2.3 Entwicklungstendenzen in der Kokereitechnik

Seit der Inbetriebnahme der ersten Großraumkoksöfen der Welt im Jahre 1928 in Deutschland auf der Kokerei Nordstern mit 6 m Kammerhöhe und 32 m³ Nutzvolumen ist der technische Fortschritt bei der klassischen Verkokung weltweit durch Weiterentwicklung des Großraumkoksofens gekennzeichnet (14). Koksöfen bis zu 50 m³ Kammervolumen gehören heute zum

Abb. 3.18: Koksausdrückmaschine
(Photo: Krupp-Koppers GmbH, Essen)

Abb. 3.19: Kokskuchenführungswagen
(Photo: Dr.C.Otto & Co.GmbH, Bochum)

Stand der Technik. Dabei werden gleichzeitig durch höhere Verkokungstemperaturen und größeren Wärmedurchgang durch die Heizwände kürzere Garungszeiten erreicht. Das bedeutet eine Steigerung der spezifischen Durchsatzleistung je m^3 Ofenraum und Stunde. Zur Erhöhung der Wärmestromdichte werden neben den höheren Heizzugtemperaturen bis max. 1.350 °C dünnere Läufersteine (80 mm) sowie Steinmaterial mit höherer Wärmeleitfähigkeit verwendet.

Abb. 3.20: Kokslöschwagen
(Photo: C. Still, Recklinghausen)

Extrem schnell laufende Koksöfen mit Heizzugtemperaturen bis zu 1.450°C haben sich in der Praxis nicht durchgesetzt, da sie gegen kurzfristige Maschinenstörungen sehr empfindlich sind. Sie führen auch zu einem erhöhten NO_x-Gehalt der Abgase und zu einer Verkürzung der Ofen-Lebensdauer. Im allgemeinen werden bei Neubauten die Koksöfen heute mit Heizzugtemperaturen von höchstens 1.350°C betrieben. Gegenüber den extremen Schnelläufern gestatten diese Öfen die Erzeugung einer gröberen Kokskörnung, die von der Hochofenseite zunehmend gefordert wird.

Im Zuge der Rationalisierung des Koksofenbetriebes wird nach der Mechanisierung auch die Einführung der automatischen Steuerung von Bedienungsvorgängen erprobt. Der "mannlose" Betrieb der Kokereimaschinen scheint allerdings nach wie vor weder möglich noch wünschenswert.

Auf dem Sektor Umweltschutz (16-21) sind in der Kokereitechnik in der jüngsten Zeit entscheidende Fortschritte erzielt worden. Umweltbelastende Emissionen der Kokereien sind sowohl gasförmiger (Abgase), flüssiger (Abwässer) als auch fester (Kohle- und Koksstaub) Natur. Ihre Vermeidung ist besonders schwierig und kompliziert, weil die technischen Vorgänge vorwiegend im Freien ablaufen und zudem über eine große Fläche verteilt sind. Die Maßnahmen zur Beseitigung gasförmiger und flüssiger Emissionen werden in den Kapiteln 3.4.3 und 3.4.4 erörtert.

Die Staubquellen auf einer Kokerei sind:

- das Be- und Entladen von Kohle,
- das Kohlenlager,
- der Transport, die Zerkleinerung und das Vermischen der Kohle,
- das Einfüllen von Kohle in die Kohlefüllwagen und die Beschickung der Koksöfen mit Kohle,

-das Ausstoßen von Koks,
-das Löschen von heißem Koks,
-der Transport, die Zerkleinerung und das Absieben von Koks.

Der Staubanfall und die Staubemission in diesen Arbeitsbereichen sind erheblichen Schwankungen ausgesetzt, je nachdem, welches Arbeitsverfahren angewandt wird und welche Witterungsbedingungen gegeben sind. Die Kohlenhalden auf den Lagerplätzen werden im allgemeinen mit Wasser berieselt, um die Oberfläche feucht zu halten und dadurch die Staubbildung zu vermeiden. Förderbänder zum Transport von Kohle und Koks werden heute praktisch in ihrer gesamten Länge abgedeckt. Auch der beim Löschen des glühenden Kokses im Löschturm entstehende Dampf führt Staubteilchen mit sich. Der gesamte Staubanfall, für dessen Beseitigung es eine Vielzahl von Methoden gibt, wird auf 300 - 400 g pro Tonne Koks geschätzt.

In einem völlig geschlossenen System bei weitgehender Rückgewinnung der Wärme aus dem glühenden Koks arbeitet die Kokstrockenkühlung. Bei diesem in der Sowjetunion entwickelten (Giprokoks-Verfahren (7)) und in Japan verbesserten (13) Dry-Quenching-Verfahren wird der glühende Koks mit kalten Rauchgasen (Inertgasen) im Kreislauf gekühlt. Hierbei wird ein großer Teil der Wärme des Kokses wiedergewonnen.

Umweltschutz ist allerdings nicht billig. Während die Investitionskosten für eine Kokerei mit konventionellen Umweltschutzmaßnahmen im Durchschnitt bei 280 bis 320 DM pro t/a Koks liegen, erhöhen sich die Kosten bei Berücksichtigung aller heute realisierbaren Umweltschutzmaßnahmen einschließlich einer Dry-Quenching-Anlage auf 350 bis 400 DM pro t/a, d.h. um rund 25 %.

3.4.3 Gasbehandlung und Kohlenwertstoff-Gewinnung

Auf einer Kokerei fallen je Tonne Steinkohle durchschnittlich 730 kg Koks, 435 m^3 Koksofengas, 36 kg Steinkohlenteer, 11 kg Benzol und 2,4 kg Ammoniak an.

Die Ausbeute an Koks, Teer, Benzol und Gas ist von der Art der Einsatzkohle, insbesondere von dem Gehalt an flüchtigen Bestandteilen sowie von der thermischen Prozeßführung (8), vornehmlich von der Erhitzungsgeschwindigkeit, abhängig (Tabelle 3.4).

Infolge der Vielzahl der Ofenkammern entstehen die Entgasungsprodukte quasi-kontinuierlich. Sie werden aus dem Gassammelraum jeder Ofenkammer, das ist der Raum oberhalb der Kohleschüttung, durch ein Steigrohr nach oben abgezogen und über einen Krümmer in die für die gesamte Batterie gemeinsame Gassammelleitung geführt. Im Krümmer wird das zwischen 750-850 $^{\circ}$C heiße Rohgas durch eingedüstes Ammoniakwasser auf etwa 80-100 $^{\circ}$C heruntergekühlt, wodurch etwa 60 - 70 % des gebildeten Steinkohlenteers kondensiert werden. Das wäßrig-teerige Kondensat fließt in den Dickteerscheider, wo sich unter Bildung von 3 Phasen der Kohle- und Koksstaub enthaltende Dickteerschlamm unten absetzt und von Zeit zu Zeit der Einsatzkohle wieder zugemischt wird. Oben werden aus dem Scheider kontinuierlich das Kondensatwasser und ein stark wasserhaltiger Teer abgezogen und der Kondensat-Teerscheidung zugeführt.

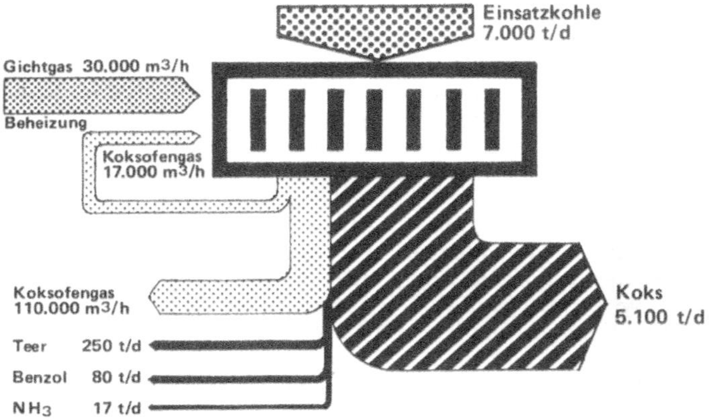

Abb. 3.21: Mengenfluß einer Kokerei

Das die Gassammelleitung verlassende Rohgas (22) wird z.B.in Gasvorkühlern mit Streckmetall-Einbauten bis auf etwa 25 °C gekühlt, wobei die restlichen Teerbestandteile abgeschieden werden. Dem Gasvorkühler nachgeschaltet ist eine elektrostatische Gasreinigung zur Abscheidung feinster Tröpfchen und Stäube. Der abgeschiedene Steinkohlenteer wird im allgemeinen als entwässerter Rohteer an zentrale Teeraufarbeitungsanlagen abgegeben.

Abb. 3.22: Gasbehandlungsanlage der Kokerei Lulea, Schweden (Photo: Krupp-Koppers GmbH, Essen)

Soweit das Kokereigas als Heizgas für die Unterfeuerung der Koksöfen oder in benachbarten Stahlwerksöfen oder Kraftwerken Verwendung findet, braucht es nur vereinfachten, den Anforderungen des Umweltschutzes Rechnung tragenden Reinheitsbedingungen zu genügen. Für die Verwendung als Stadtgas, Ferngas, Synthesegas oder Reduktionsgas ist eine zusätzliche Feinreinigung erforderlich (Abb. 3.23).

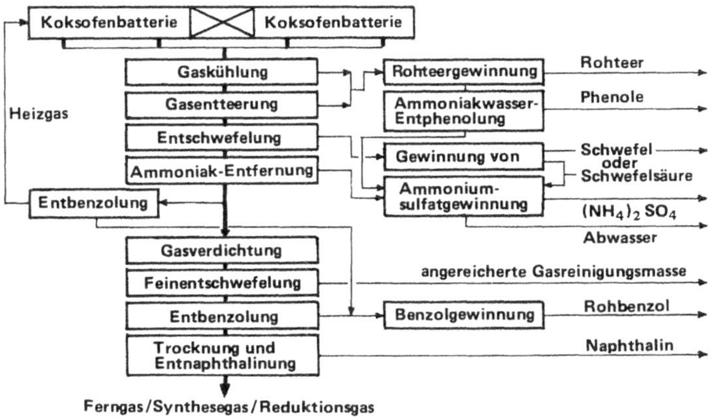

Abb. 3.23: Fließschema der Koksofengasbehandlung (7,8)

Die Entfernung des Schwefelwasserstoffes ist in den meisten Industrieländern bereits gesetzlich vorgeschrieben (16,17). Eine zusammenfassende Übersicht der Verfahren zur Abtrennung schwefelhaltiger Komponenten aus Gasgemischen wird im Kapitel 6.2 gegeben. Ein viel verwendetes Verfahren arbeitet mit wäßriger Ammoniaklösung, einem Waschmittel, das im Kokereibetrieb in ausreichender Menge zur Verfügung steht (22). Der Schwefelwasserstoffgehalt des Rohgases wird durch die Wäsche mit Ammoniaklösung auf weniger als 0,9 g/m^3 gesenkt. Gleichzeitig wird auch die Blausäure an Ammoniak gebunden. In einer nachgeschalteten Anlage wird der ausgewaschene Schwefelwasserstoff zu Schwefelsäure bzw. Schwefel oxidiert.

Auch Ammoniak muß aus dem Rohgas entfernt werden, da sonst im Leitungssystem Spannungsrißkorrosionen auftreten können oder es zu Ablagerungen von Ammoniumsalzen kommt. Ammoniak (6-9 g pro m^3 Rohgas) kann entweder durch Schwefelsäurewäsche als Ammonsulfat oder durch indirekte Rohgaskühlung (wobei bereits ein Teil abgeschieden wird) und anschließende Wasser-Wäsche als Ammoniak-Lösung ("Starkwasser") gewonnen werden. Dieses sogenannte "indirekte" Verfahren ist Voraussetzung für die Ammoniak-Schwefelwasserstoff-Kreislaufwäsche, das heute gebräuchlichste Verfahren zur gemeinsamen Entfernung von Ammoniak und Schwefelwasserstoff aus dem Koksofengas.

Infolge der großtechnischen Erzeugung von Stickstoffdüngemitteln aus Synthesegas hat die Gewinnung des Kokereiammoniaks im Laufe der letzten Jahrzehnte an Bedeutung verloren. Je nach den örtlichen Verhältnissen kann es sich sogar empfehlen, das abgeschiedene Ammoniak gemeinsam mit dem Schwefelwasserstoff in der Schwefelsäureanlage zu verbrennen.

Das vom Teer und weitgehend vom Schwefelwasserstoff (weniger als 0,9 g/m^3) und Ammoniak befreite, benzolhaltige Rohgas kann in einem Teilstrom zur Beheizung der Koksöfen eingesetzt werden, da sich die Koksöfen auch mit benzolhaltigem Gas störungsfrei betreiben lassen, wenn der Luftüberschuß zur Vermeidung von Rußbildung etwas höher eingestellt wird. Ob das Benzol aus diesem Rohgasteil entfernt wird oder nicht, richtet sich nach dem erzielbaren Erlös für das gewonnene Rohbenzol. Die Auswaschung des Benzols aus dem Rohgas erfolgt mit Waschöl, einer zwischen etwa 220-300°C siedenden Teerölfraktion. Dabei wird gleichzeitig auch das im Rohgas enthaltene Naphthalin entfernt. Die Aufarbeitung des Rohbenzols erfolgt heute im allgemeinen in zentralen Anlagen durch hydrierende Druckraffination und anschließende Destillation. Dabei werden vorwiegend Reinbenzol und Reintoluol gewonnen. Da das Druckraffinat praktisch schwefelfrei ist, kann es auch direkt als Vergaserkraftstoffkomponente Verwendung finden.

Das nicht für die Unterfeuerung benötigte Überschußgas wird auf 8-10 bar verdichtet und einer Feinreinigung unter Druck unterzogen, um die Anforderungen an Ferngas, Synthesegas oder Reduktionsgas zu erfüllen. Die Hochdruckreinigung wird im allgemeinen in Anlagen durchgeführt, die denen der Niederdruckbehandlung entsprechen. Die Reinigung umfaßt eine Feinentschwefelung (Trockenreinigung), eine Benzol- und Naphthalinwäsche und schließlich eine Trocknung des Gases.

3.4.4 Aufbereitung der wäßrigen Kondensate

Die aus dem Rohgas abgeschiedenen, wäßrigen Kondensate enthalten nach der mechanischen Abtrennung des Teers, der Feststoffe und der Ölsuspensionen neben den gelösten Gasen Kohlendioxid, Ammoniak und Schwefelwasserstoff noch gelöste organische Verbindungen, deren Menge in weiten Grenzen schwanken kann (22,23). Besonders charakteristisch für das Kondensat-Wasser der Kokereien ist das Vorhandensein von Phenolen. In geringen Mengen sind außerdem Ammonium- und Schwefelverbindungen sowie Pyridine und Cyanide enthalten.

Die Entphenolung des Kondensat-Wassers (23,24) erfolgt durch Extraktion, und zwar entweder durch das Benzol/Lauge-Verfahren von Pott-Hilgenstock oder durch das Phenosolvan-Verfahren der Lurgi.

Das Benzol/Lauge-Verfahren arbeitet mit Benzol als Extraktionsmittel und wäßriger Natronlauge zur Regenerierung des Benzols. Die Phenole gehen dabei als Phenolate in Lösung. Durch Verwendung mehrstufiger Podbielniak-Gegenstrom-Extraktoren anstelle statischer Extraktoren kann der Wirkungsgrad des Verfahrens auf 98 % gesteigert werden. Der Restphenolgehalt im Abwasser läßt sich jedoch nicht wesentlich unter 20 mg/l senken.

Mit Hilfe des Phenosolvan-Verfahrens der Lurgi, das mit Diisopropyläther als Extraktionsmittel in einem 10-stufigen Gegenstrom-Extraktor arbeitet, kann der Phenolgehalt auf Werte von etwa 10 mg/l gesenkt werden.

Beide Verfahren reichen jedoch nicht aus, um die Grenze von höchstens 0,5 mg/l zu erreichen, die beim Ablassen in den Vorfluter im allgemeinen nicht überschritten werden darf (die behördlichen Auflagen (18 - 21) sind je nach Standort und der Abwassermenge unterschiedlich). Das extrahierte Kokereiabwasser muß daher, nachdem es in einer Kolonne mit Dampf von den flüchtigen Bestandteilen NH_3, CO_2, H_2O und HCN befreit wurde, chemisch (25) durch Oxidation mit Wasserstoffperoxid oder Ozon, durch Adsorption an Aktivkohle (26) oder bevorzugt biologisch (23,27) nachgereinigt werden. Das Wasser hat dann eine Qualität, daß es sowohl in den Vorfluter eingeleitet als auch zur Kokslöschung verwendet werden kann.

3.4.5 Koks-Technologien zur Erweiterung der Kohlebasis

Während einerseits die Qualitäts-Anforderungen an Hochofenkoks wegen der wachsenden Hochofendimensionen und des reduzierten spezifischen Koksverbrauches deutlich gestiegen sind, sinken andererseits die Weltvorräte an gutverkokbaren Steinkohlen. Um weltweit auch langfristig die Versorgung der eisenschaffenden Industrie mit Hochofenkoks zu sichern, wird in vielen Ländern intensiv an der Entwicklung neuer Technologien zur Verbreiterung der Kokskohlenbasis (28) gearbeitet.

Eine der heute schon weltweit praktizierten Maßnahmen zur Streckung der Kokskohle besteht in deren Vermischung mit anderen, weniger gutkokenden oder gar nicht kokenden Kohlen. Während vor etwa 3 Jahrzehnten die Kokskohle im allgemeinen noch allein verkokt wurde, bestehen heute die Kokskohlemischungen in der Regel aus 5 und mehr Komponenten.

Wenn man die technologischen Maßnahmen, die zur Verbreiterung der Kokskohlebasis entwickelt worden sind, nach dem erforderlichen Aufwand ordnet, so ergibt sich folgende Reihenfolge:

1. geringere Aufheizgeschwindigkeit und längere Garungszeit
2. Brikettierung
3. Stampfbetrieb
4. Vorerhitzung der Kohlen
5. Formkokserzeugung

Die einfachste technologische Maßnahme ist die Verringerung der Aufheizgeschwindigkeit, die eine Verlängerung der Verweilzeit in der plastischen Zone, d.h. in dem für die Koksqualität wichtigen Bereich zwischen 350 und 480 °C, zur Folge hat. Diese Maßnahme bedingt eine Reduzierung der Kapazität.

Technologisch ist auch die Brikettierung ein recht einfacher Prozeß. Die Kohle wird dazu nach entsprechender Aufmahlung mit einem Bindemittel, wie Steinkohlenteerpech und/oder Bindekohle, vermischt und anschließend auf einer Doppelwalzen-Brikettpresse brikettiert. Durch die Brikettierung unter Bindemittelzusatz gelingt häufig eine deutliche Verbesserung der Verkokungsfähigkeit schlecht verkokbarer Kohle. Versuchsweise wird diese Technik in Japan, Südafrika und in Westeuropa angewendet.

3.4.5.1 Stampfbetrieb

Beim Stampfverfahren wird die Kokskohlenmischung, die im Vergleich zum normalen Schüttbetrieb feiner aufgemahlen wird, in einem Stampfkasten durch Fallhämmer verdichtet. Der Stampfkuchen wird dann von der Maschinenseite her in den Horizontalkammerofen eingeschoben. Die anschließende Verkokung erfolgt in der gleichen Weise wie beim Schüttbetrieb. Durch die Vorverdichtung und die größere Kornfeinheit wird auch aus Mischungen mit niedrigem Verkokungsvermögen ein Koks mit ausreichender Festigkeit erhalten. Neben Anthrazit und Magerkohle kann auch Petrolkoks in einem Anteil bis zu 30 % eingesetzt werden, ohne daß die Abriebfestigkeit des Kokses zu sehr verringert wird. Zusätzlich werden beim Stampfbetrieb häufig Bindemittel wie Steinkohlenteerpech oder Bitumen zugegeben.

Schon seit langem wird das Stampfverfahren neben dem Schüttbetrieb im Saargebiet angewendet. Es hat außerdem in Frankreich im lothringischen Revier sowie in einigen osteuropäischen Ländern Eingang gefunden (7). Im Saarrevier besteht eine Stampfkapazität von etwa 2,3 Mio t Koks pro Jahr. Diese Kapazität dient in erster Linie der Erzeugung von Hochofenkoks. Darüber hinaus werden auch Spezialkokse, z.B. für Gießereien und für elektrometallurgische Zwecke hergestellt.

Bisher ist die maximale Ofenhöhe im Stampfbetrieb auf 4 m beschränkt. Jüngste Entwicklungsarbeiten lassen darauf schließen, daß diese Grenze überwindbar ist und in Zukunft bis zu 6 m hohe Stampfkuchen im Großraumofen verkokt werden können.

3.4.5.2 Vorerhitzung der Kohle

Ein technisch relativ aufwendiges Verfahren zur Verbreiterung der Kokskohlebasis ist die Verkokung von vorerhitzter Kohle. Dabei wird gleichzeitig die spezifische Durchsatzleistung je m^3 Ofenraum und Stunde erheblich gesteigert. Für den Einsatz vorerhitzter, fein vermahlener Kohle sind mehrere Verfahren entwickelt worden (29). Sie unterscheiden sich im wesentlichen nur in der Art der Einspeisung der auf etwa 250°C vorerhitzten Kohle in den Koksofen.

Bei dem Coaltek-Verfahren (Coaltek, jetzt Salem & Co., Pittsburgh) wird die feuchte Einsatzkohle in einem einstufigen Flugstromtrockner getrocknet und vorerhitzt. Sie wird dann pneumatisch durch Rohrleitungen mit Dampf in die Ofenkammer eingeblasen.

Beim Precarbon-Verfahren, das gemeinsam von der Bergbau-Forschung und Didier-Engineering entwickelt wurde, wird die Kohle in einem zweistufigen Flugstromsystem zunächst getrocknet und dann vorerhitzt. Der Transport der heißen Kohle in die Öfen erfolgt mit einem über der Batterie angeordneten geschlossenen Kettenfördersystem und einem speziellen Hosenrutschenwagen. Dieses Verfahren ist zur Zeit am weitesten fortgeschritten.

Das Simcar-Verfahren, entwickelt von Simon-Carfes, arbeitet mit einer zweistufigen Flugstromerhitzung bei Unterdruck. Die Kohle wird dann mit einem Füllwagen, der für die besonderen Gegebenheiten vorerhitzter Kohle konstruiert ist, in die Öfen gebracht.

Das Coaltek-Verfahren und das Precarbon-Verfahren werden bereits großtechnisch erprobt. Die Betriebszeit bei Einsatz vorerhitzter Kohle kann gegenüber dem Einsatz feuchter Kohle um etwa ein Drittel verkürzt werden. Infolge der Fließeigenschaften vorerhitzter, feinkörniger Kohle erübrigt sich bei allen drei Verfahren das Planieren, so daß der Füllvorgang praktisch emissionsfrei in einem geschlossenen System erfolgt.

3.4.5.3 Formkokserzeugung

Die bisher beschriebenen Verfahren zur Verbreiterung der Kokskohlebasis haben das Ziel, durch entsprechende Behandlung der Kohle eine möglichst breite Rohstoffbasis für die klassische Verkokung im Horizontalkammerofen zu gewinnen. Noch einen Schritt weiter geht das Formkoksverfahren. Bei diesem Verfahren wird die diskontinuierliche Verkokung im Kammerofen völlig verlassen zugunsten eines weitgehend kontinuierlichen Verfahrens bei weitgehender Unabhängigkeit von der Art der eingesetzten Kohle (7,28).

In der großtechnischen Praxis hat Formskoks für Hochofenzwecke bisher noch keinen Einsatz gefunden.

Alle Verfahren zur Herstellung von Formkoks arbeiten mehrstufig. Die einzelnen Stufen sind:

Trocknen und Mahlen der Kohle,

vollständiges oder teilweises Schwelen bzw. Verkoken,

Mischen der Ausgangskomponenten Kohle, Koks und Bindemittel,

Formgeben durch Brikettieren oder Pelletieren und

thermische Behandlung der Agglomerate zur Verbesserung der Festigkeitseigenschaften und zur Verringerung des Gehaltes an flüchtigen Bestandteilen.

Von den bisher rund 20 vorliegenden Verfahrensvorschlägen zur Formkokserzeugung sind besonders drei in Westeuropa betriebene Verfahren hervorzuheben, bei denen der Formkoks bereits in ersten Großversuchen auf die Verwendungsfähigkeit im Hochofen getestet wurde. Es handelt sich um das nach japanischen Vorarbeiten in Frankreich von den Houillères du Bassin du Nord et du Pas-de-Calais entwickelte Kaltbrikettier-Verfahren (HBNPC-Verfahren) sowie die beiden in der Bundesrepublik Deutschland erprobten Heißbrikettier-Verfahren, nämlich das Ancit-Verfahren des Eschweiler-Bergwerks-Vereins (EBV) und das BFL-Verfahren der Bergbau-Forschung/Lurgi, jeweils mit anschließender thermischer Behandlung.

Bei dem HBNPC-Verfahren wird die Kohleeinsatzmischung in der ersten Stufe mit einem Bindemittel wie Steinkohlenteerpech oder Bitumen in üblicher Weise kalt brikettiert. In der zweiten Stufe werden die Briketts in einem Schachtofen mit heißen Spülgasen verkokt (28). Die Brikettherstellung umfaßt die herkömmlichen Schritte, wie das Mischen der verschiedenen Kohlen, die Trocknung, die Mahlung, die Bindemittelzugabe, das Kneten der Kohlemischung und schließlich die Brikettierung. Die thermische Behandlung der Briketts erfolgt im Gegenstrom in drei abgegrenzten Zonen, nämlich einer Vorwärmzone, einer Verkokungszone und einer Abkühlzone. Die Wärme für den Verkokungsprozeß wird durch partielle Verbrennung der Spülgase erzeugt. Die Briketts werden dabei bis auf etwa 1.000 ^{o}C erwärmt. Die Abgase, die auch das Schwelgas und den Teer enthalten, durchströmen zunächst einen Zyklon zur Staubabscheidung und werden dann in einem Venturiwäscher gereinigt. Das Gas hat einen Heizwert von ca. 8.400 kJ/m^3. Es wird zum Teil für den Verkokungsprozeß gebraucht, der Rest kann anderweitiger Nutzung zugeführt werden.

Bei dem BFL-Verfahren (6) gelangen als Mischkomponenten feinkörniger Koks mit einer Temperatur zwischen 700 und 800 ^{o}C sowie feinkörnige, backende, vorgetrocknete Steinkohle zum Einsatz, wobei die Kohle gleichzeitig als Bindemittel dient. Bei Zusatz von Steinkohlenteerpech können

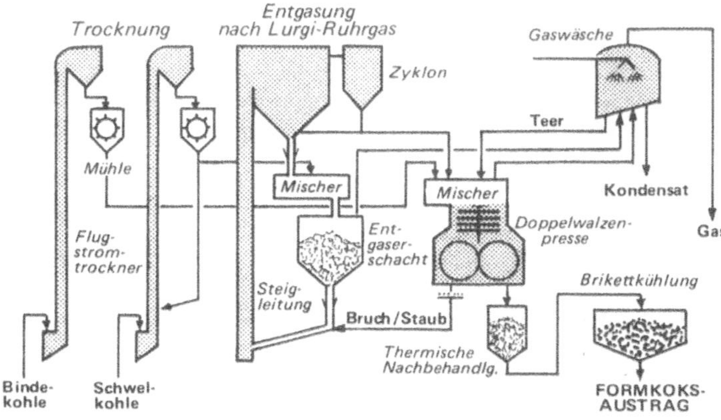

Abb. 3.24: Formkokserzeugung nach dem Bergbau-Forschung/Lurgi (BFL)-Verfahren

auch schwach backende Steinkohlen verwendet werden. Zur Erzeugung des Feinkokses wird vorgetrocknete Feinkohle entweder im Wirbelbett (Abb.3.6) oder vorzugsweise nach dem Lurgi-Ruhrgas-Verfahren (Abb.3.7) geschwelt. Der heiße Feinkoks wird mit der Bindekohle im Verhältnis 75 : 25 bis 60 : 40 gemischt. Dabei stellt sich eine Temperatur von 450 bis 500 °C ein, die im plastischen Bereich der Bindekohle liegt. Es bildet sich ein krümeliges, leicht klebendes Kohle-Koks-Gemisch, das auf einer Doppelwalzenpresse brikettiert wird. Die Brikettierung erfolgt also unter Ausnutzung des Erweichungsverhaltens und Bindevermögens der Kohle. Die grünen Heißbriketts werden in einem Schachtofen auf 550 bis 600 °C nacherhitzt und im Schachtunterteil gekühlt. Diese thermische Nachbehandlung erfordert nur einen verhältnismäßig geringen Aufwand. Sie erhöht die mechanische Festigkeit der Preßlinge. Gleichzeitig wird der Restteer beseitigt und der Gehalt an flüchtigen Bestandteilen herabgesetzt.

Nach dem Bergbau-Forschung/Lurgi-Verfahren wurde im Jahre 1967 eine Großversuchsanlage mit einer Leistung von 300 t/d Formkoks von der Ruhrkohle AG errichtet. Eine weitere Großversuchsanlage nach diesem Verfahren mit einer Leistung von 600 t/d wird von der British Steel Corp. in Großbritannien gebaut.

Bei dem ursprünglich in den Niederlanden von DSM zur Herstellung von raucharmen Brennstoffen entwickelten Ancit-Verfahren (30), das der Eschweiler-Bergwerksverein übernommen und verbessert hat, werden etwa drei Viertel nichtbackender Einsatzkohle mit flüchtigen Bestandteilen um 11 %, z.B. Anthrazit, ohne vorherige Trocknung und Mahlung in einem Flugstromreaktor in einem Verfahrensschritt getrocknet, thermisch zerkleinert und bei etwa 600 °C entgast. In einem nachgeschalteten Zyklon werden Schwelkoks und Abgas getrennt. Mit dem heißen Abgas wird in einem zweiten kleineren Reaktor die Bindekohle (25-33 % Anteil, flüchtige Bestandteile 30-40 %) erhitzt. Der heiße Schwelkoks und die vorerhitzte Backkohle gelangen in einen Mischer und werden anschließend bei 460-520 °C auf einer Doppelwalzenpresse verpreßt. Die heißen Briketts werden noch einige Stunden getempert, bevor sie mit Wasser und Luft gekühlt werden.

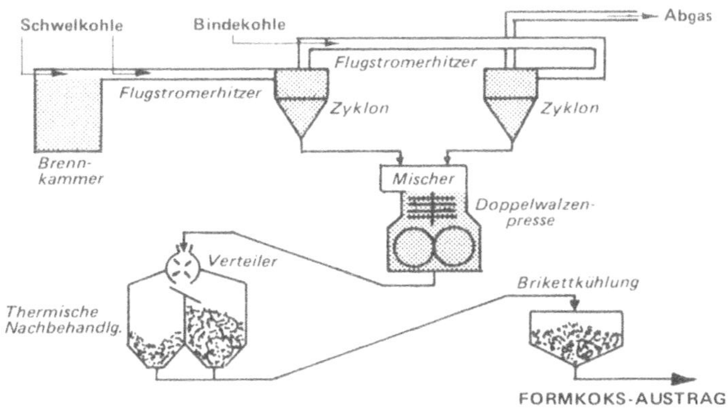

Abb. 3.25: Formkokserzeugung nach dem Ancit-Verfahren

Für die Schnellerhitzung im Flugstromreaktor sind backende, höherflüchtige Kohlen nicht geeignet. Sie müssen in einer zusätzlichen Stufe thermisch vorbehandelt werden. Im Jahre 1967 wurde vom Eschweiler-Bergwerksverein eine Großversuchsanlage mit einer Leistung von 240 t/d errichtet. Eine weitere Anlage mit einer Leistung von 7.000 t/d befindet sich in der Planung. Die Ancit-Briketts gehen zur Zeit als raucharme Briketts überwiegend in den Hausbrand, doch haben die bisherigen Versuche gezeigt, daß sie auch als Formkoks in Abmischung mit normalem Koks für den Einsatz im Hochofen geeignet sind.

Die Einsatzkohlen für die Verfahren zur Formkoksherstellung bestehen zu 60-75 % aus Schwelkohle und zu 25-40 % aus Bindekohle. Als Schwelkohle eignen sich alle Steinkohlen, sofern ihr Asche- und Schwefelgehalt nicht zu hoch ist. Dies gilt im übrigen auch für Braunkohle. An die Bindekohle sind dagegen besondere Anforderungen bezüglich des Binde- und Erweichungsvermögens zu stellen. Bei zusätzlichem Einsatz von Steinkohlenteerpech können auch mittelmäßig bis schwach backende Kohlen als Bindekohlen Verwendung finden.

Die Formkokse unterscheiden sich in ihren Eigenschaften zum Teil beträchtlich von normalem Hochofenkoks. So haben die nur durch Heißbrikettierung gewonnenen Produkte einen erheblich höheren Gehalt an flüchtigen Bestandteilen, weil bei diesem Prozeß sowohl die Schwelkohle als auch die Bindekohle weit weniger entgast werden als die Kohle bei der Hochtemperaturverkokung im Kammerofen. Infolge der Brikettierung ist die Porosität des Formkokses niedriger als von normalem Koks, während in der Abriebfestigkeit im allgemeinen keine Unterschiede bestehen.

Im Hinblick auf den Umweltschutz ist das Formkoks-Verfahren als eine recht saubere Technik zu bezeichnen. Alle Stufen von der Trocknung bis zur Kühlung der Produkte finden in geschlossenen Apparaturen und Behältern statt. Auch die Heißbrikettierpresse ist vollständig gekapselt. Entscheidende Kostensenkungen gegenüber dem herkömmlichen Verkokungsprozeß, die über die Einsparungen bei den Kohleeinsatzkosten hinausgehen, sind durch das neue Verfahren nicht zu erwarten. Der Vorteil der Formkoks-Verfahren liegt entsprechend dem Ziel ihrer Entwicklung in der großen Flexibilität bei dem Einsatz unterschiedlicher Kohlesorten.

3.4.6 Koks im Hochofenprozeß

In der Hochofen-Metallurgie erfüllt der Koks eine dreifache Funktion, eine mechanische, eine energetische und eine chemische. Im unteren Teil des Hochofens übt der Koks eine wichtige mechanische Stützfunktion aus unter Bildung einer nichtgeschmolzenen Säule im Zentrum des Ofens ("toter Mann"), die den Gasdurchgang und im Gegenstrom den Abfluß des flüssigen Eisens und der flüssigen Schlacke gewährleistet. Durch die Verbrennung des Kokses mit vorerhitzter Luft (Wind) wird die erforderliche Prozeß-Wärme erzeugt. Insgesamt sind zur Erzeugung von einer Tonne Roheisen im Hochofenprozeß rund 17.000 MJ erforderlich. Durch die Vergasung des Kokses schließlich entsteht das eigentliche Reduktionsmittel für die Eisenoxide, das Kohlenmonoxid.

Um die Wirtschaftlichkeit des Hochofenbetriebes zu steigern, wurden im Laufe der letzten beiden Jahrzehnte Kokereigas, Erdgas oder Schweröl, da billiger als Koks, als Zusatzbrennstoffe eingespeist. Sie werden mit dem Wind in den Hochofen eingeblasen. Pro kg Öl lassen sich etwa 1,2 kg Koks einsparen. Erdgas kann Koks nicht in gleichem Umfang ersetzen, da die aufzubringende Spaltungswärme höher liegt. Das Einblasen von Schweröl wird vor allem in Westeuropa und in Japan praktiziert, während die Entwicklung in den USA und in der Sowjetunion in Richtung Erdgas ging.

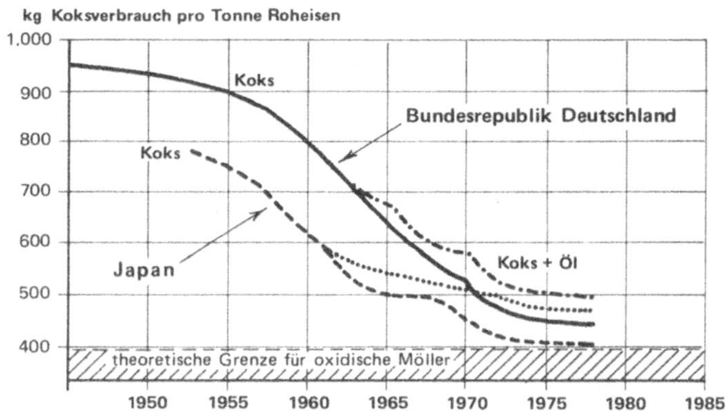

Abb. 3.26: Entwicklung des spezifischen Koksverbrauches pro Tonne Roheisen in der Bundesrepublik Deutschland und in Japan

Infolge des teilweisen Koksersatzes und durch andere technologische Maßnahmen ist der spezifische Koksverbrauch stetig gesunken. 8 t Koks waren zu Beginn der Eisenverhüttung mit Steinkohlenkoks zur Gewinnung von einer Tonne Roheisen erforderlich. 1950 wurden in der Bundesrepublik Deutschland noch 950 kg Koks pro Tonne Roheisen benötigt. Zur Zeit sind es nur noch 450 kg (31). In Japan wurde der theoretische Mindestbedarf von 350-400 kg pro Tonne Roheisen fast erreicht. Eine weitere Verringerung des spezifischen Koksverbrauches auf deutlich unter 400 kg pro Tonne Roheisen ist unwahrscheinlich, es sei denn, es wird vorreduziertes Erz zugesetzt.

3.4.6.1. Eigenschaften und Anforderungen

Die im Hochofen zur Erzeugung des Roheisens erforderlichen Brennstoffe und Reduktionsmittel müssen einigen speziellen Anforderungen genügen. So sollen sie insbesondere einen hohen Heizwert haben, gleichzeitig aber nur geringe Mengen an unerwünschten Begleitstoffen, wie Wasser, Asche und Schwefel, enthalten, da diese den Prozeß unnötig belasten bzw. die Qualität des Roheisens negativ beeinflussen. Mit dem Schwefel bringt der Koks einen unerwünschten Bestandteil in den Hochofen, der durch kostspielige Maßnahmen in die Schlacke überführt werden muß. Die Koksasche erfordert zur Bildung einer leichtflüssigen Schlacke einen Kalksteinzuschlag. Es ist daher ein möglichst niedriger Aschegehalt erwünscht.

Der Koks muß mechanisch fest sein, damit er beim Niedergehen der Beschickung nicht zerdrückt oder zerrrieben wird. Der Körnungsaufbau des Kokses soll dem des übrigen Möllers angepaßt sein, um den Strömungswiderstand im Ofen und damit die Gasdurchlässigkeit günstig zu gestalten. Die Stückgröße des Kokses soll daher nach Möglichkeit im Bereich von 40 bis 80 mm, zumindest jedoch im Bereich von 20 bis 40 mm liegen. Ein entscheidender Maßstab für die Verwendbarkeit des Kokses im Hochofen ist die Koksfestigkeit. Sie wird ermittelt, indem der Koks in einer Trommel mit bestimmten Abmessungen rotiert wird. Der Anfall an Feinkoks unter 10 mm nach einer bestimmten Umdrehungszahl gilt als Maßstab für den im Hochofen zu erwartenden Abrieb. Er soll möglichst niedrig sein und im allgemeinen unter 6 % liegen. Der nach dem Rotieren der Trommel zurückbleibende Koksanteil mit einer Körnung über 40 mm gilt als Bewertungsgrundlage für die Stückfestigkeit der Kokses (Trommelfestigkeit nach Micum).

Tabelle 3.6 gibt einen Überblick über die Dimensionen moderner Großhochöfen und deren Materialeinsatz. Die größten Hochöfen mit einem Gestelldurchmesser von über 14 m und einem Nutzinhalt von über 4.000 m^3 befinden sich in Japan. Der größte Hochofen in der Bundesrepublik Deutschland steht bei der August-Thyssen-Hütte im Werk Duisburg-Schwelgern.

Tabelle 3.6: Betriebstechnische Daten einiger Großhochöfen (32)

		Bundesrepublik Deutschland			Japan		
Kennzahlen		ATH Schwelgern	Klöckner Bremen	Krupp Rheinhausen	NKK Fukuyama	NSC Kimitsu	Kawasaki Mizushima
Gestell-Durchmesser	(m)	13,6	12,0	11,5	14,4	13,4	14,4
Nutzinhalt	(m^3)	3600	2787	2372	4617	4063	4323
Schmelzleistung	(t/24h)	9400	6500	5600	10500	10000	9800
Windtemperatur	(°C)	1093	1090	1109	1238	1272	1253
Koksverbrauch, tr.	(kg/tRE)	445	450	402	409	388	425
Ölverbrauch	(kg/tRE)	75	71	70	59	74	68
Ges.-Brennst.-Verbr.	(kg/tRE)	520	521	472	468	462	493

Abb. 3.27 veranschaulicht den Materialfluß eines nach den heutigen metallurgischen Erkenntnissen wirtschaftlich geführten Hochofens. Er benötigt bei einer Tagesproduktion von 6.000-10.000 t pro Tonne Roheisen etwa 430 kg Koks, 70 kg Schweröl, 1.560 kg klassiertes Erz, Sinter oder Pellets, sowie 120 kg Zuschlagstoffe, die dem Ofen bis auf das Schweröl über die Gicht zugeführt werden (32).

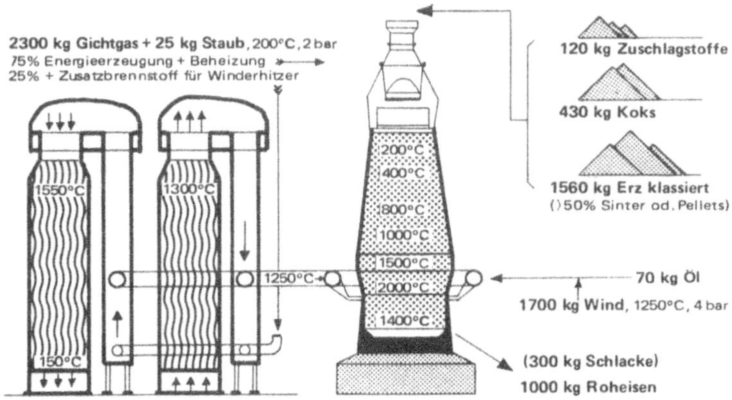

Abb. 3.27: Stoffbilanz eines modernen Hochofens (32)

Zur Vergasung des Kokses müssen in den Hochofen große Mengen Luft eingeblasen werden. Für die Erzeugung von 1 t Roheisen sind etwa 1,7 t Wind erforderlich, der damit gewichtsmäßig von allen Einsatzstoffen an erster Stelle steht. Durch die Vorwärmung der Luft wird weniger Koks zur Wärmeerzeugung benötigt und die Ofenleistungen entsprechend erhöht. Während vor 10 Jahren die Windtemperaturen noch um 900 °C lagen, werden heute 1.250 °C erreicht. Einige Hüttenwerke reichern den Wind außer mit Wasserdampf als Vergasungsmittel auch mit Sauerstoff bis auf einen Sauerstoffgehalt von etwa 26 Vol.-% an, um dadurch eine weitere Leistungssteigerung bei Zusatz von mehr Öl, Erdgas oder Gasen mit geringerem Heizwert als Zusatzbrennstoff zu erreichen.

3.4.6.2 Zukünftige Entwicklung des Stahlverbrauchs und der Kokserzeugung

Die theoretische Grenze des spezifischen Koksverbrauchs, solange kein vorreduziertes Eisenerz eingesetzt wird, liegt bei 350-400 kg Koks/ t Roheisen. Sowohl wegen der physikalischen als auch thermischen Gegebenheiten des Hochofens sind der Verringerung des Koksverbrauchs Grenzen gesetzt. Mit abnehmendem Kokseinsatz wird auch der Heizwert des Gichtgases geringer. Es ist deshalb zuweilen notwendig, den Heizwert des Gichtgases durch höheren Kokszusatz anzuheben, wenn das Gichtgas als Energiequelle im Industrieverbund (Kokerei - Chemiewerk) oder zur Beheizung von anderen Öfen in der Hütte bzw. für die Winderhitzer benötigt wird.

Nachdem die Welt-Rohstahlerzeugung von 708 Mio t in 1974 auf 670 Mio t in 1977 zurückgegangen ist, hat sie sich im Jahre 1978 auf 713 Mio t erhöht.

Für 1990 wird ein Stahlverbrauch von rund 1.100 Mio t erwartet. Das bedeutet für die vorausschaubare Zukunft eine erhebliche Erhöhung des Koksbedarfes, wenn auch prozentual niedriger als die Steigerung der Stahlerzeugung, da die neuen Technologien der Eisengewinnung berücksichtigt werden müssen. Unter diesen sind (neben dem materialeinsparenden Stranggußverfahren durch halbkontinuierlichen Verguß in etwa 900 m langen Kupferkokillen) besonders die Verfahren der Direktreduktion zu erwähnen, die mit einem Gemisch von Kohlenmonoxid und Wasserstoff arbeiten und keinen Hüttenkoks benötigen.

Zur Zeit ist die Eisenschwammproduktion nach dem Direktreduktionsverfahren noch gering. Sie beträgt etwa 1,5 % der Weltroheisenerzeugung. Die Wachstumsraten sind allerdings beträchtlich. In 10 Jahren soll der Anteil der Direktreduktion bereits bei 8 % der Rohstahlproduktion liegen.

Auch heute noch wird in einigen holzreichen Ländern Holzkohle für die Stahlgewinnung verwendet. Die drei größten auf Holzkohlebasis arbeitenden Hüttenwerke befinden sich in Brasilien. Etwa 30 % des Roheisens wurden dort im Jahre 1976 - allerdings mit abnehmender Tendenz - mit Holzkohle erschmolzen.

3.4.7 Eisengewinnung durch Direktreduktion

Das bei der Erzreduktion im Hochofen anfallende flüssige Roheisen enthält infolge der hohen Reaktionstemperaturen mehr gelösten Kohlenstoff als für die Werkstoffeigenschaften des Stahles erwünscht ist. Das Roheisen muß daher zur Stahlgewinnung einem anschließenden Frischprozeß unterworfen werden, in dem der überschüssige Kohlenstoff durch Oxidation entfernt wird.

Diese zusätzliche Prozeßstufe erübrigt sich, wenn durch Reduktion in festem Zustand ein Eisen mit geringerem Kohlenstoffgehalt gewonnen wird. Für diesen Weg hat sich die Bezeichnung Direktreduktion eingebürgert, weil direkt ein Produkt bestimmter Zusammensetzung erzeugt wird, welches allerdings noch geschmolzen werden muß. Das so gewonnene Roheisen hat ein poriges, schwammiges Aussehen und wird daher Eisenschwamm genannt.

Abb. 3.28 zeigt schematisch die wichtigsten Verfahren zur Direktreduktion (32). Die Schachtofen-, Retorten- und Wirbelschichtverfahren arbeiten mit den gasförmigen Reduktionsmitteln Kohlenoxid und Wasserstoff, die bis heute durch Spaltung von Erdgas und petrostämmigen Rückstandsölen mit Wasserdampf und Sauerstoff oder auch durch Umwandlung des Kohlendioxids aus dem Gichtgas gewonnen werden. Die Direktreduktion im Drehrohrofen arbeitet dagegen mit festen Reduktionsmitteln, insbesondere mit Kohle.

Weltweit wird die zur Eisenschwammproduktion installierte Kapazität (33) im Jahre 1981 etwa 27 Mio t/Jahr betragen (1978 rund 11,5 Mio t/Jahr). Die größte Bedeutung unter den Direktreduktionsverfahren haben bisher die Schachtofenverfahren erlangt, insbesondere wegen der einfachen Verfahrenstechnik. Es werden bereits Tagesleistungen von mehr als 1.000 t erreicht. Der Marktanteil der Schachtofenverfahren liegt bei etwa 51 %.

Im Unterschied zum Schachtofenverfahren arbeitet das Retortenverfahren (z.B. das Hyl-Verfahren (34) der Firma Hojolata y Lamina S.A., Mexico)

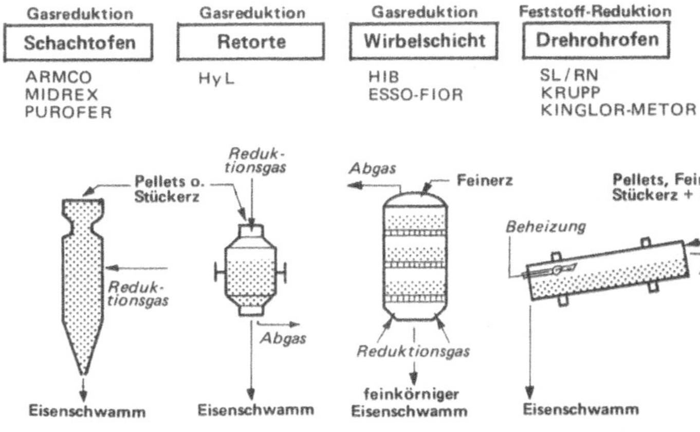

Abb. 3.28: Verfahren zur Direktreduktion (32)

diskontinuierlich. Die dadurch bedingte geringere spezifische Leistung und der höhere Energieverbrauch konnten in neueren Anlagen erheblich verbessert werden. Der Marktanteil des Retortenverfahrens liegt bei etwa 38 %.

Bei den Wirbelschichtverfahren wird gemahlenes Feinerz in aufwärtströmenden Reduktionsgasen aufgewirbelt, reduziert und anschließend durch Verpressen in eine transportfähige Form gebracht. Das recht einfach erscheinende Prinzip ist in der betrieblichen Durchführung schwierig und hat bisher noch keine größere Verbreitung gefunden.

Die Verfahren im Drehrohrofen sind besonders flexibel, nicht nur bezüglich der Erzqualität, sondern auch bezüglich des Reduktionsmittels. Sie gestatten sowohl den Einsatz von Steinkohle als auch von Braunkohle. Der Energieverbrauch ist höher als bei den Gasreduktionsverfahren, kann aber durch Nutzung der Abwärme in Grenzen gehalten werden. Der Marktanteil der Feststoff-Direktreduktion beträgt zur Zeit etwa 9 %.

Abb. 3.28 zeigt die Stoffbilanz zur Erzeugung von 1 t Eisenschwamm am Beispiel des Schachtofenverfahrens (35) der Midrex Corp., USA, bzw. Korf-Stahl AG.

Die Reduktion findet im oberen Schachtteil mit Kohlenmonoxid und Wasserstoff bei Temperaturen zwischen 760 und 900 $^{\circ}$C statt. Das Gichtgas, das größere Anteile CO_2 und H_2O enthält, wird gereinigt und gekühlt. Ein Drittel davon dient - angereichert mit Erdgas - als Heizgas für den Reformer. In diesem als Röhrenrekuperator ausgebildeten Anlagenteil werden die restlichen zwei Drittel des Gichtgases im Gemisch mit Erdgas katalytisch in das Reduktionsgas CO und H_2 umgewandelt. Durch die weitgehende Rückführung des Gichtgases und die Wärmerückgewinnung aus den Reformerabgasen beträgt der Energieverbrauch je Tonne Eisenschwamm nur 12 GJ (Hochofenprozeß: 16-17 GJ/t Roheisen).

Das in dem Midrex-Prozeß zum Einsatz gelangende Erz soll möglichst wenig

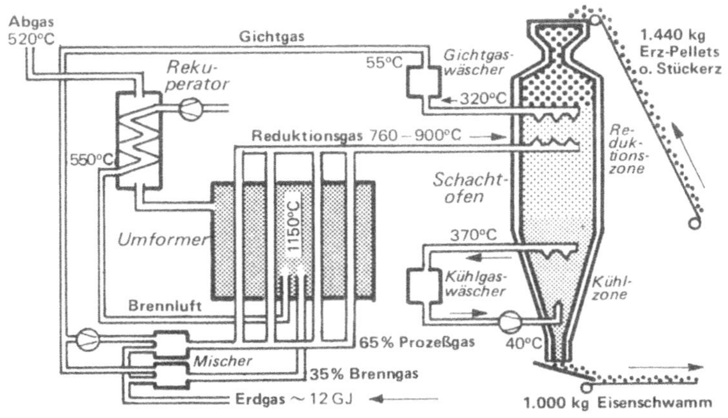

Abb. 3.29: Stoffbilanz der Midrex-Direktreduktion

(unter 3-4 %) Gangart haben, eine Körnung zwischen 10 und 25 mm und genügende Festigkeit aufweisen, aber nicht zum Anbacken neigen, um die Gasdurchlässigkeit im Schacht nicht zu stören. Der erzeugte Eisenschwamm hat bei guten Produkten einen Metallisierungsgrad bis zu 93,5 %. Er kann sowohl im Hochofen gemeinsam mit unreduzierten Erzen als auch direkt für die Stahlerzeugung als Schrottersatz im Elektroofen oder LD-Konverter eingesetzt werden.

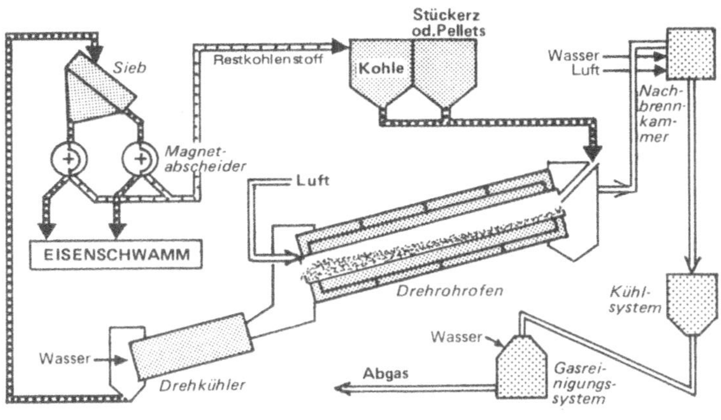

Abb. 3.30: SL/RN-Verfahren zur Feststoff-Direktreduktion mit Kohle

Als Beispiel für die Feststoff-Direktreduktion mit Kohle zeigt Abb. 3.30 das Schema des SL/RN-Verfahrens (36), das von Lurgi, Steel Company of Canada, Republic Steel Corp. und National Lead Industries gemeinsam bereits Mitte der 50er Jahre entwickelt wurde. 7 Anlagen, die nach diesem Prinzip arbeiten, sind heute in Betrieb. Das Verfahren arbeitet mit direktem Einsatz von Kohle ohne Verwendung von Öl oder Gas. Es können alle Kohlesorten verwendet werden von Anthrazit bis Braunkohle. Ein wichtiger Parameter ist die Reaktivität der Kohle, d.h. das Vermögen, sich mit CO_2 zu CO entsprechend der Boudouard-Reaktion umzusetzen.

4. Steinkohlenteer

4.1 Geschichte

Die Teerchemie, der wohl älteste Zweig der Kohlechemie, ist in ihrer Entstehung und Entwicklung eng verbunden mit der Entwicklung der Eisen- und Stahlindustrie, der Herstellung von Leuchtgas, der Holzimprägnierung und schließlich der organisch-chemischen Industrie, deren Rohstoffbasis zunächst vornehmlich Teerinhaltsstoffe waren. Auch in der Zeit der größten Blüte der Petrochemie hat der Steinkohlenteer seine Bedeutung als Rohstoffgrundlage für die chemische Industrie niemals verloren.

Bereits im Jahre 1584 empfahl der Herzog von Braunschweig, "abgeschwefelte" Kohle nach dem Beispiel der Holzkohle zum Salzsieden zu verwenden. Zu Beginn des 17. Jahrhunderts kam man in England auf den Gedanken, die Kohle zu verkoken, ehe man sie im Hochofen einsetzte. Dud Dudley´s Patent Nr. 18 vom Jahre 1622 und seiner Schrift "Metallum Martis oder die Eisenbereitung mit Steinkohle" folgten zahlreiche weitere Patente für ein zweckmäßiges Verfahren zur Eisenherstellung mit Koks. Diesen Schriften fehlte jedoch in den meisten Fällen eine Beschreibung der Arbeitsweise bei der Koksherstellung.

Im Jahre 1661 wurde in der Royal Society in London von einem Gase berichtet, das aus einer Grube in der Nähe von Wigan entwich und sich durch die merkwürdige Eigenschaft auszeichnete, bei der Annäherung von Licht Feuer zu fangen. Daraufhin untersuchte 1684 John Clayton, Dechant von Kildere, die Gasquelle bei Wigan näher (1). Als er in der Quelle nach der Entstehungsursache für die Gase graben ließ, stieß er auf Kohle. Er destillierte eine Probe dieser Kohle in einer Retorte über offenem Feuer und berichtet über das Ergebnis dieses Versuches wie folgt:

> "Zuerst kam nur "Phlegm", dann schwarzes Öl und schließlich "Spirit", den ich in keiner Weise kondensieren konnte. Er beschädigte meinen Kitt und zerbrach meine Gläser. Einmal, als er den Kitt aufriß, beobachtete ich beim Versuch, ihn wieder zu dichten, in die Nähe kommend, daß der Geist an einer Kerze Feuer gefangen hatte und kräftig brannte sowie in einem Strom austrat, den ich ausblies und wieder zündete, abwechselnd mehrere Male."

Die weitreichenden technischen und wirtschaftlichen Möglichkeiten, die die Verwendung des bei seinen Versuchen entstehenden Gases bieten konnte, hat Clayton offensichtlich nicht gesehen. Er hat aber als erster die drei Erzeugnisse der Steinkohlenentgasung erkannt, nämlich Wasserdampf, Teer und Gas.

Die ersten größeren Versuche mit dem klaren Ziel, Leuchtgas zu gewinnen, unternahm der französische Ingenieur Philippe Lebon (1769-1804). Lebon entgaste in einer eisernen topfähnlichen Retorte auf einem Küchenherdrost

Holzstücke und ließ das gewonnene Gas nicht nur im gleichen Raum in einem Leuchter verbrennen, sondern leitete es auch durch Rohre in die danebenliegenden Räume. Seiner Erfindung lag der Gedanke zugrunde, aus dem für den Haushalt sowieso nötigen Brennstoff gleichzeitig Leuchtgas zu gewinnen. Seine Apparatur, die er "Thermolampe" nannte, war nur für jeweils eine Wohnung oder ein Haus gedacht.

Obwohl die "Thermolampe" viel Aufsehen erregte - Lebon führte sie in Paris alle 10 Tage gegen ein Eintrittsgeld vor -,setzte sie sich in der Praxis nicht durch.

Jahrelang hat aber noch der Gedanke weitergelebt, kleine Heimgaswerke zu schaffen. So wurde in London vorgeschlagen, den Bergarbeitern ein Kohlendeputat zu geben, ihnen ein Kleinstgaswerk auf dem Küchenherd zu erstellen und "ihre Weiber und Kinder zur Bedienung abzurichten". Das Gas sollte allerdings nicht zur Beleuchtung ihrer Wohnungen, sondern für die Straßenbeleuchtung dienen.

Als eigentlicher Begründer der Gastechnik (1) ist der Schotte William Murdoch (1754-1839) anzusprechen, der sich in der Maschinenfabrik von Boulton & Watt in Soho vor allem auf dem Gebiete des Dampfmaschinenbaues hervorgetan hat. Murdoch machte bereits 1792 in Redruth in Cornwall richtungsweisende Versuche über die Verkokung und Entgasung von Steinkohlen und erleuchtete sein Haus mit Gas, das er täglich von der Fabrik in Behältern herüberschaffen ließ.

Soviel zur Geschichte der Entgasung der Kohle, bei der neben Gas, Wasser und dem als Rückstand verbleibenden Koks gleichzeitig Teer anfällt.

Als Entdecker des Steinkohlenteers gilt der deutsche Kulturphilosoph und Chemiker Johann Becher. Becher, 1635 in Speyer geboren, siedelte nach England über, dessen industrielle Entwicklung damals dem Kontinent weit vorausgeeilt war. Er suchte nach einem aus Kohle herstellbaren Produkt, das als Ersatz für Holzteer dienen konnte. Am 19.8.1681 erhielten Becher und Serle das englische Patent Nr. 214 zur Herstellung von Pech und Teer aus Kohle.

In diesem Patent heißt es: "Dr. jur. Johann Becher und Henry Serle haben nach langen Studien und Untersuchungen und unter Aufwendung hoher Kosten einen neuen Weg zur Herstellung von Pech und Teer aus Kohle gefunden und entdeckt, der niemals vorher von einem anderen gefunden und verwendet worden ist und der bei seiner Umsetzung in die Praxis von großer allgemeiner Bedeutung sein kann."

Der eigentliche Patentanspruch ist auf diesen Satz beschränkt. Es wird kein Hinweis gegeben, wie die neue Erfindung durchgeführt und in welcher Form sie angewendet werden soll. Es ist auch nicht bekannt, ob und bejahendenfalls welchen Anteil der Engländer Serle an der Entdeckung gehabt hat.

Der Holzteer, für den Becher einen kohlestämmigen Ersatz suchte, war bereits im Altertum bekannt. Wie Plinius berichtet, benutzten schon die Ägypter den Holzteer wegen seiner konservierenden und antiseptischen Eigenschaften zum Kalfatern ihrer hölzernen Schiffe und zum Einbalsamieren von Toten. Finnische, russische und schwedische Holzteere waren im 17.

Jahrhundert bedeutende Handelsgüter, die in grossem Umfang ihren Weg nach England nahmen, wo wegen der großen Holzknappheit besonders intensive Versuche zur weitest möglichen Umstellung von Holz auf Kohle durchgeführt wurden.

Die schweren Schäden auf den Kriegsschiffen der englischen Flotte durch den Schwamm, die sich sogar bei der Seeschlacht bei Trafalgar negativ bemerkbar machten, haben schon frühzeitig Anlaß zu Überlegungen gegeben, wie man eine umfassende Holzkonservierung bewerkstelligen könne. Die ersten diesbezüglichen Anregungen kamen daher auch von der britischen Admiralität.

Im Jahre 1779 wurden in Bristol die ersten Versuche gemacht, den für den Schiffsbau dringend benötigten Teer durch Verkokung von Steinkohle als Haupterzeugnis zu gewinnen. Etwa zu gleicher Zeit (1781) errichtete der Earl of Dundonald IX. ein Teerwerk mit 20 der von ihm entwickelten Teeröfen in der Nähe von Edinburgh.

Der entscheidende Anstoß für den Aufbau der Teerindustrie aber kam durch die Einführung der Eisenbahn. Zwar wurden die ersten Schienen auf Steinwürfeln verlegt, doch setzte sich sehr bald die Verwendung hölzerner Schwellen durch, die mit Steinkohlenteeröl imprägniert waren, da sie sonst rasch verrotteten. Die erste Eisenbahn wurde im Jahre 1825 in England auf der Strecke zwischen Stockton und Darlington in Betrieb genommen. Demgemäß wurde auch in England die erste Teerdestillation errichtet, und zwar im Jahre 1834 in der Nähe von Manchester.

Die Schwellen für die erste deutsche Eisenbahn, die 1835 zwischen Nürnberg und Fürth ihren Betrieb aufnahm, waren mit englischem Teeröl getränkt. Die erste deutsche Teerdestillation errichtete Julius Rütgers zur Verarbeitung des Berliner Gasanstaltsteeres im Jahre 1860 in Erkner bei Berlin.

4.2 Wirtschaftliche Bedeutung des Steinkohlenteers

Während der Steinkohlenteer zunächst vornehmlich zur Gewinnung von Holzimprägnieröl aufgearbeitet wurde, gewann er in der Folgezeit zunehmend Bedeutung als Chemierohstoff. Steinkohlenteer und Kokereibenzol bildeten in der zweiten Hälfte des vorigen Jahrhunderts die Grundlage für den Aufbau der organisch-chemischen Großindustrie, die in Deutschland von den synthetischen Teerfarben ihren Ausgang nahm.

Auch heute noch sind die Teeraromaten Naphthalin und Anthracen die bedeutendsten Ausgangsmaterialien für organische Textil- und Pigmentfarbstoffe. Etwa 10 % des organischen Rohstoffbedarfes der chemischen Industrie einschließlich der Rohstoffe für technischen Kohlenstoff werden in der Bundesrepublik Deutschland zur Zeit durch kohlestämmige Produkte gedeckt (2).

Der Anfall an Steinkohlenteer (etwa 3 % der Kokserzeugung) pendelte in den letzten anderthalb Jahrzehnten in der Welt um 16 Mio t pro Jahr. Er fiel in diesem Zeitraum jedoch in Westeuropa und in der Bundesrepublik Deutschland von 6,5 auf 4 Mio t/a bzw. von 2,1 auf 1,3 Mio t/a. Der Rückgang in Westeuropa ist eine Folge des rückläufigen spezifischen Koks-

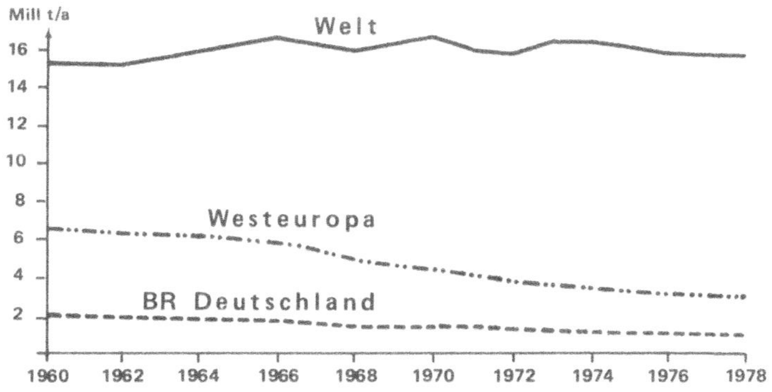

Abb. 4.1: Steinkohlenteer-Erzeugung 1960-1978

verbrauches bei der Roheisenerzeugung im Hochofen sowie der Stilllegung fast aller Gaskokereien infolge der Umstellung der Gasversorgung von Kokereigas auf Erdgas. Beide Vorgänge sind nunmehr weitgehend abgeschlossen.

Nach den vorliegenden Prognosen soll der Weltkoksverbrauch nach rund 400 Mio t im Jahre 1978 bis zum Jahre 1990 auf etwa 600 Mio t/a wachsen (Abb. 2.12). Damit würde weltweit der jährliche Teeranfall von bisher 16 auf 24 Mio t ansteigen. Auch in Westeuropa wird nach einem Abfall der Kokserzeugung auf etwa 100 Mio t/a in den kommenden Jahren wieder mit einem ansteigenden Koksverbrauch gerechnet.

Die in der Bundesrepublik Deutschland aus Steinkohlenteer hergestellten Erzeugnisse gingen 1978 nach dem Produktionswert mit rund 50 % in die chemische Industrie, 28 % gingen in die elektrochemische Verhüttung von Aluminium, die restlichen Mengen in die Eisengewinnung (12 %), in die Energieerzeugung (4 %), in die holzverarbeitende Industrie (3 %) und in das Baugewerbe (2 %).

Tabelle 4.1: Verwendung von Steinkohlenteerprodukten (nach dem Produktionswert) in der Bundesrepublik Deutschland 1978

	– in % vom Umsatz –
Chemische Industrie	50 %
NE - Metallindustrie (insbes. Aluminium)	28 %
Eisen- und Stahlindustrie	12 %
Energieerzeugung	4 %
Holzverarbeitende Industrie	3 %
Baugewerbe	2 %
Sonstige	1 %

Hauptfolgeprodukte der Steinkohlenteer-Aromaten (3) sind synthetische organische Farbstoffe, Kunststoffe und Klebstoffe sowie Ruß und Graphit; Teererzeugnisse dienen ferner zur Herstellung von Pflanzenschutzmitteln und 3 % zur Synthese von Heilmitteln und Kosmetika.

Die großtechnische Gewinnung der Teerinhaltsstoffe ist wegen ihrer relativ geringen Konzentration nur durch zusammenfassende Aufarbeitung großer Teermengen in zentralen Teerraffinerien wirtschaftlich sinnvoll. Der rückläufige Teeranfall und der harte Konkurrenzkampf mit der Petrochemie haben im Laufe der letzten beiden Jahrzehnte in der Teerindustrie eine starke Konzentration erzwungen. Die Anzahl der Teerraffinerien in der Bundesrepublik Deutschland ist seit 1960 von 28 auf 6 zurückgegangen. Spezielle Feinchemikalien werden heute im allgemeinen nur in zentralen Anlagen unter Nutzung angereicherter Spezialschnitte mehrerer Teerraffinerien gewonnen.

4.3 Zusammensetzung des Steinkohlenteers

Steinkohlenteere (4) sind viskose, dunkelbraune bis schwarze, bei Zimmertemperatur zähe Flüssigkeiten mit einem durch den Gehalt an Naphthalin, Phenolen, Pyridinbasen und Ammoniakwasser bedingten charakteristischen Geruch. Die Eigenschaften und die Zusammensetzung der Teere werden durch die Art der Ausgangskohle, die Höhe der Verkokungstemperatur und die Dauer der Verkokung bestimmt.

Tabelle 4.2: Kennzahlen der Kokereiteere des Ruhrgebietes

Kennwert	Schwankungsbreite
Dichte bei 20° C (g/cm³)	1,14 – 1,20
Wasser (%)	0,2 – 5,0
Toluol - Unlösliches (%)	2 – 12
Chinolin - Unlösliches (%)	0,5 – 5
Kohlenstoff (waf) (%)	90 – 93
Wasserstoff (waf) (%)	5 – 6
Stickstoff (waf) (%)	0,6 – 1,2
Sauerstoff (waf) (%)	1,5 – 2
Schwefel (%)	0,6 – 1
Chlor (%)	Spuren – 0,1
Asche (%)	0,05 – 0,25

Tabelle 4.2 zeigt die charakteristischen analytischen Werte von Kokereiteeren aus Kokskohlen des Ruhrgebietes mit den bei diesen Teeren auftretenden Schwankungsbreiten. Die Anzahl der Inhaltsstoffe des Steinkohlenteers wird auf etwa 10.000 geschätzt. Davon sind bisher rund 500 identifiziert worden (5). Die bekannten Verbindungen machen insgesamt etwa 55 % des Teeres aus.

Der mengenmäßig wichtigste Inhaltsstoff ist Naphthalin, dessen Durchschnittsgehalt bei 10 % liegt. Zusammen mit weiteren 11 Verbindungen, deren Gehalt im Teer 1 % und mehr beträgt, ist bereits etwa ein Drittel des Teeres erfaßt (Abb. 4.3). Bei der Mehrzahl der noch nicht identifizierten Verbindungen handelt es sich überwiegend um die im Pech enthaltenen höhermolekularen Kohlenwasserstoffe und Heterocyclen.

Mit dem Aufschwung der Teerindustrie in der ersten Hälfte dieses Jahrhunderts wurden große Anstrengungen unternommen, die chemische Zusammensetzung des komplizierten Vielstoffsystems Steinkohlenteer aufzuklären. Dabei kamen zunächst Methoden der Destillation, Kristallisation sowie der präparativen Analytik zur Anwendung. Große Fortschritte gelangen durch den Einsatz der Gaschromatographie (GC), der Hochdruck-Flüssig/Flüssig-Chromatographie (HPLC) und der Gelpermeationschromatographie (GPC).

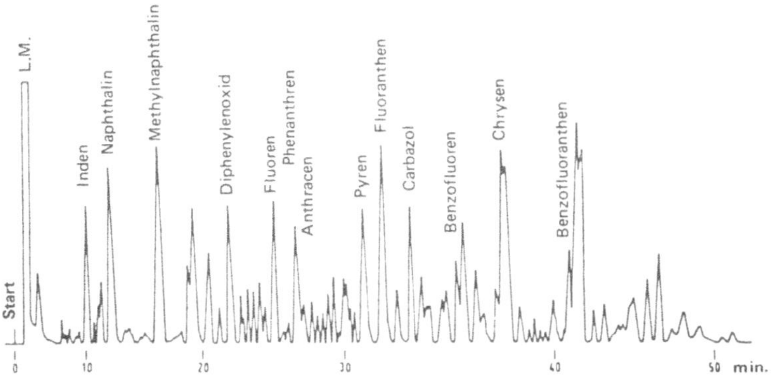

Abb. 4.2: Gaschromatogramm eines Rohteers (6)

Als stationäre Phasen haben sich für die GC neben Siliconöl auch anorganische Salze, wie Lithiumchlorid oder Calciumchlorid auf Chromosorb als Träger bewährt.

Neben der Chromatographie sind spektroskopische Untersuchungsmethoden von Bedeutung, insbesondere die Ultraviolettspektroskopie zur Identifizierung und quantitativen Bestimmung von Aromaten. Eine wertvolle Ergänzung der UV-Spektroskopie sind lumineszenzspektroskopische Methoden (Fluoreszenz und Phosphoreszenz), die sich in vielen Fällen durch hohe Selektivität und Empfindlichkeit auszeichnen.

Arbeiten über die Zusammensetzung des Steinkohlenteers stehen heute nicht mehr im Vordergrund der Forschung, da die Zusammensetzung zwar nicht vollständig, für die wirtschaftliche Nutzung aber hinreichend und für Entwicklungsarbeiten aufgrund möglicher Analogieschlüsse in genügendem Umfang bekannt ist.

Bei den mengenmäßig wichtigsten Inhaltsstoffen des Steinkohlenteers handelt es sich mit Ausnahme des 2-Methylnaphthalins um unsubstituierte aromatische Verbindungen. Auf Naphthalin folgen Phenanthren, Fluoranthen, Pyren, Acenaphthylen, Fluoren, Chrysen und Anthracen. Von den heterocyclischen Verbindungen sind Carbazol und Diphenylenoxid mit mehr als 1 % vertreten.

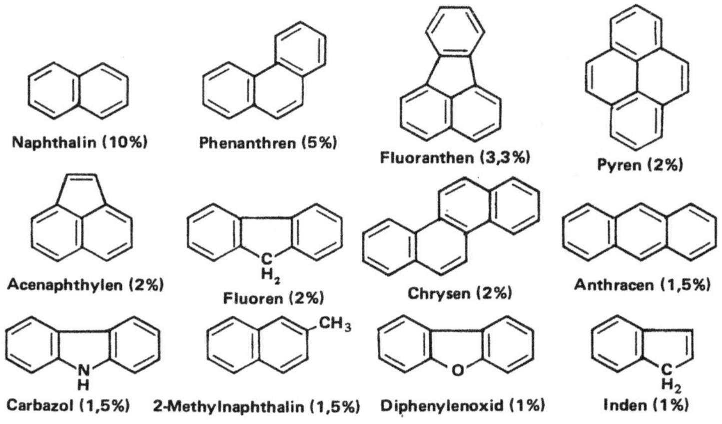

Abb. 4.3: Hauptinhaltsstoffe des Steinkohlenteers

Unter den Verbindungen, die in einer Menge zwischen 0,1 % und 1 % im Teer enthalten sind, spielen neben den Kohlenwasserstoffen 1-Methylnaphthalin, Benzol und Homologen, Diphenyl, Acenaphthen und 2-Phenylnaphthalin, das Phenol und seine Homologen sowie die kondensierten heterocyclischen Chinolin- und Acridinbasen eine bedeutende Rolle. Weitere Heterocyclen in diesem Mengenbereich sind Thionaphthen, Diphenylensulfid, 2.3-Benzodiphenylenoxid und Indol. In einer um eine Zehnerpotenz niedrigeren Konzentration als die zweikernigen Chinolinbasen liegen die einkernigen Pyridinbasen im Steinkohlenteer vor.

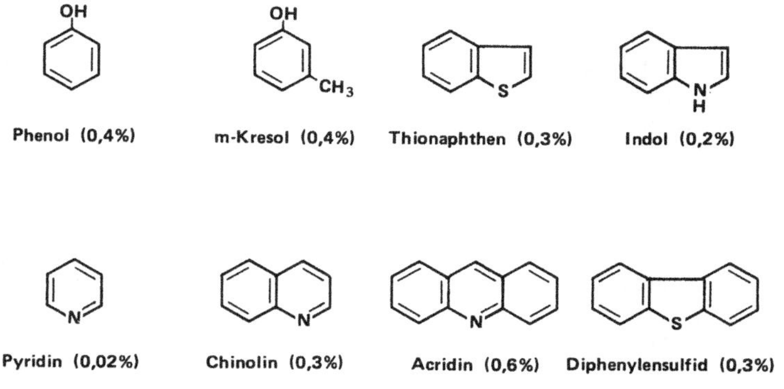

Abb. 4.4: Beispiele für weitere wichtige Verbindungen im Steinkohlenteer

Nicht in Abb. 4.4 aufgeführt sind die im Steinkohlenteer enthaltenen neun Dimethylnaphthaline, die zusammen zu etwa 1 % vorliegen, fünf isomere Methylfluorene mit zusammen 0,8 %, vier isomere Methylphenanthrene und

4.5-Methylenphenanthren mit zusammen 1,8 % sowie drei isomere Benzofluorene und 5.12-Dihydrotetracen mit zusammen etwa 1,6 % des Teeres.

Mit steigender Verkokungstemperatur nehmen Dichte, Toluol-Unlösliches, Pech- und Naphthalingehalt des Steinkohlenteers zu, während der Gehalt an Leicht- und Anthracenöl, Naphthalin-Homologen und Phenolen abnimmt.

4.4 Technologie der Teeraufbereitung

Um aus dem kompliziert zusammengesetzten Vielstoffgemisch Steinkohlenteer aromatische Reinchemikalien und andere marktgängige Produkte zu gewinnen, werden bei der technischen Aufarbeitung sechs Grundoperationen durchgeführt (4):

1. Die kontinuierliche Destillation zur primären Auftrennung des Rohteers und weiteren Zerlegung der Fraktionen,

2. die Kristallisation zur Gewinnung reiner Kohlenwasserstoffe wie Naphthalin, Anthracen, Acenaphthen, Pyren und Heterocyclen wie Carbazol,

3. die Extraktion mit Laugen und Säuren zur Gewinnung der Phenole und Stickstoff-Heterocyclen

4. die katalytische Polymerisation mit Friedel-Crafts-Katalysatoren zur Gewinnung von Inden-Cumaron-Harzen,

5. die thermische Veredelung - gegebenenfalls unter Druck - des primären Destillationsrückstandes Steinkohlenteerpech zur Gewinnung von Elektrodenpechen,

6. die Verkokung des Pechs zu aschearmem Elektrodenkoks, gemeinsam mit Elektrodenpech Vorprodukt für Kohlenstoff- und Graphitelektroden.

4.4.1 Primärdestillation des Steinkohlenteers

Der Steinkohlenrohteer enthält im allgemeinen bis zu 5 % emulgiertes Wasser, in dem Ammoniak, Schwefelwasserstoff und Ammoniumchlorid gelöst sind, sowie außerdem geringe Mengen suspendierter Feststoffe. Ammoniumchlorid führt infolge Dissoziation bei Temperaturen über 200 °C in den Destillationsapparaturen zu Korrosion. Der Wassergehalt des Rohteers wird daher vor der destillativen Aufarbeitung so weit wie möglich reduziert. Das einfachste Verfahren zur Verringerung des Wassergehaltes ist eine längere Zwischenlagerung des Teeres bei erhöhter Temperatur. Schneller wirksam, jedoch erheblich teurer, ist der Einsatz von Zentrifugen. Die weitgehende Entfernung der im Teer enthaltenen Feststoffanteile, die im wesentlichen aus feinsten Kohle- und Kokspartikeln bestehen, erfolgt parallel zu der mechanischen Wasserabscheidung durch Sedimentation während der Zwischenlagerung des Teers oder durch Zentrifugierung.

Die primäre Aufarbeitung des Steinkohlenteers erfolgt heute überwiegend durch kontinuierliche Destillation.

Bei der Flashdestillation wird der zuvor unter Atmosphärendruck von Wasser und Leichtöl befreite Teer kontinuierlich unter Druck in einem Röhrenofen erhitzt und in einem System von Rektifizierkolonnen entspannt.

Bei dem Sumpfumwälzverfahren wird im Röhrenofen dem Sumpfprodukt kontinuierlich die zur Destillation erforderliche Wärme zugeführt.

Die beiden Destillationsverfahren, die auch kombiniert werden können, unterscheiden sich grundsätzlich in der thermischen Beanspruchung der Teerfraktionen. Beim Flashen werden die Ölfraktionen weit höheren Temperaturen ausgesetzt als ihr Siedeverhalten erfordern würde, während der Destillationsrückstand thermisch geschont wird. Beim Sumpfumwälzverfahren dagegen ist die thermische Belastung genau umgekehrt: Der Destillationsrückstand wird lange Zeit auf hohe Temperaturen erhitzt, während die verdampfbaren Ölanteile relativ wenig beansprucht werden. Wegen der thermischen Empfindlichkeit einiger Inhaltsstoffe des Steinkohlenteeres sind die Unterschiede beider Verfahren für die Ausbeute bestimmter Erzeugnisse von Bedeutung. Zur Trennung der hochsiedenden Teerfraktionen werden die Kolonnen im allgemeinen unter Vakuum betrieben, oder es wird Treibdampf zur Erniedrigung der Verdampfungstemperatur eingespeist.

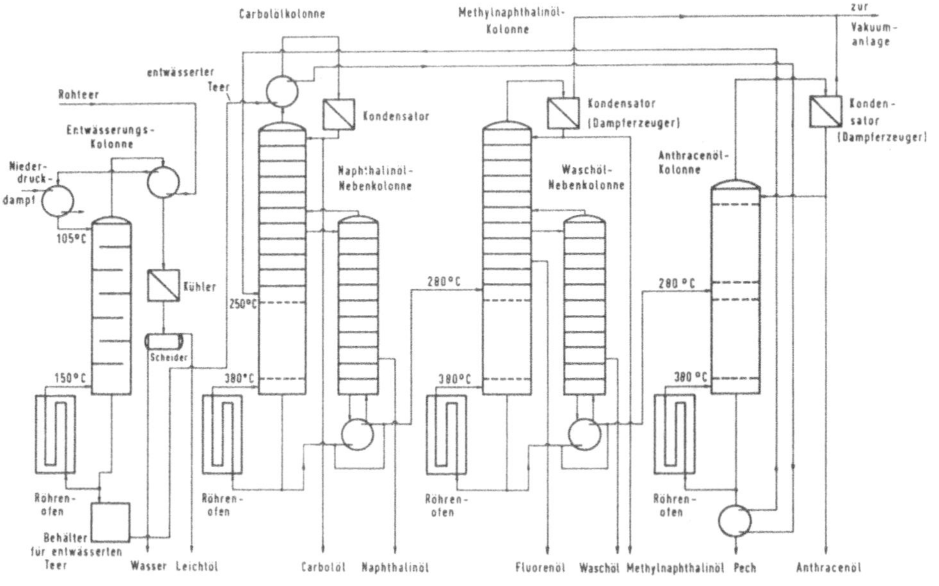

Abb. 4.5: Kontinuierliche Teerdestillation (4) nach dem Sumpfumwälzverfahren (Rütgers-Verfahren)

Das Sumpfumwälzverfahren der Rütgerswerke ist gekennzeichnet durch eine weitgehende Aufteilung des Rohteers in Einzelfraktionen unter Einsatz von Boden- und Füllkörperkolonnen mit großer Trennschärfe, variabler Schaltweise und, soweit erforderlich, hohen Rücklaufverhältnissen bei gleichzeitiger weitgehender Wärmerückgewinnung. Jede der Hauptrektifizierko-

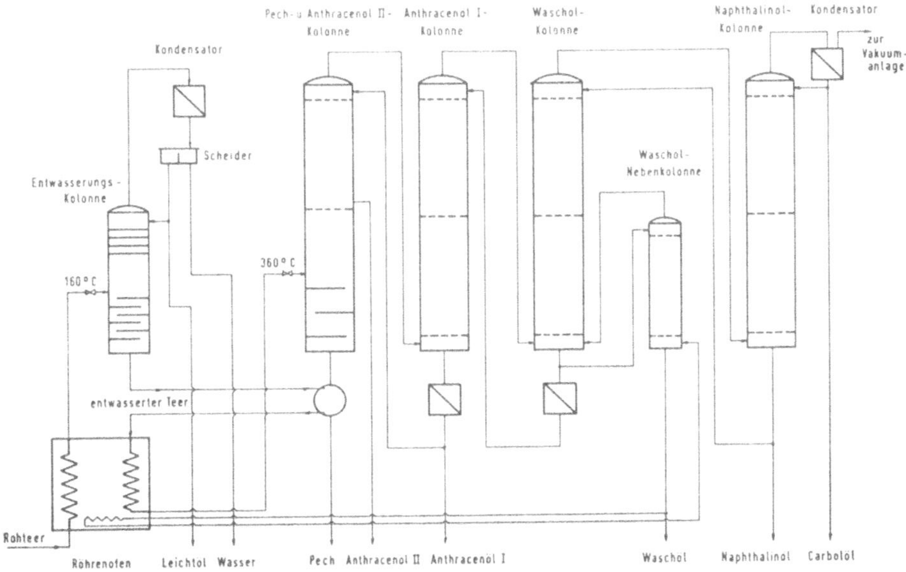

<u>Abb. 4.6:</u> Kontinuierliche Teerdestillation nach dem Flashverfahren(4)

lonnen besitzt einen eigenen Röhrenofen für die Sumpfumwälzung, um die Rückläufe der Kolonnen unabhängig voneinander regeln zu können.

<u>Abb. 4.7:</u> Kontinuierliche Teerdestillation (Photo: Rütgerswerke AG, Frankfurt)

Zur schärferen Auftrennung des Teeres wird die Flashdestillation (Abb.4.6) heute im allgemeinen mit nachgeschalteten Kolonnen verbunden, die nach dem Sumpfumwälzverfahren arbeiten.

Die grösste kontinuierliche Teerdestillation mit einer Kapazität von 500.000 t/a wird in dem Werk Castrop-Rauxel der Rütgerswerke AG betrieben.

4.4.2 Aufarbeitung der Teerfraktionen

Der Steinkohlenteer wird bei der destillativen Aufarbeitung zunächst meist in sechs Fraktionen aufgeteilt, nämlich Leichtöl, Carbolöl, Naphthalinöl, Waschöl, Anthracenöl und den verbleibenden Destillationsrückstand, das Pech.

Leichtöl

Das Leichtöl (Siedebereich 70-200°C) fällt in einer Menge von 0,5 bis 3 % des Teeres an. Es enthält außer den Hauptbestandteilen Benzol und seinen Homologen noch 10-40 % ungesättigte polymerisierbare Verbindungen, 3-10 % Phenole, 2-7 % Pyridinbasen und wechselnde Mengen Naphthalin. Es wird durch Destillation, Extraktion und Polymerisation zu Benzolerzeugnissen, Pyridinbasen, Phenolen und Inden-Cumaronharzen aufgearbeitet.

Die Pyridinbasen werden aus dem Leichtöl nach vorheriger Entphenolung mit verdünnter Natronlauge durch Extraktion mit 25-30 %iger Schwefelsäure und anschließendes Ausfällen mit Ammoniak oder Natronlauge gewonnen. Pyridin und α-Picolin lassen sich aus diesem Gemisch durch Destillation in technisch reiner Qualtität isolieren. Die höher siedenden Pyridinbasen, deren Isolierung recht aufwendig ist, finden im allgemeinen in Form ihrer Mischungen Verwendung.

Das von Phenolen und Basen befreite neutrale Leichtöl wird durch Destillation in Rohbenzol sowie rohes Lösungs- und Schwerbenzol zerlegt. Die weitere Aufarbeitung des Rohbenzols erfolgt heute im allgemeinen gemeinsam mit dem Kokerei-Rohbenzol durch hydrierende Druckraffination. Dabei werden durch katalytische Umsetzung mit Wasserstoff unter Druck die schwefel-, sauerstoff- und stickstoffhaltigen Verunreinigungen in Schwefelwasserstoff, Wasser bzw. Ammoniak und die entsprechenden Kohlenwasserstoffe umgewandelt und gleichzeitig die ungesättigten Verbindungen hydriert. Das mit einer Ausbeute von 98 % anfallende Druckraffinat ist praktisch schwefelfrei und kann entweder durch Destillation auf BTX-Aromaten, vornehmlich Benzol, aufgearbeitet werden oder gelangt direkt als Motorenbenzol zum Einsatz.

Das rohe Lösungsbenzol mit einem Siedebereich von etwa 160-185°C enthält bis zu 60 % polymerisierbare ungesättigte Verbindungen, insbesondere Inden (Kp 182,4^{o}C), Cumaron (Kp 171,4^{o}C), Dicyclopentadien (Kp 170,0C) und Methylstyrole. Durch Polymerisation mit Säuren oder Friedel-Crafts-Katalysatoren werden daraus thermoplastische Inden-Cumaron-Harze mit unterschiedlichen Erweichungspunkten und Löslichkeitseigenschaften sowie in verschiedenen Helligkeitsgraden hergestellt.

Tabelle 4.3: Aufarbeitung des Steinkohlen-Hochtemperaturteeres

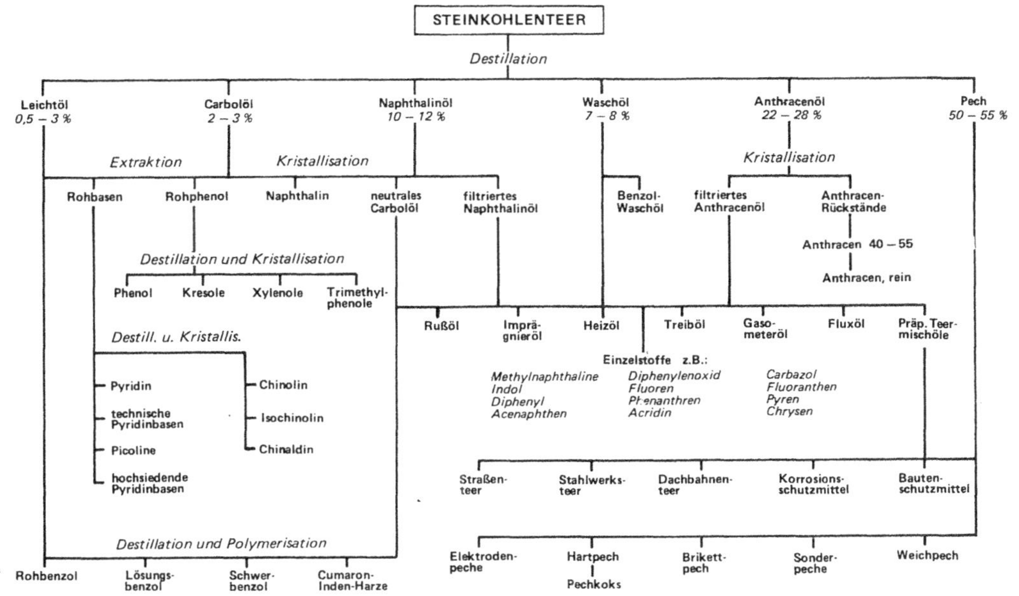

Carbolöl

Das zwischen 180 und 210 °C siedende Carbolöl, das bei der destillativen Aufarbeitung des Steinkohlenteers in einer Menge von 2-3 % anfällt, enthält außer Benzolhomologen, Naphthalin und Pyridinbasen 30 - 35 % Phenole, die aus einem Gemisch von Phenol, Kresolen und Xylenolen (Dimethylphenolen) bestehen.

Die Entphenolung des Carbolöls und der sonstigen phenolhaltigen Öle ist durch vier Hauptarbeitsgänge gekennzeichnet:

1. die Auslaugung des Öls mit verdünnter Natronlauge zur Gewinnung der rohen Phenolatlauge,
2. die Raffination der rohen Phenolatlauge,
3. die Fällung des Rohphenols aus der raffinierten Phenolatlauge mit Kohlendioxid bei gleichzeitiger Bildung von Sodalösung,
4. die Regenerierung der Natronlauge durch Kaustifizierung der Sodalösung mit Calciumoxid (gebranntem Kalk).

Die rohe Phenolatlauge enthält etwa 0,5 % nichtphenolische Bestandteile - Kohlenwasserstoffe und Pyridinbasen -, die vor der Fällung der Phenole durch Raffination (meist Klardampfen) entfernt werden müssen. Da die Gewinnung der Phenole über die Phenolatlauge relativ umständlich ist, sind zahlreiche Versuche unternommen worden, die Phenole durch selektive Lösungsmittel aus den Teerölen zu extrahieren. Die Selektivität der Lösungsmittel reicht aber nicht an die der Natronlauge heran. Neutrale Kohlenwasserstoffe und Pyridinbasen werden in weit höherem Maße mitextrahiert. Als einziges Lösungsmittelverfahren hat das Phenoraffin-Verfahren der Lurgi technische Bedeutung erlangt, das als Lösungsmittel eine wäßrige Lösung von Natriumphenolat verwendet.

Durch Rektifikation des Rohphenols werden Phenol (Kp 181,8°C) und o-Kresol (Kp 191,0C) in technisch reiner Form gewonnen. Die Isomeren m-Kresol (Kp 202,2°C) und p-Kresol (Kp 201,9°C) fallen dagegen wegen des geringen Abstandes ihrer Siedepunkte als gemeinsame Fraktion an. Die Fraktion enthält etwa 60 % m-Kresol und 40 % p-Kresol neben geringen Mengen 2.6-Dimethylphenol und o-Äthylphenol.

Zur Trennung des m- und p-Kresols sind verschiedene Verfahren entwickelt worden. Von technischer Bedeutung ist die Trennung mit Hilfe kristallisierbarer Additionsverbindungen. So bildet p-Kresol mit Oxalsäure kristalline Addukte der molaren Zusammensetzung 1 : 1 und 2 : 1, während m-Kresol mit wasserfreiem Natriumacetat eine Additionsverbindung eingeht. Die Isolierung des m-Kresols kann auch über die Harnstoff-Additionsverbindung erfolgen.

Das bei der Rohphenoldestillation anfallende Xylenol-Isomerengemisch enthält als Hauptbestandteile 2.4-, 2.5-, 2.3-, 3.5- und 3.4-Dimethylphenol, ferner m- und p-Äthylphenol und Trimethylphenol, während das 2.6-Dimethylphenol in der m-/p-Kresolfraktion enthalten ist. Soweit die Xylenole nicht in Mischungen Verwendung finden, erfolgt die Isolierung der reinen Verbindungen durch Redestillation und Kristallisation.

Naphthalinöl

Das in einer Menge von 10-12 % des Rohteers anfallende Naphthalinöl (Siedebereich 210-220°C) hat je nach Trennschärfe des angewandten Destillationsverfahrens einen Erstarrungspunkt zwischen 65 und 75°C, was bereits einem Naphthalingehalt von 73 bis 90 % entspricht. Außer Naphthalin enthält das Öl noch Phenole, Basen, Thionaphthen und geringe Mengen anderer Kohlenwasserstoffe. Die Abtrennung und Reingewinnung erfolgt durch mehrstufige Kristallisation, für die zahlreiche Verfahren entwickelt worden sind. Nach Entphenolung des Öls kann das Naphthalin auch destillativ gewonnen werden.

Der hartnäckigste Begleiter des Steinkohlenteer-Naphthalins ist das Thionaphthen. Es läßt sich wegen des nur um 1,9°C höheren Siedepunktes sowie wegen der Mischkristallbildung mit Naphthalin sowohl durch Destillation als auch durch Kristallisation nur schwierig abtrennen. Naphthalin mit einem Erstarrungspunkt von 78 bis 79°C enthält noch etwa 2 % Thionaphthen. Für die Herstellung von Naphthalinqualitäten höherer Reinheit (Erstarrungspunkt über 79,6°C) kann das Thionaphthen auch auf chemischem Wege durch partielle Sulfonierung, Verharzung mit Formaldehyd, partielle Chlorierung oder katalytische Hydrierung entfernt werden.

Waschöl

Waschöl, auch Solvayöl genannt, fällt bei der Destillation des Teeres in einer Menge von 7-8 % an. Es kann in dieser Qualität direkt als Benzolwaschöl zum Auswaschen des Rohbenzols aus dem Kokereirohgas verwendet werden. Waschöl siedet zwischen 230 und 290 °C. Es enthält neben geringen Mengen Naphthalin vor allem die Naphthalin-Homologen, ferner Diphenylenoxid, Fluoren sowie Phenole (2 %), Chinolinbasen (4-6 %) und Indol. Neben der direkten Verwendung als Benzolwaschöl dient Waschöl wie Anthracenöl als Mischungskomponente für technische Öle, wie Imprägnieröl, Fluxöl, Heizöl und Treiböl sowie für Pech-Öl-Mischungen. Aus dem Waschöl können 1- und 2-Methylnaphthalin, Diphenyl, Indol, Diphenylenoxid, Acenapthen und Fluoren als Reinprodukte isoliert werden.

Anthracenöl

Das Anthracenöl, eine bei Raumtemperatur halbfeste, grünbraune Kristallmasse, zwischen 300 bis 450 °C siedend, fällt in einer Menge von 20-30 % des Rohteers an. Es wird meistens in zwei Fraktionen abgezogen: die Hauptmenge als tiefersiedendes Anthracenöl I sowie ein geringerer Anteil als hochsiedendes Anthracenöl II. Im Anthracenöl I sind Phenanthren, Anthracen und Carbazol, im Anthracenöl II Fluoranthen und Pyren angereichert.

Zur gleichzeitigen Gewinnung eines weitgehend kristallfreien Anthracenöls und eines Ausgangsmaterials zur Herstellung von Anthracen wird das rohe Anthracenöl, bei der Aufteilung in zwei Fraktionen nur das Anthracenöl I, diskontinuierlich oder kontinuierlich gekühlt und das Öl von dem ausgeschiedenen Kristallisat, den sogenannten Anthracenrückständen, getrennt.

Das filtrierte Anthracenöl I wie auch das hochsiedende Anthracenöl II sind wichtige Mischungskomponenten für technische Steinkohlenteeröle und Pech-Öl-Mischungen, wie Rußöle, Imprägnieröle, Heizöle, Treiböle, Fluxöle, Gasometeröle und Naphthalinwaschöle. Als anthracenölhaltige Pech-Öl-Mischungen sind Straßenteere, Stahlwerksteere und Dachbahnenteere zu nennen. Bei den Rußölen ist die hohe Rußausbeute, bei den Imprägnierölen die fungicide Wirkung, bei den Gasometerölen die geringe Verdunstungsneigung, bei den Fluxölen und Naphthalinwaschölen das gute Lösungsvermögen des Anthracenöls für die Verwendung maßgebend. Für die Satzfreiheit der Heizöle und sonstiger technischer Öle ist die Ausbildung eines Vielstoff-Eutektikums entscheidend. Durch Hydrierung kann das Anthracenöl in hochwertige Überschall-Düsentreibstoffe umgewandelt werden.

Die Anthracenrückstände enthalten etwa 20 - 30 % Anthracen, 40 - 50 % Phenanthren und 12 - 20 % Carbazol. Die Aufarbeitung auf höherprozentige Anthracenqualitäten erfolgt durch Kristallisation und Destillation. Das sogenannte "40er-Anthracen", ein Rohanthracen, enthält heute in der Regel 45-55 % Anthracen. Neben der direkten Destillation ist die Azeotropdestillation mit Äthylenglykol zu erwähnen. Hierbei bleibt das Carbazol im Destillationsrückstand. Durch zweimaliges Umkristallisieren des 40er Anthracens aus Pyridin ist Anthracen mit einem Reinheitsgehalt von 95 % und darüber erhältlich.

Aus dem hochsiedenden Anthracenöl II werden Fluoranthen und Pyren gewonnen. Bei der Rektifizierung des Anthracenöls II werden geordnet nach steigender Siedetemperatur eine Phenylnaphthalin-, Fluoranthen-, Pyren- und gegebenenfalls eine Benzofluoren- und Chrysen-Fraktion abgezogen.

4.4.3 Aufarbeitung des Steinkohlenteerpechs

Das bei der Primärdestillation des Steinkohlenteers in einer Menge von 50-55 % anfallende mengenmäßig wichtigste Produkt ist der thermoplastische Rückstand, das Steinkohlenteerpech (7). Das sogenannte Normalpech mit einem Erweichungspunkt in der Größenordnung von 70° C ist von tiefschwarzer Farbe, bei Raumtemperatur springhart, mit glänzendem, muscheligem Bruch. Es ist zum Teil der Ursprungssubstanz, der Steinkohle, nicht unähnlich.

Von den gaschromatographisch erfaßbaren Pechinhaltsstoffen des Siedebereiches 385-550°C wurden bisher rund 80 analytisch identifiziert. Von diesen identifizierten Substanzen sind ca. 60 % kondensierte aromatische Kohlenwasserstoffe, knapp 20 % Stickstoffheterocyclen, 10 % Sauerstoff- und 3 % Schwefel-Heterocyclen. Pechinhaltsstoffe, die eine gewisse technische Bedeutung besitzen, sind die Farbenrohstoffe Pyren, Fluoranthen und Chrysen. Auch die höhermolekularen Pechfraktionen, in denen Verbindungen mit Molekulargewichten bis zu 30.000 nachgewiesen wurden, bestehen aus kondensierten aromatischen Kohlenwasserstoffen und Heterocyclen mit nur sehr wenigen Methyl- oder Hydroxylgruppen.

Das atomare C/H-Verhältnis des Normalpechs liegt mit 1,7 etwa bei dem des Perylens. Die C_{13}-Kernresonanzspektroskopie weist einen 97 %igen Anteil der aromatisch gebundenen Kohlenstoffatome aus. Die höhermolekularen Pechbestandteile bestehen wahrscheinlich aus etwa 5-7-kernigen kondensierten Aromaten, die zum Beispiel über Diarylverbindungen zu mehr oder weniger großen Molekülen verknüpft sind.

Die Primärdestillation des Steinkohlenteers wird im allgemeinen so gefahren, daß der Pechrückstand einen Erweichungspunkt (K.-S.) in der Größenordnung von 70°C hat. Zum Auskühlen des flüssigen Pechs zwecks Überführung in Plättchen-, Kugel- oder Strangform sind verschiedene Verfahren entwickelt worden. So wird z.B. das heiße, flüssige Pech durch beheizte Düsen in Wasser geleitet, das im Gleichstrom fließt und sowohl als Kühl- als auch als Transportmedium dient. Das Pech fällt dabei in Form von Strängen an.

Das Normalpech besitzt gute Bindemitteleigenschaften und wird daher als sogenanntes Brikettpech bei der Herstellung von Steinkohlenbriketts in einer Menge von 5-7 % der eingesetzten Feinkohle als Bindemittel verwendet. Der Steinkohlenbrikettabsatz und damit die Verwendung von Steinkohlenteerpech als Brikettpech ist im Laufe der letzten Jahre stark zurückgegangen. Heute steht daher die Verwendung von Steinkohlenteerpech zur Herstellung von Elektroden für die Gewinnung von Aluminium und Elektrostahl, zur Erzeugung von Pechkoks sowie zur Verbesserung der Einsatzkohlen für Hütten- und Gießereikoks im Vordergrund. Für diese Einsatzgebiete muß das Normalpech im allgemeinen einer weiteren thermischen Aufbereitung unterzogen werden.

Elektrodenpech, das als Bindemittel für gemahlenen Pech- bzw. Petrolkoks zur Herstellung von Kohlenstoff- und Graphitelektroden dient, zeichnet sich durch ein besonders gutes Binde- und Backvermögen aus. Diese Eigenschaften werden durch eine thermische Nachbehandlung des Normalpechs erhalten, die eine Kondensation und Polymerisation der Pechbestandteile bewirkt. Selbst wenn durch Wärmebehandlung unter Druck ein Abdestillieren flüchtiger Pechbestandteile vermieden wird, führt die thermische Behandlung zu einer Erhöhung des Erweichungspunktes. Elektrodenpeche mit niedrigem Erweichungspunkt können durch Einstellen mit geeigneten Steinkohlenteerfraktionen gewonnen werden.

Von wesentlichem Einfluß auf die Eigenschaften der Elektrodenpeche ist die Auswahl der Steinkohlenteere, die u.a. auch einen niedrigen Asche- und Zinkgehalt aufweisen müssen, wofür gegebenenfalls eine vorherige Abtrennung der Aschebestandteile erforderlich ist. Die thermische Behandlung des Pechs kann unter Vakuum, Normaldruck oder Überdruck sowohl diskontinuierlich als auch kontinuierlich erfolgen. Bei den Verfahren unter Druck wird ein Abdestillieren des Öles vermieden.

Ein kontinuierliches Verfahren zur Herstellung von Elektrodenpech verwendet einen Röhrenofen mit einem nachgeschalteten Reaktionsgefäß. Das Ausgangsprodukt wird unter einem Druck von etwa 3 bar im Röhrenofen auf 400-450°C erhitzt und in einem gut isolierten Reaktor bei diesen Bedingungen ohne weitere Wärmezuführung zur Reaktion gebracht. Je höher die Temperatur um so geringer ist die Verweilzeit in dem Reaktor. Das Abziehen des Reaktionsproduktes erfolgt kontinuierlich unter gleichzeitigem Entspannen auf Atmosphärendruck, wobei flüchtige Verbindungen durch Flashdestillation verdampfen.

Für die verschiedenen Einsatzgebiete wurde eine Vielzahl von Elektrodenpechtypen entwickelt. Sie unterscheiden sich von dem Normalpech durch einen höheren Anteil an mittel- und höhermolekularen Bestandteilen, deren Gehalt durch die Ermittlung der in Benzol und Chinolin unlöslichen Bestandteile gekennzeichnet wird. Durch besonders gute Bindefähigkeit zeichnen sich die mittelmolekularen Pechfraktionen aus, die in Chinolin löslich, in Benzol aber unlöslich sind, die sogenannten β-Harze.

Durch die thermische Behandlung des Normalpechs erhöht sich der β-Harz-Anteil beachtlich (Abb. 4.8). Die Polykondensation der aromatischen Pechmoleküle verläuft dabei teilweise unter Abspaltung von Wasserstoff, Methan und Wasser. Gleichzeitig bilden sich aus einem Teil der primär vorhandenen β-Harze sekundäre α-Harze (in Chinolin unlösliche Bestandteile) und aus den benzollöslichen Pechanteilen teilweise sekundäre β-Harze. Im Gegensatz zu den primären α-Harzen haben die sekundären eine ähnliche Struktur wie die β-Harze. Während die primären α-Harze ein atomares C/H-Verhältnis von 3,5 zeigen, haben die β-Harze und die sekundär gebildeten α-Harze ein C/H-Verhältnis von 2.

β-Harze und sekundäre α-Harze zeigen unter den Bedingungen des Elektrodenbrennens ein gutes Blähvermögen. Sie bewirken dadurch eine feste Verbindung der Elektroden-Kokskörner. Die benzollöslichen Pechanteile bewirken aufgrund ihrer niedrigen Viskosität eine gute Benetzung der Elektrodenkokskörner, während die primären α-Harze zur Festigkeit des beim Brennen entstehenden Koksgerüstes beitragen. Elektrodenpeche mit hohem Gehalt an primären α-Harzen ergeben isotrope Pechkokse und bei der Graphitierung isotrope Graphite, wie sie zum Beispiel zur Herstellung von Kernreaktorgraphit benötigt werden. Peche mit niedrigem Gehalt an pri-

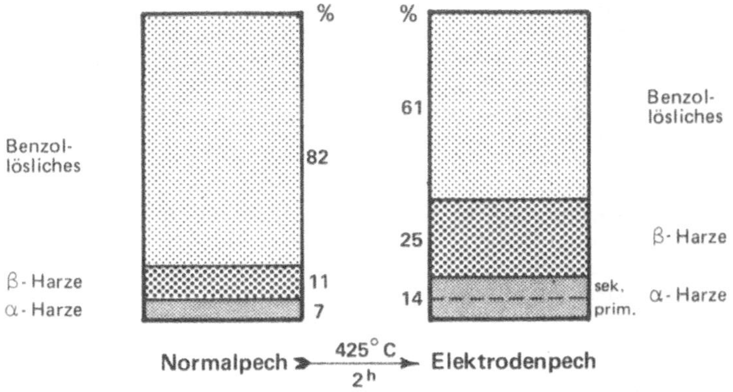

Abb. 4.8: Strukturumwandlungen bei der Herstellung von Elektrodenpech (7)

mären α-Harzen führen dagegen unter geeigneten Verkokungsbedingungen zu anisotropen Koksen, aus denen sich Graphite mit hoher spezifischer elektrischer Leitfähigkeit und niedrigem thermischem Ausdehnungskoeffizienten gewinnen lassen, die für Hochleistungselektroden in modernen Elektrostahlöfen erwünscht sind.

Hartpech mit einem Erweichungspunkt von über 150°C (K.-S.) wird vornehmlich als Ausgangsmaterial für die Gewinnung von Pechkoks benötigt. Es wird erzeugt wie Elektrodenpech durch thermische Behandlung unter Druck und anschließende Abtrennung der leichtsiedenden Bestandteile oder durch dehydrierende Kondensation, indem Luft durch heißes Normalpech geblasen wird. Die dehydrierende Kondensation ist ein exothermer Prozeß und verläuft daher oberhalb einer bestimmten Temperatur (250°C) ohne weitere äußere Beheizung.

Die Herstellung von Pechkoks aus Hartpech erfolgt in normalen gasbeheizten Horizontalkammeröfen, wobei im Unterschied zur Steinkohlenverkokung das heiße Hartpech flüssig in die Kammern eingefüllt wird. Die Garungszeit einer Ofencharge von etwa 10 bis 15 t dauert 15-24 Stunden. Zunächst destillieren die niedermolekularen Hartpechbestandteile ab. Der Rückstand beginnt sich unter Gasbildung zu zersetzen. Die Gasbildung hält bis zur Beendigung der Verkokung bei 1.250-1.350°C an. Wie bei der Steinkohlenverkokung werden die aus den Öfen entweichenden Gase und Dämpfe in einer Vorlage mit Wasser auf 80 bis 90°C gekühlt. Dabei wird das sogenannte Pechkoksöl niedergeschlagen, das eine weichpechartige Beschaffenheit hat. Die Ausbeute an Pechkoks beträgt etwa 70 % des eingesetzten Hartpechs. Sie steigt bei Verpechung des Pechkoksöles und anschließender Verkokung des Sekundärpechs auf etwa 83 %. Auch nach dem Delayed-Coking-Verfahren (s. Kapitel 2.2.4) kann Pechkoks gewonnen werden.

Normales Steinkohlenteerpech hat einen relativ geringen Plastizitätsbereich (Differenz von Erweichungspunkt und Brechpunkt knapp 30°C). Zur Herstellung von Sonderpechen mit erweiterter Plastizitätsspanne von 40 bis 100°C werden bevorzugt Hartpeche mit hochsiedenden Teerölen, oft unter Zusatz von kristallinen Anthracenrückständen oder ähnlichen Produkten auf den gewünschten Erweichungspunkt gefluxt.

4.5 Produkte aus Steinkohlenteer

Für die Verarbeitung des Steinkohlenteers, dessen jährlicher Anfall in der Welt zur Zeit in der Größenordnung von 16 Mio t liegt, stehen etwa 130 Steinkohlenteer-Raffinerien zur Verfügung. Sie befinden sich größtenteils in den industrialisierten Ländern mit bedeutender Stahlproduktion. Rund 30 % der Weltkapazität stehen in Westeuropa, 27 % in Osteuropa und der UdSSR, 22 % in den Vereinigten Staaten sowie 20 % in Asien, dort vornehmlich in Japan.

4.5.1 Aromaten, Heterocyclen, Phenole und Harze

Aromatische Kohlenwasserstoffe

Aus dem Steinkohlenteer werden zur Zeit 5 Mio t/a Aromaten als Reinprodukte oder Gemische gewonnen.

Die Welt-Naphthalin-Produktion liegt in der Größenordnung von 1 Mio t/a. 70 % der Welt-Naphthalin-Erzeugung dienten im Jahre 1977 als Ausgangsmaterial für die Herstellung von Phthalsäureanhydrid (PSA). Hauptrohstoff für PSA ist heute allerdings nicht mehr Naphthalin, sondern das petrostämmige o-Xylol. 90 % der europäischen PSA-Produktion stammen bereits aus der Oxidation von o-Xylol.

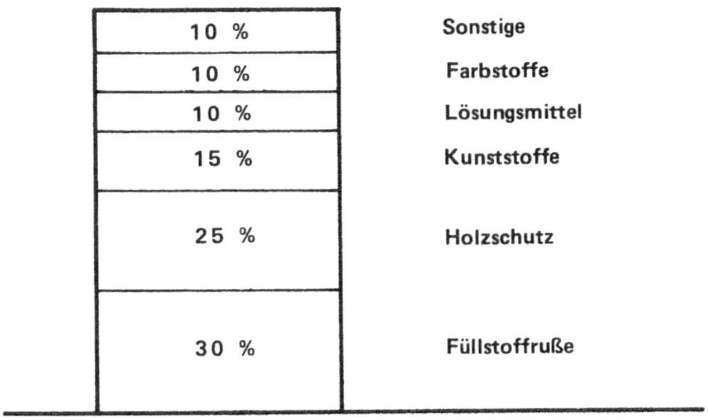

Abb. 4.9: Verwendung von aromatischen Kohlenwasserstoffen (Gemische) aus Steinkohlenteer 1978 (3)

In der Bundesrepublik Deutschland wurden 1978 nur noch rund 30 % des Naphthalins durch katalytische Gasphasenoxidation zu PSA weiterverarbeitet. 45 % dienten zur Herstellung von Farbstoffen (vorwiegend Azo-Farbstoffe), 15 % für die Gewinnung von Gerbstoffen und Netzmitteln, 3 % für Lösungsmittel (Tetralin und Decalin) und 1 % für die Erzeugung von Insektiziden (s. Abb.2.6).

Der technisch zweitwichtigste aromatische Kohlenwasserstoff des Steinkohlenteers (1,5 %), der in reiner Form isoliert wird, ist das Anthracen. Es dient vornehmlich als Ausgangsmaterial für die Herstellung von Anthrachinon-Farbstoffen. Die Welterzeugung an Anthracen liegt zur Zeit in der Größenordnung von 30.000 t/a. Davon wird etwa die Hälfte in der Bundesrepublik Deutschland hergestellt.

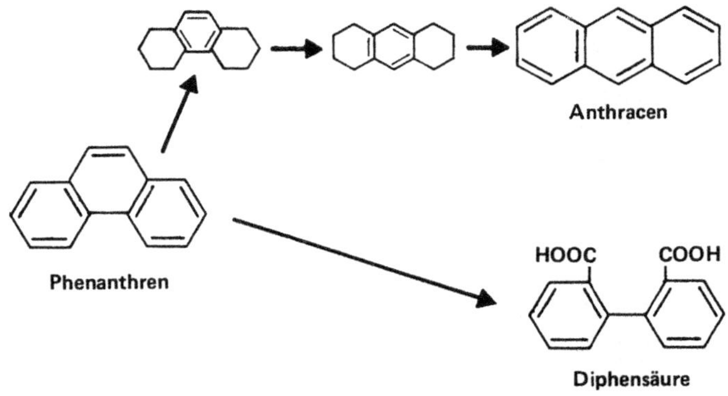

Einige Kohlenwasserstoffe, die im Steinkohlenteer in größerer Menge enthalten sind als Anthracen, haben als Reinerzeugnisse bisher noch keine entsprechende Bedeutung erlangt.

Für die zukünftige Verwendung des Phenanthrens, des nächst Naphthalin mengenmäßig zweitwichtigsten Inhaltsstoffes (5 %), bieten die Isomerisierung zu Anthracen und die Oxidation zu Diphensäure bzw. zum Diphensäureanhydrid interessante Möglichkeiten. Die entsprechenden Verfahren sind entwickelt. Ob sie großtechnisch verwirklicht werden, ist eine Frage der Wirtschaftlichkeit.

Ein tricyclisches Derivat des Steinkohlenteers (0,5 %), dessen technische Bedeutung wächst, ist das Acenaphthen. Außerdem enthält der Teer noch rund 2 % Acenaphthylen, das bei der destillativen Aufarbeitung des Teeres je nach der Art des angewandten Destillationsverfahrens zum Teil in Acenaphthen umgewandelt wird.

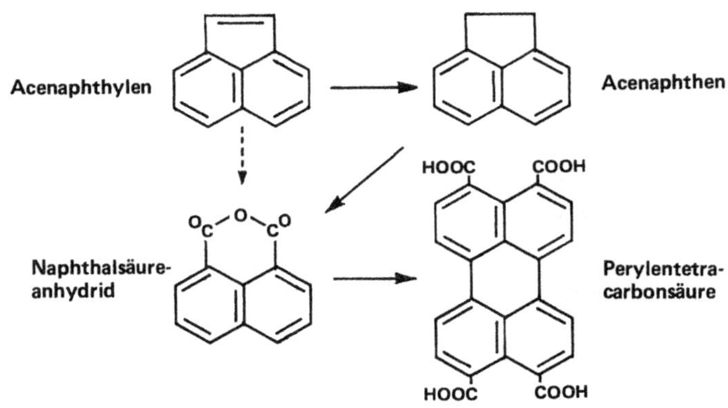

Hauptfolgeprodukt des Acenaphthens ist das durch Gasphasenoxidation oder nasse Oxidation gewinnbare Naphthalsäureanhydrid. Naphthalsäureanhydrid dient im wesentlichen über die Perylentetracarbonsäure zur Synthese von Pigmentfarbstoffen, u.a. für Autolacke. Die vierkernigen Teeraromaten Pyren und Fluoranthen haben für die Synthese organischer Farbstoffe technische Bedeutung. Zur Synthese von Pflanzenschutzmitteln und Heilmitteln werden vornehmlich 1- und 2-Methylnaphthalin, Phenanthren und Fluoren verwendet.

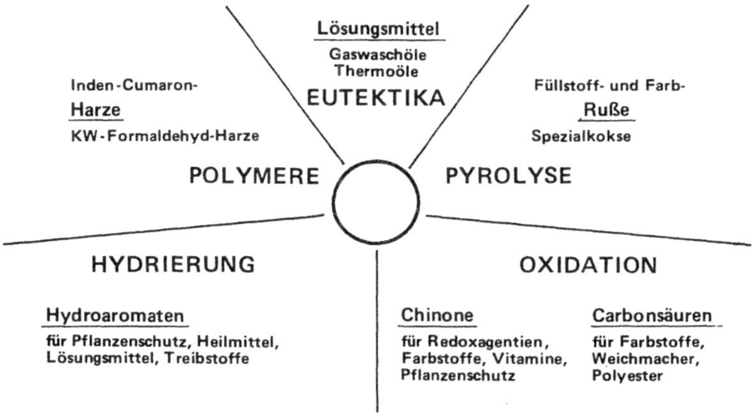

Abb. 4.10: Verwendung von Teerkohlenwasserstoffen

Von den chemischen Reaktionen zur Umwandlung der reinen Teeraromaten wird neben der Hydrierung zu Hydroaromaten am häufigsten die Oxidation zu Chinonen und Carbonsäuren angewendet. Ähnlich wie Naphthochinon besitzt auch Anthrachinon ein Oxidationspotential, das nach dem Ergebnis neuer Forschungsarbeiten zur Verbesserung von Ausbeute, Qualität und Umweltfreundlichkeit der Cellulosegewinnung nach dem Sulfat-Zellstoff-Verfahren genutzt werden kann. Etwa drei Viertel der Weltproduktion an Cellulose, das sind etwa 85 Mio t/a, werden durch alkalischen Sulfataufschluß von Holz mit Natriumsulfid enthaltender Natronlauge bei 160-180 °C gewonnen. Ein Zusatz eines geeigneten Redox-Katalysators, wie zum Beispiel von 0,25 % Anthrachinon bezogen auf das eingesetzte Holz, bewirkt eine Celluloseausbeutesteigerung von 3,5 % unter gleichzeitiger Verminderung des Alkaliverbrauchs, eine drastische Erniedrigung des notwendigen Natriumsulfid-Anteils und damit eine entsprechende Verminderung der Emissionen von Schwefelwasserstoff und Methylmercaptan. Falls sich diese Verfahrensoptimierung in der Praxis durchsetzt, entstünde eine mengenmäßig bedeutende zusätzliche Einsatzmöglichkeit für die Teeraromaten Anthracen und Naphthalin.

Aus Teerkohlenwasserstoffen mit reaktiven olefinischen Doppelbindungen - vornehmlich Inden und Cumaron - werden thermoplastische Inden-Cumaron-Harze hergestellt, die vielseitige Verwendung, u.a. in Klebstoffen und Kautschuk-Formulierungen finden.

Heterocyclen und Phenole

Die mengenmäßig wichtigste heterocyclische Verbindung des Steinkohlenteers mit einem Gehalt von 1,5 % ist Carbazol. Carbazol dient hauptsächlich zur Herstellung von Farbstoffen. Die Bedeutung als Ausgangsmaterial für die Herstellung des Insektizides 1.3.6.8-Tetranitrocarbazol und des Kunststoffvorproduktes N-Vinylcarbazol ist stark zurückgegangen.

Von den zweikernigen Stickstoffheterocyclen sind trotz des verhältnismäßig

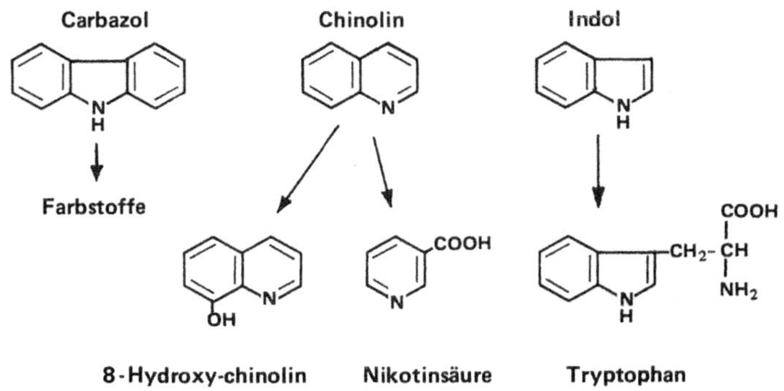

geringen Vorkommens Chinolin und Indol von Bedeutung. Chinolin dient als Ausgangsmaterial insbesondere für die Herstellung von 8-Hydroxychinolin (Pflanzenschutzmittel, Fungizide, Insektizide, Amöbizide und Antiseptika). Indol ist ein beliebtes Fixativ für Duftstoffe in Parfümen und hochwertigen Seifen und findet außerdem zur Synthese einiger Pharmazeutika sowie der Aminosäure Tryptophan Verwendung.

Von den einkernigen Stickstoffheterocyclen sind erwähnenswert Pyridin, α-Picolin, β-Picolin und 2.6-Dimethylpyridin. In reiner Form werden zur Zeit besonders Pyridin und α-Picolin hergestellt. Da Pyridin und seine Homologen im Teer nur in geringer Menge enthalten sind, wird der Bedarf heute zum überwiegenden Teil durch Synthese gedeckt.

Die mengenmäßig bedeutendsten sauerstoff- und schwefelhaltigen Heterocyclen des Steinkohlenteers sind Diphenylenoxid, Thionaphthen und Diphenylensulfid. Mit Ausnahme von Cumaron als Bestandteil der Inden-Cumaronharze haben sie in reiner Form bisher keine nennenswerte Verwendung gefunden.

Eine ähnliche Entwicklung wie bei den Pyridinen, d.h. zu geringe Gewinnungsmöglichkeit aus dem Steinkohlenteer und daher wachsende Bedeutung der Synthese, hat sich im Laufe der letzten beiden Jahrzehnte insbesondere beim Phenol und in geringerem Umfang auch bei den Phenol-Homologen vollzogen. Zur Zeit werden in der Bundesrepublik Deutschland aus Steinkohlenteer und den Kokereiabwässern über 20.000 t/a Phenol, Kresole und Xylenole gewonnen. Davon entfallen rund 10.000 t/a auf Phenol. Das sind nur etwa 4 % der gesamten Phenolproduktion. Unter den technischen Phenol-Synthesen ist das Cumol-Verfahren, wonach heute weltweit rund 90 % des Synthesephenols hergestellt werden, mit weitem Abstand das wichtigste.

4.5.2 Steinkohlenteeröle

Die Teeröle sind Vielstoffeutektika, deren Erstarrungspunkt weit unter den Schmelzpunkten der reinen Verbindungen liegt. Sie finden Verwendung als Rußöl, Holzimprägnieröl, Heiz- und Treiböl, Gaswasch- und Quenchöl, Lösungsmittel und Weichmacher für Farbstoffe, zum Beispiel für die Herstellung von Heizölkennzeichnungsmitteln und als Lösungsmittel für Ferrozen. Der Weltteerölverbrauch beträgt derzeit über 1,5 Mio t/a. Die mit

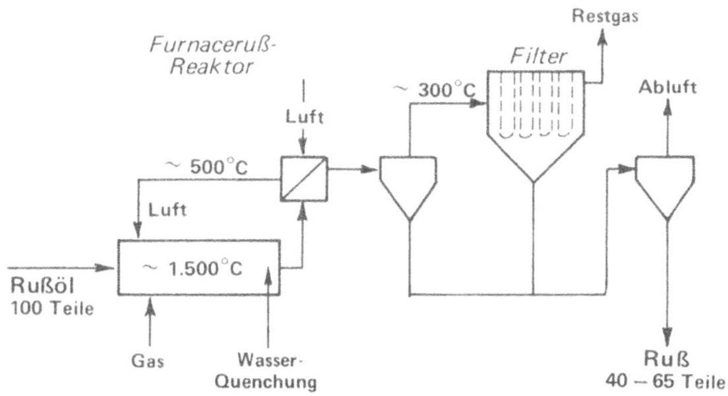

Abb. 4.11: Herstellung von Ruß aus Teerölen (Furnace-Verfahren)

Abstand wichtigste Verwendung von Steinkohlenteerölen ist die Herstellung von Ruß (Rußverwendung siehe Abb. 2.11).

Bei dem Furnace-Verfahren zur Herstellung von Ruß wird Rußöl in einen Reaktor eingespeist, in dem unter Zuführung vorgewärmter Luft und eines Heizgases durch partielle Verbrennung eine Temperatur von rund 1.500 °C erzeugt wird. Die Pyrolyse der kondensierten aromatischen Kohlenwasserstoffe des Rußöls verläuft bei dieser Temperatur mit hoher Geschwindigkeit, so daß bereits am Ende des Reaktors (Verweilzeit Bruchteile einer Sekunde) durch Eindüsen von Wasser die Reaktion abgebrochen werden kann. Aus dem anschließend weiter gekühlten Ruß-Gas-Gemisch wird mit Hilfe von Zyklonen und Schlauchfiltern der Ruß je nach der geforderten Qualitätsstufe in einer Ausbeute von 40-65 %, bezogen auf das eingesetzte Rußöl, gewonnen.

Pro Reaktor können bis zu 20.000 t/a Ruß erzeugt werden. Die Rußausbeute ist abhängig von der Aromatizität des eingesetzten Öles. Sie liegt bei Einsatz von teerstämmigen Rußölen höher als bei petrostämmigen Ölen. In Europa und Japan werden pro Jahr mehr als 2 Mio t Teeröl zur pyrolytischen Rußgewinnung eingesetzt. Teeröl bildet damit die Rohstoffbasis für mehr als ein Viertel der Weltrußproduktion.

4.5.3 Steinkohlenteerpeche

Steinkohlenteerpech hat große wirtschaftliche Bedeutung für die Herstellung von technischen Kohlenstofftypen (Tabelle 4.4). Weit über die Hälfte des in der Bundesrepbulik Deutschland gewonnenen Pechs dient zur Herstellung von Elektroden. Rückläufig ist dagegen die Verwendung des Pechs als Bindemittel für die Steinkohlenbrikettierung und in Pech-Öl-Mischungen, wie Straßenteeren, und plastifizierten Pechen für den Korrosionsschutz von Rohrleitungen.

Tabelle 4.4: Anwendungsgebiete für technischen Kohlenstoff

Elektroden für die Gewinnung von:
Aluminium, Elektrostahl, Phosphor, Chlor u.a.
Verstärkender Füllstoff in Elastomeren (Ruß)
Kohlebürsten u.a.
Metallurgie und Gießerei
Herstellung von Carbiden
Chemieanlagenbau
Kohlenstoff-Formteile
Kernreaktortechnik
Kohlenstoff-Fasern

4.5.3.1 Elektrodenpech für Kohlenstoff- und Graphitelektroden

Ausgangsmaterial für die Herstellung von Graphitelektroden (Abb. 4.13) sind aschearme Spezialkokse und Elektrodenpech. Der Koks wird in Brechern zerkleinert, bei Bedarf unter Luftabschluß geglüht, anschließend gemahlen und klassiert. Das so aufbereitete Koksmaterial wird unter Zusatz von Elektrodenpech in geeigneten Vorrichtungen gemischt, bis eine im warmen Zustand vollkommen plastische Masse entstanden ist. Dieses Gemisch wird mit Strangpressen unter hohem Druck mittels geeigneter Düsen in die gewünschte Form gebracht.

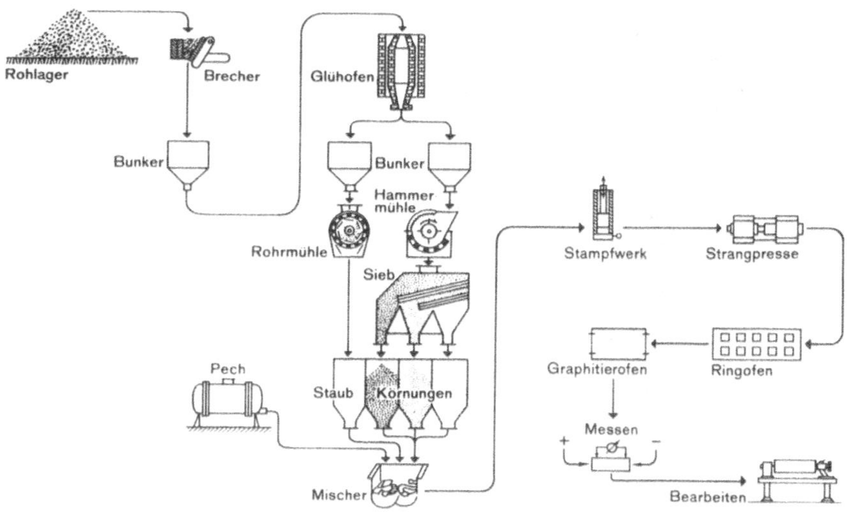

Abb. 4.12: Schematische Darstellung der Graphitelektroden-Herstellung (9)

Die so entstandene sogenannte "grüne Elektrode" wird anschließend im Ring- oder Herdofen unter allmählicher Steigerung der Temperatur ge-

Abb. 4.13: Fertigung der grünen Elektrode in einer Strangpresse (Photo: Sigri Elektrographit GmbH, Meitingen)

brannt, wobei das Bindemittel verkokt. Der Brennprozeß im Ringofen dauert etwa 3 Wochen. Dabei entsteht eine Kohle, die sich durch große Härte auszeichnet (Hartbrandkohle). In einem zweiten Brennvorgang im elektrischen Ofen bei Temperaturen von 2.600-3.000 ^{o}C werden die gebrannten Elektroden graphitiert, wobei sich durch das Wachsen der vorgebildeten Graphitkristalle und durch kristalline Ordnungsvorgänge die für den technischen Graphit charakteristischen Eigenschaften herausbilden. In der letzten Fabrikationsstufe erfolgt das Bearbeiten der Elektroden, das im wesentlichen im Überdrehen und Schneiden der Gewinde besteht.

Aluminiumherstellung

Haupteinsatzgebiet des Elektrodenpechs sind Elektroden für die Aluminiumherstellung. Die Gewinnung von Aluminium erfolgt durch Schmelzfluß-Elektrolyse von Aluminiumoxid.

$$Al_2O_3 + (m+n)\,C = 2\,Al + m\,CO_2 + n\,CO \qquad (4.1)$$

An der Kathode wird Aluminium in flüssiger Form abgeschieden, während an der Anode Kohlenstoff zu CO_2 und CO oxidiert wird.

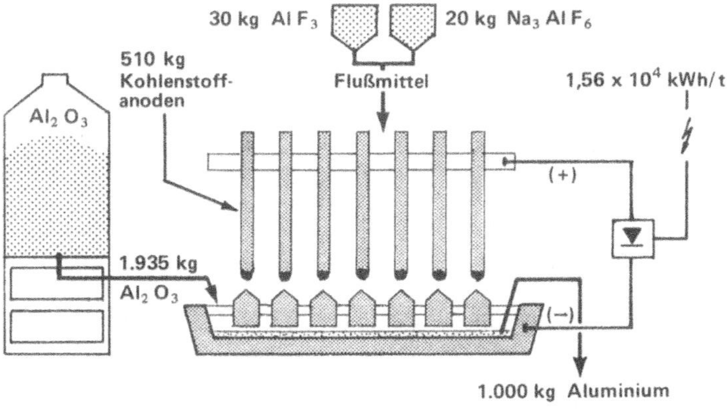

Abb. 4.14: Stoffbilanz für die Erzeugung von einer Tonne Aluminium (10)

Das CO_2/CO-Verhältnis wird bestimmt durch die anodische Stromdichte, die Reaktionsfähigkeit des Anodenkohlenstoffs und die Elektrolyttemperatur.

Da pro Tonne Aluminium durchschnittlich 0,12 t Elektrodenpech benötigt werden, bedeutet das bei einer Jahresproduktion von 14,2 Mio t Aluminium in der Welt (1977) einen Elektrodenpechverbrauch von etwa 1,7 Mio t/a allein zur Aluminiumherstellung.

Herstellung von Elektrostahl

Während für die Aluminiumgewinnung Kohlenstoffanoden eingesetzt werden, finden für die Erzeugung von Elektrostahl Graphitelektroden Verwendung.

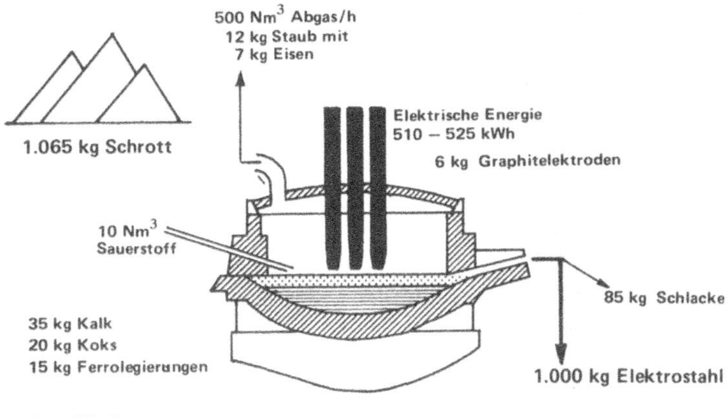

Abb. 4.15: Stoffbilanz für die Erzeugung von einer Tonne Elektrostahl (11)

Der meist genutzte unter den elektrisch beheizten Elektrostahlöfen ist der Lichtbogenofen. Er wird mit Abstichgewichten von 1 t bis 360 t betrieben.

Abb. 4.16: Lichtbogenofen zur Elektrostahlgewinnung

Das kippbare Ofengefäß ist kreisrund, besitzt einen muldenförmigen Herd und einen Deckel, durch den über die Graphitelektroden die Schmelzwärme in den Ofen eingebracht wird. Die runde Herdform gestattet eine konzentrierte Nutzung der Lichtbogenwärme.

Die Graphitelektroden zeichnen sich durch hohe chemische Reinheit und zur Vermeidung von Energieverlusten insbesondere durch einen relativ geringen elektrischen Widerstand aus. Da die Elektrode im Ofen laufend abbrennt, muß sie von oben nachgeschoben werden. Ist die Elektrode weitgehend verbraucht, wird an dem an ihrem oberen Ende befindlichen Graphitnippel mit Gewinde eine neue angeschraubt.

Der Lichtbogenofen diente zunächst überwiegend zur Erzeugung von Edelstählen. Erst ab Mitte der 50er Jahre wurde begonnen, in grösseren Ofeneinheiten auch einfachere Stahlqualitäten herzustellen. Pro Tonne Elektrostahl werden rund 6 - 8 kg Graphitelektroden benötigt. Weltweit werden derzeit mit steigender Tendenz etwa 10 % des produzierten Rohstahls (712 Mio t in 1978) nach dem Elektrostahlverfahren hergestellt. Daraus errechnet sich ein Graphitelektrodenbedarf von rund 400.000 t/a.

Graphitelektroden werden nicht nur in Elektrostahlöfen verwendet, sondern kommen auch beim Raffinieren von Ferrochrom, in Aluminium-, Kupfer- und Korund-Schmelzen, in Zinkdestillationsöfen, in der Magnesium-Gewinnung, Chlor-Alkali-Elektrolyse, bei Abstichelektroden, in Graphit-Widerstandsöfen und bei Vorrichtungen zum Erwärmen von Gußköpfen großer Stahlguß- und Schmiedestücke zum Einsatz.

4.5.3.2 Pech als Straßenbaubindemittel

Noch Mitte der 60er Jahre wurden weltweit etwa 4 Mio t/a Pech-Öl-Mischungen als Straßenteer verwendet. Im Zuge der Ausweitung des bituminösen Straßenbaues und des Vordringens schwererer Beläge setzte sich nicht zuletzt wegen seines niedrigen Preises das Erdölbitumen zunehmend als Straßenbaubindemittel durch. Derzeitig sind Versuche im Gange, durch Zumischung von Pech zum Bitumen besonders hochwertige Straßenbaubindemittel zu erzeugen, die sich durch hohe Verformungsfestigkeit und hohe Haftfestigkeit auszeichnen.

4.5.3.3 Pech zur Verbesserung von Kokskohle

Ein interessantes Anwendungsgebiet, das in der Zukunft große Bedeutung erlangen kann, ist die Verbesserung von Kokskohle durch Zusatz von Steinkohlenteerpech. Auf diesem Wege kann die Kokskohlenbasis verbreitert und die Qualität des Kokses verbessert werden. Das Pech wird dabei auf verschiedene Weise wirksam: Infolge seiner Bindemitteleigenschaften, die durch die hohe Affinität der Pecharomaten zur artverwandten Kohle noch gesteigert werden, kann das Pech einen Teil der Kohlebestandteile insbesondere bei höherer Temperatur lösen. Es ist zudem in einem für die Verkokung günstigen Temperaturbereich thermisch reaktiv und bildet erst oberhalb 500 °C ein Koksgerüst. In der Koksofenkammer wird also das Pech mit steigender Temperatur zunächst die Kokskohlenkörner benetzen, dann anlösen und bei der anschließenden Verkokung anstelle der fehlenden plastifizierenden Kohlemacerale fungieren und auch die Magerungsmittel in das Koksgerüst einbinden.

5. Kohlevergasung

5.1 Geschichte

Nachdenklich saß an einem Abend des Jahres 1781 der französische Papierfabrikant Joseph Montgolfier vor dem Feuer seines Kamins, als sich ihm plötzlich die Frage aufdrängte, ob es nicht möglich sei, das Gas, das den Rauch und die Funken emportrug, einzufangen, um es zum Heben von Lasten zu verwenden. Aus diesen Überlegungen vor dem Kamin entstand der "Aerostat" der Brüder Montgolfier, der am 7. Juli 1783 erstmals der begeisterten Öffentlichkeit vorgeführt wurde. Der Aerostat war ein Ballon, unter dem die Luft durch ein Feuer erhitzt wurde.

Die Erfindung erregte außerordentliches Aufsehen. Technisch aber war die Aufgabe noch keineswegs befriedigend gelöst. Das Feuer unter dem Ballon war außerdem gefährlich. Es begann deshalb die Suche nach einem leichteren Gas, das auch bei der Temperatur der Umgebung seine Tragfähigkeit behielt. Wasserstoff war zwar bereits bekannt, die Herstellung aus Metallen und Säure war aber viel zu teuer und verlief außerdem so langsam, daß während des Füllens bereits ein großer Teil des Gases durch die damals bekannten Hüllen hinausdiffundierte.

Eine erfolgreiche Lösung des Problems gelang dem Gelehrten Johannes Petrus Minckelers, damals Professor in Loewen, der sich dieser Aufgabe im Auftrag des Herzogs Louis Engelbert von Aremberg mit systematischer Gründlichkeit widmete (1). Über das Ergebnis seiner Versuche schrieb er im Jahre 1784:

> "Der Erfolg entsprach meiner Erwartung, denn am 1. Oktober des vergangenen Jahres tat ich Kohlenstaub in einen Büchsenlauf und erhielt brennbare Luft in Fülle und sehr schnell, 4 Unzen Kohle gaben mir einen Kubikfuß dieser Luft, die beim Wiegen sich als viermal so leicht wie Luft erwies."

Das war der erste verbriefte Versuch zur Gaserzeugung aus Kohle.

Auch in Deutschland begann man sich für die Herstellung dieses neuen Gases zu interessieren. Großherzog Karl August von Sachsen-Weimar teilte am 3. Oktober 1816 Goethe mit, daß er bereit sei, für Versuche zur Gasherstellung und die Ballonluftfahrt den Hof des Schlosses von Jena zur Verfügung zu stellen. Am Hofe von Weimar wurde man außerdem auch auf das von Fontana und Lavoisier entdeckte Wassergas aufmerksam. Goethe schrieb dieserhalb am 5. 12. 1816 an Döbereiner, Professor der Physik in Jena wie folgt:

> "Ew. Wohlgeboren haben in einem Schreiben an Serenissimus folgendes gemeldet: "Ich habe gefunden, daß Kohle und Wasser bei ihrer Wechselwirkung in hoher Temperatur das wohlfeilste und reinste Feuergas geben, und hätte ich das Geld, um diese Entdeckung

> durch Versuche weiter fortzusetzen und sie zum Nutzen für das Leben ausarbeiten zu können, so würde ich vielleicht imstande sein, die Bereitung des Lichtgases (sic!) wohlfeiler und einfacher auszuführen, als dies von den Engländern geschehen ist, durch Benutzung ihrer Steinkohlen." Ihre Königliche Hoheit wünschen über diesen Gegenstand vollkommen unterrichtet zu werden und zu vernehmen, wieviel auf diese Versuche verwendet werden müßte, um bedeutende Resultate herauszubringen."

Soviel zu der Frühgeschichte der Kohlevergasung.

Es ist bemerkenswert, daß alle drei wirtschaftlich bedeutenden Verfahren zur Vergasung der Kohle, das Winkler-Wirbelschicht-Verfahren aus dem Jahre 1922, das Lurgi-Druckgasverfahren für stückige Kohlen aus dem Jahre 1931 und das Koppers-Totzek-Verfahren für staubförmige Kohlen aus dem Jahre 1941 in Deutschland entwickelt wurden. Diese Entwicklung kam zum Stillstand, als das Erdöl und das Erdgas in den 50er Jahren die Kohle und damit auch die meisten Kohlevergasungsanlagen verdrängten.

Früher als in der Bundesrepublik Deutschland wurde in den USA erkannt, daß es in der Zukunft zur Sicherung der Energieversorgung notwendig sein wird, wieder in verstärktem Umfang auf Kohle zurückzugreifen. Neue Entwicklungen, besonders zur Erzeugung von synthetischem Erdgas, wurden daher in großer Zahl eingeleitet. In der Zwischenzeit sind auch in der Bundesrepublik Deutschland neue Projekte zur Weiter- und Neuentwicklung von Kohlevergasungsverfahren begonnen worden, die zum Ziele haben, die Wirtschaftlichkeit zu erhöhen und die energetische Nutzung zu verbessern.

5.2 Gasarten - Übersicht über Erzeugung und Beschaffenheit

Die durch Vergasung kohlenstoffhaltiger Produkte gewonnenen technischen Gase können aufgrund ihrer Herkunft eingeteilt werden in:

Generatorgas (Schwachgas) und Wassergas; H_o = 5.000 - 12.700 kJ/m^3_N,

Synthesegas und Reduktionsgas mit einem hohen $(CO + H_2)$-Gehalt, H_o ca. 12.700 kJ/m^3_N

Stadtgas und Kokereigas; H_o = 16.700 - 20.000 kJ/m^3_N

Reichgas und synthetisches Erdgas, H_o = 25.000 - 42.000 kJ/m^3_N

5.2.1 Wassergas und Schwachgas

Wassergas und Schwachgas besaßen große Bedeutung bis zum Ende der 40er Jahre. Sie dienten zur Herstellung von Synthesegasen, Stadtgasen und Brenngasen. Das Wassergas wurde im allgemeinen im Wechselbetrieb durch abwechselndes Heißblasen von Koks mit Luft und anschließendes Vergasen mit Wasserdampf hergestellt. Beim Verzicht auf die alternierende Fahrweise, d.h. bei gleichzeitiger Beaufschlagung des Generators mit

Wasserdampf und Luft, resultiert ein Schwachgas, das sogenannte Generatorgas. Da dieses Gas noch den Stickstoffgehalt der Luft enthält, hat es einen deutlich niedrigeren Heizwert als Wassergas.

Wegen des teuren Rohstoffs (Koks), des relativ komplizierten diskontinuierlichen Betriebes und der geringen Leistung pro Gaserzeuger (6.000 - 9.000 $m^3/_N/h$) ist der Wassergasprozeß zur Synthesegas- und Stadtgaserzeugung in den letzten drei Jahrzehnten durch moderne Verfahren verdrängt worden. Sowohl Synthesegasanlagen auf der Basis von Erdgas und Schweröl als auch moderne Kohlevergasungsanlagen erzeugen heute eine Zehnerpotenz mehr Gas pro Vergasungseinheit.

5.2.2 Synthesegas und Reduktionsgas

Die Zusammensetzung des Synthesegases hängt von dem Verwendungszweck ab. Vornehmlich ist unter Synthesegas das für die Synthese von Ammoniak erforderliche Stickstoff/Wasserstoff-Gemisch und das für die Synthese von Alkoholen (Methanol und Oxo-Alkohole) und Kohlenwasserstoffen (FT-Synthese) verwendete CO/H_2-Gemisch zu verstehen (2).

Die aus den verschiedenen Rohstoffen erzeugten Spalt- und Vergasungsgase werden entsprechend dem Verwendungszweck unterschiedlich aufbereitet. Die Ammoniak-Synthese erfordert ein kohlenoxidfreies Gas mit einem H_2/N_2-Verhältnis von 3 : 1. Der Gehalt an Schwefel ist auf unter 1 ppm und die Summe von O_2, CO, CO_2 und H_2O auf 2-10 ppm limitiert. Der Methan- und Argon-Anteil darf aus Gründen der Wirtschaftlichkeit höch-

Abb. 5.1: Kohlevergasungsanlage in Talcher/Indien (Photo: Krupp-Koppers GmbH, Essen)

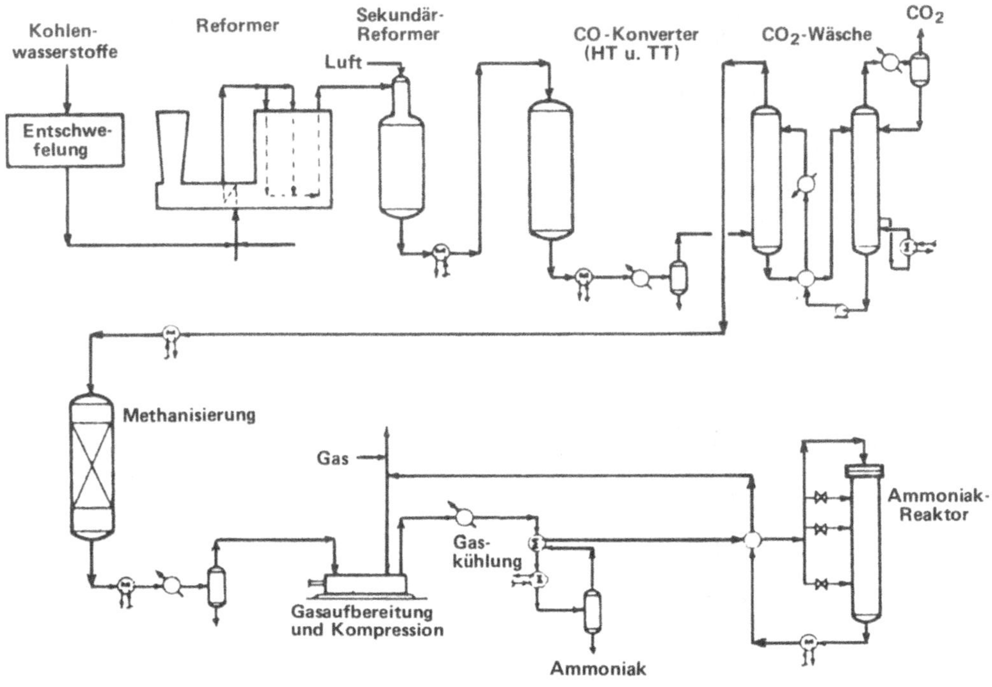

Abb. 5.2: Steam-reforming von Erdgas mit Ammoniak-Synthese

stens 0,8-1,2 Vol.-% betragen. Der Aufwand für die Gasreinigung ist bei der Ammoniak-Synthese im Vergleich zu den übrigen Synthesegas-Verwendungen am größten.

Für die Methanol-Synthese ist ein hoher CO-Gehalt erforderlich. Aus den Synthese-Gleichungen folgt, daß der Quotient $(H_2-CO_2) / (CO + CO_2)$ zwischen 2,0 und 2,2 liegen soll. Für die Niederdruck-Methanol-Synthese, die von besonderer wirtschaftlicher Bedeutung ist, muß der Schwefelgehalt des Synthesegases außerordentlich niedrig sein. Die gleichen Reinheitsanforderungen wie bei der Methanol-Synthese gelten auch für die Oxosynthese und die Fischer-Tropsch-Synthese.

Hauptrohstoff für die Synthesegaserzeugung in der Welt ist zur Zeit das Erdgas. In zunehmendem Maße finden schwere, schwefelreiche Rückstandsöle Verwendung, da diese infolge der Verschärfung der Umweltvorschriften nicht mehr als Heizöl eingesetzt werden dürfen. In Ländern, die über Erdgas nicht verfügen, wird zum Teil auch Leichtbenzin für die Herstellung von Synthesegas eingesetzt. Nach 1960 wurden vornehmlich in Entwicklungsländern wieder Anlagen zur Erzeugung von Ammoniak für Düngemittel auf der Basis von Kohle errichtet.

Erdgas und Erdölfraktionen können grundsätzlich nach zwei Verfahren in Synthesegas übergeführt werden.

1. Katalytisch durch Spaltung in Gegenwart von Wasserdampf, gebenenfalls auch CO_2, (Dampfspaltung, steam reforming). Der Wärmebedarf wird von außen zugeführt.

2. Thermisch durch partielle Verbrennung ohne Katalysatoren meist bei Anwesenheit von Wasserdampf. Die partielle Verbrennung ist autotherm.

Erdgas bzw. gasförmige Kohlenwasserstoffe werden im Röhrenofen bei Temperaturen zwischen 750-950°C und 15-40 bar unter Zusatz von Wasserdampf an Nickel-Katalysatoren zweistufig gespalten. Da die Katalysatoren schwefelempfindlich sind, ist zunächst eine hydrierende Entschwefelung notwendig, die z.B. an einem $CoO\text{-}MoO_3/Al_2O_3$ Katalysator bei 350-450°C mit anschließender Adsorption des gebildeten H_2S an Zinkoxid durchgeführt wird.

Um ein methanarmes Synthesegas zu erhalten, leitet man das Gas aus dem Röhrenofen zur Nachverbrennung in einen ausgemauerten Schachtofen, der einen hochtemperaturfesten Nickelkatalysator enthält. Ein Teil des Gases wird dort unter Zusatz von Luft oder Sauerstoff verbrannt und das Gasgemisch dadurch auf über 1200°C erhitzt. Bei dieser Temperatur wird das Methan mit dem Wasserdampf bis auf einen Rest von 0,2 - 0,3 Vol.-% umgesetzt. Der Röhrenspaltofen wird "Primär-Reformer" genannt, der Schacht-Reaktor als "Sekundär-Reformer" bezeichnet. Der zusätzlich für die Ammoniak-Synthese benötigte Stickstoff wird im Falle der partiellen Verbrennung aus der Luftzerlegungsanlage entnommen bzw. bei dem Reforming mit der Luft dem Sekundärreformer zugeführt.

Abb. 5.3: ICI-Dampfspaltung (Photo: Union Rheinische Braunkohlen Kraftstoff AG)

Das bekannteste großtechnisch genutzte Verfahren der Dampfspaltung wurde von der ICI entwickelt. Danach können Kohlenwasserstoffe bis zu einem Siedepunkt von ca. 200 °C (Naphtha) eingesetzt werden. Das wesentliche Problem bei der Dampfspaltung höherer Kohlenwasserstoffe ist die Vermeidung von Rußbildung. Der Vorteil des ICI-Verfahrens besteht darin, daß auch beim Einsatz flüssiger Erdölfraktionen keine Rußbildung eintritt und damit die Katalysator-Regenerierung entfällt.

Für die Herstellung von Synthesegasen und Reduktionsgasen aus Schwerölen haben sich weltweit zwei Verfahren durchgesetzt, nämlich die Verfahren von Texaco und der Shell. Bei beiden Verfahren handelt es sich um eine partielle Verbrennung mit Sauerstoff bei Anwesenheit von Wasserdampf unter Druck (Texaco-Verfahren: 1.200-1.500 °C, 25-85 bar; Shell-Verfahren: 1.200-1.500 °C; 32-50 bar) ohne Anwendung von Katalysatoren (3).

Die Reaktoren aus Spezialstahl sind innen mit Aluminiumoxid ausgekleidet. Das den Reaktor mit etwa 1450-1500 °C verlassende Gas wird entweder direkt durch Abschrecken mit Wasser (Quench-Konvertierung) oder indirekt durch Wärmeübertragung in einem Abhitzekessel gekühlt. Auf das Abschrecken folgt ein Auswaschen des Rußes mit Wasser.

Die Aufbereitung des Rohgases für die Anwendung als Reduktionsgas zur Eisenschwammerzeugung ist erheblich einfacher als bei der Synthesegasherstellung für Ammoniak oder Methanol. Der Anteil der oxidierenden Bestandteile $H_2O + CO_2$ in dem Reduktionsgas darf höchstens 10 % betragen. Die Verwendung von Reduktionsgas ist zur Zeit noch relativ gering, da die Produktion von Eisenschwamm derzeit nur 1-2 % der Weltroheisenerzeugung ausmacht. Die Wachstumsraten sind allerdings beträchtlich. Nach den vorliegenden Prognosen soll der Anteil der Direktreduktion in 10 Jahren schon bei 8 % der Rohstahlproduktion liegen.

5.2.3 Stadtgas (Starkgas) und synthetisches Erdgas (SNG)

Bevorzugtes Gas für Haushalt und Industrie ist heute Erdgas. Die Stadt- und Ferngaserzeugung aus Kohle und flüssigen Brennstoffen hat nur noch untergeordnete Bedeutung. Die früher übliche Hochtemperaturentgasung von Kohle in den Stadtgaswerken ist fast völlig verschwunden.

In Anbetracht der begrenzten Erdgasvorräte sind Versuche aufgenommen worden, synthetisches Erdgas aus Kohle zu erzeugen. Insbesondere in den USA, wo ein erheblicher Primärenergieanteil aus Erdgas stammt und gleichzeitig billige Kohlen verfügbar sind, werden mehrere Vorhaben zur Erzeugung von SNG aus Kohle verfolgt. Das synthetische Erdgas soll sich vom natürlichen Erdgas so wenig wie möglich unterscheiden, damit es gegen Erdgas austauschbar ist und so die bestehenden Verteilungs- und Feuerungssysteme genutzt werden können. Ein typisches synthetisches Erdgas, wie es in den USA erzeugt werden soll, hat folgende Zusammensetzung: 95 - 97 % Methan, 1 - 1,5 % Wasserstoff, 0,02 % CO, 1 % Stickstoff, 1 % CO_2 und weniger als 4 ppm H_2S. Es besitzt einen oberen Heizwert von rund 38.000 kJ/m³, eine Dichte von 0,730 kg/m³ und eine Wobbe-Zahl W_o (Quotient von Heizwert und der Quadratwurzel der Dichte) von rund 44.500.

5.3 Gas-Feststoff-Hochtemperaturreaktionen

Die Herstellung von Synthesegas aus Kohle ist eine Gas-Feststoff-Hochtemperaturreaktion, d.h. eine Wechselwirkung zwischen pulvrigen, körnigen oder stückigen Feststoffen und Gasen bei Temperaturen über 500°C und beliebigem Druck, durch welche die Einsatzstoffe in physikalischer und chemischer Hinsicht verändert werden.

Hinsichtlich der Aggregat-Zustände der Produkte sind bei Gas-Feststoff-Reaktionen 6 Varianten möglich. Die Kohlevergasung entspricht im Idealfall der Variante 4 der Abb. 5.4, d.h. es tritt eine völlige Vergasung ein. In der Praxis ergeben sich je nach Verfahren, Schmelzpunkt und Menge der Asche sowie Teeranfall die Varianten 1 - gasförmig und fest-, 2 - gasförmig und flüssig - und 6 - gasförmig, flüssig und fest.

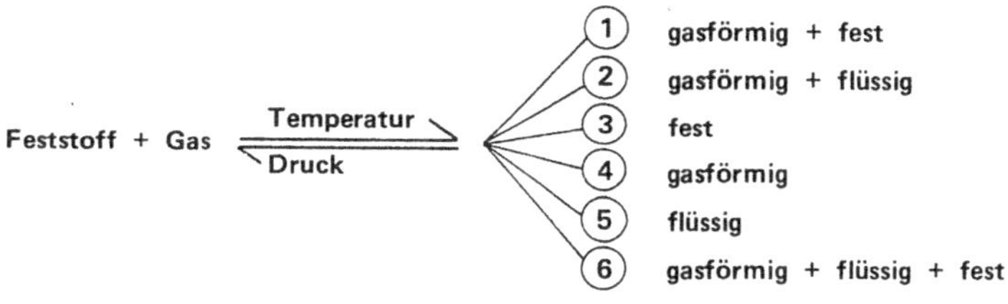

Abb. 5.4: Aggregat-Zustände der Produkte bei Gas-Feststoff-Reaktionen (4)

Gas-Feststoff-Reaktionen finden an der Oberfläche und in den Poren der einzelnen Feststoffpartikel statt. Die Reaktionsgeschwindigkeit heterogener Reaktionen ist eine komplizierte Funktion der Parameter: Wärmeübergang, Wärmeleitung, Stoffübergang, Porendiffusion sowie Geschwindigkeit der chemischen Umsetzung am Reaktionsort.

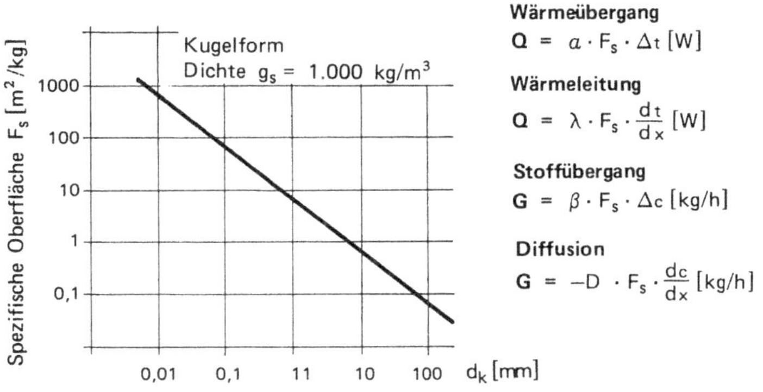

Abb. 5.5: Abhängigkeit der auf die Gewichtseinheit bezogenen spezifischen Feststoffoberfläche F_s vom Teilchen-Durchmesser d_K und ihr Einfluß auf die Transportgesetze (4)

Auf die maßgebenden Transportgesetze für den Wärmeübergang, die Wärmeleitung, den Stoffübergang und die Porendiffusion ist die Oberfläche der Feststoffpartikel und damit ihr Durchmesser von überragendem Einfluß. Abb. 5.5 zeigt die auf die Gewichtseinheit bezogene spezifische Oberfläche unter Annahme kugeliger Teilchen und einer Feststoffdichte von 1.000 kg/m³ als Funktion des Partikeldurchmessers. Die Größenordnung der äußeren spezifischen Oberfläche liegt für 10 µm-Teilchen bei mehreren 100 m²/kg und sinkt bei 10-mm-Partikeln auf unter 1 m²/kg.

In der Praxis liegen nur in sehr seltenen Fällen die idealen Bedingungen glatter, kugeliger Teilchen vor. In den meisten Fällen wird die Reaktionsfläche durch unregelmäßige Oberflächen und Porosität in schwer erfaßbarer Weise beeinflußt oder verändert. Die Porosität der Kohle ist ein wichtiger Parameter für die Vergasungsgeschwindigkeit.

5.3.1 Reaktionsverhalten und Reaktionszeit

Die Umsetzung von Feststoffen mit Gasen kann durch verschiedene Modellfälle beschrieben werden:

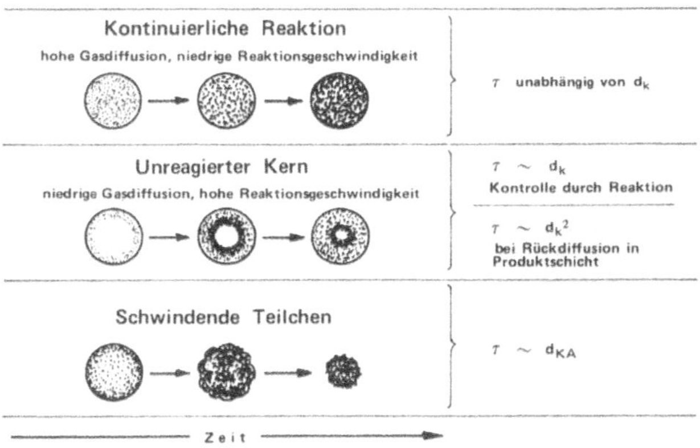

Abb. 5.6: Reaktionsmodelle für nichtkatalytische Gas-Feststoff-Reaktionen mit gasförmigem Produkt (4)

Bei dem Modellfall der "kontinuierlichen Reaktion" ist die Diffusionsgeschwindigkeit des in das Feststoffteilchen diffundierenden Gases im Vergleich zur chemischen Reaktionsgeschwindigkeit so hoch, daß sich der Feststoff im mittleren Durchschnitt weitgehend gleichmäßig umsetzt. Bei ungehindertem Stoff- und Wärmeübergang ist die Reaktionsgeschwindigkeit in diesem Modellfall praktisch unabhängig vom Teilchen-Durchmesser.

Der zweite Modellfall, bei dem die Gasdiffusion in das Teilchen so gering ist, daß sich eine begrenzte Reaktionsfront ausbildet, ist das Modell des unreagierten Kerns. Je nachdem, ob die Reaktionsgeschwindigkeit oder die Gasdiffusion durch die Produktschicht der geschwindigkeitsbestimmende Schritt ist, ist die Reaktionsgeschwindigkeit dem Teilchendurchmesser oder dessen Quadrat proportional.

Bei Verbrennungs- und Vergasungsreaktionen kommt meistens der dritte Modellfall, der Fall des schrumpfenden Teilchens, vor. Hier ist von einer Proportionalität der Reaktionsgeschwindigkeit zum Ausgangsdurchmesser des Teilchens auszugehen.

In Abb. 5.7 sind die als Folge der chemischen Reaktion am Einzelkorn resultierenden wichtigsten Transportschritte bei der Vergasung - Wärmetransport und Stofftransport - angedeutet.

Grundsätzlich sind bei Vergasungsreaktionen drei charakteristische Temperaturgebiete zu unterscheiden. Im Bereich tiefer Temperaturen verläuft die chemische Umsetzung im Vergleich zur Diffusion so langsam, daß auch am inneren Reaktionsort eine unveränderte Konzentration des Vergasungsmittels herrscht. Die Geschwindigkeitskonstante des Gesamtprozesses ist daher mit der Geschwindigkeitskonstanten der chemischen Reaktion , die geschwindigkeitsbestimmend ist, weitgehend identisch.

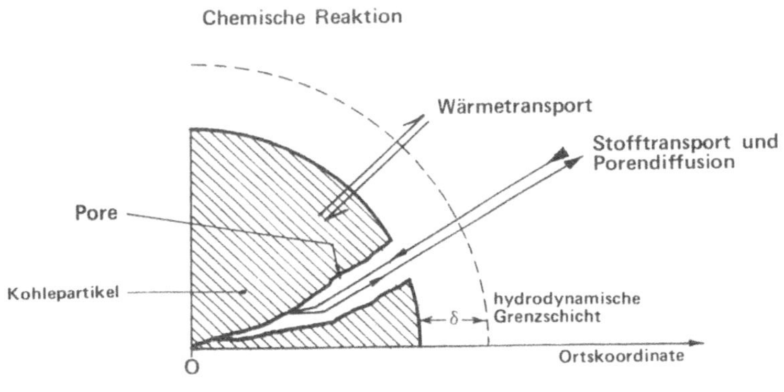

Abb. 5.7: Kinetische Vorgänge bei der Kohlevergasung

Bei mittleren Temperaturen erhöht sich der chemische Umsatz. In den Poren der Feststoffpartikel sinkt die Konzentration des Vergasungsmittels unter den Wert im freien Gasraum. Die Porendiffusion liefert nicht genug Vergasungsmittel nach. Die innere Oberfläche nimmt nur noch zu einem Teil an der Reaktion teil. Für den Umsatz ist die Diffusionsgeschwindigkeit in den Poren der Feststoffpartikel ausschlaggebend.

Steigt die Temperatur noch höher, so wird die chemische Reaktion so schnell, daß die Vergasungsmittel bereits an der äußeren Oberfläche des Korns verbraucht werden. Die Reaktionsgeschwindigkeit wird daher ausschließlich von der Diffusion durch die hydrodynamische Grenzschicht bestimmt. Die Diffusion in den Poren kann gegen Null sinken.

Die Angabe von Temperaturgrenzen bzw. Intervallen ist im allgemeinen wenig sinnvoll, weil sich die Bereiche überlappen. Lediglich die qualitative Aussage ist zutreffend, daß mit steigender Temperatur der Gesamtvorgang mehr und mehr zu einem Diffusionsprobelm wird, während mit sinkender Temperatur die chemische Reaktion an Einfluß zunimmt. Ein weiteres Problem bei der Aufstellung eines kinetischen Modells besteht darin, daß sowohl die innere Oberfläche bzw. Reaktionsfläche als auch die Struktur durch Koksbildung mit fortschreitender Vergasung verändert werden, was eine Änderung der physikalischen Kinetik zur Folge hat.

5.3.2 Reaktortypen

Für die prinzipielle Unterscheidung von Gas/Feststoff-Reaktortypen wird zweckmäßig der Bewegungszustand des Feststoffes als Ordnungsprinzip verwendet:

Wird der Feststoff als Haufwerk geschüttet oder als Haufwerk durch Schwerkraft oder mechanisch, nicht aber durch das Reaktionsgas bewegt, so wird der Reaktor als Schüttgutreaktor bezeichnet. Bei Anströmgeschwindigkeiten der Gase, die kleiner sind als die sogenannte Lockerungsgeschwindigkeit, ist die Feststoffschicht noch fest und ruhig. Hier ist der Arbeitsbereich der Lurgi-Druckvergasung und der Rostfeuerung.

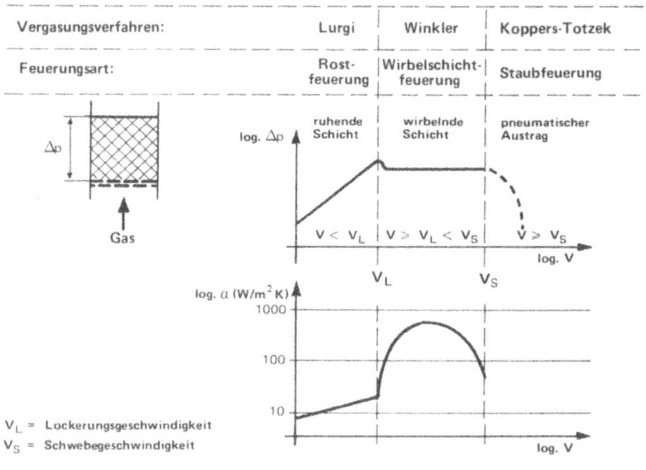

Abb. 5.8: Verschiedene Phasen bei der Anströmung feinkörniger Feststoffe durch Gase

Bei ansteigender Geschwindigkeit erfolgt eine Auflockerung der Schüttung, die beim Lockerungspunkt in den Fließzustand übergeht. Der Strömungszustand zwischen dem Lockerungspunkt und dem Gebiet der beginnenden pneumatischen Förderung wird Wirbelschicht genannt. Die Teilchen bleiben mit starkem Impulsaustausch mit den sie umgebenden Teilchen in Berührung, wodurch das Wirbelbett Eigenschaften erhält, die dem Verhalten von Flüssigkeiten ähnlich sind. Das Prinzip des Wirbelschichtreaktors wird bei der Kohlevergasung nach Winkler und der Wirbelschichtfeuerung genutzt.

Werden die Feststoffpartikel schließlich bei hoher Strömungsgeschwindigkeit durch das Gas beschleunigt und pneumatisch gefördert, so wird der Reaktor als Förder- oder Flugstromreaktor bezeichnet. In diesem Bereich arbeiten die Kohlevergasung nach Koppers-Totzek und die Kohlestaubfeuerung.

Abb. 5.9 zeigt die Feststoff-Verweilzeiten in Abhängigkeit von dem Reaktortyp bei vorgegebenen Partikeldurchmessern. Durch die doppellogarithmische Darstellung werden alle in der großtechnischen Praxis wichtigen Bereiche, die sich beim Korndurchmesser über 6 Zehnerpotenzen und bei der Feststoff-Verweilzeit über 9 Zehnerpotenzen erstrecken, erfaßt.

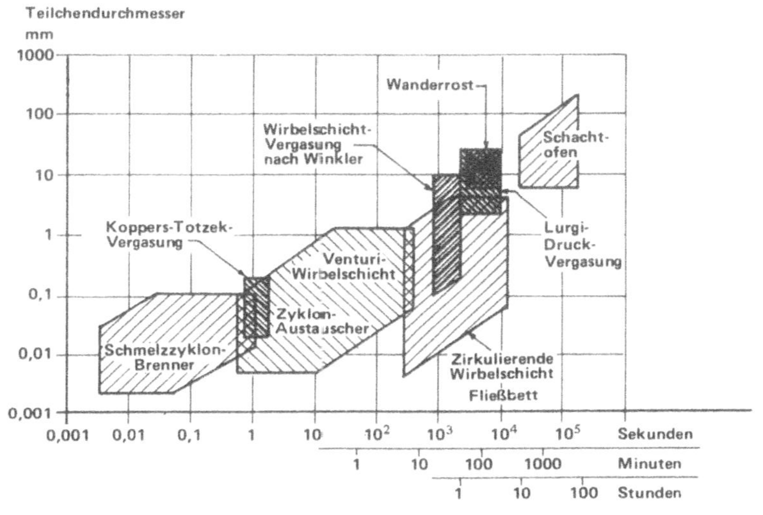

Abb. 5.9: Anwendungsbereiche von Gas/Feststoff-Hochtemperaturreaktoren in Abhängigkeit von der Teilchengröße und der Feststoff-Verweilzeit

Während beim Schüttgutreaktor der Feststoff unter Einwirkung der Gasströmung seine Lage nicht ändert, kann der durch die Gasströmung bedingte Bewegungsablauf des Feststoffes bei Wirbelschicht- und Förderreaktoren unterschiedlich sein. Man unterscheidet in der Wirbelschichttechnik zwischen den Zuständen der "particu ate fluidization" und der "aggregative fluidization" und in der Technik der pneumatischen Förderung zwischen "Flugförderung" und "Strähnenförcerung", je nachdem, ob der Feststoff gleichmäßig verteilt im Gasstrom schwebt oder ob er unter dem Einfluß der Gasströmung zur Aggregatbildung neigt. In der Praxis überwiegt die Aggregatbildung.

Wenn auch vom Standpunkt der Reaktionsgeschwindigkeit hohe spezifische Oberflächen, d.h. geringe Partikelgrößen, erwünscht sind, kommen in der Praxis der Kohlevergasung doch auch höhere Korngrößen zum Einsatz. Die Kohle kann stückig, körnig oder staubförmig vergast werden. Stückige Kohle mit einem Korndurchmesser über 5 mm, im allgemeinen zwischen 10 und 30 mm, wird in ruhender Schüttung vergast. Die Vergasung feinkörniger Kohle mit einem Korndurchmesser zwischen 0,1 und 10 mm erfolgt bevorzugt im Wirbelschichtreaktor, während staubförmige Kohle (0,1 mm) im Flugstromreaktor zur Umsetzung gelangt.

Die drei Reaktortypen zeigen folgende charakteristische Unterschiede:

Schüttgutreaktoren sind hinsichtlich der Gasführung flexibel, da der Gasstrom den Feststoff nicht zu bewegen braucht. Er kann sowohl über den Feststoff als auch in beliebiger Richtung durch diesen geführt werden. Andererseits ist der Schüttgutreaktor recht träge, so daß Betriebsänderungen nicht kurzfristig vorgenommen werden können.

Die kinetischen Bedingungen sind bei der für die Kohlevergasung üblichen Gegenstromführung besonders günstig: Frische Kohle wird mit weitgehend ausreagiertem Vergasungsmittel in Kontakt gebracht, während die Asche, die nur noch wenig Kohlenstoff enthält, auf nicht reagiertes Vergasungsmittel trifft. Die Führung des Reaktionsgases im Gegenstrom hat zudem den Vorteil einer guten Wärmeausnutzung in dem Schüttgutreaktor, was zu einer Senkung des Energieverbrauchs und zur Erhöhung des Wirkungsgrades des Verfahrens führt.

Die Gegenstromführung hat aber auch Nachteile. Durch die heißen Reaktionsgase wird die Kohle geschwelt und die Schwelprodukte Öl, Teer und Phenole mit dem Gas ausgetragen. Die erforderliche Trennung der flüssigen Schwelprodukte von dem Synthesegas führt zu einer erheblichen Komplizierung und Vergrößerung der Anlage. Bei Einsatz backfähiger Kohlen sind zur Vermeidung des Zusammenbackens Sondereinbauten im Reaktor erforderlich. Sowohl diese im allgemeinen beweglichen Einrichtungen wie auch Drehroste, die bei fester Asche für den Ascheaustrag aus dem Reaktionsraum sorgen, sind mechanischem Verschleiß ausgesetzt. Das bedingt kürzere Laufzeiten und höhere Reparaturkosten im Vergleich zu einem Gaserzeuger ohne bewegliche Innenteile.

Im allgemeinen stellen Schüttgutreaktoren geringe Anforderungen an die Teilchengröße. Das Verhältnis Kleinstkorn/Größtkorn sollte bei der Kohlevergasung jedoch 1 : 5 nicht unterschreiten, da sonst die Strömungsverhältnisse beeinträchtigt werden. Bei Schüttgutreaktoren können hohe Feststoff-Verweilzeiten eingestellt werden, die bis zu vielen Stunden reichen, während bei Flugstromreaktoren Verweilzeiten von Sekunden bzw. Bruchteilen von Sekunden möglich sind, wodurch schnelle Laständerungen im Betrieb erfolgen können.

Für die Feststoffvermischung bietet der Schüttgutreaktor ungünstige Voraussetzungen; die Durchmischung kann nur durch mechanische Bewegung erzielt werden; dagegen liefert der Wirbelschichtreaktor eine vorzügliche Feststoffvermischung. Dank des intensiven Feststoffumlaufs zeigt er das Verhalten eines idealen Rührkessels. Auch im Flugstromreaktor kommt es bei ungeordneter Strömung zur guten Durchmischung.

Die hervorragende Feststoffvermischung im Wirbelschichtreaktor sowohl in axialer als auch in radialer Richtung führt zu ausgezeichneter Temperaturkonstanz in der Wirbelschicht. Die Temperatur kann daher unkompliziert und schnell geregelt werden. Wirbelschichtreaktoren sind konstruktiv einfach. Sie benötigen keine mechanisch bewegten Teile und haben daher niedrige Investitionskosten.

Die Nachteile der Wirbelschichtvergasung sind folgende:

Infolge der Turbulenz der Gasströmung treten Rückmischungen von teilreagiertem Gas auf. Dies führt zusammen mit den unterschiedlichen Aufenthaltszeiten der Feststoffpartikel im Reaktor dazu, daß nichtreagierter Kohlenstoff mit dem Rohgas aus dem Gaserzeuger ausgetragen wird. Hohe Gasdurchsätze führen zu verstärktem Austrag. Die Reaktionstemperatur kann nicht beliebig eingestellt werden. Sie ist nach oben durch das Ascheschmelzverhalten begrenzt. Die Wirbelschichtvergasung eignet sich daher vornehmlich für Braunkohlen bzw. für reaktionsfreudige, geologisch junge Steinkohlen. Da stärker backende Kohlen zu unkontrolliertem Kornaufbau neigen, ist ihr Einsatz problematisch.

Die Raum-Zeit-Ausbeute steigt beim Übergang vom Schüttgut - über den Wirbelschichtreaktor zum Flugstromreaktor beträchtlich. Für die Kohlevergasung hat die Anwendung eines Flugstromreaktors noch weitere Vorteile: Es fallen keine Nebenprodukte wie Teer, Öl, Phenol, Fettsäuren usw. an, so daß deren Aufarbeitung entfällt und demgemäß auch die Abwasserprobleme verringert werden. Je nach Art der Einsatzkohle kann der fehlende Anfall flüssiger Produkte auch ein wirtschaftlicher Nachteil sein. Durch die hohe Reaktionstemperatur ist die Vergasung im Flugstromreaktor unabhängig vom Inkohlungsgrad der Einsatzkohle, insbesondere unabhängig vom Backvermögen. Der Reaktor kann auch mit flüssigen oder gasförmigen Brennstoffen betrieben werden. Die erforderliche Feinmahlung der Kohle kann erhebliche Kosten verursachen.

Die spezifischen Leistungen der Vergaser lassen sich durch Anwendung erhöhter Betriebsdrucke noch steigern, da die an sich schon hohe Gaserzeugerleistung proportional mit dem angewendeten Druck wächst. Die Kompressionskosten fallen kaum ins Gewicht, da dadurch die Kompression in der nachgeschalteten Anlage zur Aufarbeitung des Gases entfällt. Schwierig ist das kontinuierliche Einspeisen von staubförmigen Brennstoffen unter Druck in den Reaktor und das Ausschleusen der Schlacke.

Weitere Unterscheidungsmerkmale der verschiedenen Vergasungsverfahren sind die Art der Wärmezufuhr, die Höhe der Vergasungstemperatur und die Art des Ascheaustrags. Je nach der Höhe der Reaktionstemperatur fällt die Asche in flüssiger oder fester Form an. Speziell bei hochinkohlten Kohlen sind wegen der relativ geringen Reaktionsgeschwindigkeit Temperaturen erforderlich, die oberhalb der Ascheschmelztemperatur liegen.

5.4 Thermodynamik und Kinetik der Kohlevergasung

Durch vollständige Verbrennung, wie sie z.B. in Kohlekraftwerken oder in Kohleöfen erfolgt, wird Kohle in ein Gas, überwiegend CO_2, übergeführt, das praktisch nur fühlbare, aber keine chemisch gebundene Energie mehr enthält. Obwohl die Verbrennung also durchaus eine Vergasung der Kohle ist, versteht man unter dem Begriff "Kohlevergasung" im allgemeinen die Umwandlung der Kohle in ein Gas, das einen hohen Anteil an chemisch nutzbaren Komponenten bzw. noch möglichst viel chemisch gebundene Energie enthält und daher wahlweise entweder als Energieträger oder als Chemierohstoff bzw. als beides zugleich eingesetzt werden kann.

Die Vergasung von Kohle ist gekennzeichnet durch eine Reihe von heterogenen und homogenen Reaktionen, die je nach Verwendungszweck im Endergebnis vornehmlich zu den Gasbestandteilen Kohlenmonoxid, Wasserstoff und Methan führen.

Die geologisch jungen, noch nicht stark inkohlten Kohlen (Torf, Braunkohle, geologisch junge Steinkohle) besitzen keine Plastizität, entgasen leicht, verfügen über eine große spezifische Oberfläche und daher über eine gute Reaktionsfähigkeit. Mit steigendem Kohlenstoffgehalt nimmt die Reaktionsfähigkeit der Kohle im allgemeinen ab. Geologisch alte Kohlen mit hohem Inkohlungsgrad (Magerkohle und Anthrazit) zeigen daher ein niedriges Reaktionsvermögen. Zwischen diesen beiden Gruppen liegen die Steinkohlen (Gasflammkohle, Gaskohle und Kokskohle). Die Reaktionsfähigkeit von Koks sinkt mit steigendem Kohlenstoffgehalt sowie mit zunehmender Verkokungstemperatur infolge der Verkleinerung der inneren Oberfläche. Die mineralischen Bestandteile der Kohlen haben, insbesondere bei geologisch jungen Kohlen, eine deutliche katalytische Wirkung auf die Vergasungsgeschwindigkeit.

Tabelle 5.1: Mögliche Vergasungsmittel und Verwendung der Gase

Brennstoff	Vergasungsmittel	„Gas" u. Zusammensetzung	Verwendung
Kohle	Luft	N_2, CO_2, CO	Wärme
	Luft u. Dampf	Schwachgas N_2, CO, H_2, CO_2, CH_4	Brenngas für Industrie und Kraftwerke
	Sauerstoff u. Dampf	Synthesegas CO, H_2 (N_2)	Ammoniak-, Methanol-, Fischer-Tropsch- u. Oxo-Synthese, Wasserstoff, Carbonylierung, Erzreduktion, CO-Gewinnung
		Stadtgas H_2, CH_4 (N_2, CO, CO_2)	Öffentliche Versorgung
		Erdgas-Austauschgas CH_4 (N_2, CO, CO_2)	Öffentliche Versorgung

Die Kohlevergasung ist in erster Linie ein thermo-oxidativer Prozeß, dem sich bei Anwesenheit von Wasser und Wasserstoff eine Hydrierung anschließt. Zunächst findet jedoch ein thermischer Entgasungsvorgang wie bei der Kohleschwelung statt. Die Entgasung geht je nach dem angewendeten Vergasungsverfahren fließend in die Vergasung über oder läuft fast gleichzeitig mit ihr ab, so daß die entstehenden Entgasungsprodukte zum Teil oder vollständig gecrackt werden. Die großtechnische Vergasung erfolgt mit weitgehend reinem Sauerstoff, der von einer angeschlossenen Luftzerlegungsanlage entnommen wird, unter Zusatz unterschiedlicher Mengen von Wasserdampf (in einigen Fällen auch CO_2). Die bisher kommerziell noch nicht praktizierte Herstellung von heizwertreichen Brenngasen (Methan-Austauschgas, SNG) erfolgt unter anderem auch mit einem Wasserstoff/ Wasserdampf-Gemisch (hydrierende Vergasung).

5.4.1 Vergasung der Kohle mit Sauerstoff und Wasserdampf (Synthesegaserzeugung)

Bei der folgenden theoretischen Abhandlung wird die Kohle idealisiert als Kohlenstoff betrachtet. Außerdem werden die nur in geringen Mengen in der Kohle bzw. in dem Vergasungsmittel vorkommenden Bestandteile wie Stickstoff, Schwefel und Edelgase vernachlässigt. Unter diesen Einschränkungen gelten für die Synthesegaserzeugung die in der Tabelle 5.2 angeführten Gleichungen, Reaktionsenthalpien und Gleichgewichtskonstanten.

Da der Bildung des gasförmigen Kohlenmonoxids aus festem Kohlenstoff eine Sprengung der Kohlenstoffbindungen im Gitter vorausgeht, ist die Reaktionsenthalpie der Bildung von Kohlenmonoxid deutlich geringer als die der weiteren Oxidation des Kohlenmonoxids zum Kohlendioxid. Die Enthalpiebilanz ist bei Einwirkung von Wasserdampf auf Kohlenstoff sogar negativ (Gleichung 4).

Die Umsetzung des Kohlenstoffs mit Kohlendioxid (Gleichung 3) ist unter dem Namen Boudouard-Gleichgewicht bekannt. Da es sich um eine endotherme Reaktion handelt, die mit einer Volumenvergrößerung verbunden ist, verschiebt sich das Gleichgewicht mit steigender Temperatur und fallendem Druck in Richtung des Kohlenmonoxids. Bei 400°C liegt das Gleichgewicht praktisch ganz auf der Seite des Kohlenmonoxids. Dementsprechend entsteht bei der Umsetzung von überschüssiger Kohle mit Luft oder Sauerstoff bei tiefer Temperatur vorwiegend CO_2, bei hohen Temperaturen dagegen vorwiegend CO.

Bei Sauerstoffüberschuß und vollständiger Verbrennung des Kohlenstoffs wird das Kohlenmonoxid/Kohlendioxid-Verhältnis infolge der Abwesenheit von Kohlenstoff naturgemäß nicht mehr durch das Boudouard-Gleichgewicht, sondern durch das Dissoziationsgleichgewicht des Kohlendioxids (Gleichung 7) bestimmt. Da in diesem Falle das Gleichgewicht auch bei hohen Temperaturen noch weitgehend auf der CO_2-Seite liegt, führt die Verbrennung der Kohle bei Sauerstoffüberschuß auch bei hohen Temperaturen praktisch nur zu CO_2.

Das vom Druck unabhängige "Wassergasgleichgewicht" (Gleichung 10), dessen Gleichgewichtskonstante $K = (CO_2)\,(H_2)\,/\,(CO)\,(H_2O)$ bei 830°C den Wert 1,0 besitzt, verschiebt sich mit steigender Temperatur zugunsten des Kohlenmonoxids und des Wasserdampfes, d.h. nach links, da es sich um

Tabelle 5.2: Reaktionsenthalpien und Gleichgewichtskonstanten von Verbrennungs- und Vergasungsreaktionen (5)

	Reaktionsgleichung	ΔH_o kJ/kmol	Gleichgewichtskonstanten bei 800°C	bei 1300°C
1.	$C + O_2 \rightleftharpoons CO_2$	– 406,4	$1{,}8 \cdot 10^{17}$	$1{,}5 \cdot 10^{13}$
2.	$2\,C + O_2 \rightleftharpoons 2\,CO$	– 246,3	$1{,}4 \cdot 10^{18}$	$4{,}5 \cdot 10^{16}$
3.	$C + CO_2 \rightleftharpoons 2\,CO$	+ 160,9	7,7	$3{,}0 \cdot 10^{3}$
4.	$C + H_2O \rightleftharpoons CO + H_2$	+ 118,4	8,0	$1{,}0 \cdot 10^{3}$
5.	$C + 2\,H_2O \rightleftharpoons CO_2 + 2\,H_2$	+ 16,3	8,3	$3{,}3 \cdot 10^{2}$
6.	$C + 2\,H_2 \rightleftharpoons CH_4$	– 87,4	$4{,}7 \cdot 10^{-2}$	$1{,}8 \cdot 10^{-3}$
7.	$2\,CO + O_2 \rightleftharpoons 2\,CO_2$	– 567,3	$2{,}4 \cdot 10^{14}$	$5{,}0 \cdot 10^{9}$
8.	$2\,H_2 + O_2 \rightleftharpoons 2\,H_2O$	– 482,2	$2{,}2 \cdot 10^{16}$	$4{,}5 \cdot 10^{10}$
9.	$CH_4 + 2\,O_2 \rightleftharpoons CO_2 + 2\,H_2O$	– 801,1	$9{,}0 \cdot 10^{31}$	$4{,}0 \cdot 10^{26}$
10.	$CO + H_2O \rightleftharpoons CO_2 + H_2$	– 42,3	1,0	$3{,}3 \cdot 10^{-1}$
11.	$CO + 3\,H_2 \rightleftharpoons CH_4 + H_2O$	– 205,8	$5{,}9 \cdot 10^{-3}$	$1{,}8 \cdot 10^{-6}$
12.	$2\,CO + 2\,H_2 \rightleftharpoons CH_4 + CO_2$	– 248,4	$6{,}2 \cdot 10^{-3}$	$6{,}0 \cdot 10^{-7}$

eine exotherme Reaktion handelt. In der Praxis bedeutet das, daß die Umsetzung von Kohle mit Wasserdampf bei relativ niedrigen Temperaturen in der Hauptsache zu Kohlendioxid und Wasserstoff führt, während bei hohen Temperaturen (über 1.000 ^{o}C) Kohlenmonoxid entsteht. Das Mengenverhältnis von Kohlenmonoxid und Kohlendioxid entspricht bei den verschiedenen Temperaturen, so lange noch überschüssige Kohle vorhanden ist, im Gleichgewichtszustand zugleich dem Boudouard-Gleichgewicht, da in Gegenwart von Kohlenstoff auch dieses Gleichgewicht erfüllt sein muß.

Nur für wenige Syntheseverfahren sind Gase mit höherem CO-Gehalt erforderlich, als er bei der Kohlevergasung primär erhältlich ist. Zu diesen Verfahren zählen die Oxosynthese (Herstellung von Butanol und 2-Äthylhexanol) und die Essigsäure-Synthese aus Methanol. Bei den meisten Prozessen muß das in den Spaltgasen enthaltene CO teilweise oder sehr weitgehend (z.B. Ammoniaksynthese) durch Umsetzung mit Wasserdampf umgewandelt, d.h. "konvertiert" werden.

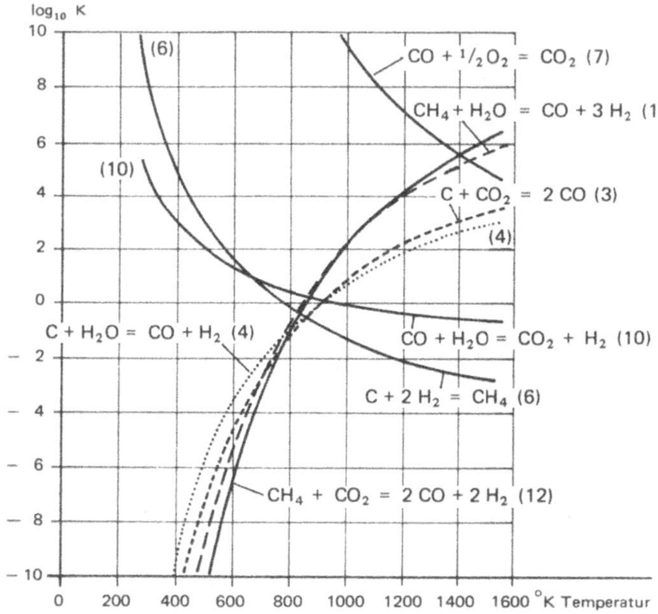

Abb. 5.10: Temperaturabhängigkeit der Gleichgewichtskonstanten wesentlicher Reaktionen der Synthesegas-Herstellung und Kohleverbrennung (3)

Das Wassergas-Gleichgewicht, auch als Konversion bezeichnet, stellt sich nur bei Temperaturen oberhalb 950 - 1.000 ^{o}C ohne Anwesenheit von Katalysatoren mit hinreichender Geschwindigkeit ein. Bei der großtechnischen Konvertierung gelangen daher Katalysatoren zum Einsatz. Die Temperaturbereiche liegen bei der Hochtemperaturkonvertierung (Katalysator: Fe_2O_3/ Cr_2O_3 oder Co/Mo) zwischen 300 ^{o}C und 600 ^{o}C und bei der Tieftemperatur-Konvertierung (Katalysator: Cu) zwischen 180 ^{o}C und 270 ^{o}C. Die Temperaturgrenzen werden nach oben durch die Temperaturbeständigkeit und nach unten durch die Abnahme der Aktivität der Katalysatoren bestimmt.

Die Berechnung des homogenen Gasgleichgewichtes des Systems Kohlenstoff, Wasser und Sauerstoff (bei einem gewählten Verhältnis der Reaktanden) in Abhängigkeit von der Temperatur und vom Druck mit Hilfe der thermodynamischen Funktionen zeigt, daß der H_2- und CO-Gehalt in dem Gasgemisch bis etwa 900°C stark ansteigt und dann weitgehend konstant bleibt. Der CH_4- und CO_2-Anteil sinkt mit steigender Temperatur. Ein größerer Zusatz von Wasserdampf führt zu abnehmendem Methananteil, während gleichzeitig der CO_2-Gehalt steigt. Mit wachsendem Druck erhöht sich der Methan-Gehalt zulasten der CO- und H_2-Konzentration.

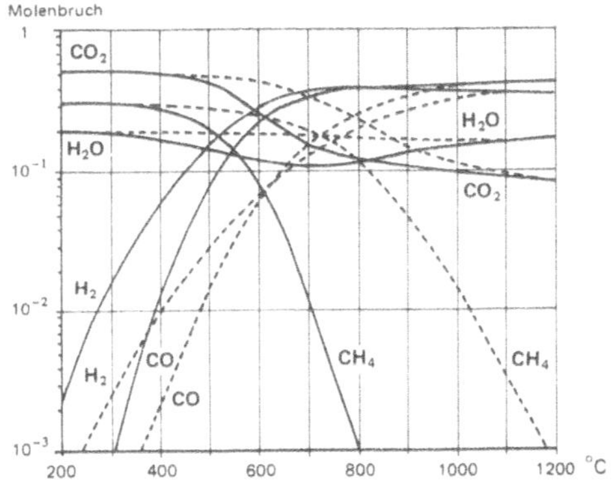

Abb. 5.11: Zusammensetzung einer aus 1 Mol Kohlenstoff und 1 Mol Wasser plus 0,5 Mol Sauerstoff entstandenen Gasmischung im homogenen Gleichgewicht (6)

Für die Praxis folgt aus diesen Rechnungen, daß sich oberhalb einer bestimmten Temperaturgrenze, die zwischen 900 und 1.000°C liegt, der H_2- und CO-Gehalt bei weiter zunehmender Temperatur kaum verändert und daß daher bei hohen Temperaturen mit gleichmäßigerem Betrieb und weitgehender Unabhängigkeit von der Kohleart gerechnet werden kann.

Im übrigen haben diese Ermittlungen aber eine eingeschränkte Bedeutung, da die errechnete Gaszusammensetzung und damit auch die Umsetzungszahlen im praktischen Vergasungsbetrieb nicht erreicht werden, weil vor allem die Methanbildung weit hinter der theoretisch möglichen zurückbleibt. Die Thermodynamik gestattet keine Aussage, nach welcher Zeit und auf welchem Wege sich das ermittelte Gleichgewicht einstellt. Dies ist Aufgabe der Kinetik.

Die Methanausbeute in m^3/t Kohle hängt weitgehend von der Art des vergasten Brennstoffes ab. Neben dem Einfluß der Kohleart auf die Reaktionsgeschwindigkeit übt die Asche eine zusätzliche Wirkung aus. Anorganische Verbindungen können die Oxidationsgeschwindigkeit katalytisch beeinflusssen, wie z.B. Eisen- und Alkalisalze. In der Praxis stellt sich das simultane Gleichgewicht am ehesten bei einem im Gegenstrom betriebenen Reaktor ein, für den die aus der Enthalpiebilanz und aus den Gleichgewichten berechnete Gaszusammensetzung mit den betrieblichen Werten fast übereinstimmt.

5.4.2 Methanisierung

Zur Herstellung von Methan aus Kohle sind hauptsächlich zwei Reaktionswege von praktischer Bedeutung, die Methanisierung von Kohlenoxiden und die direkte Methanisierung von Kohle mit Wasserdampf (7).

5.4.2.1 Methanisierung von Kohlenmonoxid

Die Herstellung von Methan durch Methanisierung von Kohlenmonoxid (aus Kohle) umfaßt drei Reaktionsschritte:

1. vollständige Vergasung von Kohle bzw. Koks mit Wasserdampf zu Kohlenmonoxid und Wasserstoff
2. Einstellung des für die Methanisierung notwendigen CO/H_2-Verhältnisses von 1 : 3 durch teilweise CO-Konvertierung
3. katalytische Umsetzung von Kohlenmonoxid und Wasserstoff zu Methan.

Die Enthalpie-Bilanz für den gesamten, schwach exothermen Prozeß beträgt insgesamt 11,3 kJ.

Tabelle 5.3: Herstellung von Methan durch Methanisierung von Kohlenmonoxid. (Die Reaktionsenthalpien beziehen sich auf Koks-Kohlenstoff).

$$2\,C + 2\,H_2O \rightleftharpoons 2\,CO + 2\,H_2 \qquad \Delta H = +\,236{,}8\ kJ \qquad (5.1)$$

$$CO + H_2O \rightleftharpoons H_2 + CO_2 \qquad \Delta H = -\,42{,}3\ kJ \qquad (5.2)$$

$$CO + 3\,H_2 \rightleftharpoons CH_4 + H_2O \qquad \Delta H = -\,205{,}8\ kJ \qquad (5.3)$$

$$2\,C + 2\,H_2O \rightleftharpoons CH_4 + CO_2 \qquad \Delta H = -\,11{,}3\ kJ \qquad (5.4)$$

Auch Kohlendioxid kann nach der Bruttoreaktion (5.5) zu Methan umgesetzt werden. Die experimentellen Untersuchungen deuten aber darauf hin, daß die Umwandlung des Kohlendioxids über die vorausgehende Umsetzung mit Wasserstoff zu Kohlenmonoxid und Wasserdampf abläuft.

$$CO_2 + 4\,H_2 \rightleftharpoons CH_4 + 2\,H_2O \qquad (5.5)$$

Als Katalysatoren für die Methanisierung von Kohlenoxiden werden hauptsächlich Nickel-Trägerkatalysatoren mit Promotorzusätzen (basische Oxide der 1. - 3. Gruppe) zur Aktivitäts- und Stabilitätsverbesserung verwendet. Als Trägermaterial dienen u.a. Aluminiumoxid und Siliziumdioxid.

5.4.2.2 Direkte Methanisierung von Kohle

Die direkte Methanisierung der Kohle besteht aus den folgenden Verfahrensschritten:

1. Vergasung eines Teils der Kohle mit Wasserdampf zu Kohlenmonoxid und Wasserstoff

2. vollständige Konvertierung des Kohlenmonoxids mit H_2O zu Wasserstoff und CO_2

3. hydrierende Vergasung von Frischkohle mit Hilfe des erzeugten Wasserstoffs zu Methan.

Es ergibt sich der gleiche Gesamtprozeß und die gleiche Enthalpiebilanz wie bei der Methanisierung von Kohlenmonoxid.

Bei diesem Reaktionsweg ist es möglich, die bei relativ hoher Temperatur frei werdende Reaktionswärme besser zu nutzen als die zwar größere, aber bei niedrigen Temperaturen frei werdende Reaktionswärme der Methanbildung aus Kohlenmonoxid und Wasserstoff Insgesamt ist der thermische Wirkungsgrad unter den Bedingungen der Praxis für die Methanisierung der Kohle größer als für die Methanisierung des Kohlenmonoxids (7).

Tabelle 5.4: Verfahrensschritte bei der direkten Methanisierung von Kohle

$$C + H_2O \rightleftharpoons CO + H_2 \qquad \Delta H = +118{,}4\ kJ \qquad (5.6)$$

$$CO + H_2O \rightleftharpoons H_2 + CO_2 \qquad \Delta H = -42{,}3\ kJ \qquad (5.7)$$

$$C + 2\,H_2 \rightleftharpoons CH_4 \qquad \Delta H = -87{,}4\ kJ \qquad (5.8)$$

$$2\,C + 2\,H_2O \rightleftharpoons CH_4 + CO_2 \qquad \Delta H = -11{,}3\ kJ \qquad (5.9)$$

Die Umsetzung von Kohle und Wasserdampf ist stark endotherm und läuft mit technisch nutzbarer Geschwindigkeit erst bei Temperaturen oberhalb 700°C ab. Da die Methanisierung von Kohle und Kohlenmonoxid unter Volumen-Kontraktion ablaufen, wird die Lage des Gleichgewichts durch Erhöhung des Druckes zugunsten der Methanbildung verschoben. Durch steigende Temperatur wird die Methanbildung dagegen zurückgedrängt.

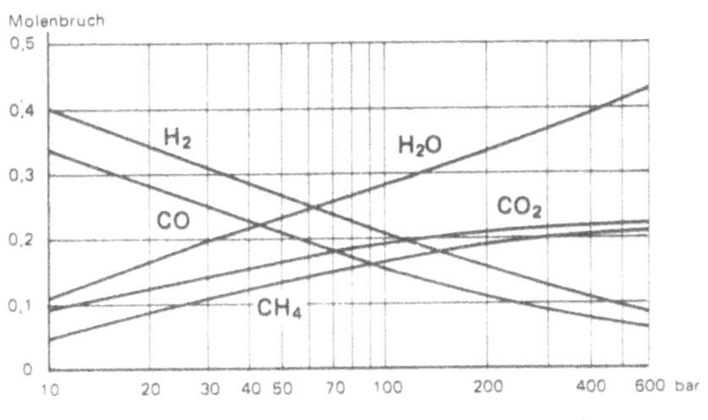

Abb. 5.12: Simultanes Gleichgewicht von Wasserdampf und Kohlenstoff (Graphit) bei 1100 K als Funktion des Druckes (7)

Der Anteil des Wasserdampfes im Gleichgewichtsgemisch nimmt mit steigendem Druck zu, während die Konzentration von Wasserstoff und Kohlenmonoxid abnimmt. Der Methan- und Kohlendioxidgehalt steigt mit dem Druck bis etwa 200 bar deutlich an. Oberhalb von 200 bar ist ihr Gehalt im Gleichgewichtsgemisch nur noch geringfügig vom Druck abhängig.

Für den Reaktionsmechanismus der Hydrierung der Kohle wurde ein Schema vorgeschlagen, demzufolge zunächst 9.10-Dihydrophenanthren bzw. 9.10-Dihydroanthracen gebildet werden. Nach der Ringspaltung werden die gebildeten Methylgruppen abgespalten. Unter den betrieblichen Bedingungen der Kohlevergasung laufen noch verschiedene andere Reaktionen ab, zudem ändern sich die kinetischen Verhältnisse mit fortschreitendem Abbrand. Bei niedrigen Temperaturen bis etwa 350°C und Normaldruck werden neben Methan etwa 15 % Äthan, 10 % Propan, 8 % Äthylen, 6 % Propene und 5 % Butene gebildet. Oberhalb von 525°C liegt der Anteil der Kohlenwasserstoffe mit 2 und mehr C-Atomen jedoch schon bei unter 1 %. Aus den thermodynamischen Daten ergibt sich, daß bei einem Druck von 100 bar und mehr im technisch interessanten Temperaturbereich ab 700°C praktisch nur Methan gebildet wird.

Die direkte Hydrierung der Kohle zu Methan verläuft auch bei hohem Wasserstoffdruck und hohen Temperaturen sehr langsam. Bei den technischen Verfahren erfolgt die Hydrierung in einer ersten Reaktionsperiode noch relativ rasch, wobei zunächst leicht abspaltbare, reaktive Gruppen an der Oberfläche der Kohle methanisiert werden. Dabei entsteht gleichzeitig Koks, der - verglichen mit der Anfangsperiode - in einer zweiten Reaktionsperiode nur noch langsam zu Methan hydriert wird. Mit zunehmendem Kohleumsatz (Abbrand) sinkt demgemäß die Reaktionsgeschwindigkeit, so daß die Reaktion nur bis zu einem bestimmten Kohlevergasungsgrad wirtschaftlich durchführbar ist. Der Restkoks wird daher meistens in einer getrennten Stufe mit einem Wasserdampf/Sauerstoff-Gemisch vergast, wobei der für die erste Stufe notwendige Wasserstoff gewonnen werden kann.

Verhältnismäßig hoch ist der Methananfall bei der Vergasung von Torf.

5.5 Technologie der Kohlevergasung

Die Vergasung der Kohle erfordert Temperaturen über 650°C, wobei die Höhe der Vergasungstemperatur von der Reaktionsfähigkeit der Kohle bestimmt wird. Die für den Prozeß benötigte Wärmeenergie kann entweder autotherm durch Teilverbrennung der Kohle mit Sauerstoff erzeugt oder allotherm als Fremdwärme, z.B. durch Außenbeheizung der Wände des Reaktors, durch eingebaute Heizelemente oder durch im Kreislauf geführte Wärmeträger zugeführt werden. In der großtechnischen Praxis haben sich die autothermen Verfahren gegenüber den allothermen durchgesetzt (2, 5,8).

Die grundsätzliche Einteilung der Kohlevergasungsverfahren erfolgt nach dem verwendeten Reaktortyp in Festbett-, Wirbelbett- und Flugstrom-Verfahren. Um die Durchsatzleistung zu erhöhen und Verdichtungskosten für das Synthesegas zu sparen, arbeiten die neueren Verfahren unter Druck. Weitere charakteristische Merkmale der Vergasungsverfahren sind der Ascheaustrag in fester oder in flüssiger Form und das Verhältnis von Nutzwärme zur zugeführten Wärme, d.h. der Gesamtwirkungsgrad.

Alle großtechnisch betriebenen Kohlevergasungsanlagen arbeiten mit Sauerstoff. Die Luftzerlegung nach dem Linde-Fränkel-Verfahren, das sich Anfang der 30er Jahre für die wirtschaftliche Sauerstoffgewinnung durchsetzte, bedeutete daher seinerzeit einen wesentlichen Fortschritt für die Kohlevergasung.

Außer den gewünschten Gasen fällt bei einigen Verfahren eine Reihe von Nebenprodukten und Gaswasser an. Bei einem Verfahrensvergleich müssen diese Nebenprodukte, aus denen zum Teil interessante Chemierohstoffe gewinnbar sind, berücksichtigt und bewertet werden. Zu den Nebenprodukten gehören Teer, Benzin, Phenol, Kresole, Ammoniak und organische Säuren. Sie enthalten zuweilen Feststoffe, deren Entfernung zusätzliche Kosten verursacht. Bei einigen Verfahren werden die flüssigen Produkte mit geringerem Marktwert wieder in die Vergasungsanlage zurückgeführt.

Neben der Kohlenasche, deren Austrag insbesondere bei druckaufgeladenen Anlagen einen erheblichen Aufwand erfordert, kann als festes Nebenprodukt feinkörniger Koks anfallen. Bei den derzeit kommerziell betriebenen Verfahren ist der Anfall an Koks unbedeutend.

Auch Fragen des Umweltschutzes spielen bei der vergleichenden Bewertung der Kohlevergasungsverfahren eine Rolle, da zum Teil schädliche Bestandteile emittiert werden, für deren Beseitigung entsprechende Reinigungsanlagen errichtet werden müssen. Zu den Nebenanlagen der Kohlevergasung zählt in der Regel eine Claus-Anlage zur Umwandlung von Schwefelwasserstoff und Schwefeloxidsulfid in elementaren Schwefel.

Die wichtigsten Anforderungen, die an ein technisch und wirtschaftlich brauchbares Kohlevergasungsverfahren zu stellen sind, lassen sich in fünf Hauptbedingungen zusammenfassen:

1. Art und Eigenschaft der Kohle sollten keine entscheidende Rolle spielen, d.h. Backverhalten, Gehalt an flüchtigen Bestandteilen, Reaktionsfähigkeit, Aschegehalt und Ascheschmelzverhalten sollten eine bestimmte Kohlesorte von der Vergasung nicht ausschließen.

2. Nebenprodukte, die hohen Aufwand für die Aufarbeitung erfordern oder schwierig zu vermarkten sind, sollten in nennenswerter Menge nicht entstehen.

3. Umweltbelastung. Gasförmige oder flüssige Schadstoffe sollten in möglichst geringen Mengen anfallen und mit wirtschaftlich vertretbarem Aufwand zu beseitigen sein.

4. Störanfälligkeit. Die Anlage sollte mit einem Minimum an Produktionsunterbrechungen arbeiten und eine möglichst einfache Handhabung der Feststoffe gestatten.

5. Das Verfahren muß so wirtschaftlich arbeiten, daß das erzeugte Gas mit den aus anderen Rohstoffen erzeugten Gasen konkurrieren kann.

5.5.1 Betriebsbedingungen der Kohlevergasung

Bisher werden weltweit drei Verfahren zur Kohlevergasung großtechnisch genutzt, das mit einem Schüttgutreaktor arbeitende Lurgi-Druckverfahren, das in der Wirbelschicht arbeitende Winkler-Verfahren und das Flugstromverfahren von Koppers-Totzek. Tabelle 5.5 zeigt die charakteristischen Merkmale der drei Verfahren, die sich in wesentlichen Prozeß-Parametern sehr deutlich unterscheiden.

Tabelle 5.5: Betriebsbedingungen der großtechnisch genutzten Vergasungsverfahren

	Lurgi	Winkler	Koppers-Totzek
Reaktor	Schüttgut	Wirbelbett	Flugstrom
Korngröße (mm)	10 bis 30	1 bis 10	unter 0,1
Verhältnis Dampf/O_2 (kg/m^3_N)	9 : 1 bis 5 : 1	2,5 : 1 bis 1 : 1	0,5 : 1 bis 0,02 : 1
Bewegung des Brennstoffs	Gegenstrom	Wirbel-Gleichstrom	Gleichstrom
Verweilzeit des Brennstoffs	60 bis 90 min	15 bis 60 min	unter 1 sec
Brennstoff-anforderungen	darf nicht backen und nicht zerfallen	sehr reaktionsfähig, darf nicht zerfallen	Ascheschmelzpunkt unter 1.450 °C
Gasaustritts-temperatur, max (°C)	370 bis 600	800 bis 950	1.400 bis 1.600
Druck (bar)	20 bis 30	1,03	1,03
Zusammensetzung des Rohgases (Vol.-%)			
$CO + H_2$	62	84	85
CH_4	12	2	0,1
Nebenprodukte	Teer, Öl, Phenole, Benzin, Abwasser	keine	keine

Neben diesen drei Grundtypen der Kohlevergasung befindet sich eine Vielzahl spezieller Varianten in der Entwicklung, von denen aber bisher noch keine die kommerzielle Reife erreicht hat.

5.5.1.1 Temperatur und Reaktivität

Tabelle 5.6 zeigt Anhaltswerte für die Temperatur, bei der sich die Reaktionsgeschwindigkeit der Vergasung mit Wasserdampf und Sauerstoff weitgehend dem Wert Null nähert. Je geologisch älter die Kohle ist, um so geringer ist ihre Reaktivität und um so höher ist die Temperatur, bei der die Vergasung anspringt. Außerdem haben die Korngröße - fein verteilte Kohle oder Schwelkoks neigen zur Staubexplosion - und die Porosität der Kohle einen ausgeprägten Einfluß auf die Vergasungsgeschwindigkeit.

Die mineralischen Bestandteile der Kohle wirken bei der Wasserdampfver-

Tabelle 5.6: Näherungswerte für die Mindesttemperatur der Wasserdampf/Sauerstoff-Reaktion verschiedener Kohlen

Kohle	Mindesttemperatur
Lignit	650°C
Hartbraunkohle	730°C
Eßkohle / Magerkohle	790°C
Koks	850°C

gasung zum Teil als Katalysatoren. Besonders wirksam sind die Alkaliverbindungen, darunter die Hydroxide und Carbonate. Die Halogenide haben dagegen schwächere Wirkung. Zur katalytischen Beschleunigung der Vergasung bzw. zur Erhöhung des C-Umsetzungsgrades kann die Kohle gegebenenfalls mit wäßrigen Salzlösungen imprägniert oder mit Additiven vermengt werden.

Da die Kohlevergasung ein stark endothermer Prozeß ist, müssen erhebliche Wärmemengen zugeführt werden. Die Deckung des Wärmebedarfes, die für die Wirtschaftlichkeit der Verfahren von wesentlicher Bedeutung ist, kann grundsätzlich auf folgenden Wegen erfolgen:

- direkte Wärmezufuhr durch partielle Verbrennung der Kohle mit Sauerstoff

- direkte Wärmezuführung durch Überlagerung exothermer Reaktionen, z.B. durch folgende Umsetzungen:

  $C + 2\,H_2 = CH_4$ $\quad\Delta H_o = -87{,}4$ kJ

  $CaO + CO_2 = CaCO_3$ $\quad\Delta H_o = -178$ kJ

- indirekte Beheizung, z.B. wie bei der Verkokung im Horizontalkammerofen

- direkte Wärmezuführung durch getrennt aufgeheizte Wärmeträger wie Asche, Koks, keramische Kugeln, geschmolzene Salze bzw. Schlacke oder eine Eisenschmelze.

Eine wesentliche Randbedingung für die Temperaturführung der Vergasungsreaktion sind der Erweichungspunkt bzw. Fließpunkt und Schmelzpunkt der Asche. Sie werden mittels eines heizbaren Mikroskopes in einer CO_2/CO-Atmosphäre bestimmt. Durch Zusatz basischer oder saurer Minerale kann der Asche-Schmelzpunkt in gewissen Grenzen variiert werden. Das Schmelzverhalten wird von dem Verhältnis der sauren (SiO_2, Al_2O_3) zu den basischen Komponenten (Na_2O, K_2O, CaO, MgO) bestimmt. Besonders hoch ist der Schmelzpunkt, wenn die eine oder die andere Art deutlich überwiegt.

Die hohen Temperaturen der Kohlevergasung, insbesondere bei den Verfahren der zweiten Generation, erfordern zum Teil den Einsatz spezieller Hochtemperaturwerkstoffe. Der Vergaser selbst ist meistens innen mit einer keramischen Isolierung versehen, die bevorzugt aus reinem Al_2O_3 mit möglichst geringem SiO_2-Anteil besteht, um eine Reaktion des Siliziums mit dem Kohlenstoff zu vermeiden. Nur wenige Verfahren verzichten auf die (nicht ganz problemlose) keramische Isolierung. Von den metallischen Werkstoffen befriedigen in den kritischen Temperaturbereichen lediglich spezielle Ni/Fe/Cr-Legierungen. Als sozusagen Standardwerkstoffe der Kohlevergasung werden bei höchsten Belastungen Legierungen wie Incoloy 800 eingesetzt (9,10,11).

5.5.1.2 Wasserdampf/Sauerstoff-Verhältnis

Die adiabatische Flammentemperatur hängt ab von dem Heizwert des Brennstoffes und der Wärmekapazität der Verbrennungsgase (s. auch Kapitel 9.1.2). Die Temperatur in der Verbrennungszone des Reaktors wird dementsprechend bei einer bestimmten Kohlesorte durch das Verhältnis von Wasserdampf zu Sauerstoff bestimmt. Das Verhältnis, meistens ausgedrückt in kg Dampf pro m^3_N O_2, ist mit 9 : 1 besonders hoch bei dem Lurgi-Verfahren und extrem niedrig mit 0,02 : 1 bei dem Koppers-Totzek-Verfahren (Tabelle 5.5).

Ob die bei der Kohlevergasung zurückbleibende Asche schmilzt oder zusammenbackt, ist neben der Flammentemperatur und Zusammensetzung der Asche auch eine Frage der Verweilzeit im Flammenbereich. Das Wasserdampf/Sauerstoff-Verhältnis bestimmt auch das Wasserstoff/Kohlenmonoxid-Verhältnis des Rohgases.

5.5.1.3 Druck

Bei den neueren Prozeßentwicklungen und Optimierungen der Verfahren der ersten Generation zeigt sich eine klare Tendenz zu höherem Druck bis zu 100 bar. Die Druckerhöhung im Vergaser führt zu einer deutlichen Steigerung der Durchsatzleistung bzw. zu einer kleineren Dimensionierung der Anlage. Die Kompressionskosten fallen kaum ins Gewicht, weil die sonst notwendige Verdichtung bei der Rohgasaufbereitung bzw. für die Synthesegasverwendung entfällt. Ein Nachteil der Druckvergasung ist, daß die Einspeisung von Feststoffen und das Austragen der Asche unter Druck erhebliche technische Schwierigkeiten und auch zusätzliche Kosten verursachen.

Andererseits führt höherer Druck zu einer Steigerung der CH_4-Konzentration zulasten des Gehaltes an CO und H_2. Die Druckerhöhung begünstigt demgemäß die Erzeugung von Gasen mit hohem Heizwert (SNG). Sie ist dagegen weniger notwendig für die Erzeugung von Synthesegas oder Reduktionsgas. Die feingemahlene Kohle wird bei druckaufgeladenen Anlagen entweder in einer Flüssigkeit suspendiert - meist Wasser oder prozeßstämmiges Öl - und wie eine flüssige Phase gehandhabt oder über Druckschleusen in stückiger oder fein verteilter Form eingebracht. Der Verschleiß der Rohrleitungen und insbesondere der Armaturen ist dabei eines der größten Probleme.

5.5.2 Wirtschaftlichkeit

Tabelle 5.7 zeigt eine Zusammenstellung aller derzeit weltweit außerhalb der COMECON-Länder in Betrieb bzw. in der Planung befindlichen Anlagen, ihre Kapazität und die Verwendung des Synthesegases. Ältere Kohlevergasungsanlagen - meist Wirbelschichtvergasung nach Winkler - sind außerdem in Betrieb in Bulgarien, der DDR, der CSSR und der UdSSR. Eine Vielzahl der gebauten Anlagen wurde inzwischen wegen mangelnder Wirtschaftlichkeit stillgelegt oder auf Vergasung erdölstämmiger Fraktionen umgestellt. Diese Anlagen sind in der Tabelle nicht mehr enthalten.

Ein Wirtschaftlichkeitsvergleich einzelner Vergasungsverfahren anhand des thermischen Wirkungsgrades des Vergasungsteils oder der Rohgaszusammensetzung ist im allgemeinen wenig sinnvoll. Dazu ist die Betrachtung des Gesamtprozesses, d.h. einschließlich der nachfolgenden Synthese, erforderlich. Ein wesentliches Entscheidungskriterium für das eine oder das andere Verfahren ist die Beschaffenheit der zu vergasenden Kohle.

Die heute praktizierte Kohlevergasung dient vorwiegend der Ammoniak-Erzeugung (für Düngemittel) vor der Fischer-Tropsch-Synthese und in nur sehr geringem Maße der Methanol-Gewinnung (in 1978 weltweit insgesamt 80 t/d). Kohlevergasungsanlagen wurden in den 60er und 70er Jahren ausschließlich in Entwicklungsländern, die einen erheblichen Nachholbedarf an Düngemitteln haben, gebaut. In der Regel verfügen diese Länder nicht über eigene Erdöl- oder Erdgasquellen, besitzen aber andererseits große Vorräte an preiswerter Kohle.

Abb. 5.13: Kohlevergasungsanlage in Sambia (Photo: Krupp-Koppers GmbH, Essen)

In den Industrieländern hatte die Erdölkrise 1973/74 auf den Ausbau der industriellen Kohlevergasung bislang keine Auswirkung. Noch ist das Hauptproblem der Kohlevergasung in vielen Ländern die fehlende Wettbewerbsfähigkeit im Vergleich zu Anlagen, die mit Erdgas oder Erdöl bzw. petrostämmigen Brennstoffen betrieben werden. Daß mittel- und langfristig die Kohlevergasung wegen der absehbaren Erschöpfung der Erdgas- und Erdölvorräte und der steigenden Erdölpreise zunehmende Bedeutung erlangen wird, steht außer Zweifel.

Anhaltswerte für Wirtschaftlichkeitsberechnungen der Erzeugung von Ammoniak, Methanol und Wasserstoff aus Kohle vermittelt Tabelle 5.8. Sie basiert auf der Kohlevergasung nach Koppers-Totzek und der Kostensituation des Jahres 1979.

Tabelle 5.7: In Betrieb bzw. im Bau befindliche Anlagen zur Kohlevergasung. Stand: 5/79

Betreiber der Anlage und Ort	Baujahr (Beginn)	Vergasungsverfahren Kapazität in 1000 m^3_N/d Lurgi	Winkler	Koppers-Totzek	Verwendung des Synthesegases [1]= als Nebenprodukt
Fabrika azotnih džubriva Goražde, Jugoslawien	1953		170		Ammoniak
South African Coal, Oil & Gas Corp. Sasol I, Sasolbourg Sasol II, Secunda	1954	9.600 26.400			F.-T.-Synthese (neben Ammoniak)[1]
Azot Sanayii, Kütahya, Türkei	1956 1966		290	 935	Ammoniak
Nitrogenous Fertilizer, Ptolemais, Griechenland	1959 1970			740 370	Ammoniak
Neyveli, South Arcot, Indien	1960		500		Ammoniak
Chemical Fertilizer Corp. Mae Moh, Lampang, Thailand	1963			275	Ammoniak
Industrial Dev. Corp., Kafue Lusaka, Sambia	1966 1974			275 550	Ammoniak Ammoniak u. Methanol[1]
Fertilizer Corp. of India, FCI Ramagundam Talcher, Indien	 1969 1970			 2.475 2.475	Ammoniak
AE & CI Ltd., Modderfontein, Republik Südafrika	1972			2.750	Ammoniak u. Methanol[1]
Petrobras, Brasilien San Jeronimo Santa Catarina	 1979 Projekt			 1.650 XY	 Ammoniak Direktreduktion
NN Shanxi, China	1979	2.700			Ammoniak

Bei den erforderlichen Investitionen sind auch alle Nebenanlagen - so z.B. Energieerzeugung, Sauerstoffanlage, Claus-Ofen und alle zum Umweltschutz notwendigen Einrichtungen - enthalten. Der Rohstoffbedarf ist auf den Energieinhalt bezogen; die Angabe der notwendigen Kohlemengen in Tonnen pro Tonne Produkt wäre wegen der in weitem Bereich schwankenden Kohlequalität wenig sinnvoll.

Die in Abb. 5.14 dargestellte Aufteilung der Investitionskosten für eine Anlage zur Herstellung von Ammoniak und Methanol zeigt, daß die Synthesegasaufbereitung (Reinigung) und der Vergasungsteil am kapitalintensivsten sind. Der Anlagenkomplex Gasreinigung ist besonders groß bei der Festbettvergasung, da dabei flüssige Nebenprodukte anfallen, die umweltneutral aufgearbeitet werden müssen. Wegen der erforderlichen Feinmahlung ist die Kohleaufbereitung beim Flugstrom-Verfahren aufwendiger als bei der Festbett- oder Wirbelbett-Vergasung.

An den Produktkosten, z.B. für Ammoniak, haben die fixen Kosten - darunter vornehmlich die Kapitalkosten (Investitionen) - in den Entwicklungsländern einen hohen Anteil von bis zu 70 %. Die Kosten für den Rohstoff Kohle betragen dort nur 20 - 30 %. In der Bundesrepublik Deutschland würden die Rohstoffkosten 50 % und mehr betragen. Verschiedentlich wird darauf hingewiesen, daß durch Kombination verschiedener Prozesse, z.B. der Ammoniak-Synthese mit der Reduktionsgas- oder SNG-Erzeugung aufgrund gemeinsamer Nutzung entsprechender Großanlagen auch in Ländern wie USA die Kohlevergasung schon bei den Preisverhältnissen des Jahres 1978 - im Vergleich zwischen Kohle und Erdöl - wirtschaftlich sein kann.

Tabelle 5.8: Basiswerte für Wirtschaftlichkeitsberechnungen nach Angaben von Krupp-Koppers, Stand 1979

	Erzeugte Produkte		
	Ammoniak	Methanol	Wasserstoff
Anlagenkapazität (t/d)	1.000	1.000	215
Investitionen (10^6 DM)	375	385	280
Bedarf an Rohkohle (GJ/t)			
für chemischen Umsatz	38,5	41,2	43,9
für Energieerzeugung	13,8	11,9	15,5
gesamt	52,3	53,1	59,4
Bedarf an Zusatzwasser (m^3/t)	16	16	15
Kosten (DM/t) für			
Katalysatoren u. Chemikalien	1,6	1,6	1,6
Reparatur u. Unterhaltung	27	27	20
Personalbedarf (Personen)	166	170	136

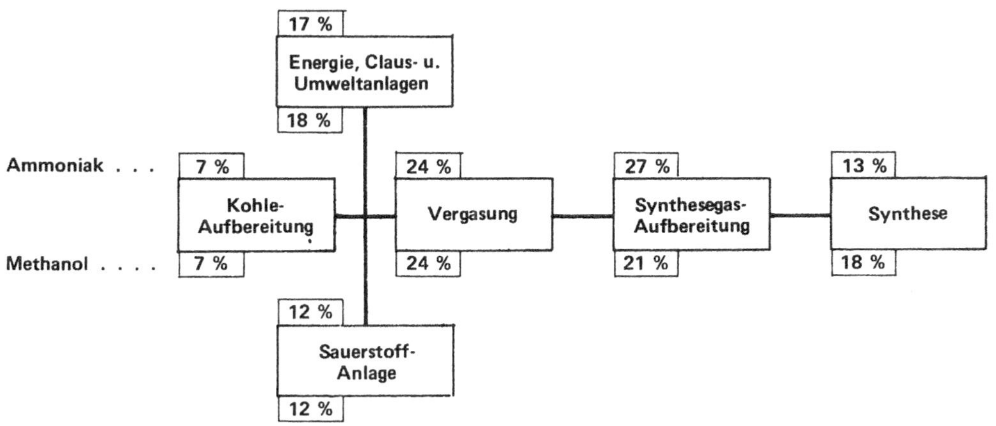

Abb. 5.14: Anhaltswerte für die Aufteilung der Investitionen auf Haupt- und Nebenanlagen bei der Herstellung von Ammoniak und Methanol (einschließlich Destillation); Kohlevergasung nach Koppers-Totzek

Das wesentliche Problem bei der Wirtschaftlichkeitsberechnung der Fischer-Tropsch-Synthese ist die Bewertung der vielen Koppelprodukte und die Zuteilung der Kosten. Die Straight-run-Destillate, für deren Erzeugung etwa 95 GJ Kohle bzw. 6.000 m³ (H_2 + CO) pro Tonne Produkt aufgebracht werden müssen, sind außerdem meistens noch keine Verkaufsprodukte; sie werden zum überwiegenden Teil in recht aufwendigen Folgeanlagen zu hochwertigen Kraftstoffen oder Chemieprodukten aufbereitet.

5.5.3 Lurgi-Druckvergasungsverfahren

Die erste Anlage zur Kohlevergasung nach dem Lurgi-Druckvergasungsprozeß wurde im Jahre 1936 bei Hirschfelde in Sachsen zur Gasversorgung von Zittau in Betrieb genommen. Als Rohstoff kam Braunkohle zum Einsatz. In den 50er Jahren wurde dieses Verfahren in Zusammenarbeit zwischen der Lurgi-Gesellschaft für Wärmetechnik mbH und der Ruhrgas AG für den Einsatz von Steinkohlen weiterentwickelt. Die einzige in der Bundesrepublik Deutschland gebaute großtechnische Anlage auf Basis Steinkohle ging 1955 in Dorsten in Betrieb. Aus wirtschaftlichen Gründen wurde die Produktion 1967 eingestellt (5). Die Lurgi-Druckvergasung wird derzeit von der South African Coal, Oil & Gas Corp. in Süd-Afrika praktiziert (Sasol I). Zwei weitere Anlagen befinden sich im Bau, eine in Südafrika (Sasol II), vornehmlich zur Erzeugung von Kraftstoffen, sowie eine Anlage in China zur Herstellung von Düngemitteln (Ammoniak). Die bisher größten Gaserzeuger haben bei einem inneren Durchmesser von 3,7 m eine Leistung von 35.000 - 50.000 m^3_N Rohgas/h (2,12).

Bei dem Lurgi-Druckvergasungsverfahren wird die ungewaschene, aber klassierte Kohle mit einem Körnungsbereich von vorzugsweise 5 - 30 mm über eine Kohleschleuse diskontinuierlich in den Druckraum des Gaserzeugers eingebracht. Hier wird sie durch einen Kohlenverteiler, dessen Vorrat

Abb. 5.15: Kohlevergasung nach dem Lurgi-Verfahren in Sasol I, Südafrika (Photo: Lurgi GmbH, Frankfurt)

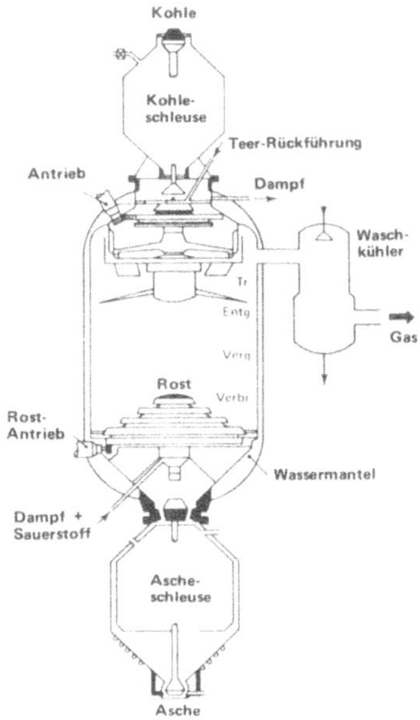

Abb. 5.16: Lurgi-Druckgasgenerator

so groß ist, daß die Beschickung des Vergasungsteils kontinuierlich erfolgt, gleichmäßig über den Schachtquerschnitt verteilt.

Backende Kohle wird von keilförmigen, wassergekühlten Rührarmen, die sich am Kohleverteiler befinden, durch Vertikalbewegungen innerhalb der Backzone wieder aufgebrochen. Dabei entsteht ein körniger Koks, der in die Vergasungszone gelangt. Durch diese Konstruktion ist es möglich , alle Steinkohlen bis zu stark backenden Sorten zu vergasen. Auch schwach backende Kohlen bilden bei der Schwelung unter Druck einen festen und harten Koks, weil die Backneigung mit steigendem Druck und steigendem Wasserstoffgehalt des Gases zunimmt. Braunkohle muß im allgemeinen brikettiert werden. Das in der Braunkohle enthaltene Bitumen verdampft, bevor die für die Verkokung erforderliche Temperatur erreicht wird.

Die Vergasung der Kohle erfolgt bei 20 bis 30 bar durch ein Sauerstoff/Dampf-Gemisch, das durch den Drehrost in den Reaktor eingeblasen wird. Das auf dem Rost liegende Aschebett dient zur gleichmäßigen Verteilung und Vorwärmung der Vergasungsmittel. In einer kurzen Verbrennungszone wird die für die endothermen Vergasungsreaktionen notwendige Wärme erzeugt. Darauf folgen die Zonen der Vergasung und der Entgasung der Kohle. Das gebildete Rohgas trocknet schließlich noch die im Gegenstrom nach unten wandernde Kohle. Auf dem Wege durch den Gaserzeuger durchläuft die Kohle die Trockenzone, die Entgasungszone, die Vergasungszone und schließlich die Verbrennungszone. Die festgebliebene Asche wird über eine Schleuse aus dem Reaktor nach unten ausgetragen.

Das den Reaktor verlassende Rohgas wird zunächst in einem Waschkühler durch Wasser von mitgerissenem Kohlenstaub und Teer befreit und anschließend im Abhitzekessel weiter gekühlt. Die Teer/Staub-Suspension kann nach Aufarbeitung im Teerscheider in den Reaktor zurückgeführt werden. Im wesentlichen ist die Rohgasaufbereitung der Lurgi-Vergasung, abgesehen von der erheblich kleineren Dimensionierung dank der Druckaufladung, ähnlich der Aufbereitung von Kokereigas (s. Kapitel 3.4.3).

Eine Optimierung des Lurgi-Druckvergasungsverfahrens wurde in Zusammenarbeit zwischen Lurgi und British Gas durch Entwicklung eines Vergasers mit flüssigem Schlackenabzug (slagging gasifier) erzielt. Bei dem Lurgi-Standardvergaser wird ein hoher Anteil des eingedüsten Wasserdampfes als Kühlmittel benötigt, um ein Erweichen und Agglomerieren der Asche zu vermeiden. Bei flüssigem Ascheabzug kann der Dampfeinsatz um 90 % gesenkt und der Durchsatz deutlich gesteigert werden.

In der Bundesrepbulik Deutschland wird die Lurgi-Druckvergasung von der Ruhrgas AG, der Ruhrkohle AG und der Steag gemeinsam mit Lurgi weiterentwickelt. Ziel der Entwicklung sind erhöhte Durchsatzleistung, Steigerung der Methanausbeute, Verbesserung der Teer- und Abwasserqualität sowie Einsatz verschiedener Kohlearten mit erweitertem Kornspektrum zur Erzeugung von Stadtgas, synthetischem Erdgas und Synthesegas. Der neue Vergaser "Ruhr 100", der in eine Schwel- und in eine Vergasungszone unterteilt ist, kann bei einem Druck bis zu 100 bar betrieben werden. Die Versuchsanlage in Dorsten mit einem Kohledurchsatz von 170 t/d hat im Jahr 1979 den Betrieb aufgenommen.

Eine andere in Erprobung befindliche Variante des Lurgi-Verfahrens ist die Vergasung der Kohle mit Luft anstelle von Sauerstoff. Kombiniert mit einer

Tabelle 5.9: Rohgaszusammensetzung und Verbrauchszahlen der Lurgi-Druckvergasung (20 bar) bei verschiedenen Einsatzkohlen (5)

		Braunkohle	Steinkohle
Einsatzkohle: Staub			
Wassergehalt (%)		8,0	1,0
Aschegehalt (%)		29,9	9,9
Analyse (%)	C	40,4	69,7
	H	3,1	5,2
	S	1,7	0,8
	N	1,2	1,2
	O	15,7	12,2
Heizwert H_u (kJ/kg)		15.085	28.135
Rohgas aus Staubkohle			
CO_2	(Vol.-%)	11,9	10,5
CO		55,9	55,0
H_2		29,0	32,1
N_2 + Ar.		2,0	1,9
CH_4		0,1	0,1
H_2S + COS		1,1	0,4
Rohgasausbeute (m^3_N/kg)			
bezogen auf Staubkohle		1,05	1,90

Gasturbine wurde dieser sogenannte "KDV-Prozeß" (Kohle-Druck-Vergasung) im 170-MW-Kraftwerk Kellermann der Steag in Lünen/Westfalen als Demonstrationsanlage erprobt. Für 1980 ist ein 400-MW-Kraftwerk geplant (s.Kapitel 9.6).

5.5.4 Winkler-Verfahren

Sowohl der Wirbelschichtreaktor als auch die Wirbelschichtvergasung von Kohle gehen auf F. Winkler zurück. Nach dem Bau einer Versuchsanlage bei der BASF in Ludwigshafen wurde der erste großtechnische Generator 1928 in Leuna mit feinkörniger Trockenbraunkohle, zunächst mit Luft zur Erzeugung von Schwachgas, in Betrieb genommen. Nachdem preiswerter Sauerstoff zur Verfügung stand, wurde die Anlage auf Sauerstoffvergasung zur Erzeugung von Synthesegas umgestellt.

Als Brennstoffe werden reaktive Kohlen, im wesentlichen Braunkohle und jüngere Steinkohlen bevorzugt. Die Querschnitte der Winkler-Generatoren betragen bis zu 25 m^2, die Höhen ca. 20 m. Spezifische Leistungen bis zu 3.000 m^3 Rohgas pro Stunde und m^2 Querschnitt sind erreicht worden entsprechend einer Vergaserleistung bis zu 60.000 m^3 Rohgas pro Stunde bei Sauerstoffbetrieb bzw. 100.000 m^3 bei Luftbetrieb (13). Das Winkler-Verfahren wird von der Firma Davy International AG, Köln, vertrieben.

Die mittlere Verweilzeit der Kohle in dem Reaktor beträgt je nach Betriebsdruck 15 - 60 min. Die Temperatur im Wirbelbett wird unterhalb des Erweichungspunktes der Asche gehalten. Bei Verwendung rheinischer Braunkohlen (s.Tabelle 1.11) betrug sie z.B. 800-950 $^{\circ}$C, bei japanischen Steinkohlen rund 1.150 $^{\circ}$C. Bei diesen Temperaturen ist die Spaltung der Kohlenwasserstoffe weitgehend vollständig; Teer, Phenole oder höhere Kohlenwasserstoffe fallen nicht an.

Grobkörnige Ascheanteile (30 %) werden am Boden des Generators mittels einer Schnecke abgezogen; die Feinanteile (70 %) werden mit dem Rohgas ausgetragen. Gleichzeitig wird auch nichtvergaster Kohlenstoff aus dem Wirbelbett ausgetragen. Oberhalb des Wirbelbetts wird deshalb in einer Nachvergasungszone Sauerstoff zudosiert.

Das Rohgas gelangt anschließend über den Abhitzekessel, Zyklone und Gaswäscher zur Entfernung von Feststoffen in die Gasreinigung. Die im Abhitzekessel und Zyklon trocken abgeschiedene Flugasche kann, je nach Kohlenstoffgehalt, als Zusatzbrennstoff genutzt werden.

Vorteile des Winkler-Verfahrens sind:

- große Flexibilität im Hinblick auf die Rohgasleistung
- auch aschereiche Kohlen mit bis zu 40 % Aschegehalt können wirtschaftlich vergast werden
- der Aufwand zur Kohleaufbereitung ist gering; Feinkohlen können unmittelbar dem Vergaser zugeführt werden
- große Betriebssicherheit bei Ausfall der Kohlezufuhr

Abb. 5.17: Kohlevergasung nach Winkler in Kütahya, Türkei (Photo: Davy International AG, Köln)

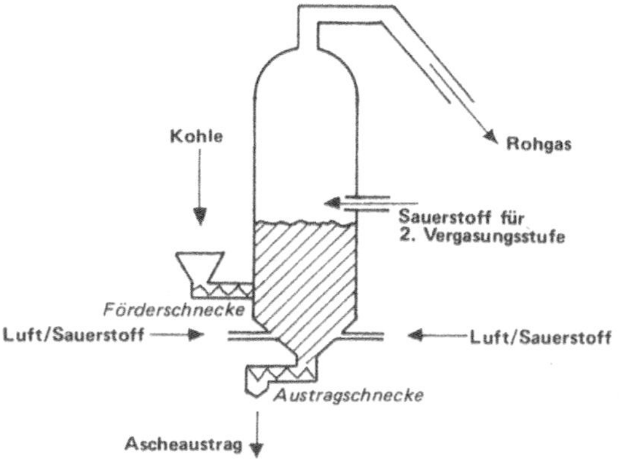

Abb. 5.18: Winkler-Gasgenerator

Nachteile sind:

- das klassische Winkler-Verfahren wird bei Atmosphärendruck betrieben bzw. bis 4 bar empfohlen; dies wäre nachteilig bei der SNG-Erzeugung,

- der Einsatz stark backender Kohle bereitet Schwierigkeiten,

- die Vergasungstemperatur muß auf Werte unterhalb des Asche-Erweichungspunktes beschränkt bleiben; dieser Umstand ist dann von Nachteil, wenn die Kohle sowohl niedrige Reaktivität als auch einen niedrigen Asche-Schmelzpunkt aufweist,

- mit der Asche wird auch Kohlenstoff ausgetragen.

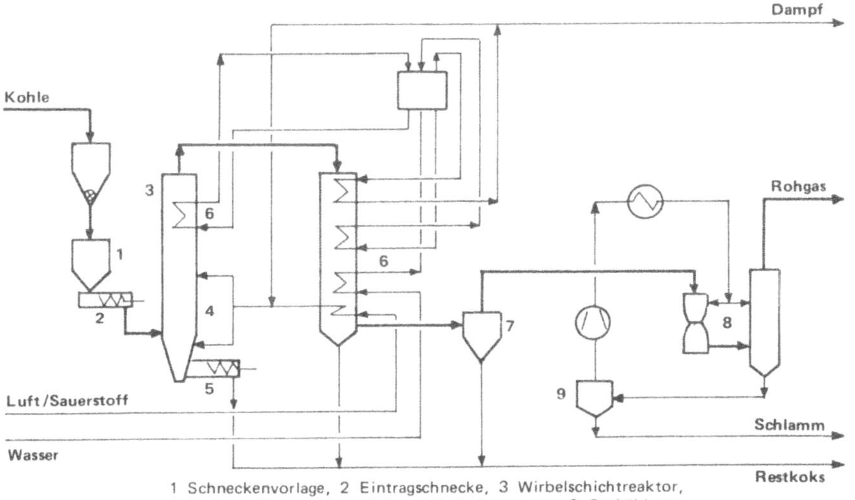

1 Schneckenvorlage, 2 Eintragschnecke, 3 Wirbelschichtreaktor, 4 O_2 (Luft)/Dampf-Einlaßdüsen, 5 Ascheaustrag, 6 Gaskühlung, 7 Zyklon, 8 Flugasche-Wäsche, 9 Absetzbehälter.

Abb. 5.19: Kohlevergasung nach dem Winkler-Verfahren

Tabelle 5.10: Zusammensetzung des nach dem Winkler-Verfahren erzeugten Rohgases bei Einsatz rheinischer Braunkohle (14)

Rheinische Braunkohle			**Rohgas-Zusammensetzung (Vol.-%)**	
Wassergehalt (%)		8,6	H_2	35,2
Aschegehalt (%)		5,0	CO	48,1
Heizwert H_u (kJ/kg)		21.000	CO_2	13,8
Analyse (%)	C	59,0	CH_4	1,8
	H	4,3	N_2 + Ar.	0,9
	O	22,4	H_2S + COS	0,2
	N	0,6	Rohgasausbeute (m^3_N/kg)	1,55
	S	0,2	Heizwert H_u (kJ/m^3_N)	10.500
			Sauerstoffverbrauch (m^3_N/kg)	0,365

Das Winkler-Verfahren wird in der Bundesrepublik Deutschland derzeit bei der Rheinischen Braunkohlen Bergwerke AG (Rheinbraun) unter Berücksichtigung der spezifischen Eigenschaften rheinischer Braunkohlen mit Hinblick auf folgende Hauptziele weiterentwickelt (10):

1. Anhebung der Reaktionstemperatur und des Reaktionsdruckes im Gasgenerator (Hochtemperatur-Winkler-Verfahren - (HTW-Verfah-

ren). Das Gas soll vornehmlich zur Methanolsynthese und als Reduktionsgas verwendet werden.

2. Hydrierende Kohlevergasung unter Druck zur Herstellung von Methan (SNG) unter Nutzung nuklearer Prozeßwärme.

Mit dem Betrieb der HTW-Versuchsanlage wurde in Frechen bei Köln im Oktober 1978 begonnen. Das wesentliche Merkmal des Verfahrens ist die Zugabe von Kalkstein, Kalk oder Dolomit, wodurch es bei rheinischen Braunkohlen gelingt, eine relativ hochschmelzende sogenannte Krümelasche zu erhalten. Gleichzeitig wird dadurch das Rohgas teilweise entschwefelt.

Die hydrierende Kohlevergasung (HKV) wird in einer Versuchsanlage (0,4 t RBK/h, 0,2 m Reaktor-Durchmesser) auf dem Gelände der Union Rheinische Braunkohlen Kraftstoff AG, Wesseling, erprobt. Eine größere Pilotanlage mit einer Leistung von 23,5 t RBK/h (Reaktordurchmesser 1 m) befindet sich in Wesseling im Bau und soll 1981 den Versuchsbetrieb aufnehmen. Schließlich wird auch eine Prototypanlage mit einer Leistung von 180 t/h und 3,2 m Reaktordurchmesser für den Zeitraum 1990 konzipiert.

Bei der hydrierenden Kohlevergasung wird die Einsatzkohle zunächst zu über 50 % mit Wasserstoff im Wirbelbett bei 40 bis 80 bar in Methan umge-

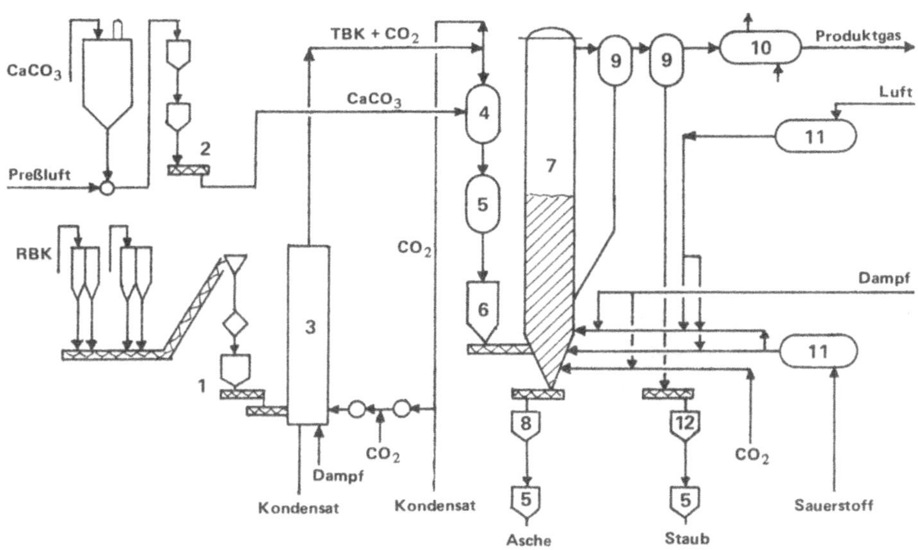

Abb. 5.20: Fließbild der HTW-Versuchsanlage der Rheinbraun AG in Frechen
1 Kohledosierung, 2 Kalkdosierung, 3 Kohletrockner, 4 Kohle/Koks-Vorlage, 5 Schleuse, 6 Schneckenvorlage und Eintragsschnecke, 7 HTW-Gasgenerator, 8 Ascheaustrag und Auskühlung, 9 Zyklon, 10 Gaskühler, 11 Vorwärmer, 12 Flugasche-Austrag und Auskühlung

wandelt. Der Restkoks wird in einem zweiten Wirbelschichtvergaser (HTW) mit Sauerstoff und Dampf zu CO und H_2 vergast. Nach einer CO-Konvertierung wird dieses Gas, das nach Aufbereitung zu ca. 90 % aus Wasserstoff besteht, in die hydrierende Vergasung (HKV) zurückgeführt. Aus dem Produktgas der hydrierenden Vergasung wird in einer Tieftemperatur-Gaszerlegung das Methan abgetrennt. Das Methan kann an das Erdgasnetz abgegeben werden, die restlichen Gasanteile werden zu Wasserstoff aufgearbeitet und in den Prozeß zurückgeführt.

Auch außerhalb der Bundesrepublik Deutschland sind zahlreiche Projekte für die Weiterentwicklung der Wirbelbettvergasung begonnen worden. Zu erwähnen sind u.a. das CO_2-Akzeptor-, Synthane-, Hygas-, U-Gas-, Hydrane- und das Exxon-Verfahren.

5.5.5 Koppers-Totzek-Verfahren

Bei dem Koppers-Totzek-Verfahren zur Kohlevergasung in einem Flugstromreaktor wird der fein gemahlene, staubförmige Brennstoff von dem Vergasungsmittel im Gleichstrom in den Vergasungsraum getragen (16). Der Unterschied zwischen der Geschwindigkeit der Feststoffpartikel und dem sie tragenden Gasstrom ist unbedeutend und daher ohne Einfluß auf die Ent- und Vergasung der Kohle. Das Koppers-Totzek-Verfahren arbeitet unter Normaldruck.

Erste Versuche zur Vergasung von Kohlenstaub im Flugstrom mit Sauerstoff in Mischung mit hoch erhitztem Wasserdampf von 1100 - 1200 ^{o}C wurden in den Jahren 1939 - 1944 von Friedrich Totzek und Mitarbeitern der Heinrich Koppers GmbH auf deutschen Benzin-Synthesewerken durchgeführt. 1949/50 wurden diese Versuche in Louisiana/Missouri, USA, fortgesetzt und von der Koppers Company Inc., Pittsburgh, eine Versuchsanlage nach Zeichnungen und Auslegedaten der Heinrich Koppers GmbH für einen Kohledurchsatz bis zu 1 t/h gebaut. Die erste kommerzielle Anlage ging 1952 in Typpi Oy in Finnland in Betrieb.

Wegen der hohen Reaktionstemperatur stellt das Koppers-Totzek-Verfahren nur geringe Anforderungen an die physikalischen und chemischen Eigenschaften der Einsatzkohle. Der Brennstoff muß auf unter 0,1 mm Korngröße gemahlen werden, wobei eine gewisse Menge Überkorn zulässig ist. Aus wirtschaftlichen Gründen soll der Aschegehalt nicht über 40 % liegen. Der Wassergehalt der Kohle sollte bei Braunkohle nicht mehr als 6 - 8 % und bei Steinkohle weniger als 2 % betragen. Die Trocknung mit inerten Rauchgasen und Mahlung der Kohle erfolgt in einem Arbeitsgang. Die heißen Rauchgase werden durch Verbrennung von Kohle gewonnen.

Zur Vergasung wird ein Reaktor benutzt, dessen Innenwände mit feuerfester Spezialmasse ausgekleidet sind. Die pulverisierte Kohle wird aus einem Einspeisebunker abgezogen, in Mischkammern gleichmäßig mit Sauerstoff und Wasserdampf vermischt und dieses Gemisch anschließend in den Reaktor eingeführt.

Die Reaktionstemperatur, die zwischen 1500 und 1600 ^{o}C liegt, ist abhängig vom Heizwert der Kohle und dem Verhältnis von Sauerstoff zu Wasserdampf. Die Ausströmungsgeschwindigkeit des Vergasungsgemisches aus der gekühlten Brennerdüse muß deutlich höher sein als die Flammengeschwindigkeit,

Abb. 5.21: Kohlevergasung nach dem Koppers-Totzek-Verfahren mit 6 Vergasern in Modderfontein/Südafrika (Photo: Krupp-Koppers GmbH, Essen)

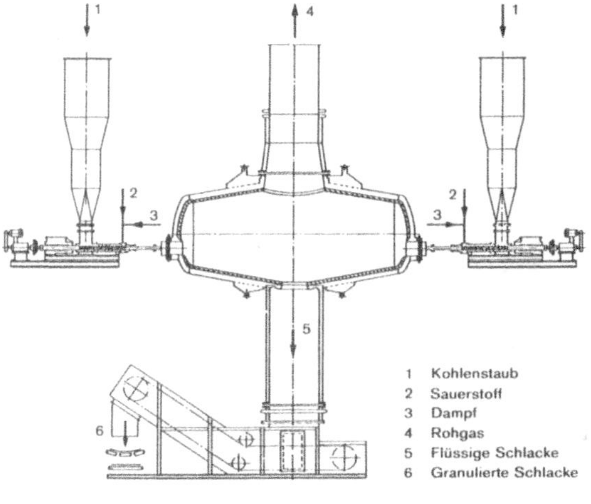

Abb. 5.22: Koppers-Totzek-Verfahren mit Zweikopfanordnung

damit die Flamme nicht in die Düse zurückschlägt. Beim Anfahren einer Düse wird der Kohlenstaub zunächst mit Stickstoff verblasen, der anschließend durch Sauerstoff ersetzt wird. Bei Ausfall der Sauerstoffversorgung oder bei Unterbrechung der Kohlezufuhr erfolgt automatisch eine Inertisierung des Reaktors bzw. der Mischstrecke mit Stickstoff. Durch geeignete Anordnung mehrerer Brenner an jedem Reaktor ist dafür Sorge getragen, daß der gesamte Sauerstoff im Vergaser verbraucht wird und nicht in die nachfolgenden Gaswege gelangen kann. Im Störungsfall schaltet sich der Vergaser sofort selbsttätig ab (17).

Aus dem Vergaser fließen bis zu 60 % der Asche als flüssige Schlacke in freiem Strahl durch eine Bodenöffnung in ein darunter angeordnetes Granulierbad; der Rest wird mit dem Rohgas ausgetragen. Der Fließpunkt der Asche kann erforderlichenfalls durch Zugabe von Fließmitteln wie Sand oder Kalkstein in gewissen Grenzen gesenkt werden. Das aus dem Vergaser ausströmende Rohgas gelangt in einen Abhitzekessel, in dem es mit seiner fühlbaren Wärme Hochdruckdampf (100 bar) für den Antrieb von Dampfturbinen erzeugt. Um eine Abscheidung von Ruß zu vermeiden, wird das Rohgas anschließend rasch bis auf rund 300 °C gekühlt, bevor es weiter gereinigt und aufbereitet wird.

Der Sauerstoffverbrauch beträgt etwa 0,39 - 0,45 m^3_N je m^3_N ($CO + H_2$). Der thermische Wirkungsgrad, definiert als das Verhältnis des Energieinhaltes der Kohle zum Energieinhalt des erzeugten Gases, liegt bei 70 %. Bei Einbeziehung der Dampferzeugung kann der Wirkungsgrad etwa 80 % und mehr erreichen. Das Rohgas hat einen Heizwert H_o von 11.300 kJ/m^3_N.

Tabelle 5.11: Zusammensetzung des nach dem Koppers-Totzek-Verfahren erzeugten Rohgases in Abhängigkeit von der Einsatzkohle (16)

		Braunkohle	Gasflamm-kohle
Elementaranalyse (%)	C	69,5	81,8
– waf –	H	4,9	5,5
	S	0,4	1,8
	N	0,7	1,5
	O	24,5	9,4
Rohgasanalyse (Vol.-%)	$CO_2 + H_2S$	30,4	28,0
	C_nH_m	0,4	0,4
	CO	19,7	23,0
	H_2	37,2	38,0
	CH_4	11,8	9,8
	N_2	0,5	0,8
Heizwert H_u (kJ/m^3_N)		12,200	11,900
Dampfverbrauch (kg/m^3_N Rohgas)		0,68	0,71
Sauerstoffverbrauch (m^3_N O_2/m^3_N Rohgas)		0,10	0,173
Rohgasausbeute (m^3_N / kg Reinkohle)		1830	2150

Die Rohgasanalyse zeigt, daß die Zusammensetzung des Gases bei vorgegebenem Dampf/Sauerstoff-Verhältnis von der Art der Einsatzkohle weitgehend unabhängig ist. Infolge der hohen Vergasungstemperatur enthält das Rohgas außer Wasserdampf keine kondensierbaren Bestandteile wie Teer, Öle oder Phenole.

Das Koppers-Totzek-Verfahren wird in Zusammenarbeit zwischen den Firmen Krupp-Koppers und Shell weiterentwickelt. Das Shell-Koppers-Verfahren arbeitet zur Erhöhung der Leistung und Wirtschaftlichkeit unter einem Druck von 30 bar im Unterschied zum konventionellen Verfahren, das bei Normaldruck (1,03 bar) betrieben wird (18). Eine Demonstrationsanlage zur Erzeugung von Synthesegas nach dem Shell-Koppers-Verfahren mit einem Durchsatz von 150 t/d Kohle wurde im Februar 1979 in Hamburg-Harburg in Betrieb genommen. Bei positiven Erfahrungen ist der Bau einer Prototypanlage mit einem Kohleverbrauch von 1.000 t/d in 1985 vorgesehen.

5.5.6 Texaco-Verfahren

Das Texaco-Verfahren zur Vergasung von Kohle basiert auf dem in zahlreichen Großanlagen betriebenen Texaco-Verfahren zur Schwerölvergasung. Im Prinzip handelt es sich um eine Staubvergasung mit Wasserdampf und Sauerstoff im Flugstromreaktor unter Druck.

Abb. 5.23: Kohlenstaub-Druckvergasung, Demonstrationsanlage der Ruhrkohle/Ruhrchemie in Oberhausen-Holten

Das Verfahren wird in der Bundesrepublik Deutschland in Zusammenarbeit zwischen der Ruhrkohle AG und der Ruhrchemie AG mit Unterstützung des Bundesministeriums für Forschung und Technologie nach einer Verfahrenslizenz der Texaco Development Corp. zur technischen Reife entwickelt. In Oberhausen-Holten wurde 1978 eine Großversuchsanlage mit einem Kohledurchsatz von 150 t/d in Betrieb genommen. Das Verfahren ist vorwiegend auf die Erzeugung von Synthesegas aus Steinkohle ausgerichtet.

Zerkleinerte Kohle wird auf eine Körnung von unter 0,1 mm gemahlen und in einen Suspensionsbehälter geleitet, in dem das Kohlepulver mit Wasser zu einem stabilen, pumpfähigen Brei mit einer Feststoffkonzentration zwischen 55 und 60 % angerührt wird. Die Kohleaufschlämmung gelangt über eine Druckpumpe in den am Kopf des Reaktors befindlichen Brenner. Unter Zuführung von Sauerstoff wird die Kohle-Wasser-Suspension bei Temperaturen über 1400°C und einem Druck bis 40 bar vergast. Der Vergaser ist mit feuerfesten Steinen ausgemauert, eine Kühlung des Reaktormaterials ist nicht erforderlich. Lediglich der Brenner wird mit Wasser gekühlt. Die flüssige Asche wird in einer Wasservorlage zu feinkörniger Schlacke granuliert und über ein Schleusensystem abgezogen.

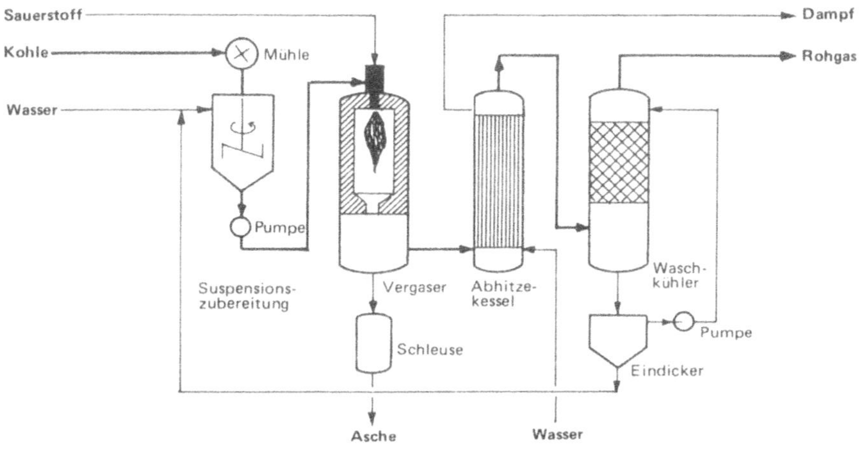

Abb. 5.24: Fließbild der Versuchsanlage zur Kohlenstaub-Druckvergasung der Ruhrkohle/Ruhrchemie nach dem Texaco-Verfahren (19)

Das heiße Rohgas durchströmt ein Abhitzesystem, in dem es auf 200°C gekühlt wird. Die dabei frei werdende Wärme dient zur Dampferzeugung. Im anschließenden Waschkühler wird das Rohgas durch eingedüstes Wasser weiter abgekühlt und von mitgerissenem Staub befreit. Das Waschwasser wird im Eindicker grob geklärt und im Kreislauf der Waschkolonne wieder zugeführt. Die eingedickte Trübe wird in den Suspensionsbehälter gepumpt.

Die Anforderungen an die Einsatzkohle sind bei dem weiterentwickelten Texaco-Verfahren gering. Es können backende und nicht backende Steinkohlen mit Aschegehalten bis zu 40 % vergast werden. Es wird ein Kohlenstoffumsatz von über 95 % erreicht. Das Verfahren ist auch zur Vergasung von Rückständen aus Anlagen zur Kohlehydrierung vorgesehen. Der Betriebsdruck von 40 bar ermöglicht große spezifische Durchsatzleistungen. Infolge der hohen Reaktionstemperaturen von über 1400°C ist das Rohgas frei von Teer und höheren Kohlenwasserstoffen, wodurch die Gasreinigung vereinfacht wird. Das Rohgas enthält 30 - 40 % Wasserstoff, 45 - 55 % Kohlenmonoxid, 15 - 20 % Kohlendioxid und rund 1 % Methan.

5.5.7 Saarberg-Otto-Verfahren

Der ebenfalls nach dem Flugstromverfahren arbeitende Saarberg-Otto-Prozeß, eine Weiterentwicklung des Rummel-Otto-Verfahrens, wird seit 1979 in einer Demonstrationsanlage der Saarbergwerke AG in Fürstenhausen erprobt. Die Anlage hat eine Durchsatzleistung von 10 t SK/h. Die Optimierung beinhaltet im wesentlichen den Betrieb unter Druck bis zu 25 bar (20). Das Rummel-Otto-Verfahren wurde bei einem geringen Überdruck (1,05 bar) betrieben. Aufgrund der hohen Vergasungstemperatur zwischen 1650 - 2400°C können alle Kohlesorten mit Aschegehalten bis zu 40 % vergast werden. Flüssige Nebenprodukte wie Teer oder Phenole fallen nicht an. Die Einsatzkohle wird in einer Mahltrocknungsanlage auf eine Korngröße 3 mm aufgemahlen. Braunkohle wird dabei auf rund 12 %, Steinkohle auf 2 % Restfeuchte getrocknet.

Abb. 5.25: Demonstrationsanlage der Saarbergwerke AG in Fürstenhausen (Photo: Dr. C. Otto, Bochum)

Der Saarberg/Otto-Vergaser ist ein Hochtemperatur-Flugstromvergaser, der aus den drei Zonen Brennkammer, Nachvergasungszone und Kühlzone besteht. Das wesentliche verfahrenstechnische Kennzeichen ist ein flüssiges Schlackenbad am Boden der Brennkammer mit einem zentralen Überlauf für überschüssige Schlacke. Der Brennstoff und das Vergasungsmittel werden durch ein Düsensystem in den Vergaser eingeführt. Die Düsen sind tangential und schräg nach unten auf das flüssige Schlackenbad gerichtet. Dieses gerät beim Eintragen der Reaktanden in den Vergaser in langsame Rotation.

Das Schlackenbad gewährleistet eine sichere Zündung und Flammenstabilität. Die starke Turbulenz oberhalb des strahlenden Schlackenbades beschleunigt in Verbindung mit dem hohen Temperaturniveau den Vergasungsablauf auch bei relativ grobkörnigen Kohlepartikeln. Der aufsteigende Gasstrom gelangt in die Nachreaktionszone mit einem Temperaturbereich zwischen 1200 und 1400°C. In der nachfolgenden Kühlzone wird kaltes Gas bzw. Gasdampfgemisch zugeführt, damit mitgerissene Schlacketröpfchen verfestigt werden, so daß das Rohgas den Gaserzeuger mit rund 800°C verläßt. Die im Rohgas enthaltenen Feststoffe Koks und Schlacke werden in Entstaubern abgeschieden und in die Schmelzkammer des Gaserzeugers zurückgeführt. Überschüssige Schlacke aus der Brennkammer wird in einem Wasserbehälter unterhalb des Vergasers granuliert und über eine Schleuse ausgetragen.

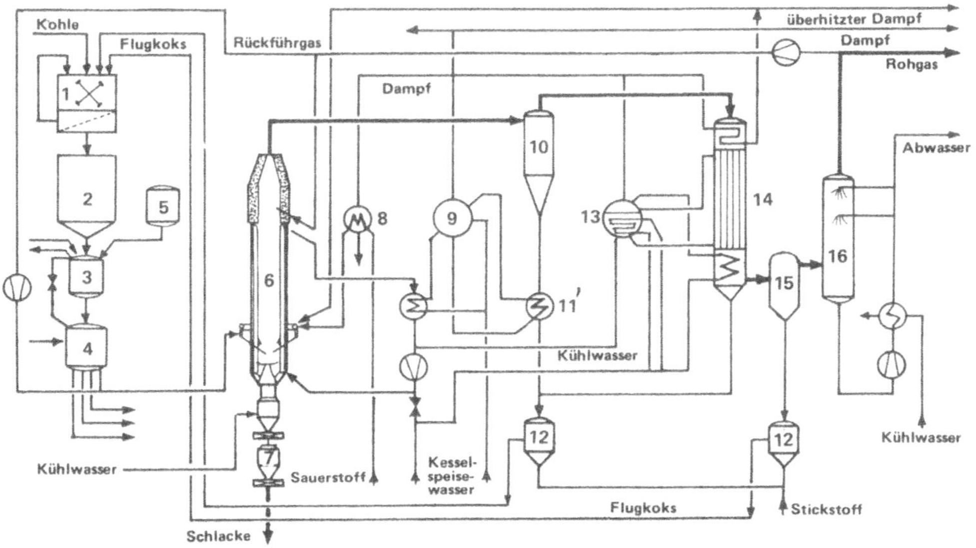

1 Mahltrocknungsanlage
2 Vorratsbunker
3 Schleuse
4 Kohlen-Förderbehälter
5 Gassparbehälter
6 Vergaser
7 Schlackenaustragsschleuse
8 Sauerstofferhitzer
9 ND-Dampftrommel
10 Heißgaszyklon
11 Flugkokskühler
12 Flugkoks-Förderbehälter
13 HD-Dampftrommel
14 Abhitzekessel
15 Heißgasfilter
16 Sprühkühler

Abb. 5.26: Kohlevergasung nach dem Saarberg-Otto-Verfahren (20)

Das Prinzip der Wärmeübertragung mittels einer flüssigen Phase wird auch bei zwei der in den USA entwickelten Verfahren eingesetzt. Mit einer Natriumcarbonat-Schmelze arbeitet der von Kellog Co. entwickelte Molten Salt Process, der zur Gewinnung eines umweltgerechten Heizgases (Low-BTU-Gas) für die Versorgung von Kraftwerken dienen soll. Bei der unter der Bezeichnung Atgas-Prozeß bekanntgewordenen Verfahrensentwicklung erfolgt die Vergasung der Kohle in einer Eisenschmelze.

5.5.8 Mehrstufige Vergasung

Während bei den europäischen Kohlevergasungsprojekten das Ziel der Synthesegaserzeugung überwiegt, wurde in den USA, wo Erdgas in großem Umfang als Heizgas Verwendung findet, im Hinblick auf die in absehbarer Zeit zur Neige gehenden Erdgasvorräte eine Anzahl von Verfahren zur Erzeugung von synthetischem Erdgas aus Kohle für die Gasversorgung entwickelt (21). Bei hoher Leistung müssen derartige Verfahren ein hochkaloriges Gas erzeugen, d.h. ein Gas mit hohem primären Methan-Gehalt.

Charakteristisch für die Entwicklung in den USA ist die Unterteilung der Vergasung der Kohle in mindestens zwei Stufen: In der ersten Stufe wird die bevorzugt feinkörnige Kohle hydrierend vergast und der verbleibende, weniger reaktive Restkoks in einer zweiten Stufe mit Wasserdampf und Sauerstoff zur Wasserstoffgewinnung für die erste Stufe umgesetzt. Alle Projekte befinden sich zur Zeit noch im Versuchsstadium; sie haben ihre Bewährung im kontinuierlichen Großbetrieb noch vor sich. Nur eine Auswahl kann nachstehend beschrieben werden. Schwelverfahren sind in den Kapiteln 7.7 und 3.3.3 erläutert.

Die neuen Kohlevergasungsverfahren werden in den USA vom Department of Energy (DOE) mit Beträgen in Höhe von rund 300 Mio DM pro Jahr gefördert. Ein Anstieg der Zuwendungen auf 1,1 - 1,4 Mrd.DM in den nächsten Jahren ist wahrscheinlich. Gefördert werden insbesondere Projekte,die auf neuen Ideen und Konzepten basieren, oder solche, die wesentliche Fortschritte sowohl in der Wirtschaftlichkeit als auch in der Umweltfreundlichkeit erwarten lassen.

5.5.8.1 Hygas-Verfahren

Das Hygas-Verfahren ist ein Mehrstufen-Prozeß, der vom Institute of Gas Technology (IGT) zur Erzeugung eines methanreichen Gases entwickelt wurde (21). In mehreren Stufen wird in einem Reaktor die Kohle hydrierend unter einem Druck von 70-80 bar bei Temperaturen von 650-950°C vergast. Es können alle Kohlesorten zum Einsatz gelangen. Backende Kohlen müssen in einem Wirbelbett vorbehandelt werden. Das Verfahren wurde in einer Pilotanlage mit einer Durchsatzleistung von 70 t/d Kohle erprobt.

Die Kohleeinspeisung unter Druck erfolgt durch Anmaischung der gemahlenen Kohle (0,15 - 1,6 mm Korndurchmesser) mit prozeßstämmigem Öl zu einem pumpfähigen Brei. Gegenüber Wasser hat Öl als Anmaischmittel den Vorteil der erheblich niedrigeren Verdampfungswärme. Mit einer verschleiß- und abriebfesten Kreiselpumpe wird der Kohle-Öl-Brei im Kreislauf bewegt, um die Sedimentation der Kohlepartikel zu vermeiden.

Der Kohleschlamm wird am Kopf des Vergasers (Abb. 5.27) eingespeist, wobei in der Verdampfungszone das Maischöl durch das heiße Rohgas abgetrieben wird. In einer nachgeschalteten Kondensation wird das Öl aus dem Rohgas entfernt und im Kreislauf zur Anmaische zurückgeführt. Die getrockneten Kohlepartikel gelangen über ein senkrechtes Rohr in die erste Stufe der hydrierenden Vergasung. Hier wird die Kohle von dem heißen Gas aus der zweiten Reaktionsstufe auf 675°C erhitzt. In einer Flugstaubwolke wird sie im Gleichstrom ent- und zum Teil vergast. Die Schwelprodukte werden hydriert. In der sich anschließenden zweiten Stufe der Vergasung wird die Kohle mit Wasserdampf und einem wasserstoffreichen Gas bei 950°C weiter vergast. Durch die Kombination einer exothermen Reaktion, der Methanisierung, und der endothermen Wasserdampfvergasung ergibt sich in dieser Stufe eine automatische Regulierung der Temperatur. In den beiden Vergasungsstufen werden etwa 45 % der Einsatzkohle umgesetzt.

Der verbleibende Koks wird zur Wasserstofferzeugung verwendet. Hierfür sind drei Varianten entwickelt worden. Abb. 5.27 zeigt die Vergasung des Kokses in einer in den Reaktor integrierten 3. Vergasungsstufe mit Wasserdampf und Sauerstoff bei einer Temperatur von etwa 1.000°C. Bei einer zweiten Variante wird der Restkoks mit Wasserdampf vergast, wobei die

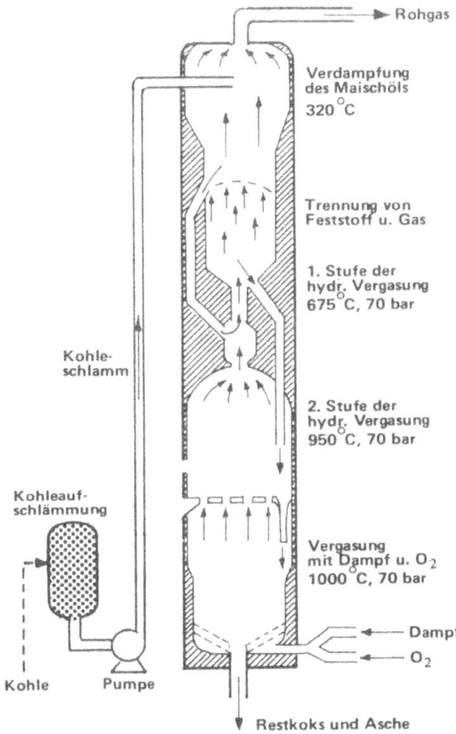

Abb. 5.27: Hygas-Vergaser (mit Wasserstofferzeugung durch Wasserdampf und Sauerstoff in der 3. Stufe) (5)

erforderliche Wärmemenge dem Wirbelbett durch elektrische Direktbeheizung zugeführt wird. Wegen der hohen Kosten für elektrische Energie ist dieser Weg der wirtschaftlich ungünstigste.

Die 3. Variante für die Wasserstofferzeugung ist das sogenannte "Dampf-Eisen-Verfahren" (Steam-Iron-Process):

Der im Prinzip seit langem bekannte Kreislaufprozeß beruht auf der Reduktion von Eisenoxiden (Magnetit $Fe_3O_4 \rightleftharpoons$ Wüstit FeO $\rightleftharpoons$ Fe) mit Reduktionsgas, das durch Vergasung des Kokses mit Luft erhalten wird, und anschließende Oxidation des gebildeten FeO und des metallischen Eisens mit Wasserdampf unter Rückbildung von Magnetit bei gleichzeitiger Erzeugung von Wasserstoff. Der Kreisprozeß findet in einem vierstufigen Wirbelschichtreaktor bei 70 bar und rund 870 °C statt (22).

Die Wasserstofferzeugung nach dem Dampf-Eisen-Prozeß bringt für das Hygas-Verfahren den Vorteil, daß bei geringem Kohlenmonoxid- und Kohlendioxid-Gehalt bei hohem Wasserstoffgehalt gleichzeitig ein hoher Methangehalt erreicht wird. Der sich anschließende Gasreinigungsteil kann daher einfacher gestaltet werden.

In einem geringfügig abgewandelten Reaktor wurde vom IGT auch die Vergasung von Torf untersucht.

Tabelle 5.12: Zusammensetzung des nach den drei Varianten des Hygas-Verfahrens erhältlichen Rohgases (5)

Vol.-%	autotherme Gaserzeugung	elektrotherm. Gaserzeugung	Dampf-Eisen-Prozeß
CO	18,0	21,3	7,4
H_2	22,8	24,2	22,5
CO_2	18,5	14,4	7,1
C_2H_6	0,5	0,8	1,0
CH_4	14,1	19,9	26,2
H_2S	0,9	1,3	1,5
Sonstige	0,8	1,0	1,4
H_2O	24,4	17,1	32,9
H_0 (MJ/m^3_N)	15,1	17,7	23,3

5.5.8.2 Synthane-Verfahren

Das vom Bureau of Mines entwickelte Synthane-Verfahren wird seit 1976 in einer Pilotanlage bei Bruceton in Pennsylvania betrieben (Kohledurchsatz 70 t/d). Die Vergasung der Kohle erfolgt mit Wasserdampf und Sauerstoff im Wirbelbett bei 40 - 70 bar und 850 - 1.000 ^{o}C.

Abb. 5.28 zeigt das entwickelte Druckschleusen-System zur trockenen Einspeisung der Kohle unter Druck. Ähnlich erfolgt der quasi-kontinuierliche Koksabzug (23). Die trockene und gesiebte Kohle fließt zu einem Wiegebehälter, aus dem abgewogene Kohlemengen in die beiden Puffer-Injektoren gelangen. Die Einspeisung in den Reaktor erfolgt über den nachgeschalteten Hauptinjektor. In der Pilotanlage wurde zum Aufbau des Druckes auf den Systemdruck und als Transportmittel Kohlendioxid anstelle des für den späteren Großbetrieb vorgesehenen Dampfes verwendet.

Bei Einsatz backender Kohle arbeitet das Synthane-Verfahren zweistufig, wobei die gemahlene Kohle in einem Vorerhitzer mit einem Teil des Vergasungsmittels - Wasserdampf und Sauerstoff - vorentgast wird.

Die vorentgaste Kohle wird in dem unteren Teil des Reaktors direkt in das Wirbelbett eingeführt. Durch diese Kohleführung entfällt der Anfall von Teer und Öl und gleichzeitig wird der Anteil an Phenolen erheblich reduziert. Bezogen auf den eingesetzten Kohlenstoff liegt der Vergasungsgrad zwischen 65 und 80 %. Der Restkoks wird einem Kraftwerk zugeführt. Das gereinigte Gas wird methanisiert (s. Kapitel 6.13).

5.5.8.3 Hydrane-Verfahren

Ebenfalls von dem Bureau of Mines wurde das Hydrane-Verfahren zur Erzeugung von SNG entwickelt. Das Verfahren zeichnet sich durch eine hohe direkte Methanausbeute und einen hohen thermischen Wirkungsgrad aus.

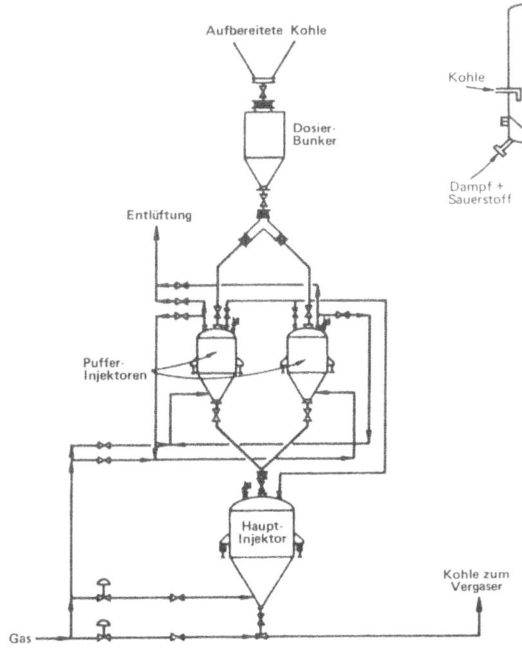

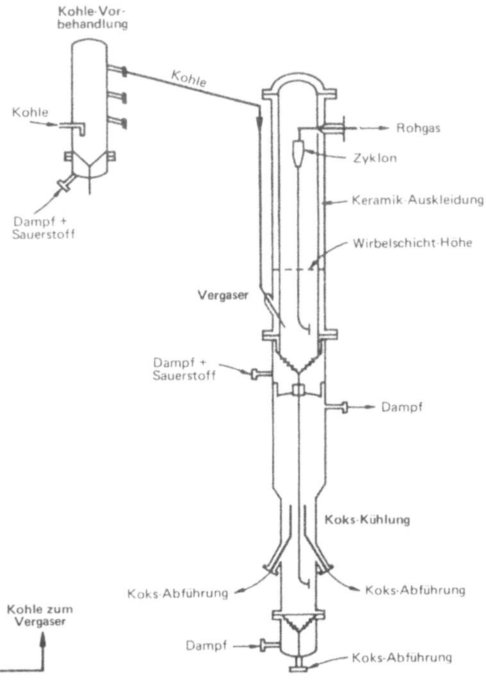

Abb. 5.28:
System der Kohleeinspeisung unter Druck bei dem Synthane-Verfahren (23)

Abb. 5.29:
Synthane-Vergaser mit Vorbehandlungsstufe (23)

Die feingemahlene Kohle, deren Auswahl keiner Einschränkung unterliegt, wird in einem zweistufigen Wirbelbettvergaser bei 70 bar und 725-975 °C hydrierend vergast.

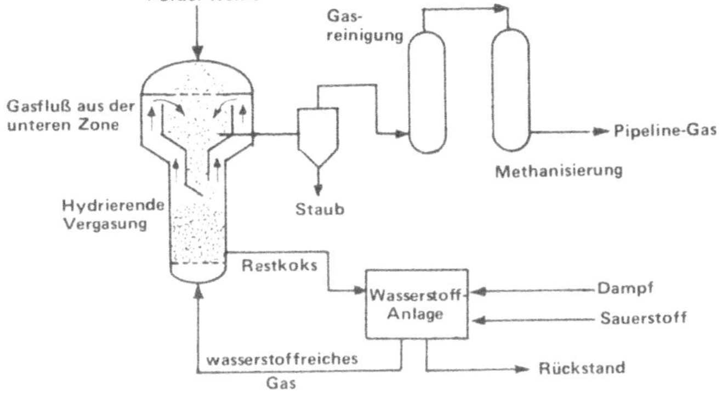

Abb. 5.30: Hydrane-Prozeß (21)

In der ersten Stufe erfolgt in der oberen Zone des Reaktors die Reaktion der über Druckschleusen eingespeisten Frischkohle in einer verdünnten Phase im Gleichstrom, wobei als Vergasungsmittel das aus der zweiten Vergasungsstufe, vornehmlich aus Wasserstoff und Methan bestehende, einströmende Reaktionsgas dient. Die teilentgasten Kohlepartikel gelangen aus der Phase geringer Feststoffkonzentration, in der sie ihre Backneigung völlig verlieren, im freien Fall in die untere zweite Stufe, wo sie im Wirbelbett weiter vergast werden. Das Rohgas wird nach der Reinigung der Methanisierung zugeführt. Der Restkoks dient zur Erzeugung von Wasserstoff und als Brennstoff.

5.5.8.4 Bi-Gas-Verfahren

Ein weiteres Verfahren zur Herstellung von SNG, bei dem alle Kohlen ohne Vorbehandlung eingesetzt werden können, ist das Bi-Gas-Verfahren der Bituminous Coal Research Inc., nach dem zur Zeit bei Homer City in Pennsylvania eine Demonstrationsanlage mit einem Kohledurchsatz von 90 t/d arbeitet (21).

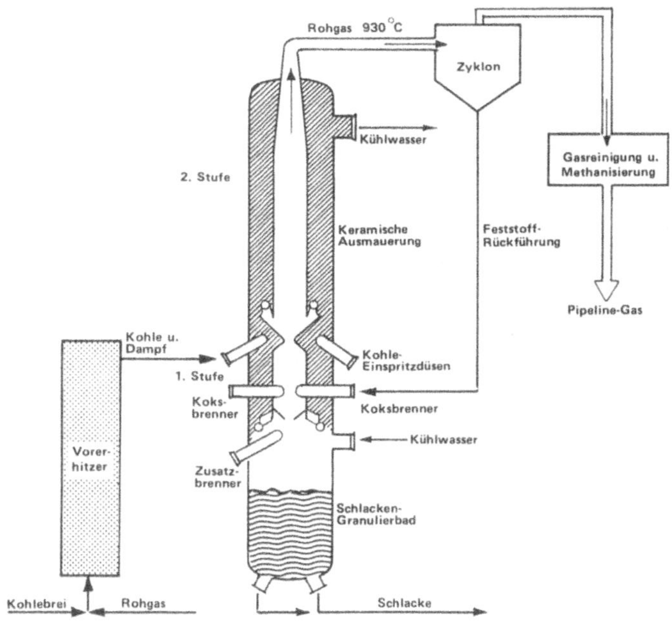

Abb. 5.31: Bi-Gas-Verfahren (5)

Die staubfreie Kohle wird mit Wasser zu einem Brei mit bis zu 60 % Feststoffanteil (70 % kleiner als 75 µm) angemaischt und anschließend auf einen Druck von 70 - 100 bar gebracht. Die Maische wird in einem senkrechten Rohr mit rückgeführtem Rohgas erhitzt und nach Zuführung von zusätzlichem Wasserdampf in die zweite, obere Stufe eines Flugstromreaktors eingeblasen. Hier reagiert die Kohle mit dem heißen Reaktionsgas der ersten Stufe unter Bildung von Methan und Wasserstoff.

Das Rohgas wird im Zyklon vom mitgeführten Koks befreit. Der Koks wird zur ersten Stufe des Reaktors gefördert, wo er in geeigneten Brennern mit Dampf und Sauerstoff bei Temperaturen von 1.600 ^{o}C zur Vergasung gelangt. Die Schlacke wird am Fuße des Reaktors flüssig abgezogen.

5.5.8.5 CO_2-Akzeptor-Prozeß

Eine interessante Variante der in den USA in Entwicklung befindlichen Verfahren zur Kohlevergasung ist der CO_2-Akzeptor-Prozeß der Consolidation Coal Company. Bei diesem Prozeß wird der Wärmebedarf der endothermen Wasserdampf-Vergasung durch die exotherme Reaktion eines geeigneten Hilfsstoffes, des Akzeptors, mit Kohlendioxid zu etwa 75 % gedeckt. Der Akzeptor wird in einem getrennten Reaktor regeneriert (kalziniert) und im Kreislauf geführt. Die erforderliche Wärme für die Regenerierung wird durch Verbrennung des bei dem Verfahren anfallenden Restkokses gewonnen. Das Verfahren, das in einer 40 t/d-Demonstrationsanlage in Rapid City, South Dakota, erprobt wurde, arbeitet bei 20 bar. Die Kohle wird in einem Wirbelschichtreaktor bei Temperaturen zwischen 800 - 850 ^{o}C vergast (21).

Als Akzeptor dient Kalkstein oder Dolomit. Wegen der relativ niedrigen Vergasungstemperatur, die durch die thermische Instabilität der Carbonate vorgegeben ist (der CO_2-Dissoziationsdruck des $MgCO_3$ beträgt 1 bar bei 540 ^{o}C, der des $CaCO_3$ bei 908 ^{o}C), ist das Verfahren nur für Braunkohlen und sehr reaktionsfähige, nicht backende Steinkohlen geeignet.

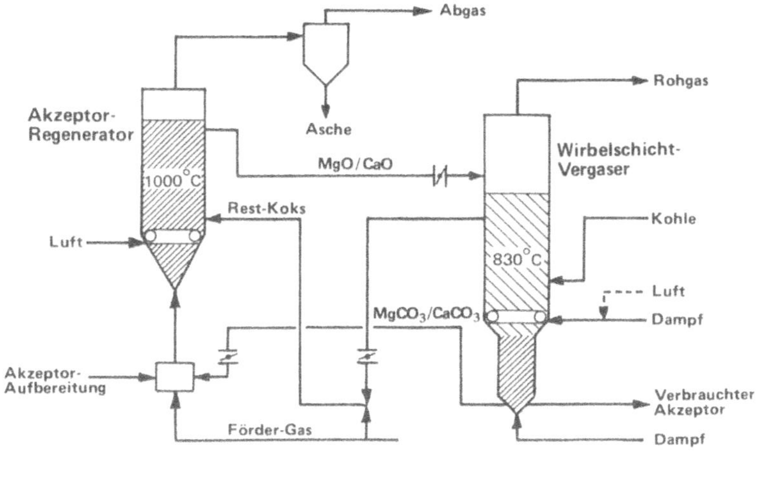

Abb. 5.32: CO_2-Akzeptor-Prozeß

Durch die Aufheizung und Kalzinierung (Regenerierung) des Akzeptors in einem getrennten Reaktionsteil kann die Vergasung mit Luft (und Dampf) erfolgen, so daß sich die Installierung einer teuren Sauerstoffanlage erübrigt. Da der Akzeptor sowohl mit CO_2 als auch mit H_2S reagiert, wird die Gasaufbereitung vereinfacht. Der Wasserstoffgehalt des Rohgases ist hoch (56 %), so daß vor der Methanisierung eine CO-Konvertierung und eine CO_2-Wäsche nicht erforderlich sind. Andererseits verteuert der Aufwand für den Akzeptor die Kosten des Verfahrens erheblich.

5.5.9 Kohlevergasung mit nuklearer Prozeßwärme

Da die Kohlevergasung ein endothermer Prozeß ist, werden bei den autothermen Verfahren, also Verfahren ohne Zuführung von Fremdenergie, 25 - 30 % der zum Einsatz gelangenden Kohle unter Zugabe von Sauerstoff für die Energieerzeugung verbraucht. Wird die negative Energiebilanz des Vergasungsprozesses im allothermen Verfahren durch Zuführung zusätzlicher Energie ausgeglichen, so erhöht sich entsprechend die Gasausbeute. Da gleichzeitig die Sauerstoffzuführung im allgemeinen nicht erforderlich ist, resultiert ein hoher Nutzgasgehalt (H_2 + CO) bei nur geringem CO_2-Anteil. Analog wie sich Kohle und Kernenergie bereits bei der Elektrizitätserzeugung ergänzen, bietet sich ein derartiges Zusammenwirken auch bei der Kohlevergasung an, d.h. Deckung des für die Vergasung notwendigen Wärmebedarfes durch Kernenergie.

Im Laufe der letzten 20 Jahre hat sich für die Stromerzeugung aus Kernenergie weitgehend der Leichtwasserreaktor durchgesetzt. Da die für die Kohlevergasung benötigte Wärmeenergie auf einem Temperaturniveau von 950°C oder darüber angeboten werden muß, kommen Leichtwasserreaktoren als Energielieferanten nicht in Frage.

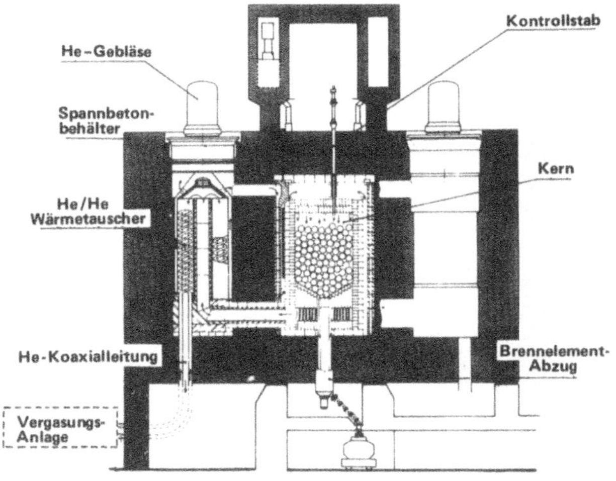

Abb. 5.33: Helium-gekühlter Hochtemperatur-Kernreaktor mit kugelförmigen Brennelementen (24)

Hierfür bietet sich der mit kugelförmigen Brennelementen arbeitende, mit Helium gekühlte Hochtemperatur-Kernreaktor an (25). Die Hochtemperatur-

(HTR)-Entwicklung (Prof. Schulten, RWTH Aachen und Inst. für Reaktorentwicklung der Kernforschungsanlage Jülich) erfolgte in der Bundesrepublik Deutschland und begann mit dem Bau eines 15 MW-Versuchsreaktors (AVR = Arbeitsgemeinschaft Versuchs-Reaktor) in Jülich, der seit 1967 ohne nennenswerte Störungen mit guten Betriebsergebnissen arbeitet. Der Reaktor wird bei einer Kühlgastemperatur bis zu 950°C betrieben. Die Inbetriebnahme des Folgeprojektes eines Thorium-Hochtemperatur-Reaktors THTR 300 mit einer Leistung von 300 MW (Standort Schmehausen bei Hamm) ist für Anfang der 80er Jahre vorgesehen.

Das Kernstück des Reaktors ist sein Brennelement, eine Graphitkugel von 6 cm Durchmesser, in die der Brennstoff 1 g Uran und 5 - 10 g Thorium in Form vieler kleiner beschichteter Teilchen eingebettet ist. Eine Schüttung solcher Kugeln bildet den Reaktorkern. Im Versuchsreaktor AVR in Jülich sind ca. 100.000, im THTR-300 in Schmehausen etwa 600.000 Kugeln enthalten. Das Kühlgas Helium gibt seine Wärme in Zwangsdurchlauf-Dampferzeugern an einen Sekundärkreis ab, wodurch eine Trennung von radioaktiven Bereichen vollzogen wird. Zur Abfuhr der auch bei abgeschaltetem Reaktor anfallenden Wärme stehen neben dem Hauptkühlsystem mehrere unabhängige Hilfskühlkreise zur Verfügung.

Eine Besonderheit großer Hochtemperaturreaktoren ist der Spannbetonbehälter anstelle des Druckbehälters aus Stahl bei Leichtwasserreaktoren. Der Reaktordruckbehälter und alle Systeme, die radioaktives Gas führen und unter hohem Druck stehen, sind in einem druckdichten Reaktorschutzgehäuse aus Spannbeton untergebracht.

Die Entwicklung von Verfahren zur Kohlevergasung mit Wärme aus Hochtemperaturreaktoren wird unter Förderung durch das BMFT und das Land Nordrhein-Westfalen im Rahmen eines Zusammenarbeitungsvertrages zwischen Bergbau-Forschung GmbH, Essen, Gesellschaft für Hochtemperaturreaktor-Technik mbH, Bergisch-Gladbach, Hochtemperatur-Reaktorbau GmbH, Mannheim, Kernforschungsanlage Jülich GmbH, Jülich, und Rheinische Braunkohlenwerke AG, Köln, durchgeführt (21). Für die Nutzung der nuklearen Wärme zur Kohlevergasung werden insbesondere zwei Wege untersucht:

1. die Einkopplung der nuklearen Prozeßwärme über die Methanspaltung im Röhrenofen als Vorstufe bei der hydrierenden Kohlevergasung zur Herstellung von SNG,

2. die Einkopplung der nuklearen Prozeßwärme zur Deckung des Energiebedarfes bei der Wasserdampfvergasung nach dem Tauchsiederprinzip über einen Helium-Sekundärkreislauf.

Abb. 5.34 zeigt den Verbund eines Hochtemperatur-Kernreaktors mit der Methanspaltung im Röhrenofen und einer nachgeschalteten Anlage zur hydrierenden Kohlevergasung. Die Wärme des primären Heliumkreislaufes wird zunächst an einen Röhrenspaltofen und anschließend im unteren Temperaturbereich an einen Dampferzeuger übertragen. Der für die hydrierende Vergasung der Kohle (direkte Methanisierung) notwendige Wasserstoff wird durch Dampfspaltung von Methan unter Nutzung der nuklearen Prozeßwärme gewonnen. Die Kohle wird in der Wirbelschicht (Winkler-Verfahren) bei etwa 850°C und 80 bar vergast. Der anfallende Restkoks wird gekühlt und ausgeschleust. Das Rohgas durchläuft nach der Reinigung eine Tieftemperatur-Zerlegung, in der die Auftrennung in Methan, Wasserstoff und Koh-

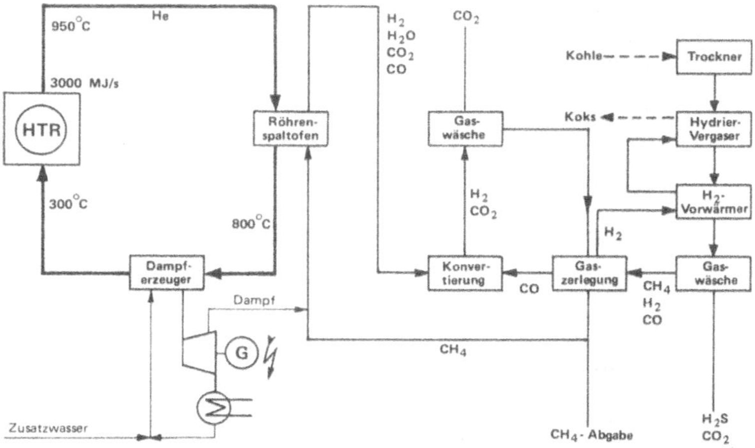

Abb. 5.34: Hydrierende Kohlevergasung zur Herstellung von SNG über die Methanspaltung mit Kernreaktor-Wärme im Röhrenofen (26)

lenmonoxid erfolgt. Ein Teil des Methans wird an das Netz abgegeben, der Rest nach Zusatz von Wasserdampf und Vorwärmung in den Spaltofen geführt. Gemeinsam mit der Kohlenmonoxid-Fraktion aus der Gaszerlegung wird das Spaltgas anschließend konvertiert und gelangt nach einer Kohlendioxidwäsche in die Gaszerlegung.

Die Energieübertragung über weite Strecken in bestehenden Gas-Leitungssystemen über den Kreislaufprozeß - Methanspaltung mit nuklearer Prozeßwärme am Reaktorort zu Kohlenmonoxid und Wasserstoff und anschließender exothermer Synthese des Methans am Verbrauchsort - ist unter dem Namen Eva-Adam-Kreislaufprozeß bekannt geworden. Heizwärme für Haushalte sowie Prozeßwärme für Industrie und Elektrizitätserzeugung über den Weg der Dampferzeugung sollen auf diesem Wege wirtschaftlich zum Verbraucher gebracht werden. Dieser Prozeß wird derzeit in einer Versuchsanlage erprobt.

Während die Einführung der Kernreaktorwärme für die SNG-Herstellung durch hydrierende Vergasung über einen Gas-Gas-Wärmetauscher erfolgt, muß bei der Kohlevergasung mit Wasserdampf zur Herstellung von Synthesegas die nukleare Wärme aus dem Heliumkreislauf direkt in den Gasgenerator übertragen werden. Hierfür wurde das Prinzip des Tauchsieders gewählt (Abb. 5.35). Die Erprobung des simulierten Verfahrens (ohne HTR-Wärme) wird in einer Versuchsanlage bei der Bergbau-Forschung durchgeführt.

Zur Trennung des radioaktiven Reaktorbereichs von der Kohlevergasung wird die nukleare Prozeßwärme über das Kühlgas Helium (Primärkreislauf, 950°C, 40 bar) in einem Wärmetauscher auf einen zweiten Gaskreislauf übertragen. Auch für den Sekundärkreislauf wird wegen der hohen Wärmekapazität Helium verwendet. Die Wärme des Sekundärkreislaufs wird zunächst im Gasgenerator in ein Wirbelbett aus vorentgaster Kohle und Dampf

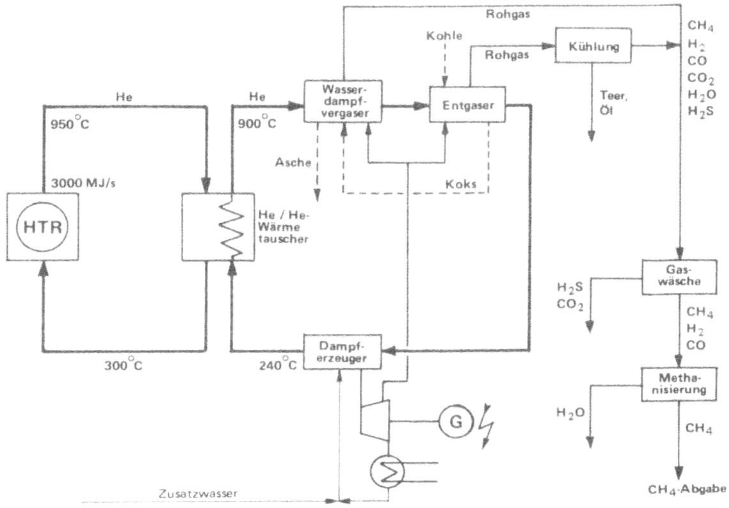

Abb. 5.35: Kohlevergasung mit Wasserdampf unter Nutzung der nuklearen Prozeßwärme nach dem Tauchsiederverfahren (26)

abgegeben. Die Rohre des in der Wirbelschicht befindlichen Wärmeaustauschers bestehen aus hochtemperaturbeständigen Nickellegierungen, z.B. Incoloy 800 (Ni-Fe-Cr-Legierung mit Molybdän-Zusatz). Die nach Durchströmung des Generators verbleibende Wärmeenergie findet Verwendung zur Beheizung des Entgasers und dient anschließend zur Dampferzeugung. Ein Teil dieses Dampfes gelangt als Prozeßdampf für die Vergasung und in verschiedenen Stufen der Gasaufbereitungs- und Umwandlungsanlagen zum Einsatz. Der Rest dient zur Stromerzeugung. Durch die Vorschaltung einer Entgasungsstufe können auch backende Kohlen verwendet werden; bei Bedarf ist auch die Gewinnung von Teer, Öl und Gas möglich.

Ein Schlüsselproblem der weiteren Entwicklungsarbeiten für den Einsatz von Kernenergie zur Kohlevergasung ist die Beherrschung der hohen Temperaturen in den verschiedenen Stufen des Verfahrens, darunter insbesondere im He/He-Wärmetauscher.

Die Marktchancen der Vergasung von Kohle mit Hilfe nuklearer Prozeßwärme für den Zeitraum bis zum Jahre 2025 wurden in einer Marktstudie untersucht (27). Dabei wurde davon ausgegangen, daß die Kohle in synthetisches Erdgas (SNG) umgewandelt wird.

Auf Basis der Kosten des Jahres 1976 und einer in diesem Jahr fiktiv in Betrieb gehenden Anlage kommt die Studie zu dem Ergebnis, daß die nukleare Vergasung der Braunkohle etwa 6,90 - 7,60 DM/GJ und die der Steinkohle 9,60 - 10,70 DM/GJ kosten würde. Die Kosten der Vergasung von Braunkohle oder Steinkohle ohne nukleare Prozeßwärme lägen um 21 % (BK) bzw. 46 % (SK) höher. Trotz der erheblichen Kostensenkung durch den Einsatz der Kernenergie wäre die Herstellung von synthetischem Erdgas aus Kohle aber zur Zeit noch nicht wirtschafltich.

Da frühestens nach 1990 Hochtemperatur-Kernreaktoren im Verbund mit Kohlevergasungsanlagen kommerziell verfügbar sein werden, ist für die Beurteilung der Wettbewerbsfähigkeit der nuklearen Kohlevergasung erst dieser Zeitraum maßgeblich. Die Studie gelangt unter der Annahme bestimmter Preissteigerungsraten zu dem Ergebnis, daß im Jahre 2000 bei der Vergasung von Braunkohle mit nuklearer Prozeßwärme das aus Braunkohle hergestellte SNG einen Preisvorteil von etwa 10 % gegenüber Erdgas aufweisen würde. Bei der Steinkohle liegen die Verhältnisse deutlich ungünstiger. Hier wird auch im Jahre 2000 sowohl bei der nuklearen Vergasung als auch bei der konventionellen Vergasung das SNG aus Steinkohle über dem Preis von Erdgas liegen.

5.5.10 Untertagevergasung von Kohle

Die Vergasung der Kohle am Ort ihres Vorkommens wäre die ideale Gewinnungsmethode, wenn es gelingt, ein umweltfreundliches, mit guter Ausbeute und hoher Wirtschaftlichkeit arbeitendes Verfahren zu entwickeln. Allein in der Bundesrepublik Deutschland befinden sich rund 80 % der bisher nachgewiesenen Vorräte an Steinkohle (186 Mrd. t), in einer Teufe zwischen 1.500 und 2.000 m und sind daher zur Zeit wirtschaftlich nicht gewinnbar.

Die mögliche Bedeutung der Vergasung der Kohle in ihrer natürlichen Lagerstätte wurde bereits vor etwa 100 Jahren erkannt. Im Jahre 1868 wurde dieser Gedanke in Großbritannien (von William Siemens) erstmals ausgesprochen. Mendeleyew, schrieb darüber einen Aufsatz im Jahre 1888. Bereits im Jahre 1909 wurde die erste Patentanmeldung über ein Verfahren zur Untertagevergasung von Kohle eingereicht. Im Jahre 1913 sprach sich Lenin vor russischen Bergarbeitern für die Befreiung von der schweren Arbeit unter Tage durch Einführung der in-situ-Kohlenvergasung aus. Nur in der UdSSR wurden bisher Verfahren zur Untertagevergasung bis zur technischen Reife entwickelt, und zwar sowohl für horizontale als auch für steil gelagerte Flöze (28). Derzeit werden in den UdSSR drei Kraftwerksanlagen kommerzieller Größe im Verbund mit der Untertagevergasung betrieben (Podmoskovia, Yuzhno Abinsk und Angren).

Grundsätzlich ist bei der Untertagevergasung der Kohle davon auszugehen, daß die natürliche Permeabilität der Kohle nicht ausreicht, um einen genügend hohen Gasfluß zu ermöglichen. Die Permeabilität der Kohle muß daher künstlich erhöht werden. Dabei wird im allgemeinen nicht die Permeabilität der Kohle im Ganzen (Volumenpermeabilität) erhöht, sondern durch besondere Maßnahmen werden schmale Kanäle im Flöz hergestellt. Für den Erfolg ist entscheidend, daß das Verbinden der Bohrlöcher, allgemein als Linking bezeichnet, am Boden des Flözes erfolgt. Bisher wurden vier hauptsächlich in der UdSSR entwickelte Methoden erprobt (29):

1. Geneigte Bohrungen,
2. Gegenstrom-Brennen,
3. Elektro-linking,
4. Hydrofracking bzw. explosive-fracturing mit anschließender Gegenstrom-Verbrennung.

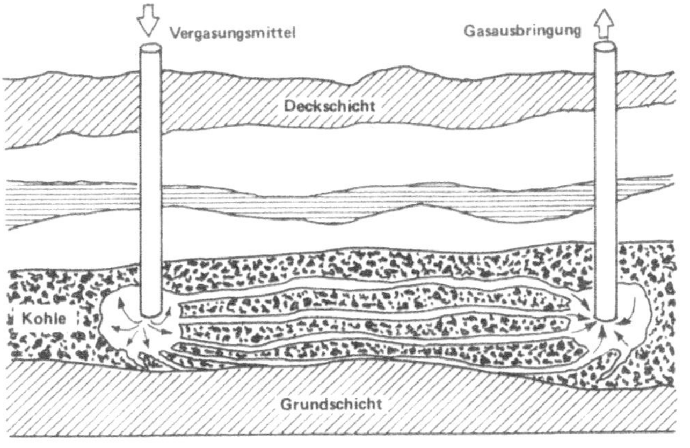

Abb. 5.36: Prinzip der Kohlevergasung unter Tage mit zwei vertikalen Bohrungen

Das Anbringen vertikaler oder geneigter geradliniger Bohrungen ist eine geläufige Technologie. Mit speziell geführten Elektromotoren können auch geneigte und gekrümmte Bohrungen mit einem Krümmungsradius um 600 m angelegt werden. Als "Rückwärts- bzw. Gegenstrombrennen" bezeichnet man den Verbrennungsvorgang, bei dem sich die Gase und die Flammenfront in entgegengesetzter Richtung bewegen. Dadurch gelingt es, den Verbrennungskanal schmal zu halten. Bei dem Elektro-linking wird die bei höherer Temperatur stark ansteigende elektrische Leitfähigkeit der Kohle genutzt und ein Kanal zwischen zwei in den Flöz eingebrachten Elektroden gebrannt. Bei dem Hydrofracking wird zur Rißbildung Wasser unter hohem Druck in den Flöz gedrückt. Damit sich der gebildete Spalt nicht wieder schließt, wird dem Wasser Sand beigemischt. Das Verfahren wurde bisher für steil gelagerte Flöze angewandt.

In Nordamerika wurden 1978 sieben Untertagevergasungs-Versuche durchgeführt, wovon einige bis 1983 zur industriellen Reife geführt werden sollen.

Am weitesten fortgeschritten und in einer Reihe von Feldversuchen (in Hanna, Wyoming) erprobt ist das Verfahren der sogenannten Linked-Vertical-Well Technik (LVW) des Laramie Energy Research Center (Lerc Projekt). Die Permeabilität der Kohle wird dabei durch Rückwärtsbrennen eines Kanals erhöht. Die Zündung wird durch eine Propangasflamme vorgenommen. Nach dem Durchbrennen wird die Kohle im Gleich- oder Gegenstrom vergast. Der Bohrlochabstand der vertikalen Bohrungen zum Einführen der Vergasungsluft und Ausbringen des gebildeten Kohlegases liegt zwischen 20 und 30 m.

Bei dem Longwall-Generator-Verfahren des Morgantown Energy Research Center (MERC) wird die Permeabilität der Kohle durch Bohren von richtungsabgelenkten Kanälen in dem Kohleflöz erreicht. Dabei dient jeweils ein Kanal für das Vergasungsmittel (Luft), der andere für das Produktgas. Bisher wurde nach diesem Verfahren mit der Vergasung eines 2 m mächtigen

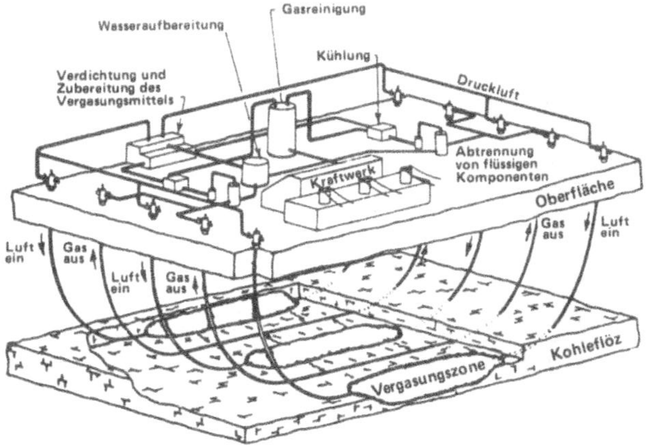

Abb. 5.37: Longwall-Generator-Verfahren (MERC) (21)

Flözes in einer Teufe von 300 m begonnen. Die bohrtechnischen Schwierigkeiten waren sehr groß.

Bei dem LLL-Verfahren des Lawrence Livermore Laboratory wird die Permeabilität der Kohle durch Aufsprengen des Flözes (Explosive fracturing) erhöht. Die Flöze werden zunächst durch vertikale Bohrlöcher erschlossen. Die Sprengungen werden mit pastösen Sprengstoffen durchgeführt. Anschließend wird im Hangenden gezündet und von oben nach unten mit Luft oder einem Sauerstoff/Wasserdampf-Gemisch vergast. Das Verfahren soll für Flöze großer Mächtigkeit (30 m) in Teufen bis zu 1.000 m angewandt

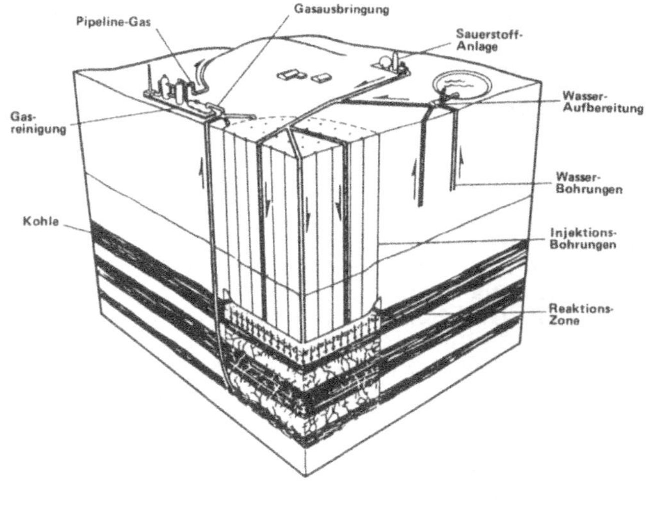

Abb. 5.38: Packed Bed-Verfahren (LLL) (21)

werden. Die Ergebnisse bisheriger Feldversuche (zuletzt in Hoe Creek, Flözmächtigkeit 8,5 m, Tiefe 40 m, Bohrlochabstand 10 m) waren bisher noch nicht sonderlich ermutigend. Weitere Feldversuche sind geplant.

Abb. 5.39 zeigt die Flözerschließung durch Bohrungen unter verschiedenen Neigungswinkeln, das sogenannte Steeply Dipping Bed-Verfahren (SDB). Das Verfahren ist vornehmlich für Flöze in steiler Lagerung gedacht.

Die bisher gesammelten Erfahrungen ergeben noch keine Gewißheit, daß es mit den entwickelten Techniken gelingt, ein Gas von einigermaßen konstanter Zusammensetzung zu erzeugen. Der Heizwert des Gases, das für die Stromerzeugung eingesetzt werden soll, ist bisher recht niedrig geblieben. Er erreichte z.B. im Feldversuch Hanna II (LVW) im Durchschnitt 6.100 kJ/m^3 (Schwachgas).

Aus dem Blickwinkel des Umweltschutzes bestehen ernste Bedenken gegen die Untertagevergasung wegen möglicher plötzlicher Bodensenkungen, wegen der Verunreinigung des Grundwassers und schließlich wegen der Verunstaltung der Landschaft durch zahlreiche Bohrlöcher.

Unter den in Europa vorliegenden Bedingungen scheint nach dem derzeitigen Stand der Kenntnisse die Vergasung von Kohle am Ort ihres Vorkommens sowohl aus technischen Gründen als auch unter dem Gesichtspunkt des Umweltschutzes wie schließlich auch aus wirtschaftlichen Erwägungen nur in Sonderfällen durchführbar zu sein. Wegen der besonderen Bedeutung, die der Untertagevergasung zukommen kann, wird in Belgien und in der Bundesrepublik Deutschland an diesem Thema (Untertagedruckvergasung) gearbeitet. Im Oktober 1976 wurde ein Abkommen zur gemeinsamen belgisch-deutschen Weiterentwicklung der Untertagevergasung unterzeichnet. An der RWTH Aachen werden Studien und Laboruntersuchungen und bei Saarberg-Interplan in Saarbrücken Vorbereitungen für einen Feldversuch, der in der Nähe von Thulin (Belgien) stattfinden soll, durchgeführt.

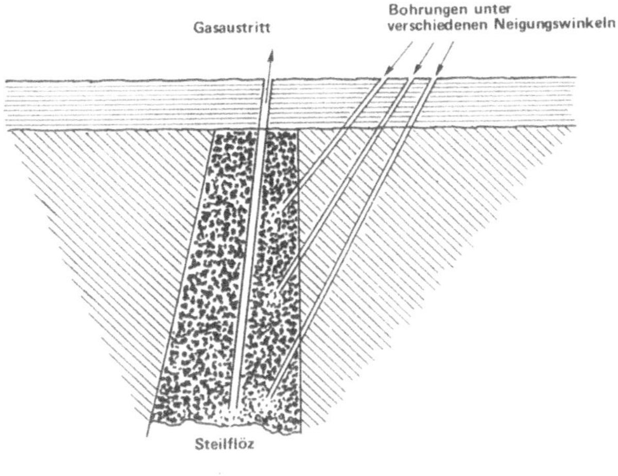

Abb. 5.39: Steeply Dipping Bed-Verfahren

Die Wirtschaftlichkeit der Untertagevergasung der Kohle hängt in hohem Maße von den gegebenen geologischen Verhältnissen ab:

Beschaffenheit der Kohle und Mächtigkeit der Flöze,

Teufe und Neigung der Flöze,

Auftreten wasserführender Schichten,

Dichtigkeit des Deckgebirges und Verwerfungen,

geologischer Aufbau des Gebietes.

Sämtliche bisher durchgeführte Versuche fanden nur in geringer Teufe statt, wo letztlich auch Tagebau möglich gewesen wäre. Versuche in grosser Teufe unter 700 m sind bisher noch nicht durchgeführt worden. Für die Untertagevergasung bieten sich jedoch besonders diejenigen Kohlevorkommen an, die wegen der großen Teufe in dem bisher üblichen Tiefbau nicht erschlossen werden können.

6. Aufbereitung und Verwendung von Synthesegas

Als Synthesegas werden Gasgemische unterschiedlicher Zusammensetzung bezeichnet, die in der chemischen Technik als Ausgangsmaterial für Synthesen sowie zur Herstellung von Wasserstoff (neben CO und CO_2) dienen (1,2). Sie bestehen überwiegend aus Kohlenmonoxid und Wasserstoff in wechselndem Verhältnis. Synthesegas wird auch das für die Ammoniaksynthese zum Einsatz gelangende Wasserstoff/Stickstoff-Gemisch (N_2 + 3 H_2) genannt. Für CO/H_2-Gemische haben sich je nach Herkunft oder Verwendung auch die Bezeichnungen Wassergas, Spaltgas, Methanol-Synthesegas oder Oxogas eingebürgert. Die weit überwiegende Menge des Synthesegases wird zur Zeit durch Erdgas- oder Erdölspaltung (Dampfspaltung oder partielle Oxidation) erzeugt.

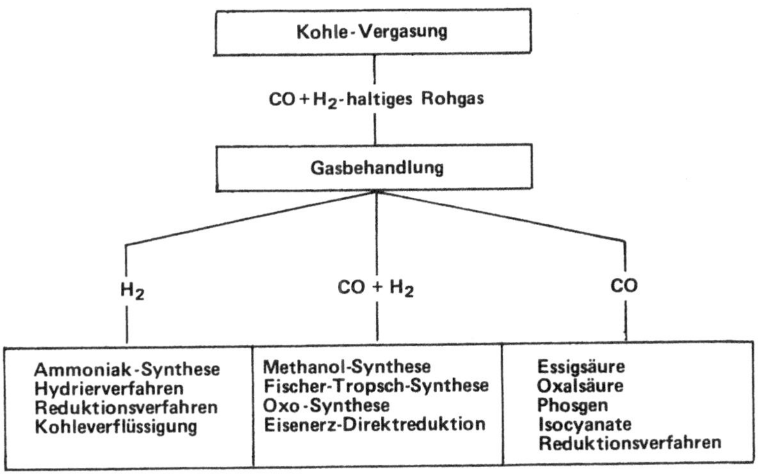

Abb. 6.1: Verwendung von Synthesegas

Die Zusammensetzung des Synthesegases hängt ab von dem Verwendungszweck, d.h. sie wird bestimmt durch die Stöchiometrie der Reaktion. Die bei den Umsetzungen zum Einsatz gelangenden Katalysatoren sind im allgemeinen recht empfindlich und stellen hohe Ansprüche an die Reinheit des Gases. Schwefel in Form von H_2S oder COS ist für viele Katalysatoren ein Gift, das ihre Wirksamkeit teilweise oder völlig blockiert. Auch CO_2 ist im allgemeinen von Nachteil. Es kann entweder in die Reaktion eingreifen oder als Ballast die Wirtschaftlichkeit des Verfahrens negativ beeinflussen.

Die durch Vergasung der Kohle erzeugten Rohgase (3) unterscheiden sich je nach dem angewandten Herstellungsverfahren erheblich in ihrer Beschaffenheit. Entsprechend unterschiedlich sind die erforderlichen Maßnahmen für die Reinigung des Gases. Bei der Vergasung im Flugstrom- oder Wirbelschicht-Reaktor ist das Rohgas stark staubhaltig. Bei der Vergasung im Schüttgutreaktor bzw. allgemein bei einer Vergasung bei mittleren Temperaturen enthält das Rohgas kondensierbare Entgasungsprodukte, wie z.B. Phenole und Teer.

Der Nutzgasanteil an Wasserstoff und Kohlenmonoxid ist abhängig von dem Vergasungsverfahren und insbesondere von dem C/H-Verhältnis des Einsatzmaterials. Das H_2/CO-Verhältnis beträgt bei der Kohlevergasung im allgemeinen ca. 0,5. Es steigt über etwa 1 bei der Partialoxidation von schwerem Heizöl, auf 3 bei dem Steam-Reforming von Erdgas (CH_4). Da für Synthesegas meist ein H_2/CO-Verhältnis über 1 gefordert wird, ist die Aufbereitung des wasserstoffarmen Kohlegases aufwendiger und damit teurer als die der aus Erdöl oder Erdgas stammenden Rohgase.

Das aus dem Vergasungsreaktor kommende Rohgas durchströmt zunächst einen Abhitzekessel, in dem Hochdruckdampf erzeugt wird. Eventuell anfallende kondensierbare Bestandteile (Teer, Phenole) werden wie bei der thermischen Kohleveredlung (Kapitel 3.4.4) abgetrennt.

Tabelle 6.1: H_2/CO-Verhältnis in der Synthesegas-Chemie (2)

Produkt	Essigsäure [1])	Oxo-Alkohole [2])	Direkt-reduktion [3])	Fischer-Tropsch [4])	Methanol	Ammoniak
H_2/CO	0 – 0,02	1,0 – 1,2	1,3 – 1,5	1,6 – 2,3	2,0 – 2,3	$>10^5$
zusätzl. Reaktanden	Methanol	Propylen	Eisenoxide	CO_2	CO_2	N_2 (=$\frac{1}{3}H_2$)

[1]) = Monsanto-Verfahren [2]) = Ruhrchemie- u. BASF-Verfahren [3]) = Midrex-Verfahren [4]) = Festbett-Synthese

Die im Rohgas mitgeführten Feststoffe können in Zyklonen, in Naßwäschern (Abb. 6.3) und gegebenenfalls durch anschließende elektrostatische Feinreinigung (s. Kapitel 9.8) entfernt werden. Die Einteilung der Naßwäschertypen - Waschturm, Strahlwäscher, Rotationswäscher und Venturiwäscher - erfolgt nach der strömungstechnischen Konzeption der Geräte, woraus sich gleichzeitig eine Differenzierung nach der Abscheideleistung ergibt. Wichtige Kriterien für ihren Einsatz in der Kohlevergasung sind insbesondere der Druckverlust, die Feststoffkonzentration und Feinheit sowie die Relativgeschwindigkeit (4).

6.1 CO-Konvertierung

Für eine Reihe technischer Prozesse ist eine teilweise oder vollständige Umwandlung des im Rohgas enthaltenen Kohlenmonoxids entweder aufgrund der Stöchiometrie der Reaktion oder zur Vermeidung der Vergiftung des Katalysators (z.B. Ammoniak-Synthese) erforderlich. Die Einstellung des gewünschten CO-Gehaltes erfolgt durch Konversion mit Wasserdampf (6.1).

$$CO + H_2O \rightleftharpoons H_2 + CO_2 \qquad \Delta H_0 = -42{,}3 \text{ kJ} \qquad (6.1)$$

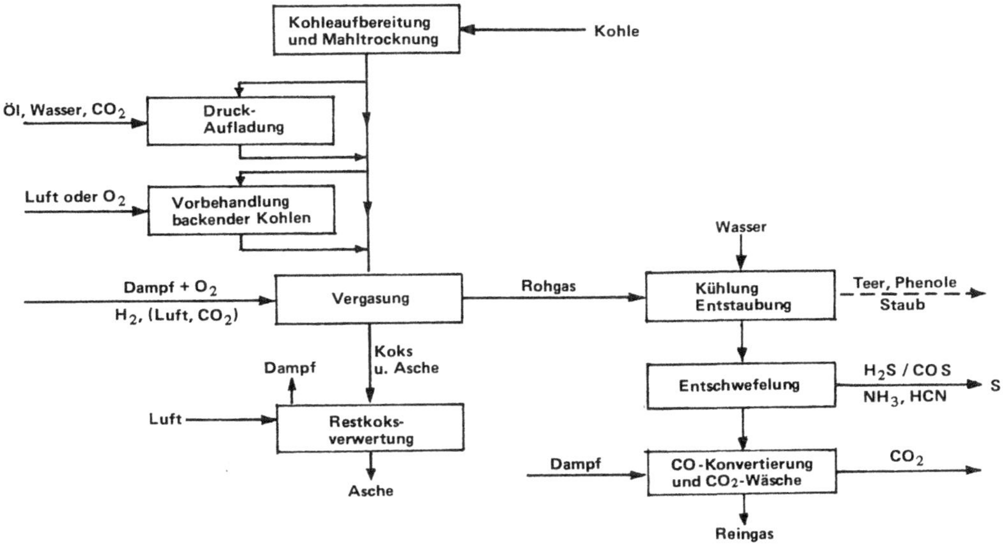

Abb. 6.2: Prozeß-Schritte bei der Kohlevergasung und Gasaufbereitung

Die Reaktion ist exotherm, die Wasserstoffbildung wird demgemäß durch niedrige Temperatur begünstigt. Ohne Katalysatoren stellt sich das druckunabhängige Wassergas-Gleichgewicht erst bei Temperaturen über 950 °C mit ausreichender Geschwindigkeit ein. Großtechnisch erfolgt die Konversion bei Wasserdampf-Überschuß (Wasser/Kohlenmonoxid-Verhältnis = 2 bis 4) in einem Kreislauf über Befeuchter und Entfeuchter unter Anwendung von Katalysatoren.

Die Katalysatoren können in drei Kategorien eingeteilt werden:

1. Hochtemperatur(HT)-Katalysatoren aus chromaktiviertem Eisenoxid, die im Temperaturbereich von 300 bis 600 °C Anwendung finden. Sie erfordern ein entschwefeltes Einsatzgas. Dieser Katalysatortyp wird bei der Konvertierung von Kohlegasen am häufigsten eingesetzt.

2. Tieftemperatur(TT)-Katalysatoren, welche Kupferoxid bzw. Kupfer und Zinkoxid enthalten und im Temperaturbereich von 180 bis 270 °C eingesetzt werden. Sie sind hochwirksam , aber äußerst schwefel- und chlorid-empfindlich.

3. Schwefelfeste Kobalt/Molybdän-Katalysatoren für die Konvertierung von Kohlenoxid in schwefelhaltigen Gasen.

Die Temperaturgrenzen werden von der Beständigkeit und der Wirksamkeit der Katalysatoren bestimmt. Der Rest-CO-Anteil im Konvertgas der HT-Konvertierung beträgt im allgemeinen 2 - 4 %, der der TT-Konvertierung

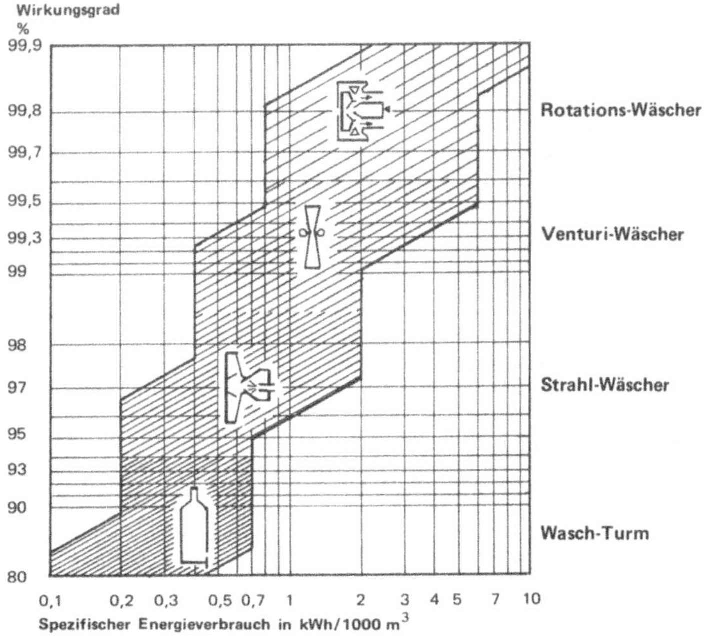

Abb. 6.3: Wirkungsgrad (%) und spezifischer Energieaufwand (kWh/1000 m^3) von Naßwäschern

nur noch rund 0,5 %. Der Tieftemperaturkatalysator wird üblicherweise nur zur Nachkonvertierung im Anschluß an eine HT-Konvertierung eingesetzt, meist in Verbindung mit einer anschließenden Methanisierung zur Feinreinigung des Gases.

Den Verfahrensablauf zeigt Abb. 6.4. Das entschwefelte Rohgas wird in dem Befeuchter im Gegenstrom in einer Füllkörpersäule mit warmem Wasser berieselt, wobei es erwärmt und mit Wasserdampf gesättigt wird. Das Gas-Dampf-Gemisch wird vor Eintritt in den Konverter durch aus dem Konverter austretendes Konvertgas auf ca. 320 °C vorgewärmt. Der Katalysator ist in dem Konverter in mehreren Lagen angeordnet. In den Zwischenräumen wird zur Kühlung und zum Ersatz des bei der Reaktion verbrauchten Wasserdampfes Kondensat eingedüst. In dem Entfeuchter wird der überschüssige Dampf durch Kühlung weitgehend kondensiert.

Bei hoher Gasaustrittstemperatur (z.B. 1.500 °C) ist die katalysatorfreie Quenchkonvertierung mit Wasser möglich, da sich bei Temperaturen über 950 °C das Gleichgewicht auch ohne Katalysatoren rasch einstellt.

$$H_2 + COS \rightleftharpoons H_2S + CO \qquad (6.2)$$

Parallel zu der Kohlenmonoxid-Konversion verläuft die Hydrierung des im Rohgas meist in geringer Menge (rund 1/10 des H_2S-Anteils) enthaltenen Kohlenoxidsulfids unter Bildung von H_2S (6.2).

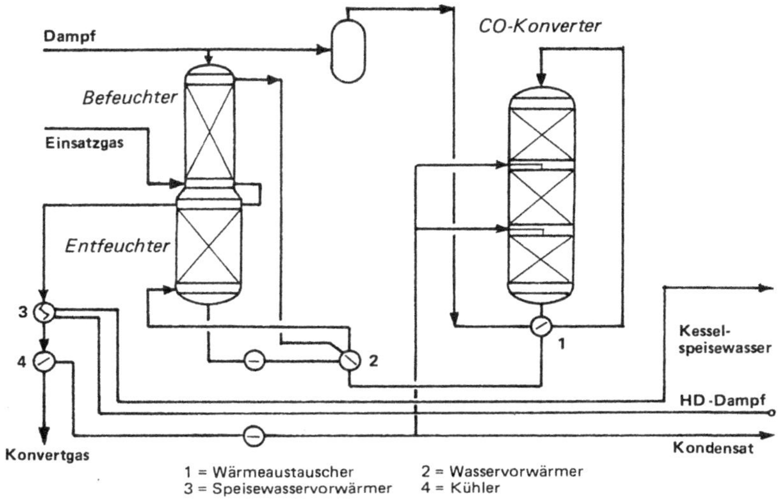

Abb. 6.4: Prinzip der CO-Konvertierung

6.2 Abtrennung von CO_2 und H_2S

Für die Abtrennung der sauren Gaskomponenten CO_2, H_2S und COS wurde eine Vielzahl von Verfahren entwickelt (Tabelle 6.2).

Grundsätzlich ist zu unterscheiden zwischen chemischen und physikalischen Absorptions-Verfahren. Die Wahl des Absorptions- bzw. Waschmittels hat wesentlichen Einfluß auf die Wirtschaftlichkeit des Reinigungsverfahrens. Die chemischen Absorptionsverfahren, die eine Reaktion zwischen den zu beseitigenden Gasbestandteilen und dem Reinigungsmittel beinhalten, sind um so besser geeignet, je geringer die Menge der zu entfernenden Verunreinigungen ist. Bei niedrigen Partialdrucken vermag im allgemeinen das chemisch wirkende, bei hohen Partialdrucken das physikalisch wirkende Waschmittel mehr zu lösen. Die chemische Gasreinigung ist daher auch bei Normaldruck anwendbar.

Die physikalischen Absorptionsverfahren nutzen die mit wachsendem Gasdruck und sinkender Temperatur zunehmende Löslichkeit von Gasen in Flüssigkeiten. Sie eignen sich demgemäß besonders für hohe Drucke, große Gasdurchsätze und hohe Gehalte an Verunreinigungen. Das einfachste, allerdings nur noch selten angewandte physikalische Waschverfahren ist die Druckwasserwäsche. Es sind auch Gasreinigungsverfahren entwickelt worden, in denen physikalische und chemische Prozesse miteinander kombiniert sind.

Trockene Gasreinigungsverfahren mit Feststoffadsorption finden bevorzugt zur Feinreinigung von geringen Gasmengen Verwendung. Die früher gebräuchliche Trockenentschwefelung mit Eisenoxidmassen ist bei großen Gasdurchsätzen wegen des hohen Aufwandes unwirtschaftlich.

Tabelle 6.2: Verfahren für die Synthesegas-Reinigung (5)

Prinzip	Verfahren	Reinigungs- / Waschmittel	zu entfernende Gasbestandteile
Physikalische Absorption	Druckwasserwäsche	Druckwasser	$CO_2 + H_2S$
	Selexol	Polyäthylenglykol-dimethyläther	$CO_2 + H_2S + COS$
	Rectisol	Methanol	$CO_2 + H_2S$ + S org.
	Purisol	N-Methylpyrrolidon	$CO_2 + H_2S$
	Fluor-Solvent	Propylencarbonat	$CO_2 + H_2S$
Chemische Absorption	Girbotol	Mono-, Di- u. Triäthanolamin	$CO_2 + H_2S$
	ADIP	Diisopropanolamin	$CO_2 + H_2S + COS$
	Alkazid DIK	Dimethylglycin	H_2S
	Alkazid M	Alanin	$CO_2 + H_2S$
	Pottasche (HP)	Kaliumcarbonat	$CO_2 + H_2S$
	Benfield	Kaliumcarbonat mit Vanadat + Kat.	$CO_2 + H_2S + COS$
	Giammarco-Vetrocoke	Kaliumcarbonat mit As_2O_3	$CO_2 + H_2S$
	Catacarb	Kaliumcarbonat + Katalysator	$CO_2 + H_2S$
	Stretford	Natriumcarbonat/Anthrachinon	H_2S
	Takahax	Natriumcarbonat mit Na-1.4-naphthochinon-2-sulfonat	H_2S
	Sulfinol	Tetrahydrothiophendioxid/ Diisopropanolamin/Wasser	$CO_2 + H_2S + COS$
	Kupfersalzlösungs-Wäsche	Kupferformiat/Kupferchlorid	CO
	Ammoniak-Wäsche	Ammoniak/Wasser	CO_2-Spuren
	Na OH-Wäsche	Natriumhydroxid	CO_2-Spuren
	Feinentschwefelung	Zinkoxid	S-Verbindungen
	Trockenreinigung	Raseneisenerz/Luxmasse	H_2S
Katalytische Umwandlung	CO-Konvertierung	Eisenoxid- u. Kupfer-Zink-Kat.	CO
	Methanisierung	Nickel-Katalysator	CO; CO_2
	Hydrierung von Schwefelverbindungen	Kobalt/Molybdän-Katalysator	org. S-Verbindungen
Feststoff-adsorption		Aktivkohle	Schwefelspuren
		Molekularsiebe	$CO_2 + H_2O$-Spuren
		Silikagel	$CO_2 + H_2O$-Spuren
Kondensation	Stickstoffwäsche	flüssiger Stickstoff	$CO + Ar + CH_4$

Das Kernstück einer Absorptionsanlage zur Gasreinigung ist ein mit Ventil-, Sieb- oder Streckmetallböden ausgerüsteter Waschturm (Absorber), in dem das Lösungsmittel und das Gas im Gegenstrom geführt werden. Bei dem Stoffübergang zwischen den Phasen wird eine Phasenänderungswärme frei (6), die oft zu einem erheblichen Temperaturanstieg im Absorber führt. Die Regenerierung des Waschmittels erfolgt in einem Regenerator entweder durch Druckentspannung oder durch Strippen mit einem inerten Gas oder durch "Auskochen".

6.2.1 Physikalische Absorptions-Verfahren

Zur Aufbereitung von Kohlegasen hat sich insbesondere das auf physikalischer Grundlage beruhende Rectisol-Verfahren (Lurgi/Linde) bewährt, das mit Methanol als Lösungsmittel bei tiefen Temperaturen (bis zu -60°C) unter Druck (z.B. 30 bar) arbeitet.

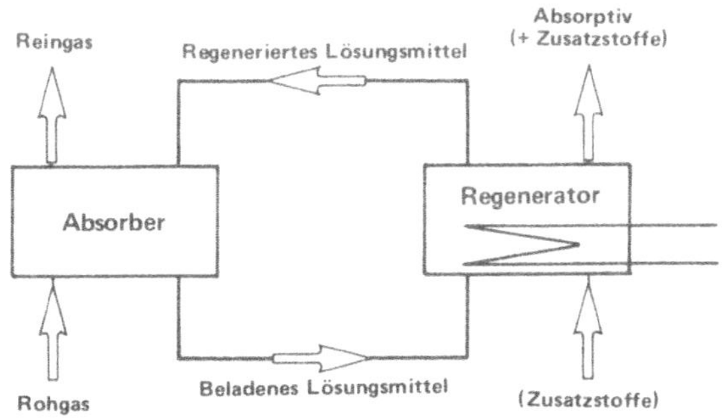

Abb. 6.5: Schematische Darstellung eines Absorptionsverfahrens

Bei dem Rectisol-Standardverfahren werden CO_2 und H_2S (neben COS, NH_3, HCN u.a.) gemeinsam ausgewaschen. Dadurch wird die nachfolgende Gewinnung des Schwefels in der Claus-Anlage wegen der hohen Verdünnung mit CO_2 erschwert (s. Kapitel 6.6). Die getrennte Isolierung des H_2S-reichen Abgases und eines schwefelfreien CO_2-Stroms, der z.B. für die Harnstoffsynthese verwendet werden kann, ermöglicht die selektive Variante des Rectisol-Verfahrens (Abb. 6.6). Dabei werden in einem vorgeschalteten Kreislauf mit geringer Methanol-Menge zunächst die leichter löslichen Schwefelkomponenten ausgewaschen und getrennt regeneriert. Die Entfernung des CO_2 erfolgt in der anschließenden Hauptwaschstufe.

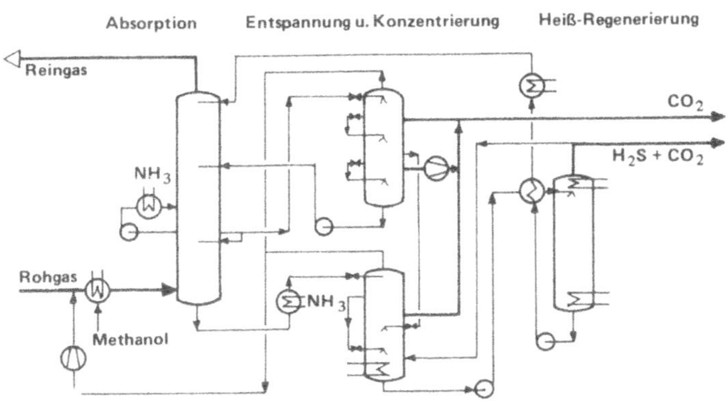

Abb. 6.6: Rectisol-Verfahren zur getrennten Entfernung von CO_2 und H_2S (Selektiv-Variante)

Neben dem Rectisol-Verfahren haben das mit Propylencarbonat arbeitende Fluor-Solvent-Verfahren (Fluor Engineers and Constructors), das Purisol-Verfahren (Lurgi) mit N-Methylpyrrolidon und das Selexol-Verfahren (Allied Chemical Corp.) mit Polyäthylenglykoldimethyläther technische Bedeutung erlangt.

6.2.2. Chemische Absorptions-Verfahren

Chemische Reinigungsverfahren haben gegenüber physikalischen den Vorteil, daß sie spezifisch gestaltet werden können. Die Waschlösung wird im Kreislauf geführt, d.h. regeneriert. Die Regeneration des mit CO_2 beladenen Absorptionsmittels kann durch Erhitzen, durch Druckverminderung oder durch Strippen mit Wasserdampf erfolgen. Auch einige Verfahren zur Entfernung von Schwefelwasserstoff arbeiten mit thermischer Regeneration des Waschmittels (z.B. das Alkazid-Verfahren). Bei anderen Verfahren wird der ausgewaschene Schwefelwasserstoff in der Lösung zu Elementarschwefel oxidiert und durch Filtration oder Zentrifugieren abgetrennt (z.B. Giammarco-Vetrocoke- und Stretford-Verfahren). Die zur Entfernung großer CO_2-Mengen aus Konvertgas (Grobwäsche) bzw. Gewinnung von Rein-CO_2 aus Stickstoff- und Kohlenmonoxid-haltigen Gasgemischen angewandte Wäsche mit Alkalicarbonat-Lösungen beruht auf der Bicarbonat-Reaktion (6.3).

$$Na_2CO_3 + CO_2 + H_2O \rightleftharpoons 2\,NaHCO_3 \qquad (6.3)$$

Bei Verwendung von Kaliumcarbonat läßt sich wegen der besseren Löslichkeit des $KHCO_3$ im Vergleich zur Na_2CO_3-Wäsche ein höherer Wirkungsgrad erzielen. Die sogenannte Heiß-Pottasche-Wäsche (HP-Verfahren) erfolgt bei rund 100°C. Die Absorption und Regeneration finden bei dem HP-Verfahren im allgemeinen bei annähernd gleicher Temperatur durch Druckentspannung statt. Diese Arbeitsweise erfordert einen geringeren Energieeinsatz und Kapitalaufwand. Es verbleibt jedoch ein höherer CO_2-Restgehalt.

Die verschiedenen Varianten des HP-Verfahrens (z.B. Benfield-, Catacarb- und Giammarco-Vetrocoke-Verfahren) unterscheiden sich durch den in der Lösung enthaltenen Aktivator zur Verbesserung des Absorptions- und Desorptionsgrades und durch die Aufteilung der Arbeitsstufen. Die Prozeß-Lösungen enthalten außerdem Korrosionsinhibitoren, damit kostengünstige Kohlenstoff-Stähle verwendet werden können.

Zur selektiven Entfernung von Schwefelwasserstoff oder zur gleichzeitigen Auswaschung von Schwefelwasserstoff und Kohlendioxid dient u.a. das Alkazid-Verfahren der BASF. Als Absorptionsmittel für Schwefelwasserstoff dient Alkazid DIK, eine Lösung des Kaliumsalzes von Dimethylglycin, während für das Auswaschen von Schwefelwasserstoff und Kohlendioxid Alkazid M, das Natriumsalz des Alanins, Verwendung findet.

Die Amin-Wäschen, die bevorzugt mit Mono-, Di- und Triäthanolamin (Girbotol-Verfahren der Girdler Corp.) bzw. Diisopropanolamin (ADIP-Verfahren der Shell) als Waschmittel arbeiten, werden vornehmlich bei der Aufarbei tung von Erdgas und aus Erdöl hergestellten Gasen verwendet. Die Ammoniak-Druckwasserwäsche wird bei der Reinigung von Koksofengasen (s. Kapitel 3.4.3) eingesetzt.

Ein kombiniertes, auf chemischer und physikalischer Absorption aufbauendes Verfahren, das zur Reinigung von Kohlegasen Verwendung findet, ist der Sulfinol-Prozeß der Shell. Das Waschmittel besteht aus einer Mischung von Diisopropanolamin (DIPA), Tetrahydrothiophendioxid (Sulfolan) und Wasser. Sulfolan ist ein ausgezeichnetes Lösungsmittel für H_2S, während Diisopropanolamin die Entfernung der sauren Gasbestandteile durch chemische Umsetzung bewirkt.

6.3 Feinreinigung

Das durch Grobwäsche gereinigte Synthesegas muß in bestimmten Fällen einer anschließenden Feinreinigung unterzogen werden, für die verschiedene Verfahren entwickelt wurden.

6.3.1 Adsorptionsverfahren

Für die Entfernung gasförmiger Verunreinigungen und Dämpfe polarer Natur, wie CO_2, H_2O und H_2S, durch Adsorption haben sich Aluminiumoxid, Kieselgel, Molekularsiebe und Aktivkohle bewährt. Durch Druckentspannung und/oder Temperaturerhöhung bzw. durch "Ausheizen" mit Stripgas werden die festen Adsorptionsmittel wieder regeneriert. Zur Abtrennung kleiner H_2S-Mengen, z.B. bei der Dampfspaltung von Erdgas, findet häufig Zinkoxid Verwendung, das dabei in Zinksulfid übergeht. Die Feststoffadsorption wird im allgemeinen nur zur Entfernung von Spurenverunreinigungen eingesetzt.

6.3.2 Tieftemperatur-Verfahren

Von den Tieftemperatur-Verfahren:

Partielle Kondensation (Tieftemperatur-Zerlegung)
Flüssig-Methan-Wäsche
Flüssig-Stickstoff-Wäsche

werden die partielle Kondensation und die Flüssig-Methan-Wäsche vornehmlich dann eingesetzt, wenn sowohl Kohlenmonoxid als auch Wasserstoff aus stickstoffarmen Gasgemischen in hoher Reinheit gewonnen werden sollen (s. Kapitel 6.4.2).

Die Flüssig-Stickstoff-Wäsche bildet die letzte Feinreinigungsstufe bei der Ammoniaksynthese, wodurch die verbliebenen Reste an CO, CH_4 und Argon aus dem vorgereinigten Wasserstoff mit flüssigem Stickstoff ausgewaschen werden. Der so gereinigte Wasserstoff enthält weniger als 50 ppm CH_4 und Argon sowie weniger als 5 ppm CO und O_2.

6.3.3 Methanisierung

Ein spezielles Verfahren der Feinreinigung ist die katalytische Methanisierung von Kohlenoxiden.

$$CO + 3\,H_2 \rightleftharpoons CH_4 + H_2O \qquad (6.4)$$

$$CO_2 + 4\,H_2 \rightleftharpoons CH_4 + 2\,H_2O \qquad (6.5)$$

Sie wird im allgemeinen der CO-Konvertierung nachgeschaltet, da die vollständige Entfernung des Kohlenmonoxids durch Konversion wegen der Gleichgewichtslage nur schwierig zu bewerkstelligen ist. Als Katalysatoren für die Methanisierung finden Nickelkatalysatoren auf SiO_2- oder Al_2O_3-Trägern Verwendung.

6.4 Kohlenmonoxid

Kohlenmonoxid spielt als C_1-Baustein in der organischen Chemie (7,8) eine wesentlich geringere Rolle als der zur Zeit dominierende C_2-Baustein Äthylen. Mit der in der Zukunft wachsenden Bedeutung der Kohle als Chemierohstoff wird Kohlenmonoxid an Bedeutung gewinnen.

6.4.1 Verwendung

Die Verwendung von CO/H_2-Gemischen überwiegt in der technischen Praxis gegenüber den Synthesen mit Rein-CO. Zu den letzteren zählen die Carbonylierung von Methanol zu Essigsäure, die Umsetzung mit Chlor zu Phosgen zur Gewinnung von Isocyananten, die Herstellung von Carbonsäuren aus Olefinen, CO und wasserstoffaktiven Verbindungen (Koch-Synthese und Reppe-Carbonylierung) und die Umsetzung von Acetylen zu Acrylsäure bzw. Acrylsäureestern.

Erheblichen Auftrieb gewinnt in jüngster Zeit die Synthese von Essigsäure aus Methanol und CO (9). Geeignete Verfahren wurden von der BASF und von Monsanto entwickelt. Bei dem BASF-Verfahren erfolgt die Umsetzung in einer Hochdruck-Gasphasen-Reaktion (über 100 bar, 250°C) mit Hilfe von Kobaltjodid als Katalysator.

$$CH_3-OH + CO \rightleftharpoons CH_3-C{\lesssim}^{O}_{OH} \qquad \Delta H_o = -138\ kJ \qquad (6.6)$$

Der Monsanto-Prozeß arbeitet in der Flüssigphase unter erheblich milderen Bedingungen dank der höheren Aktivität des als Katalysator verwendeten Rutheniumjodids.

Die Carbonylierung von Olefinen mit CO unter gleichzeitiger Umsetzung mit Verbindungen, die aktiven Wasserstoff enthalten (Wasser, Alkohole, Amine usw.), in Gegenwart von Metallcarbonylen als Katalysator (Reppe-Carbonylierung) führt zu Carbonsäuren oder deren Derivaten (6.7).

$$CH_2{=}CH_2 + CO + H_2O \xrightarrow{Ni(CO)_4} CH_3-CH_2-\overset{\overset{\displaystyle O}{\|}}{C}-OH \qquad (6.7)$$

Diese Umsetzung kann auch mit Lewis-Säuren als Katalysatoren (6.8) durchgeführt werden. Dabei entstehen vornehmlich verzweigte Carbonsäuren (Koch-Synthese).

$$(CH_3)_2C=CH_2 + CO + H_2O \xrightarrow{H_3PO_4/BF_3} H_3C-\underset{\underset{\displaystyle CH_3}{|}}{\overset{\overset{\displaystyle CH_3}{|}}{C}}-COOH \qquad (6.8)$$

6.4.2 Gewinnung

Kohlenmonoxid fällt außer bei der Vergasung fossiler Rohstoffe bei einer Reihe technischer Prozesse als zwangsläufiges Nebenprodukt an, so insbesondere in der Eisen- und Stahlindustrie (Anfall in den USA ca. 120 Mio

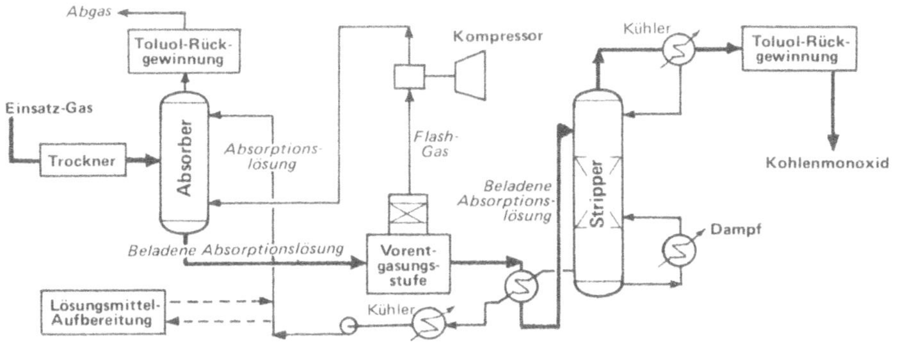

Abb. 6.7: Selektive CO-Gewinnung nach dem Cosorb-Verfahren der Tenneco Chemicals Inc.

t/a), in Erdölraffinerien, bei der Herstellung von Ferrolegierungen, Koks, Ruß, Phosphor und Aluminium sowie bei verschiedenen Prozessen der organischen Chemie. Für die Isolierung des CO aus Gasgemischen stehen insbesondere drei Grundverfahren zur Verfügung:

Tieftemperatur-Zerlegung,

Flüssig-Methan-Wäsche,

Absorption in Kupfersalzlösungen.

Bei der Tieftemperaturzerlegung z.B. nach dem Linde- oder Air-Liquide-Verfahren müssen vor der Trennung eines $H_2/CO/CH_4$-Gemisches H_2S, CO_2 und H_2O durch Adsorption entfernt werden. Neben Kohlenmonoxid wird Wasserstoff in 96-98 %iger Reinheit erhalten. Die Tieftemperaturzerlegung ist im allgemeinen weniger geeignet für Gasgemische mit höherem Stickstoff-Gehalt wegen der geringen Differenz der Siedepunkte von Stickstoff (Bp -195,8 °C) und Kohlenmonoxid (Bp -191,5 °C).

Die Verfahrenstechnik der Flüssig-Methan-Wäsche ist komplizierter als die der Tieftemperaturzerlegung, sie liefert jedoch das Kohlenmonoxid in höherer Reinheit (bis zu 99,8 % aus stickstoffreien Gasen). Die Wäsche erfolgt unter Druck bei etwa -180 °C. Das Kohlenmonoxid löst sich dabei völlig im Methan, so daß der am Kopf der Waschkolonne abziehende Wasserstoff frei von Kohlenmonoxid ist. Das beladene Methan wird durch Destillation zurückgewonnen, wobei das Kohlenmonoxid über Kopf abgetrieben wird.

$$[Cu(NH_3)_2]^+ + CO + NH_3 \rightleftharpoons [Cu(NH_3)_3CO]^+ \qquad (6.9)$$

Die CO-Absorption in salzsaurer CuCl- oder ammoniakhaltiger Cu(I)-Carbonat- bzw. Formiat-Lösung erfolgt unter Druck bis etwa 300 bar und niedriger Temperatur. Die Freisetzung des CO aus dem Komplex (6.9) erfolgt bei niedrigem Druck (ca. 1 bar) und höheren Temperaturen um 80 °C.

Das Cosorb-Verfahren der Tenneco Chemicals verwendet zur selektiven CO-Absorption eine Lösung von CuCl und $AlCl_3$ in Toluol ($CuAlCl_4$). Bei 30 - 40°C und erhöhtem Druck wird CO in einem Komplex gebunden. Bei etwa 105°C und 1,5 bar wird das CO im Stripper wieder freigesetzt. Wasser, H_2S und SO_2 müssen vor der Trennung entfernt werden. Stickstoff, Wasserstoff, CO_2 und O_2 stören nicht, da sie nur in geringem Umfang löslich sind. Man erhält das CO in einer Reinheit von über 99 %.

6.5 Kohlendioxid

Kohlendioxid ist ein Nebenprodukt vieler großtechnischer Prozesse wie Ammoniaksynthese, Wasserstoffgewinnung, SNG-Herstellung, Fermentation, Kalkbrennen, Kohlepyrolyse und verschiedene organische Synthesen. Ausserdem entsteht Kohlendioxid bei der Verbrennung aller kohlenstoffhaltigen Brenn- und Kraftstoffe sowie bei metabolischen Vorgängen. In der Luft ist Kohlendioxid zu rund 0,03 Vol.-%, im Meerwasser zu 0,005 % enthalten. Die Aufbereitung von Prozeßgasen zur CO_2-Gewinnung ist in Kapitel 6.2 beschrieben.

Rund 40 % des gewonnenen Kohlendioxids werden derzeit für verschiedene chemische Synthesen, vornehmlich Harnstoff und Methanol, eingesetzt (10). Die Rohstoffe für Harnstoff, das mengenmäßig bedeutendste Stickstoffdüngemittel, sind flüssiges Ammoniak und gasförmiges CO_2. Harnstoff-Anlagen werden deshalb oft in unmittelbarer Nähe von Ammoniak-Anlagen errichtet, woher auch das Nebenprodukt CO_2 bezogen wird.

Etwa 35 % des Kohlendioxids finden bei der Sekundär-Gewinnung von Erdöl Verwendung. Das CO_2 stammt in diesem Fall aus den nahegelegenen Erdgas-Aufbereitungsanlagen. Dieses Anwendungsgebiet hat zur Zeit die größten Steigerungsraten zu verzeichnen.

In der weiteren Rangfolge der CO_2-Verbraucher folgt der Kühlsektor mit 10 % des Bedarfs (Trockeneis und Flüssig-CO_2) vor der Getränke-Industrie (5 %). Weitere Anwendungsgebiete sind die Gießerei-Industrie (CO_2-Prozeß), Pflanzenkulturen (Treibhäuser), die Metallurgie und Schweißtechnik (Schutzgas). Der Einsatz im Kühlsektor und insbesondere im Lebensmittelbereich erfordert die Anwendung hochwirksamer Feinreinigungsverfahren, wie die Wäsche mit $KMnO_4$, $K_2Cr_2O_7$ oder Adsorption an Aktivkohlen.

6.6 Schwefel

Bei der Kohlevergasung fallen, ebenso wie bei der Kohlefeuerung, erhebliche Mengen an Schwefel (11) in Form von H_2S (neben geringen Mengen an COS) bzw SO_2 an, die sowohl unter dem Gesichtspunkt des Umweltschutzes als auch aus wirtschaftlichen Gründen wiedergewonnen bzw. in marktfähige Produkte überführt werden müssen. Demgemäß kann damit gerechnet werden, daß beginnend in den 80er Jahren in den 90er Jahren der aus Abgasen der Kohlevergasung und Kohlefeuerung gewonnene Schwefel zur Deckung des weltweit steigenden Schwefelbedarfs beitragen wird (Abb.6.8).

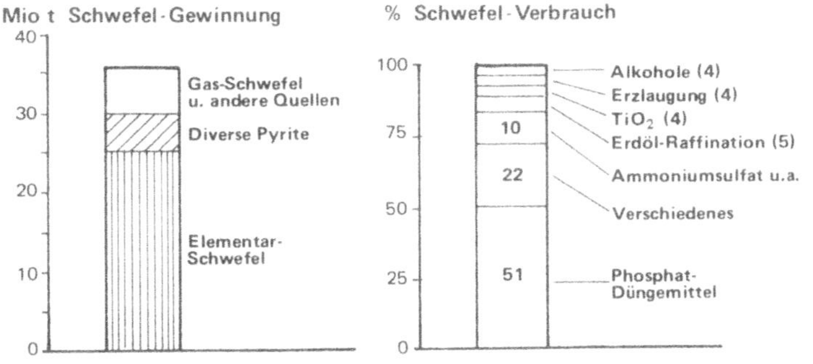

Abb. 6.8: Schwefelgewinnung und Verbrauch in der westlichen Welt in 1978

Rund 90 % des Schwefels werden in Form von Schwefelsäure eingesetzt. Das mit Abstand wichtigste Anwendungsgebiet für Schwefel ist die Düngemittelindustrie, nämlich mit etwa 50 % die Herstellung von Phosphatdüngemitteln (Phosphat-Aufschluß) und weiteren 10 % für Ammoniumsulfat; der Rest verteilt sich auf eine Vielzahl von Anwendungen, wie Herstellung von Mercaptanen, Einsatz in Öl-Raffinerien, bei der Titandioxidgewinnung, Papierherstellung und anderen.

Die Auswahl des Verfahrens zur Aufbereitung von schwefelhaltigen Gasen, hauptsächlich zu elementarem Schwefel, richtet sich nach der Schwefelkonzentration (12,13). Bei geringem H_2S-Gehalt werden aus wirtschaftlichen Gründen Oxidationswäschen, z.B. Stredford- oder Takahax-Verfahren bevorzugt (s. Tabelle 6.2). Die H_2S-reichen Gasströme (über 10 bzw. 20 %) aus den Regeneratoren der Synthesegasreinigung werden nach den verschiedenen Varianten des Claus-Verfahrens zu elementarem Schwefel umgesetzt.

$$H_2S + 3/2\,O_2 \rightleftharpoons SO_2 + H_2O \qquad (6.10)$$

$$2\,H_2S + SO_2 \rightleftharpoons 3/n\,S_n + 2\,H_2O \qquad (6.11)$$

Die Kombination der Gleichungen (6.10) und (6.11) ergibt die Gesamtreaktion des Claus-Verfahrens (6.12).

$$H_2S + 1/2\,O_2 \rightleftharpoons 1/n\,S_n + H_2O \qquad (6.12)$$

Wenn das Sauergas weniger als 30 Vol.% CO_2 enthält, wird die direkte Variante (straight through process) angewandt und das gesamte Gas in einem Claus-Ofen unter Zusatz der stöchiometrischen Luftmenge in freier Flamme nach Gleichung (6.12) verbrannt. Der Schwefel wird kondensiert, das Gas in mehreren katalytischen Konvertern behandelt, um den Umsetzungsgrad auf 97 % und mehr zu steigern, und das Abgas letzlich einer Abgasreinigungsanlage (s. Kapitel 9.9.1) zugeführt.

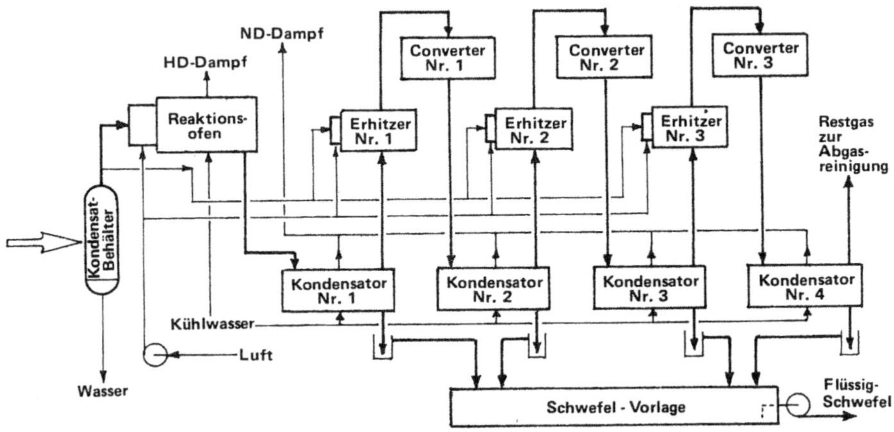

Abb. 6.9: Claus-Prozeß für H_2S-reiche Gase (straight through process) (14)

Bei einem CO_2-Gehalt über 30 % ist die Flammenstabilität bei Luftverbrennung nicht mehr gegeben, so daß der geteilte Prozeß (split stream process) angewandt werden muß. Der Sauergasstrom wird im Verhältnis 2 : 1 geteilt und die geringere Gasmenge zu SO_2 nach Gleichung (6.10) mit Sauerstoff oxidiert. Anschließend werden die beiden Gasströme vereint und katalytisch, meist an aktiviertem Al_2O_3 oder Bauxit, zu elementarem Schwefel nach Gleichung (6.11) umgesetzt.

6.7 Wasserstoff

Mehr als die Hälfte des weltweit erzeugten Wasserstoffs dient zur Gewinnung von Ammoniak. In der weiteren Rangfolge der Verbraucher führen die Erdölraffinerien, die etwa ein Viertel der Wasserstofferzeugung für das Hydrotreating und Hydrocracken einsetzen. Nur etwa ein Fünftel des Wasserstoffs findet in der eigentlichen organischen Synthese-Chemie Verwendung, hauptsächlich für die Herstellung von Methanol sowie mit deutlichem Abstand für die Oxosynthese. Eine völlig neue Situation entstünde, wenn Wasserstoff in der Zukunft als Energieträger eingesetzt würde. Aspekte der Wasserstoff-Energiewirtschaft werden in Kapitel 8.5.3 erörtert.

In den letzten Jahrzehnten hat sich eine erhebliche Verlagerung unter den Rohstoffen für die Wasserstofferzeugung vollzogen. Die Wassergaszerlegung und die Elektrolyse sind durch das Vordringen der katalytischen Spaltung von Kohlenwasserstoffen seit dem Ende der 30er Jahre immer mehr in den Hintergrund getreten. Zu der Dampfspaltung von Erdgas, Raffineriegasen und Naphtha, durch die auch heute noch die größte Menge an Wasserstoff und wasserstoffreichen Synthesegasen gewonnen wird, gesellte sich seit den 60er Jahren in zunehmendem Maße die partielle Oxidation von schweren Erdölrückständen, aus der zur Zeit etwa 12 % des Weltwasserstoffbedarfs stammen. Durch Vergasung von Kohle, d.h. formal durch Reduktion von Wasser mit Kohlenstoff, werden derzeit weniger als 1 % des Wasserstoffs hergestellt.

Abb. 6.10: Claus-Anlage (Photo: Comprimo b.v., Amsterdam)

6.7.1 Wasserstofferzeugung durch Kohlevergasung

Abb. 6.11 zeigt in einem vereinfachten Schema die Verfahrensschritte für die Wasserstoffherstellung ausgehend vom Rohgas einer Koppers-Totzek-Vergasung.

Das von Feststoffen befreite und verdichtete Rohgas wird in dem H_2S/COS-Absorber einer zweistufigen Gegenstromwäsche unterworfen (z.B. Sulfinol-, Pottasche-, Äthanolamin-Verfahren), durch die die gasförmigen Schwefelverbindungen bis auf etwa 5 ppm ausgewaschen werden. Das weitgehend schwefelfreie Gas wird anschließend in dem Befeuchter mit Wasserdampf gesättigt und in dem Konverter 1 einer HT-Konvertierung unterzogen. Das entstandene Konvertgas wird in dem Entfeuchter abgekühlt, wobei der Begleitdampf kondensiert. Nach weiterer Abkühlung im Desorber und einem Schlußkühler wird in dem CO_2-Absorber 1 das CO_2 ausgewaschen.

Die Entfernung des restlichen CO erfolgt durch nochmalige Konvertierung an einem Tieftemperatur-Katalysator in dem Konverter 2. Das Gas hat nach dieser Konvertierungsstufe einen CO-Gehalt unter 0,3 %. Nach Abkühlung wird in dem CO_2-Absorber 2 das noch enthaltene CO_2 ausgewaschen. Die noch vorhandenen Spuren an CO und CO_2 werden durch Methanisieren an einem Nickelkatalysator in dem Methanisator entfernt.

Die Waschlösung aus der Entschwefelung wird in dem Desorber durch Erhitzen mit Dampf, die in der CO_2-Wäsche umlaufende Waschlösung in dem Desorber durch Erhitzen mit warmem Konvertgas und Dampf regeneriert.

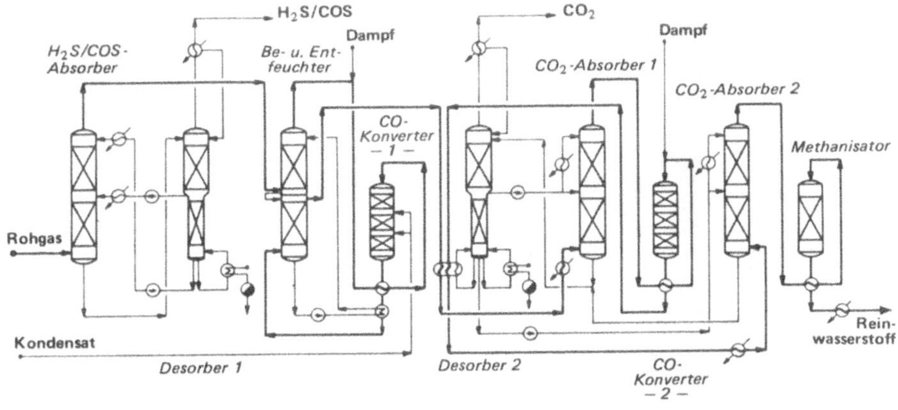

Abb. 6.11: Synthesegas-Aufbereitung zur Gewinnung von Wasserstoff (5)

Abb. 6.12 zeigt den Mengenfluß und die Stoffumwandlung in den verschiedenen Verfahrensstufen bei der Erzeugung von 1.000 m^3_N Reinwasserstoff. Der Investitionsaufwand für eine derartige Anlage mit einer Kapazität von 2,4 Mio m^3_N/d Wasserstoff mit einer Reinheit von über 97 Vol.-% liegt auf der Preisbasis 1979 in der Bundesrepublik Deutschland in der Größenordnung von 280 Mio DM. In diesem Betrag sind neben der Vergasung und Gasreinigung auch alle Nebenanlagen von der Übernahme der Rohkohle bis zur Abgabe des Reinwasserstoffs enthalten.

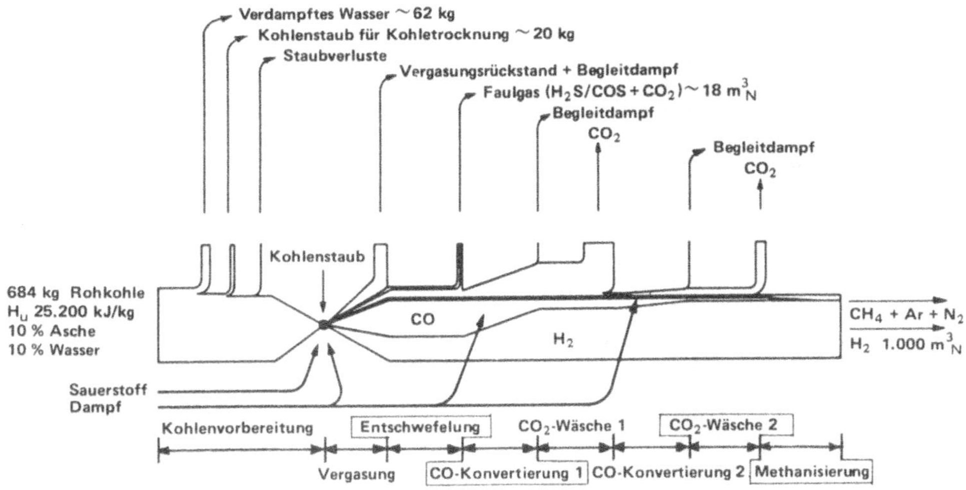

Abb. 6.12: Mengenfluß und Stoffumwandlung bei der Wasserstofferzeugung (5)

6.7.2 Herstellung und Verwendung von Ammoniak

Abb. 6.13 zeigt die Konzeption einer 1.500 t/d Ammoniakanlage auf Basis Kohle einschließlich der Luftzerlegung, Energieerzeugung, Wasserbehandlung und Stromerzeugung. Als Grundstoffe werden lediglich Kohle, Luft und Wasser benötigt.

Der Wasserstoff (Herstellung s. Kapitel 6.7.1) wird in der Feinreinigung einer Flüssig-Stickstoff-Wäsche unterzogen, wobei CO, CH_4 und Argon (sowie ein Teil des Wasserstoffs) ausgewaschen werden. Dem so gereinigten Gas (CH_4 + Ar unter 50 ppm; CO + O_2 unter 5 ppm) wird Stickstoff aus der Luftzerlegungs-Anlage in der erforderlichen Menge beigemischt. Das Synthesegas wird danach auf z.B. 220 bar verdichtet und in den Reaktorkreislauf eingeführt (16,17).

Im Jahre 1978 wurden in der Bundesrepublik Deutschland rund 2,5 Mio t Synthese-Ammoniak (= 2 Mio t Primärstickstoff) erzeugt. Das mit Abstand wichtigste Verwendungsgebiet von Ammoniak ist die Erzeugung von Stickstoff-Düngemitteln. Von den in 1978 weltweit verbrauchten Düngemitteln in Höhe von 100 Mio t (gerechnet als N, P_2O_5 und K_2O) entfallen etwa 48 % auf Stickstoffdünger, 29 % auf phosphathaltige Dünger und 23 % auf Kalidünger. Von den drei Düngemittelarten haben die Stickstoffdünger infolge der überproportionalen Zuwachsraten vor allem in Latein-Amerika und in Asien die stärkste Steigerung zu verzeichnen. Dagegen ist der Verbrauch in Europa und in Nordamerika konstant, da in diesen Regionen bereits ein gewisser Sättigungsgrad erreicht ist. Es wird erwartet, daß die Entwicklungsländer ihren Produktionsanteil an der Welterzeugung von stickstoffhaltigen Düngemitteln von 30 % in 1978 auf 35 % in 1981 steigern werden. Soweit diese Länder über billige Kohlen verfügen, erfolgt die Wasserstoffherstellung durch Kohlevergasung.

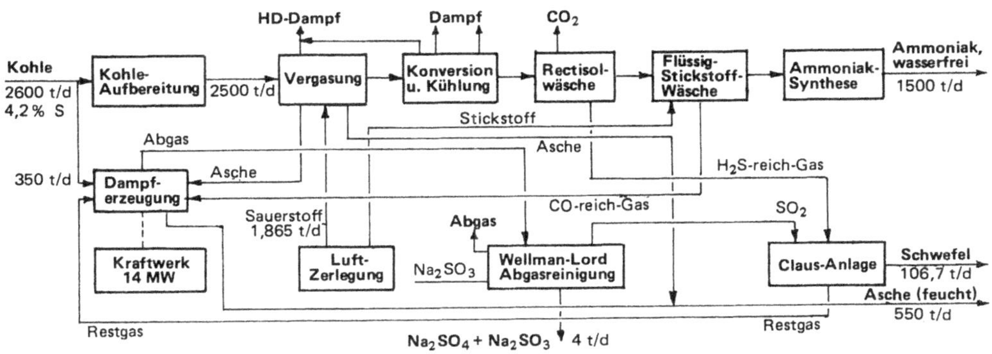

Abb. 6.13: Konzept einer 1.500 t/d Ammoniakanlage auf Kohlebasis (15)

Für einen Vergleich der Wirtschaftlichkeit der Erzeugung großtechnischer Massenprodukte aus fossilen Rohstoffen (3,18), wie z.B. Ammoniak oder Methanol, genügt nicht allein die vergleichende Betrachtung der Joule-Preise der Rohstoffe. Es müssen außerdem die sich aus den verschiedenen Aggregatzuständen der Einsatzstoffe ergebenden Erfordernisse sowie der unterschiedliche Aufwand für die Gasreinigung berücksichtigt werden.

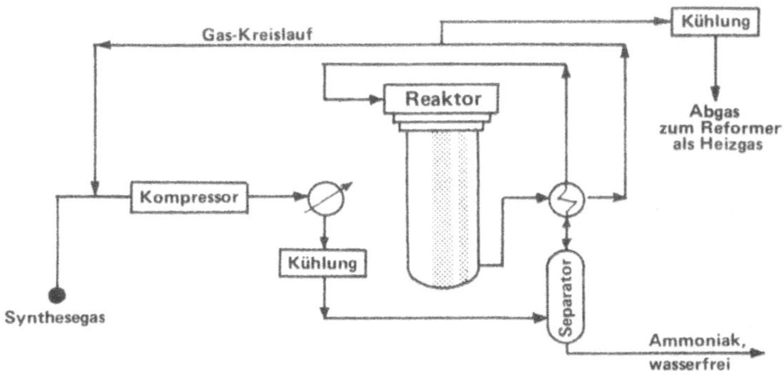

Abb. 6.14: Ammoniak-Synthese

Wie Tabelle 6.3 zeigt, erfordern die Ammoniak- und die Methanol-Herstellung aus Erdgas deutlich niedrigere Investitionskosten bei gleichzeitig geringerem Energiebedarf als aus Schweröl, während dieses wiederum gegenüber der Kohle bevorzugt ist. Um wettbewerbsfähig zu sein, muß daher der Wärmepreis der Kohle erheblich unter dem vom Schweröl und dieser wiederum unter dem vom Erdgas liegen.

Zur Verbesserung der Wirtschaftlichkeit der Herstellung von Chemieprodukten aus Kohle bieten sich zwei Wege an. Der erste Weg führt über die Anlagengröße. Während z.B. bei einer 1.000 t/d Ammoniak-Anlage auf Naphthabasis bereits die optimale Größe erreicht wird, resultiert bei noch größeren Anlagen auf Basis Kohle eine weitere Degression der spezifischen Investitionskosten.

Tabelle 6.3: Vergleich der Investitionskosten und des Energiebedarfs einer NH_3- und einer Methanol-Anlage mit je 1.000 t/d Kapazität, basierend auf gasförmigen, flüssigen und festen Rohstoffen (3)

	Erdgas	Schweröl	Kohle
Ammoniak-Anlage:			
Investitionskosten %	100	170	220
Energiebedarf %	100	115	135
Methanol-Anlage:			
Investitionskosten %	100	170	225
Energiebedarf %	95	105	115

Eine weitere Senkung der spezifischen Anlagekosten ist bei der Kombination von Produktionsanlagen möglich, so z.B. bei der Verbindung einer Ammoniak-Synthese mit der Eisenschwamm-Erzeugung (Abb. 6.15) oder Heizgas-Herstellung. Aufgrund der gemeinsamen Nutzung groß ausgelegter Anlagenteile und/oder besseren Verwertung der Nebenprodukte ergibt sich eine deutliche Verbesserung der Wirtschaftlichkeit.

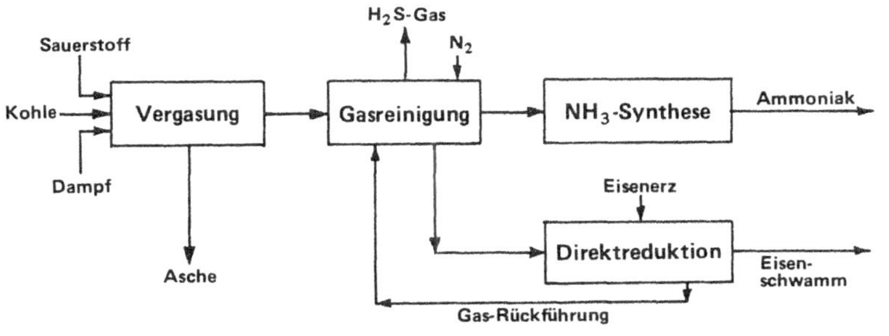

Abb. 6.15: Kombination einer Ammoniak-Anlage mit der Eisenschwamm-Erzeugung auf Basis Kohle (19)

6.7.3 Wasserstoff aus nicht-fossilen Quellen

Bei der autothermen Kohlevergasung mit einem Wasserdampf/Sauerstoff-Gemisch ist z.B. für die Erzeugung des C_1-Bausteines Methanol der Einsatz von 3,5 bis 4 C-Atomen erforderlich. Rund zwei Kohlenstoff-Atome sind für die Reduktion des Wassers zur Bereitstellung des Wasserstoffs notwendig, ein C-Atom dient der Deckung des Energiebedarfs und nur 1 C-Atom findet letztlich Verwendung als Chemie-Baustein. Der Kohlenstoff-Nutzungsgrad beträgt in diesem Fall also nur rund 25 %.

Bei der allothermen Vergasung mittels nuklearer Prozeßwärme kann der Kohleeinsatz bei gleicher Produktmenge um ein Viertel gesenkt werden. Weit höher wäre das Einspar-Potential bei Bereitstellung des Wasserstoffes aus alternativen Quellen. Wenn es also gelingt, ein großtechnisch sinnvolles und wirtschaftliches Verfahren zur Erzeugung von Wasserstoff ohne Einsatz von fossilen Rohstoffen zu entwickeln, wird es möglich sein, die Kohlevorräte wesentlich zu strecken.

Neben der Wasserstofferzeugung durch Kohlevergasung wird weltweit eine Reihe von Zukunftsprojekten zur Gewinnung von Wasserstoff ohne den direkten Einsatz fossiler Rohstoffe untersucht (20,21,22). Bereits Jules Verne hat vor mehr als einem Jahrhundert die Gewinnung von Wasserstoff aus Wasser mit Hilfe des Sonnenlichtes vorausgesagt. Die direkte Photolyse des Wassers ist nicht möglich, da die auf die Erdoberfläche auftreffende Sonnenstrahlung auf den Wellenlängenbereich über 250 µm begrenzt ist, die direkte Photolyse aber erst unterhalb von 190 µm erfolgen kann. Zwar ist die Entwicklung eines aus einem Ruthenium-Komplex bestehenden, für die Wasserzerlegung geeigneten Redox-Photokatalysators gelungen, doch hat dieses Verfahren nur theoretische Bedeutung.

Besser, wenn auch nach wie vor begrenzt, sind die Chancen der Wasserstoffgewinnung aus Wasser mit Hilfe von elektrischer Energie. Anlagen zur Elektrolyse des Wassers - es sind dies Sonderfälle z.B. in Ägypten, Indien und Peru an Staudämmen mit billiger elektrischer Energie - erzeugen bis zu 4 t Wasserstoff pro Tag mit einem Wirkungsgrad von etwa 60 %. Die konventionelle Wasser-Elektrolyse arbeitet in einer 25-35 %igen KOH-Lösung mit Nickel-Elektroden bei etwa 80°C. Die Zellen werden mit einer Spannung von rund 1,9 V bei einer Stromdichte von 200 mA betrieben (23). Ziel derzeitiger Optimierungsarbeiten sind die Anhebung des Wirkungsgrades auf über 80 % (bezogen auf den oberen Heizwert des Wasserstoffs) durch Verbesserung des Elektrodensystems und Anhebung der Temperatur sowie die Erhöhung der Stromdichte zur Senkung der spezifischen Kapitalkosten. Einige Zukunftsprojekte (21) verfolgen weiterreichende Ziele:

Einmal wird versucht, den höheren Wirkungsgrad durch höhere Arbeitsdrucke (bis 200 bar) und höhere Arbeitstemperaturen (bis 200°C) unter gleichzeitigem Einsatz verbesserter Elektroden, wie z.B. Doppelskelett-katalysator-Elektroden aus speziellen Nickellegierungen mit größerer Lebensdauer und geringerer Polarisation zu erreichen.

Nach einer Entwicklung der General Electric (24) wird eine hohe Stromdichte bei relativ niedriger Spannung durch Verwendung eines festen Polymer-Eletrolyten (solid polymer electrolyte, SPE) erreicht. Die etwa 0,12 mm dünne semipermeable Polymerfolie (auf Basis von Fluor- und SO_3H-substituiertem Propylen), beidseitig mit einem Katalysator-Film versehen, ist für H-Ionen durchlässig. Die flüssige Phase besteht aus reinem Wasser ohne Elektrolyt-Zusatz.

Zum anderen wird die Elektrolyse von Wasserdampf bei Temperaturen bis 1.000°C unter Verwendung ionenleitender Festelektrolyte studiert. Bei dieser Hochtemperatur-Elektrolyse wird erheblich weniger elektrische Energie benötigt, da die Zersetzungsspannung des Wassers von z.B. 1,23 V bei 25°C auf 0,94 V bei 1.000°C abnimmt und ein erheblicher Teil der Energie unmittelbar in Form thermischer Energie zugeführt wird. Die hohen Betriebstemperaturen verursachen allerdings beträchtliche Schwierigkeiten.

Eine weitere Möglichkeit, den Anteil der elektrischen Energie zu vermindern, besteht in der direkten Ausnutzung der chemischen Energie, z.B. nach dem Gezro-Prozeß, der mit einem ZrO_2-Festelektrolyt bei 800 - 1.000°C arbeiten soll. Hierbei wird das Anodenpotential durch Zusatz von Kohlenmonoxid, welches zu CO_2 oxidiert wird, - hier könnte also auch Kohle Verwendung finden - so weit erniedrigt, daß an der Kathode bereits ohne äußere elektrische Spannung H_2 abgeschieden wird.

Selbst wenn es gelingt, die Energieausbeute der Wasserelektrolyse bis auf nahezu 100 % zu steigern, bleibt doch als wesentlicher Nachteil, daß die Gewinnung der notwendigen elektrischen Energie aus Wärmeenergie nur mit einem geringen Wirkungsgrad von 35-40 % erfolgen kann.

Auch die direkte thermische Spaltung des Wassers in seine Bestandteile ist technisch nicht realisierbar, da selbst bei Temperaturen von 2.500°C im Gleichgewicht mit Wasser nur wenige Prozente Wasserstoff und Sauerstoff vorhanden sind. Es wurden daher Vorschläge gemacht, den Wasserstoff aus Wasser durch thermochemische Kreisprozesse zu erzeugen unter Verwendung von Kernenergie oder Sonnenenergie als Energiequelle.

Das einfachste Beispiel der thermochemischen Spaltung des Wassers in seine Bestandteile ist ein Zweistufenkreisprozeß der folgenden Art:

$$\text{1. Stufe:} \quad MeO_n + H_2O \rightleftharpoons MeO_{n+1} + H_2 \qquad (6.13)$$

$$\text{2. Stufe:} \quad MeO_{n+1} \xrightleftharpoons{\text{Wärme}} MeO_n + 1/2\,O_2 \qquad (6.14)$$

$$\text{Bruttoreaktion:} \quad H_2O \rightleftharpoons H_2 + 1/2\,O_2 \qquad (6.15)$$

Berechnungen zeigen, daß ein solcher Kreisprozeß mit wesentlich höherer Energieausbeute ablaufen kann als die Erzeugung von Strom mit nachgeschalteter Elektrolyse. Leider ist bisher noch kein Zyklus gefunden worden, der in der zweistufigen Form zu realisieren ist. Die mehr als 100 vorgeschlagenen Prozesse benutzen drei, vier oder mehr Stufen, was den Nachteil hat, daß der thermische Wirkungsgrad mit steigender Stufenzahl abnimmt (21). Als Beispiel ist mit den Gleichungen (6.16-18) der in Ispra entwickelte MARK IX-Prozeß angeführt. Sein theoretischer thermischer Wirkungsgrad beträgt 44 %.

$$\text{Stufe 1:} \quad 6\,FeCl_2 + 8\,H_2O \xrightleftharpoons{680^\circ C} 2\,Fe_3O_4 + 12\,HCl + 2\,H_2 \qquad (6.16)$$

$$\text{Stufe 2:} \quad 2\,Fe_3O_4 + 3\,Cl_2 + 12\,HCl \xrightleftharpoons{230^\circ C} 6\,FeCl_3 + 6\,H_2O + O_2 \qquad (6.17)$$

$$\text{Stufe 3:} \quad 6\,FeCl_3 \xrightleftharpoons{330^\circ C} 6\,FeCl_2 + 3\,Cl_2 \qquad (6.18)$$

Die chemischen Probleme dieses Prozesses liegen besonders in der quantitativen Realisierung der Stufe 3, werden aber durch die Materialprobleme noch übertroffen (25). Chlor, Chlorwasserstoff, Wasserdampf und Eisenchloride, noch dazu bei Temperaturen bis etwa 700 °C, verlangen hochwertige teure Spezialwerkstoffe wie Tantal, Hastelloy C, Inconel oder Keramik. Bisher ist noch keiner der zur Diskussion gestellten thermochemischen Kreisprozesse über das Labor- bzw. Denkstadium hinausgekommen.

6.8 Methanol

Die Methanolherstellung (Verwendung s. Kapitel 2.2.3) erfolgt fast ausschließlich durch katalytische Umsetzung von Kohlenoxiden mit Wasserstoff. Das Verfahren wurde in Deutschland bis 1925 bei der BASF zur großtechnischen Reife entwickelt. Die Umsetzungsreaktionen (6.19) und(6.20) sind exotherm und verlaufen unter erheblicher Volumenkontraktion. Die Umsetzung wird daher durch hohen Druck und niedrige Temperatur begünstigt.

$$CO + 2\,H_2 \rightleftharpoons CH_3OH \qquad \Delta H_0 = -90{,}8\ \text{kJ} \qquad (6.19)$$

$$CO_2 + 3\,H_2 \rightleftharpoons CH_3OH + H_2O \qquad \Delta H_0 = -49{,}6\ \text{kJ} \qquad (6.20)$$

Auf das Volumen bezogen sollen auf 1 Mol CO 2 Mol H_2 und auf 1 Mol CO_2 3 Mol H_2 entfallen. Während bei der Dampfspaltung von gasförmigen Kohlenwasserstoffen wegen des hohen H/C-Verhältnisses in einigen Fällen kohlenstoffhaltige Gase, meist CO_2, zugegeben werden, muß bei der Vergasung von Kohle das Kohlendioxid zum überwiegenden Teil aus dem Synthesegas entfernt werden. Sein Anteil im Synthesegas liegt im allgemeinen unter 2 Vol.%.

6.8.1 Synthesegasaufbereitung und Methanol-Synthese

Abb. 6.16 zeigt die Verfahrensschritte und den Mengenfluß bei der Methanolherstellung aus Kohle. Für die Entschwefelung des z.B. auf etwa 30 bar verdichteten Rohgases bietet sich die mit Methanol arbeitende Rectisolwäsche (Abb.6.6) an.

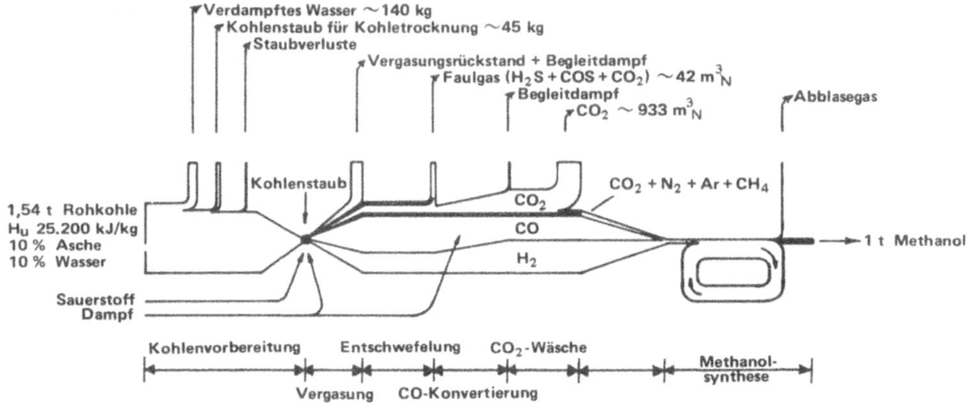

Abb. 6.16: Mengenfluß und Stoffumwandlung bei der Methanolerzeugung aus Kohle; Kohlevergasung nach Koppers-Totzek (5)

Für die Hochdrucksynthese des Methanols, die bei 250 - 350 bar durchgeführt wird, haben sich mit Chromoxidzusätzen aktivierte Zinkoxid-Katalysatoren durchgesetzt. Der Chromoxidgehalt liegt zwischen 10 und 30 %. Im Vergleich zu den in der Niederdrucksynthese eingesetzten Kupfer-Katalysatoren benötigen die Zinkoxid-Katalysatoren höhere Temperaturen von etwa 300 - 400°C. Sie haben aber andererseits den Vorteil der wesentlich größeren Unempfindlichkeit gegen Schwefel (bis 30 ppm S zulässig).

Bei den Niederdruckverfahren gelangt ein hochaktiver Katalysator auf Kupferbasis zum Einsatz, dessen optimale Wirksamkeit im Bereich von 220-270°C liegt. Es genügen schon Synthesedrucke von 40 - 100 bar. Neben Zinkoxid wird die Zugabe weiterer Promotoren zur Steigerung der Aktivität und Thermostabilität empfohlen. Unter den Synthese-Bedingungen liegt das Kupfer im Katalysator als Metall vor. Die obere Temperaturgrenze liegt bei etwa 270°C, da bei höheren Temperaturen eine schnelle Alterung des Katalysators durch Rekristallisation des Kupfers erfolgt. Der Schwefelgehalt des Reaktionsgases muß unter 1 ppm liegen.

Tabelle 6.4: Reaktionsbedingungen der Methanol-Synthese

Verfahren	Druck (bar)	Katalysator	Reaktor
Lurgi	40 – 50	Cu / Zn / Cr	Röhrenreaktor
ICI	50 – 100	Cu / Zn / Cr	Quenchreaktor
Nissui-Topsoe	100 – 200	Cu / Zn / Cr	Quenchreaktor
Mitsubishi Gas	110 – 300	Cu / Zn / Cr	Kühlschlangenreaktor
UK-Wesseling	300	ZnO / Cr_2O_3	Quenchreaktor
BASF	300 – 350	ZnO / Cr_2O_3	Quenchreaktor

Tabelle 6.4 zeigt, daß nicht alle mit Kupfer als Katalysator arbeitenden Methanolsynthesen Niederdruckverfahren sind. Einige arbeiten bei Drucken über 100 bar und könnten als "Mitteldrucksynthesen" bezeichnet werden. Die Hochdruck- und Niederdruckverfahren unterscheiden sich nicht in ihrem prinzipiellen Aufbau (6,26). Neuere Verfahren arbeiten vorwiegend bei Drucken zwischen 50 bis 80 bar. Abb.6.17 zeigt als Beispiel eine Niederdruck-Methanolsynthese mit einem Quenchreaktor.

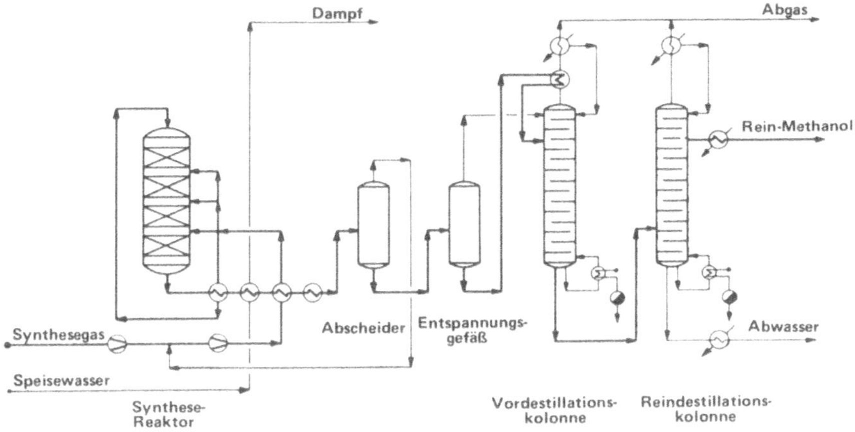

Abb. 6.17: Niederdruck-Methanolsynthese

Das Synthesefrischgas und das Kreislaufgas werden gemeinsam in einem Wärmeaustauscher vorgewärmt. Ein Teil des vorgewärmten Gases wird in einem dem Synthesereaktor unmittelbar nachgeschalteten Wärmetauscher bis auf die Reaktionstemperatur erhitzt und tritt in den Synthesereaktor ein, in dem der Katalysator in mehreren Lagen angeordnet ist. Der nur vorgewärmte Teil des Gases wird zur Temperaturregelung im Synthesereaktor zwischen die Katalysatorschichten injiziert, um ein möglichst gleichmäßiges Temperaturprofil über den gesamten Reaktor zu erzielen. Die Gesamtmenge des eingeblasenen Kaltgases (Quenchgas) und seine Verteilung auf die einzelnen Katalysatorschichten und die dadurch bedingte Temperatureinstellung sind von wesentlicher Bedeutung für den Verfahrensablauf.

Die Abführung der Reaktionswärme kann außer der Kaltgasquenchung durch eingebaute Wärmetauscher oder Kühlschlangen erfolgen. Das aus dem Reaktor austretende, aus Methanol und nichtreagiertem Synthesegas bestehende Gemisch wird in Wärmetauschern abgekühlt, wobei es das Eintrittsgas vorwärmt und Abhitzedampf erzeugt. Das Methanol wird aus dem Gemisch abgeschieden und destillativ in zwei Stufen aufbereitet. Nebenreaktionen führen zur Bildung von Methan, Dimethyläther und höheren Alkoholen.

$$CO + 3\,H_2 \rightleftharpoons CH_4 + H_2O \qquad (6.21)$$

$$2\,CO + 4\,H_2 \rightleftharpoons H_3C{-}O{-}CH_3 + H_2O \qquad (6.22)$$

$$n\,CO + 2n\,H_2 \rightleftharpoons C_nH_{2n+1}{-}OH + (n-1)\,H_2O \qquad (6.23)$$

Methanol wird zur Zeit fast ausschließlich aus gasförmigen oder flüssigen Kohlenwasserstoffen erzeugt. Aus Kohle wird Methanol bisher nur in sehr geringer Menge in zwei Anlagen hergestellt, nämlich jeweils als Nebenprodukt in einer Ammoniakanlage in Modderfontein/Südafrika und in Kafue, Sambia.

6.9 Fischer-Tropsch-Synthese

Franz Fischer und Hans Tropsch entdeckten 1925/26 im Kaiser-Wilhelm-Institut für Kohleforschung in Mülheim/Ruhr die Synthese aliphatischer Kohlenwasserstoffe ("Benzin-Synthese") aus Kohlenmonoxid und Wasserstoff an metallischen (Fe, Co) Katalysatoren (27). Die mit großer Intensität bis 1945 in Deutschland betriebene Entwicklung führte zu einer Erzeugung an Primärprodukten von 570.000 t/a in 9 Anlagen. Das war allerdings nur 1/6 der im Vergleichszeitraum durch Kohleverflüssigung hergestellten Mengen.

Nach Lizenzabschlüssen mit der Ruhrchemie (Generallizenz) entstanden außerdem 4 Anlagen in Japan, eine in Frankreich und eine in der Mandschurei. Damit verfügten alle Fischer-Tropsch-Anlagen zusammen über eine Kapazität von 1,1 Mio t. Als Rohstoffe für das Synthesegas dienten hauptsächlich Steinkohlenkoks und Koksofengas neben Braunkohlenbriketts und Rohbraunkohle.

Die wesentlichen Einschränkungen, die damals einer Produktionsausweitung im Wege standen - die Fischer-Tropsch-Synthese war als Normal- bis Mitteldrucksynthese als Alternative zur Hochdruck-Kohleverflüssigung vorgesehen - waren die nichtausgereifte Technik der Synthesegasentschwefelung und die geringe Leistung der Gaserzeuger. Trotz der konstruktiven Vorteile einer Normaldrucksynthese war das Fischer-Tropsch-Benzin teurer als das Hochdruckbenzin nach dem IG-Verfahren.

Nach 1945 konnnten nur drei der deutschen Fischer-Tropsch-Anlagen ihren Betrieb wieder aufnehmen, nämlich die Braunkohle-Benzin AG, Schwarzheide (heute VEB-Synthesewerk Schwarzheide), die Anlage der Essener Steinkohle in Bergkamen (heute Schering AG) und die Krupp-Treibstoffwerke in Wanne-Eickel. Infolge der Verfügbarkeit von billigem Erdöl und Erdgas erlahmte das Interesse an den Fischer-Tropsch-Anlagen ab Mitte der 50er Jahre. Alle Anlagen wurden in der Folgezeit wegen mangelnder Wirtschaftlichkeit stillgelegt.

Tabelle 6.5: Fischer-Tropsch-Syntheseanlagen (28)

Betreiber	Standort	ursprünglich geplante Kapazität an Primärprodukten (t/a)
Essener Steinkohle	Bergkamen	75.000
Gewerkschaft Viktor	Castrop-Rauxel	50.000
Hoesch-Treibstoffwerk	Dortmund	60.000
Krupp-Treibstoffwerk	Wanne-Eickel	60.000
Rheinpreußen AG	Moers	75.000
Ruhrchemie AG	Holten	70.000
Schaffgotschsche Werke	Odertal (Oberschles.)	60.000
Braunkohle-Benzin AG	Schwarzheide	210.000
Wintershall AG	Lützkendorf	80.000

Zur Zeit ist Sasol (South African Coal, Oil and Gas Corp.) die einzige Gesellschaft, die (seit 1955) Fischer-Tropsch-Anlagen betreibt. Sasol I arbeitet mit Festbettreaktoren (29), die von der Arbeitsgemeinschaft Ruhrchemie/Lurgi entwickelt wurden (Arge-Prozeß) und mit Flugstromreaktoren nach Kellogg/Sasol (Synthol-Prozeß).

Tabelle 6.6: Fischer-Tropsch-Synthese
Produktpalette der Sasol-Anlage

	Arge-verfahren	Synthol-verfahren
Methan	5 %	10 %
Ethylen	0 %	4 %
Propylen	2 %	12 %
Benzin	23 %	30 %
Gasöl	15 %	5 %
Wachse	18 %	2 %

Ein neues Synthesewerk, Sasol II, nimmt 1979/80 den Betrieb auf, ein drittes wird projektiert. Für Sasol II wurde das von Kellogg entwickelte Synthol-Verfahren gewählt, nicht zuletzt deshalb, weil es mit einem relativ billigen Eisen-Katalysator im Vergleich zum Arge-Prozeß größere Mengen an Benzin und Olefinen liefert.

6.9.1 Reaktionsverlauf

Die Grundreaktion der Fischer-Tropsch-Synthese besteht in der Bildung gesättigter und ungesättigter aliphatischer Kohlenwasserstoffe aus Kohlenmonoxid und Wasserstoff (30,31).

$$n\,CO + 2\,n\,H_2 = (-CH_2-)_n + n\,H_2O \qquad (6.24)$$

$\Delta H_0 = -158$ kJ / „Mol CH_2" bei 250°C

Je nach Katalysatorart, Reaktionsbedingungen und Zusammensetzung der Gasphase finden in unterschiedlichem Ausmaß Parallelreaktionen statt.

$$CO + 2\,H_2 \rightleftharpoons -CH_2- + H_2O \quad (6.25)$$

$$CO + 3\,H_2 \rightleftharpoons CH_4 + H_2O \quad (6.26)$$

$$2\,CO + H_2 \rightleftharpoons -CH_2- + CO_2 \quad (6.27)$$

$$3\,CO + H_2O \rightleftharpoons -CH_2- + 2\,CO_2 \quad (6.28)$$

$$2\,CO \rightleftharpoons C + CO_2 \quad (6.29)$$

Die Reaktionsprodukte bestehen hauptsächlich aus Paraffinen und Olefinen. Die Kettenlänge erstreckt sich von C_2 bis zu $C_{10.000}$. Durch steigenden Druck wird wegen der Volumenverminderung die Bildung hochmolekularer Verbindungen begünstigt. Methylverzweigung wird nur in sehr begrenztem Umfang beobachtet. Die Bildung von Methan erfolgt bevorzugt bei erhöhter Temperatur.

Die Synthese kann auch so gelenkt werden, daß sauerstoffhaltige Verbindungen, besonders Alkohole, daneben auch Aldehyde, Ketone und kleine Mengen an Säuren und Estern, zu Hauptprodukten werden. Ihre Bildung erfolgt u.a. nach den Grundgleichungen (6.30) und (6.31).

$$n\,CO + 2\,n\,H_2 \rightleftharpoons C_nH_{2n+1}\,OH + (n-1)\,H_2O \quad (6.30)$$

$$(n+1)\,CO + (2n+1)\,H_2 \rightleftharpoons C_nH_{2n+1}\,CHO + n\,H_2O \quad (6.31)$$

Bei den bisher technisch verwirklichten Fischer-Tropsch-Synthesen sind Sauerstoffverbindungen nur Nebenprodukte, deren Menge möglichst niedrig gehalten wird. Längerfristig kann jedoch auch die selektive Synthese von Alkoholen interessant werden. Die Tendenz zur Bildung von Sauerstoffverbindungen ist am größten bei der Verwendung von alkalihaltigen Eisenkatalysatoren. Niedrige Temperaturen, niedriges H_2/CO-Verhältnis, hoher Druck und hohe Raumgeschwindigkeit bewirken ebenfalls eine verstärkte Bildung von Alkoholen. Hauptprodukt ist im allgemeinen Äthanol. Mit zunehmender Reaktionstemperatur (z.B. beim Flugstaubverfahren) werden auch Alicyclen und Aromaten beobachtet, die jedoch als Folgeprodukte anzusehen sind.

Der primäre Schritt bei der Fischer-Tropsch-Synthese ist die simultane Chemiesorption des Kohlenmonoxids und des Wasserstoffs am Katalysator. Das Kohlenmonoxid wird dabei über das C-Atom an das Metall gebunden, wodurch die C-O-Bindung aktiviert und die Reaktion mit dem ebenfalls aktivierten Wasserstoff unter Bildung eines Primärkomplexes eingeleitet wird. Mit dem Primärkomplex beginnt das Wachstum einer Kohlenwasserstoffkette (Kettenstart). Durch weitere schrittweise Addition einer ein C-Atom tragenden Oberflächenverbindung verlängert sich die Kohlenwasserstoffkette (Kettenwachstum). Das Wachstum der Kette wird durch Desorption, durch Hydrierung oder durch Reaktion mit Syntheseprodukten beendet (Kettenabbruch). Als Hauptprodukte dieser Reaktion entstehen gesättigte und ungesättigte Aliphaten und als Nebenprodukte Alkohole, Aldehyde und Ketone. Die reaktiven Nebenprodukte können in Folgereaktionen in wachsende Ketten eingebaut werden oder einen kettenstartenden Oberflächenkomplex bilden.

Zum Verständnis der Fischer-Tropsch-Synthese wurde eine Vielzahl von Mechanismen vorgeschlagen. Generell gibt es zwei Richtungen. Die eine geht davon aus, daß das Kettenwachstum am Ende der Kette erfolgt, die andere, daß die Kette durch Einfügen von CO zwischen Metall und C-Atom, also am Beginn der Kette, um jeweils ein Glied verlängert wird.

6.9.2 Katalysatoren

Der bisher noch nicht eindeutig geklärte Mechanismus der Kohlenwasserstoffsynthese (30) aus Kohlenmonoxid und Wasserstoff beinhaltet eine Reihe von Primär- und Folgeschritten, die in ihrer Gesamtheit zu einem komplexen Reaktionsverlauf führen. Eine allgemein gültige kinetische Gleichung konnte nicht entwickelt werden. Für jede Katalysator- und Verfahrensart sind unterschiedliche Ansätze mit eingeschränktem Gültigkeitsbereich abgeleitet worden. Der geschwindigkeitsbestimmende Schritt der Gesamtreaktion ist die Chemiesorption des Wasserstoffs und dessen Reaktion mit dem ebenfalls chemiesorbierten Kohlenmonoxid. Die Reaktion wird insbesondere bei Anwendung von Eisenkatalysatoren durch CO_2 und Wasser gehemmt, da beide stärker am Katalysator adsorbiert werden. Die Reaktionsgeschwindigkeit wächst mit steigendem Druck und steigender Temperatur. Die ebenfalls durch höhere Temperatur begünstigte Methan- und Kohlenstoffbildung ist maßgeblich für die obere Temperaturgrenze. Für die einzelnen Katalysatoren gibt es bevorzugte Temperatur- und Druckbereiche, die zu jeweils optimaler Umsetzung führen.

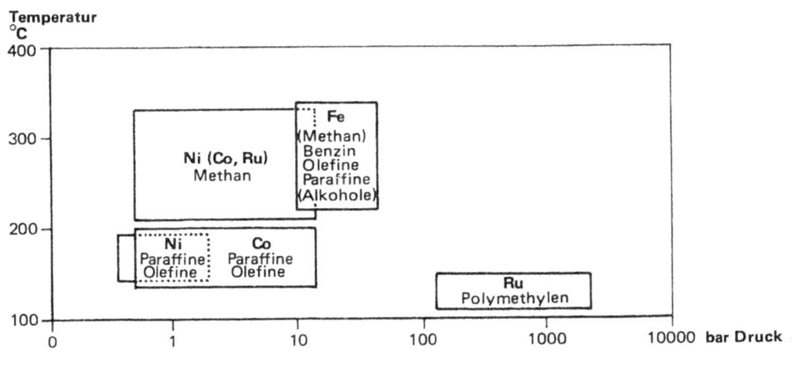

Abb. 6.18: Temperatur/Druck-Arbeitsbereiche verschiedener Katalysatoren bei der Kohlenoxid-Hydrierung (32)

Von den für die Fischer-Tropsch-Synthese geeigneten Metallkatalysatoren, vornehmlich Eisen, Kobalt, Nickel, Mangan und Ruthenium, hat zur Zeit allein Eisen technische Bedeutung. Der metallische Zustand des Katalysators und die Fähigkeit, mit dem Kohlenstoff und Kohlenmonoxid Einlagerungs-Verbindungen (Carbide, z.T. auch Carbonyle) zu bilden, werden als wesentliche Voraussetzung für die Katalysatorwirksamkeit angesehen. Die Einwirkung der Reaktanden auf die Katalysatoren führt nämlich zu einer Änderung ihrer Zusammensetzung und Struktur und damit zu den eigentlichen syntheseaktiven Katalysatorphasen.

Zusätzliche Promotoren werden in zwei Gruppen eingeteilt: Strukturelle Promotoren sind die schwer reduzierbaren Metalloxide Al_2O_3, ThO_2, MgO und CaO. Sie bewirken die Ausbildung einer großen Oberfläche und hemmen die Rekristallisation der katalytisch aktiven Phase. Ähnliche Wirkung haben Trägersubstanzen, wie Kieselgur, Dolomit und Siliciumdioxid.

Energetische Promotoren erhöhen über einen elektronischen Mechanismus die Reaktionsgeschwindigkeit und beeinflussen die Selektivität. Die mit Abstand wichtigsten energetischen Promotoren für Eisen-Katalysatoren sind Alkalicarbonate, insbesondere K_2CO_3. Die zudosierte Menge beträgt im allgemeinen weniger als 1 % bezogen auf Eisen. Bereits geringe Abweichungen in der Dosierung haben deutliche Auswirkung auf die Aktivität und Selektivität. Die Alkalipromotoren fördern die Bildung von höhermolekularen Produkten, Olefinen und Sauerstoffverbindungen, gleichzeitig aber auch die Kohlenstoffabscheidung auf dem Katalysator.

Die sehr aktiven Eisenkatalysatoren für die Festbettmitteldruck-Synthese, die schon bei relativ niedriger Reaktionstemperatur von 220-340 ^{o}C arbeiten, werden durch Fällung aus wäßriger Eisensalzlösung, Trocknung und Reduktion mit Wasserstoff erhalten (Fällungskatalysatoren). Für die Synthese niedrig-molekularer Produkte bei höherer Temperatur (320-340 ^{o}C) nach dem Flugstromverfahren eignen sich die durch Schmelzen von Magnetit und Zuschlägen sowie anschließende Reduktion mit Wasserstoff hergestellten weniger aktiven Kontakte (Schmelzkatalysatoren), die wegen der starken mechanischen Beanspruchung im Flugstromreaktor eine hohe Festigkeit besitzen müssen.

Kobalt-Katalysatoren - der Standardtyp hatte die Zusammensetzung 100 Co, 8 MgO, 5 ThO_2, 200 Kieselgur - wurden ab 1938 in allen technischen Anlagen sowohl für den Niederdruck- als auch für den Mitteldruckbetrieb eingesetzt. Im Unterschied zu Eisen tritt bei Kobalt insbesondere bei gleichzeitiger Anwesenheit von Nickel schon bei geringer Temperatursteigerung eine starke Zunahme der Methanbildung auf.

Feinst verteiltes Ruthenium ist als aktiver Katalysator für den Aufbau langkettiger Aliphaten geeignet, sofern die Reaktion unter hohem Druck (bis 1.000 bar) und niedriger Temperatur durchgeführt wird. Diese "Polymethylen"-Synthese wurde 1938 von H.Pichler entdeckt. Metallisches Ruthenium kann nach heutiger Kenntnis weder durch chemische noch durch strukturelle Promotoren wesentlich aktiviert werden. Der Katalysator ist um so aktiver, je feiner verteilt und vollständiger reduziert er vorliegt.

6.9.3 Technische Durchführung der Fischer-Tropsch-Synthse

Die Auslegung der Reaktoren für die Fischer-Tropsch-Synthese (29) wird vornehmlich durch die Abführung der hohen Reaktionswärme geprägt. Großtechnisch haben sich bisher der Festbettröhrenofen von Lurgi/Ruhrchemie und der Kellogg/Sasol-Flugstromreaktor bewährt. Der in den USA für eine Großversuchsanlage (Hydrocol-Prozeß) gebaute Wirbelschichtreaktor ist über das Versuchsstadium nicht hinausgekommen.

Für die Erzeugung von Chemierohstoffen könnte in der Zukunft die Katalysatorsuspensions-Blasensäule (28,33) Eingang finden, bei der die Reaktionswärme durch Verdampfung von Wasser abgeführt wird. Bei diesem Verfahren müssen gegebenenfalls die höhersiedenden Produkte aus der flüssigen Phase abgetrennt werden (Abb. 6.19).

6.9.3.1 Synthesegas-Aufbereitung

Grundsätzlich sind alle Kohlevergasungs-Verfahren zur Herstellung des Fischer-Tropsch-Synthesegases geeignet. Bei Sasol erfolgt die Herstellung des Rohgases durch Lurgi-Druckvergasung (34). Bei der Festbettsynthese gelangt ein Reingas mit einem H_2/CO-Verhältnis von 1,6 - 2,2, meist 2,0 zum Einsatz. Für das Flugstromverfahren ist ein deutlich höheres H_2/CO-Verhältnis bis zu 3,0 erforderlich, um Nebenreaktionen zurückzudrängen.

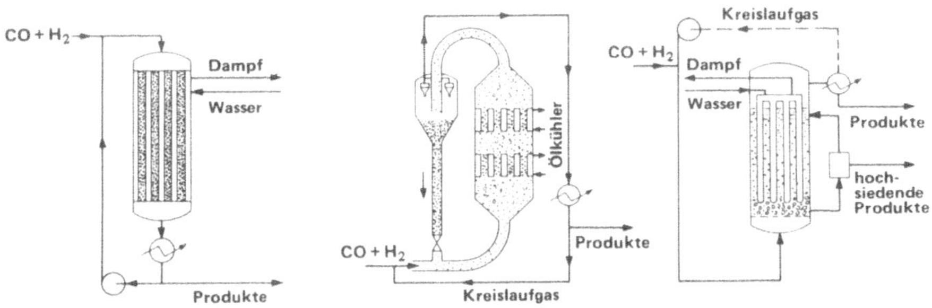

Abb. 6.19: Reaktoren für die Fischer-Tropsch-Synthese (29)

Bezüglich des Gehaltes an CH_4 und CO_2 ist die Fischer-Tropsch-Synthese relativ flexibel. Methan entsteht während der Synthese, so daß begrenzte Mengen im Einsatzgas zulässig sind. Ähnliches gilt für Kohlendioxid, das sowohl verbraucht (Flugstromverfahren) als auch durch Parallelreaktionen gebildet wird (Festbettverfahren). Der CO_2-Gehalt im Reingas liegt im allgemeinen unter 1 %. Alle für die Fischer-Tropsch-Synthese eingesetzten Katalysatoren sind empfindlich gegen Schwefel-, Halogen- und Schwermetall-Verbindungen sowie teerähnliche Substanzen.

Bei der Abkühlung des Rohgases aus der Lurgi-Druckvergasung wird ein Kondensat abgeschieden, das sich in eine Teerphase und eine wäßrige Phase trennt. Aus dem wäßrigen Kondensat wird das Rohphenol in der Phenosolvan-Anlage extrahiert und das Ammoniak als Ammoniumsulfat gewonnen. Das gekühlte Gas durchläuft eine Rectisol-Anlage, in der Kohlendioxid, Schwefelwasserstoff, organische Schwefelverbindungen, Wasser, Ammoniak und Blausäure entfernt werden. Der Schwefelgehalt des Reingases aus der Rectisol-Anlage beträgt im allgemeinen weniger als 0,03 ppm, wodurch eine lange Katalysator-Standzeit gewährleistet ist. Das Prozeßschema der Gasaufbereitung im Verbund mit der Lurgi-Druckvergasung ist aus Abb. 6.25 ersichtlich.

Tabelle 6.7: Zusammensetzung des Synthesegases der Lurgi-Druckvergasung bei Sasol I

	Volumen-%
CO_2	0,7
$CO + H_2$	86
CH_4	12
Äthan	0,1
N_2	0,4
Argon	0,5
H_2S + COS	< 0,03 ppm

6.9.3.2 Festbett-Synthese

Der Reaktor für das Festbettverfahren bei Sasol I enthält bei einem Durchmesser von 3 m 2.052 Katalysatorrohre von 12 m Länge, in denen sich rund 35 t Katalysator befinden. Die Rohre sind zur intensiven Kühlung von siedendem Wasser umgeben, das einen Teil der Reaktionswärme als Verdampfungswärme abführt.

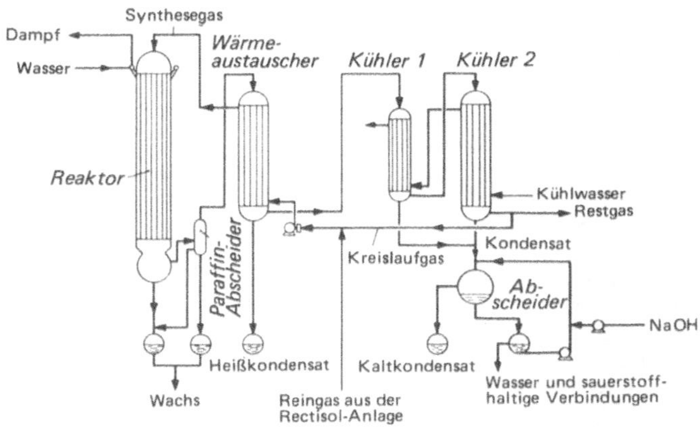

Abb. 6.20: Fischer-Tropsch-Synthese nach dem Festbett-Verfahren Arge-Prozeß der Ruhrchemie/Lurgi (29)

Nach Vermischen von Reingas und Kreislaufgas wird das Gas auf 25 bar verdichtet und in einem Wärmeaustauscher vorgewärmt. Die Reaktionstemperatur liegt zwischen 220 und 235 °C, die Einhaltung isothermer Bedingungen ist von großer Bedeutung. Am Boden des Reaktors und aus dem Wachsabscheider fließt Paraffin ab. Das Produktgas durchläuft einen Wärmeaustauscher unter Abscheidung eines "Heißkondensats" und gelangt anschließend in die Kühler I und II, deren vereinigtes "Kaltkondensat" in einem Separator in Leichtöl und Reaktionswasser, das Alkohole und Säuren enthält, getrennt wird.

Mit 5 Arge-Reaktoren können derzeit jährlich etwa 90.000 t Produkte hergestellt werden. In erster Linie entstehen geradkettige Kohlenwasserstoffe, bevorzugt Paraffine mit nur wenigen Methylseitengruppen. Neben Wasser werden in einer Menge von 4 % bzw. 0,4 % Alkohole und Säuren gebildet. Bei Erhöhung des Gehaltes an K_2O im Katalysator steigt der Anteil an höheren Paraffinen und Säuren. Mit wachsendem H_2/CO-Verhältnis nimmt der Anteil leichterer Produkte zu.

6.9.9.3 Flugstrom-Synthese

Die Flugstrom-Synthese (Synthol-Prozeß) wurde in den USA von Kellogg entwickelt und von Sasol optimiert. Mit einem relativ billigen Eisenkatalysator liefert das Flugstromverfahren im Vergleich zum Arge-Prozeß höhere Mengen leichterer Kohlenwasserstoffe und mehr sauerstoffhaltige Verbindungen.

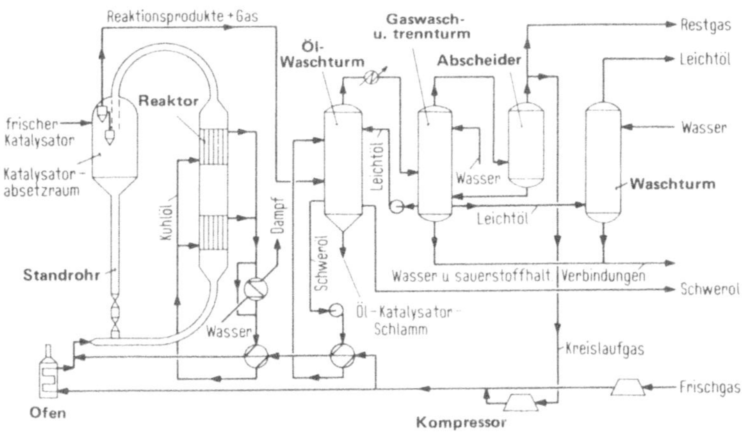

Abb. 6.21: Fischer-Tropsch-Synthese nach dem Flugstrom-Verfahren (Synthol-Prozeß von Kellogg/Sasol) (29)

Der Flugstromreaktor ist etwa 36 m hoch und besteht aus einem Absetzraum für den Katalysator mit einem Durchmesser von 5 m und dem eigentlichen Reaktor mit einem Durchmesser von 2,2 m, der zwei Kühlaggregate mit Umlauföl als Kühlmedium enthält. Der Absetzraum ist mit zwei Sätzen von Zyklonen zur Entfernung von Katalysatorfeinteilen aus dem Produktgasstrom ausgerüstet. In jedem der drei Flugstromreaktoren von Sasol I befinden sich 130 - 140 t Eisenkatalysator im Umlauf, die von 300.000 m^3 Gas umgewälzt werden. Die Reaktion findet bei Temperaturen zwischen 300 und 340 °C und einem Druck von 20 - 30 bar statt. Der Katalysator wird mit einem Gasstrom durch die Reaktionszone getragen, in der ein Teil der Reaktionswärme von dem zirkulierenden Öl abgeführt wird. Produktgas und Katalysator gelangen in den Katalysatorabsetzraum, wo Gas und Katalysator in den Zyklonen getrennt werden. Der heiße Katalysator wird aus dem Abscheider durch ein Standrohr dem vorgeheizten Reaktionsgas wieder zugeführt. Hochsiedende, unter den Reaktionsbedingungen flüssige Produkte, sollten bei der Flugstromsynthese nicht gebildet werden, damit die Fließfähigkeit des Katalysators nicht beeinträchtigt wird. Ihre Entstehung wird durch die hohe Reaktionstemperatur bei gleichzeitgem H_2-Überschuß vermieden.

Aus dem Produktgasstrom wird im Heißöl-Waschturm das Schweröl abgeschieden, das nach Wärmeaustausch teilweise als Waschöl in den Waschturm zurückkehrt. Ein kleiner Teil des sehr fein verteilten Katalysators gelangt in den Ölwaschturm und wird dort am Boden als Katalysatorschlamm abgezogen. Die aus dem Heißölwaschturm über Kopf gehenden Dämpfe und Gase werden kondensiert und in Leichtöl und Wasser getrennt. In der üblichen Fahrweise wird eine höchstmögliche Ausbeute an Benzin bei möglichst niedrigem Anfall an Methan, Säuren und Festparaffinen angestrebt. Insgesamt werden derzeit mit der Flugstrom-Synthese etwa 180.000 t/a Primärprodukte erzeugt.

6.9.3.4 Flüssigphase-Verfahren

Bei der Fischer-Tropsch-Synthese nach dem Flüssigphase-Verfahren wird eine stationäre Suspension von feinverteiltem Katalysator in einer syntheseeigenen Flüssigkeit von dem Synthesegas durchströmt. Die Abführung der Reaktionswärme erfolgt durch in die Suspension eintauchende Siederohre eines Druckwassersystems. Die Entwicklung des Verfahrens, die 1938 begann, führte zum Bau einer halbtechnischen Demonstrationsanlage durch Rheinpreußen/Koppers. Im Vordergrund der Entwicklungsarbeiten stand die Herstellung von im Benzinbereich siedenden Kohlenwasserstoffen. Zum Bau einer kommerziellen Anlage ist es nicht gekommen.

Die Bildung höhermolekularer Produkte wird durch niedrige Betriebstemperaturen (240-260 ^{o}C) und durch einen hohen Alkaligehalt des Eisenkatalysators begünstigt, während umgekehrt niedermolekulare olefinische Kohlenwasserstoffe durch Anwendung erhöhter Temperaturen (260-280 ^{o}C) an Eisenkatalysatoren mit geringen Alkaligehalten erhalten werden.

Die Flüssigphase-Synthese könnte in der Zukunft Bedeutung insbesondere für die Herstellung von Chemierohstoffen gewinnen, weil bei diesem Verfahren aufgrund der für die Olefinbildung günstigen thermodynamischen Bedingungen auch bei einem relativ großen CO-Gehalt des Synthesegases ein hoher Anteil an Äthylen und Propylen bei relativ niedrigem Methan-Anfall gebildet wird.

6.9.4 Sasol II

Die in Südafrika derzeit in Fertigstellung befindliche Fischer-Tropsch-Synthese Sasol II wird nach dem Synthol-Verfahren arbeiten. Sasol II wird auf einer Kohlenlagerstätte im westlichen Hochland von Transvaal, ungefähr 160 km von Johannisburg entfernt, errichtet. Die stufenweise Inbetriebnahme erfolgt im Zeitraum 1979/80. In der Gaserzeugung wird Steinkohle mit 26 % Asche und 1,3 % Schwefel eingesetzt.

Der einzige Anlagenteil, der sich beträchtlich von Sasol I unterscheidet, ist die Produkt-Gewinnung und -Aufarbeitung. Durch Kombination der in Kraftstoff-Raffinerien üblichen Prozesse Cracken, Hydrierung, Isomerisierung und Polymerisation sollen hauptsächlich hochwertige Treibstoffe erzeugt werden.

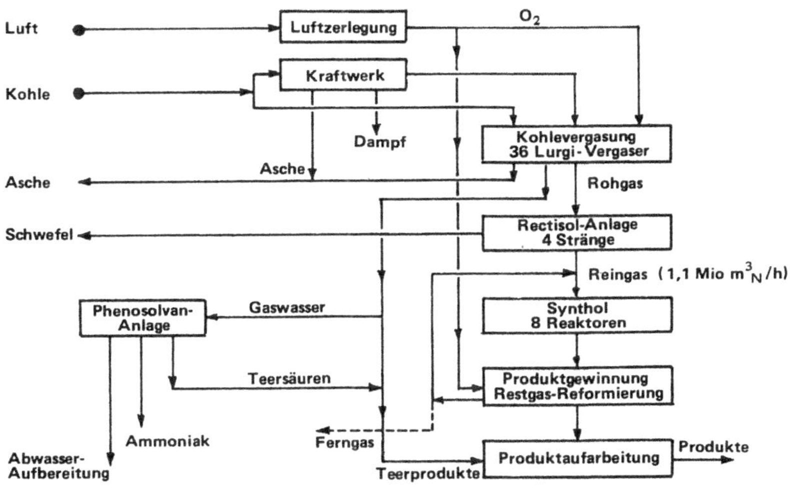

Abb. 6.22: Blockdiagramm für Sasol II (29)

6.9.5 Entwicklungsrichtlinien der Fischer-Tropsch-Synthese

Die Produkte der Fischer-Tropsch-Synthese sind schwefelfrei und stellen, abgesehen von ihrer Verwendung als Kraftstoffe, ein wertvolles Ausgangsmaterial für die chemische Industrie dar. Beim Synthol-Prozeß werden Äthylen, Propylen und Butylen in einer Menge von max. 25 % der Gesamtausbeute direkt erhalten. Äthan und Propan, die gleichfalls anfallen, können zu den entsprechenden Olefinen gecrackt werden. Die flüssigen Produkte enthalten große Mengen an höheren Olefinen, die für die Herstellung von Weichmacheralkoholen und Detergentien geeignet sind. Ein Naphthaschnitt könnte ein geeignetes Rohmaterial für die thermische Crackung auf Äthylen, Propylen und Butadien sowie für Aromaten sein.

Allein durch Variation der derzeitigen Technologie wird es jedoch schwierig sein, den hohen Bedarf der chemischen Industrie an Äthylen und Propylen zu decken.

Die technische Realisierung der direkten Polyäthylen-Synthese aus Synthesegas (Polymethylen-Synthese) wäre ein Beitrag zur Beseitigung zukünftiger Engpässe. Polymethylen aus CO und H_2 besitzt eine ausgeprägte lineare Struktur und ist in dieser Eigenschaft dem Niederdruck-Polyäthylen nach Ziegler ähnlich. Die Molekulargewichtsverteilung - unter günstigen Bedingungen (1.000 bar, 120 °C, Ruthenium als Katalysator) wurden Molekulargewichte bis zu einer Million erhalten - ist jedoch erheblich ungünstiger. Die Entwicklungsarbeiten sind über das Laborstadium bisher noch nicht hinausgekommen.

Die derzeitigen Forschungsaktivitäten konzentrieren sich insbesondere auf die Entwicklung selektiver Katalysatoren für die Gewinnung der C_2/C_4-Olefine (26) sowie auf die Optimierung der Reaktionstechnik, insbesondere beim Flüssigphasen-Reaktor. Kobalt- und Nickelkatalysatoren scheiden für die Olefinsynthese wegen ihrer ausgeprägten hydrierenden Aktivität aus. Nach dem derzeitigen Stand der Kenntnis eröffnen drei Katalysator-Gruppen Erfolgsaussichten. Zur ersten Gruppe gehören die durch Zusatz von Titan-, Vanadium-, Molybdän- und Manganoxid modifizierten Eisenkatalysatoren. In der zweiten Gruppe wird die Selektivität der Kontakte (bei verminderter Aktivität) durch partielle Vergiftung der Katalysatoroberfläche mit Schwefel erhöht und dadurch eine Verschiebung des Produktspektrums in Richtung kurzkettiger Kohlenwasserstoffe bewirkt. Die dritte Gruppe bilden die Mangankatalysatoren mit Eisenzusätzen (10 - 20 %). Mit diesen Katalysatoren können auch kohlenoxidreiche Gase verarbeitet werden, die zu einem kurzkettigen, besonders olefinreichen Produkt führen, da dieser Katalysatortyp das Boudouard-Gleichgewicht nur wenig beeinflußt und dadurch die Kohlenstoffabscheidung auf dem Katalysator nur in sehr geringem Umfang stattfindet. Die Zusammensetzung der Produkte kann durch eine Variation des Mn/Fe-Verhältnisses in weitem Bereich beeinflußt werden.

6.10 Oxosynthese

Die Oxosynthese bzw. Hydroformylierung (7,35) zur Herstellung von Aldehyden aus Olefinen, Kohlenmonoxid und Wasserstoff wurde im Jahre 1938 von O. Roelen erfunden. Sie hat sich rasch zu einem großtechnischen Verfahren zur Herstellung von Sauerstoffverbindungen entwickelt. Die primären Produkte der Oxosynthese, die Aldehyde - selbst als Endprodukt von nur geringer Bedeutung - sind die Basis zur Erzeugung von Alkoholen (durch Hydrierung), Carbonsäuren (durch Oxidation), Diolen (durch Aldol-Kondensation) und Aminen (durch hydrierende Aminierung). Das wichtigste Einsatzolefin ist Propylen mit den Endprodukten n- und iso-Butanol und 2-Äthylhexanol (nach Aldol-Kondensation des n-Butyraldehyds und anschließender Hydrierung).

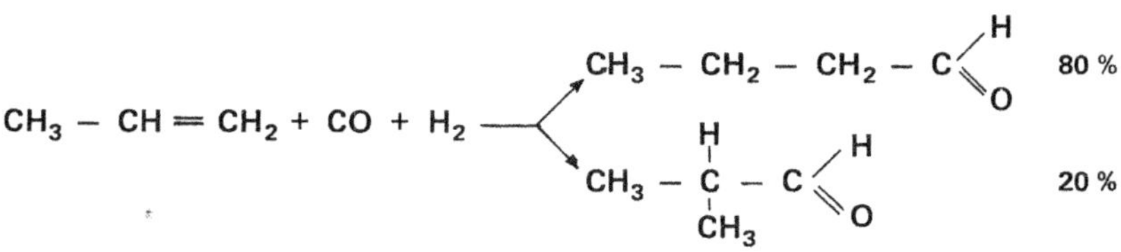

(6.32)

Äthylen ergibt Propionaldehyd, höhere Olefine ergeben Mischungen isomerer Verbindungen, wobei bevorzugt der n-Aldehyd entsteht. Weitere Isomere werden durch Wanderung der Doppelbindung gebildet. Gleichzeitig erfolgt im gewissen Umfang eine katalytische Hydrierung der Olefine zu Paraffinen und der Aldehyde zu Alkoholen. Eine wichtige Prozeßkenngröße ist das n/i-Verhältnis, da die iso-Derivate bisher im allgemeinen keine wirtschaftliche Verwendung gefunden haben.

Die Hydroformylierung, dem Prinzip nach eine homogene katalytische Reaktion, erfolgt aufgrund der hohen Volumenkontraktion bevorzugt bei hohem Druck zwischen 220 und 350 bar und 140-180°C.

In kommerziellen Oxoanlagen werden zur Zeit als Katalysatoren wegen ihres relativ niedrigen Preises bei hoher Wirksamkeit ausschließlich Kobalt-Verbindungen verwendet. Zum Einsatz kommen Co-Salze, Co-Seifen, Co-Carbonyle oder metallisches Kobalt. Unter den Synthesebedingungen werden die Kobalt-Verbindungen in Kobalttetracarbonylhydrid $HCo(CO)_4$, den homogenen Oxokatalysator übergeführt. Diese Verbindung ist nur bei hohem CO-Partialdruck (100 - 170 bar) stabil, wodurch andererseits die Abtrennung des Katalysators aus dem Reaktionsgemisch erleichtert wird. Durch Modifizierung des Katalysators mit Verbindungen, die eine oder mehrere CO-Gruppen als Ligand in dem Komplex zu substituieren vermögen, insbesondere Triphenylphosphin oder Tri-n-butylphosphin, läßt sich der Anteil an n-Verbindungen bis auf 88 % steigern. Gleichzeitig sinkt jedoch die Reaktionsgeschwindigkeit erheblich. Die zum Ausgleich notwendige Temperaturerhöhung bedingt als Nebeneffekt eine weitgehende Hydrierung der Produkte (zu Alkoholen).

Tabelle 6.8: Reaktionsbedingungen verschiedener Oxoprozesse (35)

Verfahren:	Ruhrchemie, BASF, ICI, Kuhlmann	Shell	Rhodium - modifiziert -
Katalysator	$HCo(CO)_4$	$HCo(CO)_3$ $P(n-Bu)_3$	$HRh(CO)(PPh_3)_3$
Temperatur °C	110 – 180	160 – 200	60 – 120
Druck bar	200 – 350	50 – 100	1 – 50
Katalysator-Anteil %	0,1 – 1,0	0,6	0,01 – 0,1
Kohlenwasserstoff-Bildung	niedrig	hoch	hoch
Reaktions-Produkte	Aldehyde	Alkohole	Aldehyde
n/i - Verhältnis	bis zu 80 : 20	bis zu 88 : 12	bis zu 92 : 8
n - Produktausbeute	67 *	67 *	76 *

* = bezogen auf Olefin-Umsatz

Extrem wirksam, aber sehr teuer sind Rhodium- oder Iridiumcarbonyle. $Rh_4(CO)_{12}$, das aus Rh_2O_3 unter den Bedingungen der Hydroformylierung entsteht, ist 10^2 - 10^4 mal aktiver als $HCo(CO)_4$. Infolge der niedrigeren Reaktionstemperaturen werden Alkohole kaum gebildet. Von Nachteil ist die stark isomerisierende Wirkung des nicht modifizierten Rhodium-Carbonyls, die zur Folge hat, daß das n/i-Verhältnis von 80 : 20 (Co) auf 50 : 50 und darunter sinkt.

Die konventionelle Oxosynthese erfordert im allgemeinen ein Synthesegas mit einem H_2/CO-Verhältnis von etwa 1 : 1. Kohlegas hat in der Regel ein H_2/CO-Verhältnis von 1 : 2, d.h. es muß ein Teil des CO konvertiert werden. Bei Verwendung Phosphin-modifizierter Katalysatoren ist ein hohes n/i-Verhältnis nur bei einem hohen H_2/CO-Verhältnis von 2 : 1 bis 4 : 1 erreichbar. Hierfür ist in der Synthesegasaufbereitung ein erheblicher

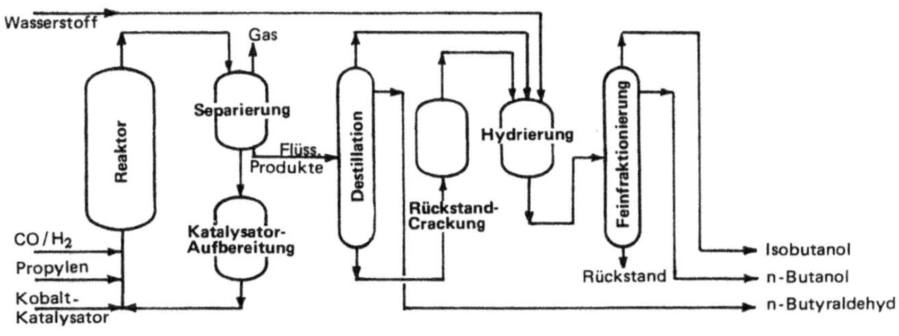

Abb. 6.23: Prozeß-Schema der Oxosynthese mit $HCo(CO)_4$ als Katalysator (Ruhrchemie-Verfahren) (35)

zusätzlicher Aufwand erforderlich. Die Synthesegasreinigung erfolgt im Prinzip ähnlich wie bei dem Methanol-Synthesegas.

6.11 Homologisierung

Unter Homologisierung wird die unter den Bedingungen der Oxosynthese ablaufende Umsetzung von Alkoholen mit Synthesegas verstanden. Sie führt je nach dem Mechanismus und den Reaktionsbedingungen zu den um eine CH_2-Gruppe reicheren Alkoholen bzw. Aldehyden. Das Ziel dieser Kettenverlängerung von Alkoholen ist vornehmlich die Synthese von Äthanol aus Methanol, bei der eine Ausbeute von ca. 40 % erreicht wird.

$$R-CH_2-OH + 2\,H_2 + CO \rightleftharpoons R-CH_2-CH_2-OH + H_2O \quad (6.33)$$

$$R-CH_2-OH + H_2 + CO \rightleftharpoons R-CH_2-CHO + H_2O \quad (6.34)$$

Die Homologisierung verläuft am leichtesten bei Einsatz tertiärer Alkohole, danach folgen sekundäre und schließlich primäre Alkohole. Ausnahmen bilden Benzylalkohole und Methanol, die besonders leicht reagieren. Dies spricht für die Bildung von Carboniumionen im Übergangszustand, doch ist der Mechanismus der Homologisierung noch nicht eindeutig geklärt. Als Katalysator kann Kobalttetracarbonylhydrid $HCo(CO)_4$ Verwendung finden. Als Promotoren haben sich Halogenverbindungen, bevorzugt Jodide, und Phosphin-Derivate in Analogie zur Hydroformylierung bewährt.

Technisch ist die Homologisierung bisher noch nicht genutzt worden. Ihre zukünftige Bedeutung könnte darin liegen, daß sie ausgehend vom Synthesegas via Methanol über Äthanol einen Zugang zum Äthylen bietet. Hier konkurriert die Homologisierung allerdings mit der selektiven Variante der Fischer-Tropsch-Synthese, der Dehydratisierung des Dimethyläthers (aus Methanol) und der Gewinnung von Äthanol aus Biomasse.

6.12 Reduktionsgas

Das hauptsächlich aus CO und H_2 bestehende Reduktionsgas (CO/H_2 = 60/40 bis 40/60) für die Herstellung von Eisenschwamm (Kapitel 3.4.7) soll eine möglichst hohe Reduktionswirkung aufweisen (36,37,38). Im Vergleich zum Synthesegas für katalytische Prozesse ist eine hohe Reinheit dagegen nicht erforderlich. Während das Synthesegas mit hohem Druck angeliefert werden soll, wird das Reduktionsgas bei niedrigem Druck (2,5 bar), jedoch mit hoher Temperatur benötigt (um 1.000 ^oC). Nach der Gasreinigung ist daher eine Vorwärmung erforderlich.

Das Rohgas aus dem Vergaser durchströmt einen Abhitzekessel, in dem die Wärme des Gases zur Dampferzeugung genutzt wird. Anschließend gelangt es in einen Kühlwäscher, wo es durch direkte Wassereinspritzung gekühlt wird. Dabei wird der größte Teil der mitgerissenen Flugasche ausgewaschen. In nachgeschalteten Desintegratoren erfolgt eine Feinwäsche, bei der auch kleinste Staubteilchen entfernt werden. Das staubfreie Rohgas wird auf einen Druck von etwa 7 bar verdichtet und der Rohgasentschwefelung zugeführt, in der die schwefelhaltigen Gaskomponenten H_2S und COS bis auf geringe Restmengen (max. 50-100 ppm) ausgewaschen werden. Das entschwefelte Gas gelangt nach entsprechender Vorwärmung ohne weitere Behandlung als Reduktionsgas zum Einsatz.

Untersuchungen haben gezeigt, daß in einigen Fällen ein höheres H_2/CO-Verhältnis bessere Reduktionsergebnisse liefert. Die hierfür erforderliche teilweise Umwandlung des Kohlenmonoxids kann in Form einer Bypaß-Konvertierung erfolgen. Gewisse Unterschiede in der Zusammensetzung des Reduktionsgases ergeben sich im Verlauf des Prozesses aus dem verschiedenen Einsatz des Gichtgases bei den einzelnen Direktreduktionsverfahren.

Tabelle 6.9: Zusammensetzung des Reduktionsgases und die je Tonne Eisenschwamm benötigte Gasmenge

		Reduktionsverfahren	
		Retorte	**Schachtofen**
CO_2	Vol.-%	3,2	1,9
CO		27,3	48,0
H_2		68,3	48,0
H_2 und Ar		1,1	2,0
CH_4		0,1	0,1
Gasbedarf	m^3/t	1.115	890

Bei dem Retorten-Verfahren wird das Gichtgas völlig für die Gasvorwärmung verbraucht. Das entschwefelte und konvertierte Gas aus der Kohlevergasung geht daher zur Weiterbehandlung direkt in den CO_2-Wäscher.

Bei dem Schachtofen-Verfahren wird dagegen nur ein Teil des Gichtgases zur Gasvorwärmung benötigt. Der weitaus größte Teil wird rückgeführt, mit dem entschwefelten und konvertierten frischen Gas gemischt und danach der CO_2-Wäsche zugeführt.

Tabelle 6.10: Herstellung von Eisenschwamm mittels Erdgas und Kohle (Flugstromvergasung), 1.500 t/d, Preisverhältnisse USA 1978 (19)

		Kohle	Erdgas
Anlagekosten	$ / Jahrestonne Produkt	360	180
Kohle bzw. Erdgas	GJ / t	20,4	11,7
Strom	kWh / t	330	120
Sonstige Verbrauchsstoffe	$ / t	4,50	1,70
Personalbedarf	Personen	150	95

Die Herstellung von Reduktionsgas aus Kohle ist zur Zeit nur in Ausnahmefällen wirtschaftlich. Tabelle 6.10 zeigt einen Kostenvergleich bei Verwendung von Erdgas und Kohle, basierend auf den Kostenverhältnissen in den USA im Jahr 1978. Die Wirtschaftlichkeit der Gewinnung von Reduktionsgas aus Kohle kann gesteigert werden, wenn die Reduktionsgaserzeugung mit anderen Prozessen gekoppelt wird, z.B. mit der Herstellung von Ammoniak.

6.13 Heizgase

Bei Vergasung der Kohle zur Herstellung von Heizgas werden keine besonderen Forderungen an die Zusammensetzung des Gases gestellt, wenn die vorgeschriebenen Grenzen von Heizwert und Dichte eingehalten, Korrosionen und Ablagerungen im Leitungssystem vermieden werden und den Umweltschutzbestimmungen Rechnung getragen wird. Die Erfassung der Heizgase erfolgt in der Neufassung der DIN 1340 nach formalen Gesichtspunkten durch Einteilung in vier Gruppen nach dem Heizwert H_o.

Tabelle 6.11: Einteilung der Heizgase nach DIN 1340

Gruppe	Heizwert H_o
1	bis 10.000 kJ/m³
2	von 10.000 bis 30.000 kJ/m³
3	von 30.000 bis 60.000 kJ/m³
4	über 60.000 kJ/m³

Bezüglich ihrer Verwendung in der öffentlichen Gasversorgung (39) bzw. aufgrund ihres Brennverhaltens, d.h. daß sie in bestimmten Brennern oder Geräten benutzt werden können, werden die Heizgase nach den "Technischen Regeln für die Gasbeschaffenheit", herausgegeben von der DVGW, in sogenannten Gasfamilien zusammengefaßt.

Maßgebend für die Unterteilung in Gasfamilien und verschiedene Gruppen ist der Wobbe-Index, der Quotient aus Heizwert und der Quadratwurzel der relativen Dichte. Er gilt als Kennwert für die Wärmebelastung des Brenners. Die in den Wobbe-Index eingehende relative Dichte ist ein Maßstab für den Wasserstoffgehalt, der für die maximale Flammengeschwindigkeit entscheidend ist.

Die erste Gasfamilie (DVGW Kurzzeichen S, Gruppe A und B) umfaßt die wasserstoffreichen Stadt- und Ferngase. Diese je nach Gaserzeugungsverfahren und Ausgangsstoffen in der Zusammensetzung unterschiedlichen Gaswerks- und Kokereigase waren viele Jahrzehnte die Grundlage der öffentlichen Gasversorgung. Ihr Heizwert liegt zwischen 16.745 und 20.935 kJ/m^3_N, der Wobbewert W_o zwischen 22.610 und 33.075.

Die zweite Gasfamilie (DVGW Kurzzeichen N, Gruppe L und H) umfaßt die aus natürlichen Vorkommen stammenden Erdgase und Erdölgase sowie deren Austauschgase. Erdgase stellen heute den weitaus größten Teil aller Gase in der öffentlichen Gasversorgung (Tabelle 1.19). Der Heizwert H_o der Heizgase der zweiten Gasfamilie liegt zwischen 31.820 und 47.310 kJ/m^3_N, der Wobbewert W_o zwischen 41.030 und 56.520.

Die dritte Gasfamilie umfaßt das Propan und Propan/Butan-Gemische (Flüssiggase). Eine Sondergruppe bilden schließlich die Kohlenwasserstoff/Luft-Gemische.

Tabelle 6.12: Maximalwerte des Gehaltes an Gasbegleitstoffen in Gasen der ersten und zweiten Gasfamilie

Gasbegleitstoffe max.		1. Gasfamilie (S) (Synthetische Gase)	2. Gasfamilie (N) (Natur-Gase)
Stickoxide	cm^3/m^3	0,2	
Ammoniak	mg/m^3	3	
Schwefel, gesamt	mg/m^3	200	150
Schwefelwasserstoff	mg/m^3	2	5
Cyanwasserstoff	mg/m^3	150	
Kohlenmonoxid	Vol.-%	6	
Sauerstoff	Vol.-%	3	3

Die Gase der ersten und zweiten Gasfamilie müssen in den Gehalten an Gasbegleitstoffen den in Tabelle 6.11 aufgeführten Werten entsprechen. Für die Gase der dritten Gasfamilie gelten die entsprechenden DIN-Vorschriften.

Aufgrund der sich abzeichnenden Verknappung von Erdgas wird insbesondere in den USA eine Vielzahl von Kohlevergasungsprojekten mit dem Ziel bearbeitet, ein dem Erdgas im brenntechnischen Verhalten ähnliches (40, 41) und austauschbares Gas aus Kohle zu erzeugen. Hierfür sind vornehmlich Verfahren geeignet, die unmittelbar zu einem hohen Methananteil im Rohgas führen (s. Kapitel 5.5.8). Auch die Art der Kohle hat darauf einen großen Einfluß; junge, hochreaktive Kohlen - insbesondere Torf - liefern ein vergleichweise methanreiches Kohlegas.

Die Herstellung von Erdgas-Austauschgasen mit hohem Heizwert nach dem Lurgi-Druckvergasungs-Verfahren zeigt Abb. 6.25. Um ein Gas (SNG) mit einem Heizwert H_o über 38.000 kJ/m^3_N zu erhalten, muß der CH_4-Gehalt besonders hoch und der Restgehalt an Wasserstoff und insbesondere CO_2 niedrig sein.

Tabelle 6.13: Heizwerte von Reingasen und Gasgemischen (volumenbezogen)

		H_o kJ/ m^3_N	H_u kJ/ m^3_N
Reingase	Äthan	70.340	64.400
	n-Butan	133.800	123.560
	Kohlenmonoxid	12.640	12.640
	Methan	39.820	35.880
	Propan	100.990	92.990
	Wasserstoff *)	12.770	10.800
Gasgemische	Erdgas H 90% CH_4	41.910	37.880
	Erdgas L 85% CH_4	33.840	30.500
	Klärgas	27.870	25.120
	Kohlen-Wassergas	12.770	11.620
	Koks-Generatorgas	5.070	4.830
	Kokereigas	19.870	17.640
	Schwelgas aus Braunkohle	16.750	15.490
	Schwelgas aus Steinkohle	33.500	30.360
	Hochofen-Gichtgas	3.790	3.753
	Reichgas I	42.780	38.920

*) = gewichtsbezogene Werte siehe Abb. 8.4

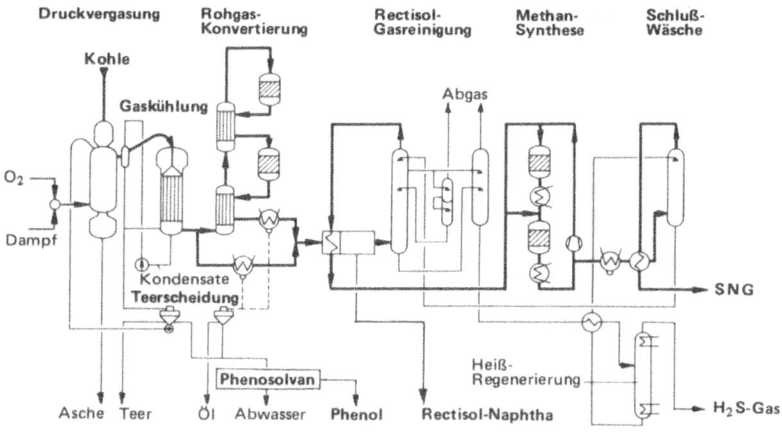

Abb. 6.24: SNG-Erzeugung aus Kohle nach Lurgi (2)

Das Rohgas der Lurgi-Druckvergasung wird nach Abtrennung der Kondensate (Teer, Öle, Phenole) im Bypaß zunächst so weit konvertiert, daß sich das für die Methansynthese erforderliche Verhältnis zwischen CO, CO_2 und H_2 ergibt. Die Gasreinigung erfolgt nach der selektiven Variante des Rectisol-Verfahrens. Das teilkonvertierte Gas wird nach einer Vorwäsche für Gasnaphtha in einer zweiten Waschstufe zunächst entschwefelt und dann in einer dritten Stufe im CO_2-Gehalt so weit abgesenkt, wie es die Methansynthese erfordert. Die Umsetzung zu Methan ist wegen des beträchtlichen Anfalls an Prozeßwärme in mehrere Kreislaufstufen aufgeteilt, wobei erhebliche Mengen an Dampf erzeugt werden können. Nach der Methanisierung erfolgt noch eine Schlußwäsche (4. Rectisol-Stufe), in der das restliche CO_2 entfernt und gleichzeitig das Gas getrocknet wird.

Der thermische Wirkungsgrad der SNG-Erzeugung, definiert als das Verhältnis des Heizwertes von SNG und Nebenprodukten (Teer, Naphtha, Phenole) zum Heizwert der in die Vergasung eingegebenen Kohle liegt im Bereich von 80 %.

7. Kohleverflüssigung

7.1 Einführung und Geschichte

"Wie schön wäre es nun, wenn man aus den festen Brennmaterialien durch einen passenden Reduktionsprozeß auf ökonomische Weise flüssige Brennstoffe herstellen könnte! Mir scheint hier ein fundamentales Problem der Heizstoffindustrie vorzuliegen, zu dessen Lösung alle Hilfsmittel der modernen Wissenschaft und Technik in Bewegung gesetzt und alle Möglichkeiten durchprobiert werden sollten. Das bisher Gesagte gilt für die Steinkohle, aber manches läßt sich übertragen auf Braunkohle und Torf. Es liegt daher der Gedanke nahe, auch hier die Verkokung im Wasserstoffstrom, womöglich bei Gegenwart eines Katalysators zu versuchen, denn die Aussicht, auf diese Art die Menge der flüssigen Kohlenwasserstoffe zu erhöhen, dürfte hier noch größer sein als bei der Steinkohle."

Soweit ein Auszug aus dem Vortrag, den Emil Fischer am 29. Juli 1912 für die Gründung eines Kaiser-Wilhelm-Institutes für Kohleforschung in Mülheim/Ruhr hielt.

Die ersten Untersuchungen über die Kohlehydrierung gehen auf das Jahr 1886 zurück, als es Berthelot gelang, Kohle mit einem hundertfachen Überschuß an Jodwasserstoff bei 270°C zu reduzieren.

Drei wichtige technische Vorbedingungen mußten jedoch erfüllt werden, um eines der größten Projekte der chemischen Technik im 20. Jahrhundert zum Erfolg zu führen. Die erste Vorbedingung waren die Arbeiten von C. Bosch zur Ammoniaksynthese im Jahre 1910, wodurch die Beherrschung hoher Drucke und Temperaturen möglich wurde. Friedrich Bergius hat in seinen grundlegenden Forschungen und Experimenten 1913 gezeigt, daß die hydrierende Umwandlung von Kohle durchführbar ist. Bei diesen Arbeiten lagerte er molekularen Wasserstoff unter hohem Druck und hoher Temperatur an Kohle an und erhielt ölige Verbindungen.

Nach dem 1. Weltkrieg hat Bergius, der bis dahin seine Forschungen und Verfahrensentwicklungen als selbständiger Unternehmer durchgeführt hatte, die Zusammenarbeit mit großen Industrieunternehmungen gesucht. Nachdem zunächst auf dem Gelände der Rütgerswerke (Gesellschaft für Teerverwertung) in Duisburg-Meiderich eine Anlage zur Hydrierung von Steinkohle mit 4 Druckreaktoren errichtet wurde, haben die IG-Farben nach Übernahme der Patente von Bergius in 1925 die Forschung über die Kohleverflüssigung in großem Stil aufgenommen, wobei unter der Leitung von Matthias Pier insbesondere die vollständige Benzinierung der Mittelöle in der Gasphase entwickelt wurde.

Entgegen der damaligen Auffassung, daß Hydrierkatalysatoren durch Schwefel vergiftet werden, fand Pier, daß Molybdän und Wolfram nicht nur eine hohe Aktivität für die Hydrierung von Kohle aufweisen, sondern daß diese Aktivität auch in Gegenwart von Schwefel erhalten bleibt und bei Anwendung sulfidischer Molybdän- bzw. Wolfram-Katalysatoren in Gegenwart von H_2S sogar gesteigert wird. Eisen und andere Elemente der Eisengruppe - für sich allein oder in Kombination mit Molybdän oder Wolfram - erwiesen sich ebenfalls als schwefelfest und auch als Sulfide wirksam (1,2,3).

Schon 1927 nahmen die IG-Farben mit Kohlen aus dem mitteldeutschen Braunkohlenrevier den Betrieb einer großtechnischen Versuchsanlage zur Kohleverflüssigung in ihrem Werk Leuna auf. Sechs Jahre später wurde von der ICI mit Unterstützung der IG eine Hydrieranlage für englische Steinkohle in Billingham erstellt.

Das wirtschaftliche Umfeld der Kohlehydrierung in den 30er Jahren beschrieb Matthias Pier in einem Artikel in der Zeitschrift "Die Chemische Fabrik" 1935 folgendermaßen (4):

"Die weitgehende Förderung, die die Reichsregierung dem Automobilwesen angedeihen läßt, hat dazu geführt, daß 1934 der Benzinverbrauch in Deutschland um etwa 15 % gegenüber dem Vorjahr angestiegen ist. Diese Aufwärtsbewegung wird sich in Zukunft durch die Inbetriebnahme der Reichsautobahnen fortsetzen und zu einer weiteren Steigerung des Treibstoffverbrauchs führen. Gleichzeitig ist mit einer allgemeinen Zunahme des Verbrauchs an Mineralölprodukten, insbesondere aber an Schmieröl zu rechnen. Bisher mußte der größte Teil der Mineralölprodukte aus dem Ausland eingeführt werden. So stammen etwa 70 % der in Deutschland verbrauchten Treibstoffe aus dem Ausland. Die Herstellung dieser Produkte im Inland, zumindest in einem Umfange, daß eine weitere Einfuhrerhöhung vermieden wird, ist eine wichtige Aufgabe der deutschen Technik. Sie soll es der deutschen Volkswirtschaft ermöglichen, weitere Arbeitskräfte zu beschäftigen und außerdem Devisen zu sparen."

Am Ende des zweiten Weltkrieges waren in Deutschland zwölf Hydrieranlagen in Betrieb, deren Gesamtkapazität rund 4 Mio t/a flüssige Kraftstoffe betrug (Tabelle 7.1).

Tabelle 7.1: Deutsche Hydrierwerke 1943/1944 (5)

Anfahrtermin	Werk	Rohstoff	Druck (bar) Sumpfphase	Gasphase	Kapazität t/a 1943/1944
1927	Leuna	Braunkohle, Teer	200	200	650.000
1936	Böhlen	Braunkohlenteer	300	300	250.000
1936	Magdeburg	Braunkohlenteer	300	300	220.000
1936	Scholven	Steinkohle	300	300	280.000
1937	Welheim	Pech	700	700	130.000
1939	Gelsenberg	Steinkohle	700	300	400.000
1939	Zeitz	Braunkohlenteer	300	300	280.000
1940	Lützkendorf	Teer, Öl	500	500	50.000
1940	Pölitz	Steinkohle, Öl	700	300	700.000
1941	Wesseling	Braunkohle	700	300	250.000
1942	Brüx	Braunkohlenteer	300	300	600.000
1943	Blechhammer	Steinkohle, Teer	700	300	420.000

Der Schwerpunkt lag bei der spaltenden Hydrierung von Braunkohle zur Erzeugung von Benzin und Mittelöl der Siedelage bis 325 °C. In den USA, wo Erdöl damals reichlich vorhanden war, bestand kein Anreiz, flüssige Kohlenwasserstoffe aus Kohle herzustellen. Nach Ende des Krieges wurden die im westlichen Teil Deutschlands gelegenen Hydrieranlagen, soweit sie nicht zerstört worden waren, zunächst stillgelegt. Da eine Umwandlung deutscher Kohle zu flüssigen Produkten nicht mehr wettbewerbsfähig war, nahmen die drei in Westdeutschland verbliebenen Hydrierwerke (Gelsenberg, Scholven und Wesseling) die hydrierende Verarbeitung von Erdöl-Destillationsrückständen auf. Im Jahre 1963, 10 Jahre vor der 1. Erdölkrise, wurden diese Anlagen stillgelegt. Die in der DDR nach dem Krieg verbliebenen Anlagen wurden weiter betrieben. Als Erdöl aus der UdSSR über eine Pipeline zur Verfügung stand, wurde auch die Hydrierung in Leuna stillgelegt.

Zur Verflüssigung der Kohle können grundsätzliche 3 Wege beschritten werden (6):

1. Hydrierung,

2. Extraktion,

3. thermische Depolymerisation (Pyrolyse).

Die Übergänge zwischen diesen Verfahrensprinzipien sind fließend. Alle Verfahren finden bei Temperaturen über 350°C bei Anwesenheit flüssiger Phasen (Anmaischöl, Lösungsmittel bzw. Teer) mit ausgeprägten Lösungsmitteleigenschaften statt. In allen Fällen kommt es zunächst zu einer thermischen Spaltung thermodynamisch labiler Bindungen unter Bildung von Radikalen. Die Stabilisierung der Radikale erfolgt durch Anlagerung von Wasserstoff neben anderen konkurrierenden Reaktionen, z.B. Radikal-Rekombination unter Bildung hochmolekularer Verbindungen.

Der Einfluß der Lösungsmittel ist vielseitig und reicht bis zur Wasserstoffübertragung (7). Die Löslichkeit der Kohle (8) in verschiedenen Lösungsmitteln ist in Kapitel 1.2.3.3 beschrieben. Die mineralischen Bestandteile der Kohle, insbesondere der feinverteilte Pyrit, üben eine erhebliche katalytische Wirkung aus (9,10).

In Anbetracht dieses komplexen Sachverhaltes ist die Interpretation kinetischer Meßdaten (11,12) kompliziert und die Ableitung chemisch und mathematisch exakter Reaktionsmechanismen und Funktionen im allgemeinen nicht möglich.

Bei der Kohlehydrierung bzw. hydrierenden Extraktion können aus 100 Teilen Kohle (waf) und 2 bis 6 Teilen Wasserstoff bis zu 70 Teile Öl und Kohlenwasserstoffgas gewonnen werden. Der verbleibende nicht destillierbare Rest, der u.a. die Mineralsubstanz der Kohle enthält, kann neben Kohle durch Vergasung zur Gewinnung des für die Hydrierung nötigen Wasserstoffs Verwendung finden.

Aus den Leicht- und Mitteldestillaten des Kohleöls (13), das vorwiegend aromatische neben naphthenischen und zum Teil auch aliphatischen Komponenten enthält, können Chemierohstoffe und Kraftstoffe gewonnen werden (14, 15). Während die Kohlevergasung in Verbindung mit der Fischer-Tropsch-Synthese hauptsächlich Paraffine und Olefine liefert, bietet sich das Kohleöl vornehmlich zur Gewinnung von Aromaten an. Dank ihres hohen Aromatengehaltes sind Kohleöl-Fraktionen für die Herstellung klopffester Otto-Kraftstoffe geeignet, während die durch Fischer-Tropsch-Synthese gewinnbaren höheren Paraffine eine gute Ausgangsbasis für die Formulierung von zündwilligen Diesel- und Flugturbinen-Kraftstoffen bilden. Die Kohle-Vergasung und -Verflüssigung ergänzen sich demgemäß ausgezeichnet. Diese gekoppelte Arbeitsweise wurde über mehrere Jahre in den mitteldeutschen Kraftstoffwerken großtechnisch praktiziert. Ein Schema einer kohlechemischen Raffinerie, bei der beide Verfahren nebeneinander vorgesehen sind, zeigt Abb. 8.6.

Bei nur schwacher Hydrierung werden feste oder flüssige Extrakte gewonnen, die als umweltfreundliche Brennstoffe beispielsweise mineralisches Heizöl substituieren können (16). Derartige Brennstoffe (solvent refined coal) zeichnen sich durch einen niedrigen Schwefel- (0,4 %) und Aschegehalt (0,1 %) aus. Kohleöl kann schließlich als Rohstoff für die Herstellung technischer Kohlenstoffe Verwendung finden (Elektroden, Ruß etc.). Bei allen Prozessen zur Hydrierung von Kohle wird die Kohle auf die jeweils erforderliche Körnung zerkleinert sowie erforderlichenfalls mechanisch entascht und getrocknet. Anschließend wird sie mit einer flüssigen Phase - prozeßstämmiges Öl oder Lösungsmittel - zu einem pumpfähigen Brei angemaischt und die Maische auf erhöhten Druck und auf erhöhte Temperatur gebracht. Ein wesentliches Problem der großtechnischen Kohlehydrierung ist die Abtrennung der verbleibenden Feststoffe. Sie kann im Prinzip durch Filtration, Sedimentation oder Destillation erfolgen.

7.2 Hydrierverfahren der IG-Farbenindustrie (IG-Hydrier-Verfahren)

Das besondere Merkmal des von der IG-Farbenindustrie entwickelten sogenannten IG-Verfahrens (1,2,17) - eine Weiterentwicklung des Bergius-Verfahrens - ist die Aufteilung der Hydrierung in 2 Stufen. In der ersten Stufe, der sogenannten "Sumpfphase", wird die Kohle in Gegenwart fein verteilter Katalysatoren in ein flüssiges Zwischenprodukt (Mittelöl und Rohbenzin) überführt, das in der zweiten Stufe, der "Gasphase", über fest angeordnetem Katalysator in marktfähige Produkte, vornehmlich Benzin, umgewandelt wird.

Das IG-Verfahren ist bisher weltweit der einzige Prozeß, nach dem großtechnisch Öl durch Hydrierung von Kohle hergestellt wurde. Im Falle einer Wiederaufnahme müßten einige Verfahrensstufen, wie z.B. die Rückstandsaufarbeitung, verbessert und umweltgerecht gestaltet und der thermische Wirkungsgrad dem Stand der Technik entsprechend erhöht werden. Weitere verbesserungsfähige Parameter sind das hohe Druckniveau, der begrenzte spezifische Durchsatz und der hohe spezifische Wasserstoffverbrauch. Wünschenswert wäre darüber hinaus die Anwendung hochwirksamer, leicht wiedergewinnbarer oder stationärer Hydrierkatalysatoren. Da die Rückgewinnung von Hydrierkatalysatoren aus dem Rückstand der Hydrierung bisher nicht gelang, müßten neue Reaktor-Konzepte entwickelt werden.

Um eine Tonne Benzin und Flüssiggas herzustellen, wurden rund 3,6 t Kohle (auf einen Heizwert von 29.300 kJ/kg bezogen) eingesetzt. Davon dienten etwa 38 % zur Wasserstoffgewinnung und 27 % zur Deckung des Energiebedarfes. Der thermische Wirkungsgrad des Verfahrens lag - bei einem Heizwert der Produkte von rund 43.500 kJ/kg - knapp über 40 %.

7.2.1 Einfluß der Kohleart

Für die Beurteilung der Hydrierfähigkeit einer Kohle geben die Elementaranalyse, die Schwelanalyse und die Bestimmung der Macerale bereits deutliche Hinweise, aber allein noch keine ausreichende Gewißheit. Zusätzliche Labor- und Technikumsversuche sind unerläßlich.

Braunkohlen lassen sich im allgemeinen bei relativ niedrigem Druck hydrieren. Dies trifft insbesondere für die kohlenstoffreichen und sauerstoffarmen (älteren) mitteldeutschen Braunkohlen zu, die in Leuna schon bei 180 bar gut hydriert werden konnten. Die Hydrierung bitumenreicher, mitteldeutscher Braunkohle war deshalb auch der Ausgangspunkt der technischen Kohlehydrierung. Bei den rheinischen Braunkohlen war bereits ein deutlich höherer Druck erforderlich.

Die Technik der Braunkohlenhydrierung entsprach derjenigen der Steinkohlenhydrierung. Der Vorteil der Braunkohlenhydrierung - der niedrigere erforderliche Hydrierdruck - wird teuer erkauft: während sich deutsche Steinkohle leicht auf einen für die Hydrierung tragbaren Wert mechanisch entaschen läßt, ist dies bei der Braunkohle wegen der homogenen Verteilung der Asche nicht möglich. Die Asche durchläuft daher den Hydrierprozeß, vermindert die Raum/Zeit-Ausbeute, erhöht den Wärmebedarf und belastet vor allem die Rückstandsaufarbeitung. Auch die Entwässerung der Braunkohle - direkt mit inerten Feuerungsgasen oder indirekt mit Dampf - erfordert einen erheblich höheren Aufwand als bei der Steinkohle. Der Wassergehalt der Braunkohlen wurde im allgemeinen auf Werte zwischen 5 - 10 % eingestellt, Steinkohlen wurden auf rund 2 % Restfeuchte getrocknet.

Von den Steinkohlen sind für die Hydrierung insbesondere Gasflammkohlen mit einem möglichst hohen Gehalt an flüchtigen Anteilen, z.B. 35 % und darüber, geeignet. Sowohl Ruhrkohlen als auch oberschlesische Kohlen dieser Art wurden bei 300 bar hydriert. Steigender Druck bis 700 bar brachte eine Reihe von Vorteilen. Auch die Gasflammkohlen des Saargebietes brachten in kontinuierlichen Versuchsreihen vergleichbare Ergebnisse. Höher inkohlte Kohlen, z.B. Anthrazit, zeigen dagegen deutlich geringere Reaktivität und benötigen mehr Wasserstoff und einen höheren Druck. Der Aschegehalt der Steinkohlen wurde durch mechanische Aufbereitung auf einen Wert zwischen 4 bis 6 % gebracht. Die Anmaischung der zerkleinerten Kohle mit dem im Kreislauf geführten prozeßstämmigen Öl (Anreibeöl) wurde in rotierenden Mühlen unter Anwendung leichter Mahlkörper bei 110 - 130 $^{\circ}$C vorgenommen. Dabei wurde gleichzeitig eine Feinmahlung der Kohle auf eine Korngröße unterhalb von 0,2 mm erreicht. Diese Maische verhielt sich bei 100 $^{\circ}$C wie eine mittelviskose Flüssigkeit.

7.2.2 Katalysatoren

Alle Versuche, die Kohle mit fest angeordneten oder bewegten stückigen Katalysatoren zu hydrieren, brachten nicht den gewünschten Erfolg. Sie wurden in kurzer Zeit desaktiviert. Für die Hydrierung in der Sumpfphase gelangten daher fein verteilte Katalysatoren zum Einsatz. Das zunächst von Pier für die Hydrierung als sehr wirksam erkannte Ammoniummolybdat war zu teuer und stand außerdem nicht in hinreichender Menge zur Verfügung, da die Katalysatoren nach einmaligem Durchgang verworfen werden mußten. Wirtschaftlicher waren verschiedene Eisenoxide, z.B. Lux- oder Bayer-Masse oder Raseneisenerz. Für die Hydrierung von Steinkohle in den für 700 bar ausgelegten Anlagen wurden, auf wasser- und aschefreie Kohle bezogen, 1,5 bis 2 % Lux- oder Bayer-Masse verwendet. Zusätzlich wurde die Kohle mit 1,5 % Eisensulfat sowie 0,3 % Natriumsulfid getränkt. Auch die Braunkohlenhydrierung , bei der man anfänglich glaubte, ohne Katalysatoren auskommen zu können, erfolgte unter Einsatz von Eisenverbindungen (Bayer-Masse) (s. Tabelle 7.2).

7.2.3 Hydrierung in der Sumpfphase

Das Ziel der Sumpfphasenhydrierung war die Umsetzung des hochpolymeren Feststoffs Kohle zu niedermolekularen flüssigen Verbindungen mit einem für die Weiterverarbeitung in der Gasphase geeigneten Siedebereich. Je nach Wasserstoffumsatz entsteht ein breites Spektrum von Schwer- bis zu Mittelsiedern, Benzin und Gasen, neben relativ geringen Mengen an Restkohle (Abb. 7.1). Die Zusammensetzung wird zusätzlich von den Reaktionsbedingungen Druck, Temperatur und Verweilzeit sowie Art der Katalysatoren beeinflußt.

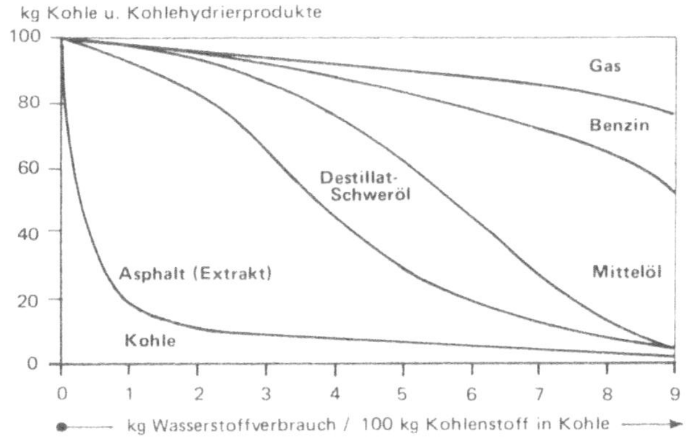

Abb. 7.1: Ausbeute und Wasserstoffverbrauch bei der Sumpfphasenhydrierung von Kohle (1)

Im Vergleich zur Steinkohle (Tabelle 7.2) ergibt die Braunkohle wegen des niedrigeren Kohlenstoff-Gehaltes eine geringere Ölausbeute, aufgrund der leichteren Hydrierbarkeit jedoch eine höhere Raum/Zeit-Ausbeute.

Tabelle 7.2: Betriebsbedingungen und Ergebnis (waf-bezogen) bei der Sumpfphasenhydrierung von Braunkohle und Steinkohle (2)

		Braunkohle	**Steinkohle**
Katalysator	Bayermasse %	9,9	2,1
	$FeSO_4 \cdot 7H_2O$ %	–	1,2
	Na_2S %	–	0,3
	H_2-Aufnahme %	6,7	8,8
	Anreibeöl %	127	166
	Druck bar	230	700
Ergebnis	Öl %	53,0	61,3
	Gas %	26,4	24,4

Wegen der geringeren Reaktivität erfordert Steinkohle schärfere Hydrierbedingungen als Braunkohle. Die bei der Braunkohlenhydrierung entstehenden Gase bestehen aufgrund des höheren Sauerstoffgehaltes der Braunkohle zu rund 40 % aus Kohlenoxiden, während der Kohlenoxidgehalt des entsprechenden Steinkohlengases nur ca. 13 % beträgt.

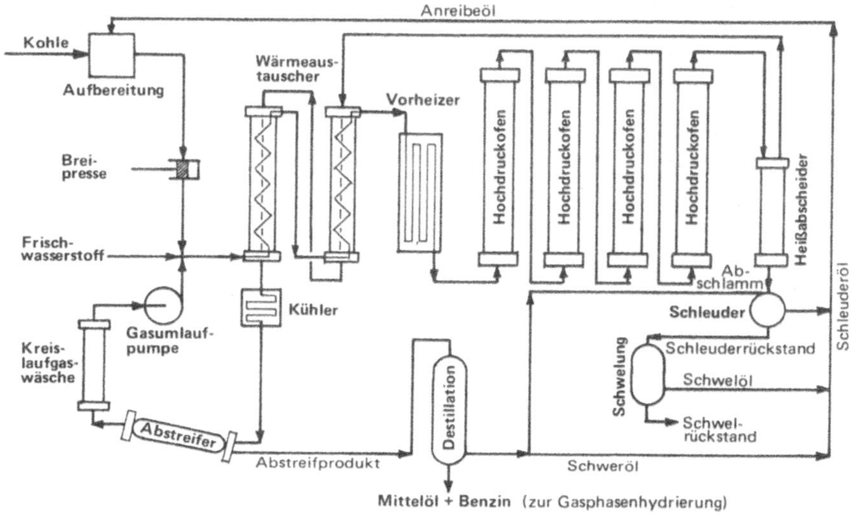

Abb. 7.2: Verfahrensprinzip der Sumpfphasenhydrierung (1)

Die Mischung aus 1 Teil Kohle und 1-1,5 Teilen Anreibeöl wurde aus beheizten Vorratsgefäßen abgezogen und mit "Breipressen" (Kolbenpumpen) durch die Vorheizer in die Reaktoren gepumpt. Der Wasserstoff, aus Wassergas gewonnen, wurde auf 700 bar verdichtet. Kohlebrei, Frischwasserstoff und Kreislaufgas passierten senkrecht stehende Rohrbündel-Wärmeaustauscher, als Regeneratoren bezeichnet, wobei sie auf ca. 300-350°C vorerhitzt wurden. Danach wurde das Gemisch rasch bis auf 20-60°C unterhalb der gewünschten Hydriertemperatur in haarnadelförmig gebogenen Druckrohren, als Spitzenvorheizer bezeichnet, erhitzt, wobei bereits ein großer Teil der Kohle aufgeschlossen wurde. Die eigentliche Hydrierung erfolgte in senkrecht stehenden Hochdrucköfen, "Kapazitäten" genannt, die üblicherweise vierfach hintereinander geschaltet waren. Ihr Einzelvolumen betrug ca. 9-13 m^3, das Gesamtvolumen damit 36-52 m^3. Sie wurden von unten nach oben durchströmt, wobei die gebildeten Leichtsieder und der im Überschuß angewendete Wasserstoff durch die flüssig/feste Phase perlten, den Reaktorinhalt gut durchmischten und das Absetzen fester Bestandteile verhinderten. Die Löslichkeit des Wasserstoffs in Öl nimmt mit steigender Temperatur zu. Die Temperatursteuerung - insbesondere im ersten Ofen kommt es zu starker Exothermie - erfolgte durch Eindrücken von kaltem Wasserstoff ("Kaltgas").

Nach dem letzten Reaktor gelangte das Reaktionsprodukt in einen Hochdruck-Heißabscheider. Alle bis ca. 325°C siedenden Anteile wurden hier zusammen mit dem Wasserstoff und den gasförmigen Produkten abgetrennt und gelangten nach Passieren von Wärmeaustauscher und Kühler in den

Abstreifer. Der Rückstand, auch "Abschlamm" genannt, enthielt neben Restmengen bis 325°C siedender Verbindungen Asphalte, nichtumgesetzte Kohle, Asche und Katalysatoren. Er konnte nicht filtriert werden. Ein Teil des Abschlamms mußte daher in den Prozeß zurückgeführt werden, der Rest wurde zentrifugiert. Der Schleuderrückstand wurde in speziellen Vorrichtungen geschwelt. Die Flüssigphasen der Zentrifugierung und Schwelung ("Schwelöle") wurden zusammen mit dem "Schweröl" aus dem Abstreiferprodukt zum Anreiben der Kohle zurückgeführt.

Die Menge des Abschlamms, die aufgearbeitet werden mußte, war in den ersten Jahren mit rund 20 - 40 % auf Einsatzkohle bezogen verhältnismäßig groß. Später ging man dazu über, die Feststoffmengen durch weitgehenden Abbau der Kohle (auf etwa 96 %) und durch Verwendung aschearmer Kohlen sowie kleiner Katalysatormengen niedrig zu halten.

Im "Abstreifer" erfolgte die Trennung der flüchtigen Hydrierprodukte in Kondensat und Gas. Das Gas wurde nach einer Ölwäsche, bei der die niedrigsiedenden Kohlenwasserstoffe entfernt wurden, als Kreislaufgas mit rund 80 % Wasserstoff in die Hydrierung zurückgeführt. Die Flüssigprodukte des Abstreifers schließlich wurden destillativ in Benzin, Mittelöl (40-50 % mit einer Siedelage bis 325°C) und Schweröl (Siedelage bis 325°C/16 mbar) getrennt. Das Schweröl diente zum erneuten Anreiben von Kohle und Katalysator, das Mittelöl wurde in der Gasphasenhydrierung weiter verarbeitet.

Die Flüssigprodukte der Sumpfphasen-Hydrierung enthielten je nach Rohstoff und Hydrierbedingungen unterschiedliche Anteile an Paraffinen, Naphthenen und Aromaten. Der Gehalt an ungesättigten Verbindungen lag zumeist unter 5 %. Deutlich höher war der Anteil an ein- und mehrwertigen Phenolen. Der Hauptteil des organisch gebundenen Schwefels wurde in Schwefelwasserstoff übergeführt. Die gasförmigen Produkte bestanden hauptsächlich aus den Kohlenwasserstoffen Methan bis Butan, der Anteil an Olefinen lag unterhalb von 1 %. Je nach Sauerstoffgehalt der Kohle fanden sich wechselnde Mengen an Kohlenmonoxid und Kohlendioxid.

7.2.4 Hydrierung in der Gasphase

Gemessen an der Höhe des Wasserstoffverbrauchs, der in der ersten Stufe 75 % der Gesamtmenge beträgt, erfolgt der wesentliche Teil der Hydrierung in der Sumpfphase. Die spezifische Produktverteilung wird dagegen erst in der zweiten Stufe, der Gasphasenhydrierung, in der die Prozeßführung und Katalysatorwirkung für die Eigenschaften der Endprodukte von entscheidender Bedeutung sind, eingestellt.

Das Verfahrensprinzip der Gasphasenhydrierung (Abb. 7.3) entspricht im wesentlichen dem der Sumpfphasenumsetzung. Die Aufheizung und Verdampfung der Reaktanden - Mittelöl, Frischwasserstoff und Kreislaufgas - erfolgt in Wärmeaustauschern und im Spitzenvorheizer. Die Reaktoren, von denen jeweils drei bis vier hintereinander geschaltet werden, enthalten den stückigen Katalysator in Festbettanordnung. Die Reaktionswärme wird durch Eindrücken von Kaltgas an einigen Stellen abgeführt. Nach Verlassen des Reaktors passieren die Reaktionsprodukte den Wärmeaustauscher und anschließend einen Kühler. Im Abstreifer erfolgt schließlich die Trennung in eine flüssige und eine gasförmige Phase.

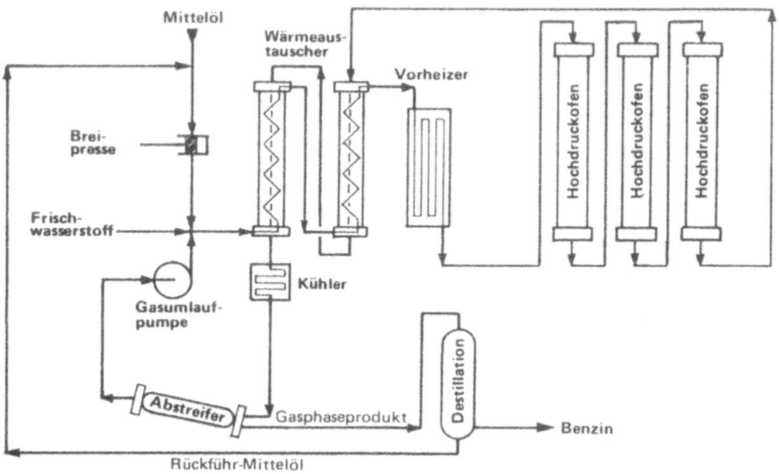

Abb. 7.3: Gasphasenhydrierung von Kohleölen nach dem IG-Hydrier-Verfahren (1)

Für die Gasphasenhydrierung wurden im wesentlichen zwei Arbeitsweisen entwickelt: die überwiegend angewandte Fahrweise unter "hydrierenden Bedingungen", die hauptsächlich zu Naphthenen (rund 50 %) mit nur 10 % oder weniger an Aromaten führt, und die Fahrweise unter "aromatisierenden Bedingungen", die eine Ausbeute von rund 50 % an Aromaten liefert. Die Gasphasenhydrierung der bis 325 °C siedenden Mittelöle der Sumpfphasenhydrierung unter "hydrierenden Bedingungen" läuft bei ca. 300 bar ab. Als zweckmäßig hat sich eine Zweiteilung des Verfahrens in eine "Vorhydrierung" und in die "Benzinierung" erwiesen. Der Katalysator für die Vorhydrierung bestand aus 70 Teilen Al_2O_3, 27 Teilen WS_2 und 3 Teilen NiS; für die Benzinierung wurde eine Mischung von 90 % Flußsäure-geätzter Bleicherde "Terrana" und 10 % WS_2 verwendet. Diese Wolframsulfid-Katalysatoren - vor allem der Benzinierungskontakt - benötigen zur optimalen Aktivität einen bestimmten Schwefelwasserstoff-Partialdruck, der durch Sättigung mit Schwefelwasserstoffgas bei etwa 0,5 - 1,0 bar erreicht wurde.

Die Vorhydrierung dient hauptsächlich der Überführung der katalysatorschädlichen Phenole und Stickstoffbasen in Kohlenwasserstoffe und Wasser bzw. Ammoniak. Die Benzinierung selbst erfolgte bei ca. 400 - 410 °C.

Für die - einstufige - aromatisierende Hydrierung sind besonders Steinkohlen-Mittelöle geeignet, da sie bereits ausgeprägten aromatischen Charakter aufweisen. Sie erfolgte bei 700 bar und 480-500 °C. An Katalysatoren mit 0,6 % Mo, 2 % Cr, 5 % Zn und 5 % S auf Flußsäure-geätzter Bleicherde wurden Benzine mit ca. 50 % an Aromaten erhalten. Eine Vorhydrierung war bei dieser Arbeitsweise nicht notwendig.

7.2.5 Hydrierung von Braunkohlenteeren

Die mitteldeutsche Braunkohle wurde nur zum Teil direkt spaltend hydriert. Zum anderen Teil wurde sie zunächst geschwelt, wobei der Rückstand zur

Wasserstofferzeugung verwendet oder in Kraftwerken verfeuert und der Schwelteer in zwei Prozeßschritten (Sumpfphase/Gasphase) spaltend oder raffinierend hydriert wurde. Die bitumenarme, nicht schwelwürdige rheinische Braunkohle wurde direkt spaltend hydriert. Bei asphaltarmen Braunkohlenteeren war die Teilung des Hydrier-Verfahrens in die Sumpfphasen- und Gasphasenhydrierung nicht erforderlich. Derartige Teere konnten einstufig unter Einhaltung bestimmter Bedingungen über fest angeordnetem Kontakt hydriert werden, sei es durch Tief-Temperatur-Hydrierung raffinierend, d.h. mit begrenztem Wasserstoffangebot (TTH-Verfahren) oder durch Mittel-Temperatur-Hydrierung spaltend zu Benzin und Gasöl (MTH-Verfahren). Hauptkennzeichen beider Verfahren sind relativ niedrige Eingangstemperaturen und ein starker Temperaturanstieg im Reaktor.

7.3 Uhde-IG-Verfahren

Ein schwerwiegender Nachteil des IG-Verfahrens, nämlich der Anfall eines nicht filtrierbaren Rückstandes in der Sumpfphasenhydrierung, wird vermieden in einem von Uhde entwickelten und später bei den IG-Farben verbesserten Verfahren (Uhde-IG-Verfahren), welches in der ersten Stufe mit relativ geringen Wasserstoffmengen arbeitet ("Kurzhydrierung") (2,13). Aus der Beobachtung, daß bei der Kohle-Extraktion nach dem Pott-Broche-Verfahren mit Tetralin filtrierbare Extraktlösungen anfallen, wurde abgeleitet, daß ein ähnlicher Effekt auch durch Zugabe kleiner Mengen molekularen Wasserstoffs (Hydrierung mit beschränktem Wasserstoffangebot) zu erreichen sein müsse.

Dem Kohlebrei (Zubereitung s. Kapitel 7.2.3) wurde dabei nur so viel Wasserstoff zugesetzt, daß der H_2-Partialdruck am Ende der Reaktion noch ca. 30-50 % des Anfangsdruckes beträgt. Diese geringe Wasserstoffmenge macht einen Gaskreislauf überflüssig; das Abgas wurde direkt einer Gaszerlegung zugeführt.

Tabelle 7.3: Betriebsbedingungen des Uhde-IG-Verfahrens

Siedelage des Anreibeöls °C		180 – 325
Reinkohle / Anreibeöl / Rückführabschlamm		1,0 : 1,0 : 0,5
Katalysator % (waf)		
Bayermasse		1,75
Natriumsulfid		0,32
Reinkohledurchsatz ($t/m^3 \cdot h$)		0,5
Gasmenge (m^3_N/ t Reinkohle)		400 – 500
H_2-Partialdruck bar	Eingang	250
	Ausgang	50 – 100
Temperatur °C		450

Die durch die IG eingebrachten Verbesserungen betrafen die höhere Reaktionstemperatur und die Verwendung der bei der spaltenden Kohlehydrierung bewährten Katalysatoren. Beide Maßnahmen schlugen sich vor allem in einer Verdoppelung des Kohledurchsatzes nieder.
Der Hydrier-Rückstand war einwandfrei zu filtrieren; die Filtration der "Primärbitumen-Lösung" erfolgte bei 150 - 170 °C und 5 - 8 bar. Der Vor-

teil gegenüber dem Pott-Broche-Verfahren besteht vor allem darin, daß das Anreibeöl unmittelbar im Kreise geführt werden kann, während bei dem Pott-Broche-Verfahren das Anreibeöl in einem besonderen Prozeß wieder aufhydriert werden mußte.

Die Ausbeute an Primärbitumen lag, auf 100 t Kohle (waf) bezogen, bei 72,9 t, an Benzin bei 2,6 t, an kohlenwasserstoffhaltigen Gasen bei 8,9 t und an Koks und Gas aus der Rückstandsschwelung bei 16,6 t. Der Extrakt ist eine harte, asphaltische Masse mit einem Erweichungspunkt von etwa 60 - 120 °C und einem Aschegehalt unter 0,5 %. Der Wasserstoffgehalt des Extrakts ist höher und der Erweichungspunkt niedriger als beim Pott-Broche-Prozeß. Er kann in einer weiteren Stufe (spaltende Hydrierung) zu Benzin, Mittelöl und Schweröl verarbeitet werden oder auch als Endprodukt für die Energieerzeugung dienen. Das Verfahren wurde in vielen Kleinversuchen erprobt, ist jedoch nicht über den Technikumsmaßstab hinausgekommen.

7.4 Pott-Broche-Verfahren

Schon frühzeitig wurde Steinkohle mit Lösungsmitteln behandelt, um möglichst definierte Stoffe in ihrem ursprünglichen Zustand zu isolieren und so Einblick in die chemische Struktur der Steinkohle zu gewinnen.

Eine wesentliche Steigerung der Extraktausbeute gelang durch die von O. Rau 1910 erstmals angewandte und von Franz Fischer und Mitarbeitern weiter entwickelte Druckextraktion. Anstelle der unter normalen Bedingungen mit Benzol erzielten Ausbeute von nur 0,1 - 0,2 % bringt das Druckverfahren bei gleichem Ausgangsmaterial Ausbeuten von 6 - 10 %. Bei gleichzeitiger stufenweiser Erhitzung bis nahe an die Zersetzungstemperatur der Kohle erhielten Pott und Broche mit dem Lösungsmittelgemisch Tetralin-Kresol (80 : 20) über 80 % Steinkohlenextrakt. Dabei wurde das Tetralin zu Naphthalin dehydriert.

Der auf Basis dieser Erkenntnisse von Pott und Broche entwickelte Prozeß liefert durch Druckextraktion von Kohle einen aschearmen Kohlenextrakt, eine harte, spröde, asphaltische Masse mit einem Erweichungspunkt von etwa 220 °C und einem Aschegehalt unter 0,2 % (2,13). Der Extrakt kann als schwefelarmer Brennstoff oder als Ausgangsmaterial für die Herstellung von Elektrodenkohlenstoff Verwendung finden bzw. nach vorheriger Hydrierung auf Benzin, Mittelöl und Schweröl aufgearbeitet werden.

Die vorgetrocknete und feingemahlene Kohle wurde mit dem im Kreislauf geführten Lösungsmittel, das aus einer Fraktion des hydrierten Extraktes stammen kann, im Verhältnis von 1 : 2 angemaischt. Die Maische wurde anschließend in einer Extraktionskammer bei einem Druck von 100 - 150 bar auf ca. 430 °C erhitzt, wobei die organische Substanz der Kohle zu etwa 80 % in öllöslichen Extrakt überführt wird. Die Abtrennung der verbleibenden Feststoffe erfolgte durch Filtration bei 150 °C und max. 8 bar mit keramischen Filterkerzen. Der Filterkuchen wurde geschwelt. Die Abtrennung des Lösungsmittels aus dem Filtrat geschah durch Vakuumdestillation. Vor dem erneuten Einsatz zur Extraktion mußte das Lösungsmittel hydriert werden.

Das Pott-Broche-Verfahren wurde ab 1935 von der Gewerkschaft Mathias

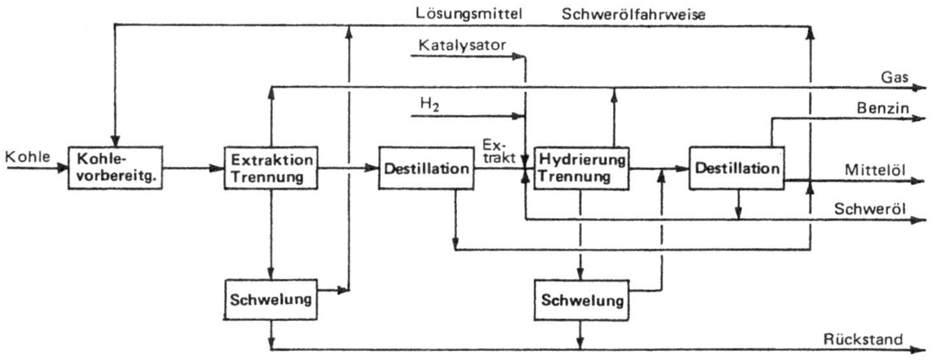

Abb. 7.4: Block-Diagramm (13) des Pott-Broche-Prozesses mit nachfolgender Sumpfphasenhydrierung

Stinnes in einer Versuchsanlage mit einer Tagesleistung von 1 t Steinkohlenextrakt erprobt. Aufgrund der günstigen Betriebserfahrungen erstellte die Ruhröl GmbH in Bottrop 1937 eine Großversuchsanlage für die Steinkohlenextraktion mit einem Kohledurchsatz von ca. 100 t/d, die bis 1944 betrieben wurde (Zerstörung durch Kriegseinwirkung).

7.5 Neuere Projekte zur Kohlehydrierung

Aufbauend auf den Erfahrungen aus dem IG-, Uhde-IG- sowie Pott-Broche-Verfahren wurde nach 1950 vornehmlich in den USA sowie außerdem in der Bundesrepublik Deutschland, England und Japan eine Reihe von Entwicklungsprojekten zur Kohle-Hydrierung bzw. Extraktion begonnen. Das Ziel dieser Projekte ist in den meisten Fällen, besonders in den USA, die Herstellung eines umweltfreundlichen Brennstoffes mit niedrigem Asche- (0,2 %) und Schwefelgehalt (0,5 %). Eine Übersicht der derzeit in den USA in der Erprobung befindlichen Verfahren (18) zeigt Tabelle 7.4.

Die weiteren Einsatzmöglichkeiten des Kohleöls als Vorprodukt für technischen Kohlenstoff bzw. als Chemierohstoff werden durch das Ausmaß der Hydrierung bestimmt. Der Wasserstoffverbrauch ist ein wesentlicher Kostenfaktor. Zur Herstellung eines Brennstoffs für Kraftwerke (utility fuel) werden nur rund 20 kg Wasserstoff pro Tonne Kohle verbraucht. Es resultiert ein festes Produkt, das bei Temperaturen über 150 °C pumpbar ist. Bei den Verfahren, die eine optimale Ausbeute an einem weitgehend Schwefel- und Stickstoff-freien Chemierohstoff (synthetic crude) anstreben, sind dagegen 40 - 60 kg Wasserstoff pro Tonne Kohle erforderlich.

In der Bundesrepublik Deutschland liegen umfangreiche Erfahrungen aus den bis zum Ende des 2. Weltkrieges betriebenen Hydrieranlagen vor. Für die Weiterführung bzw. Anpassung der Projekte an heutige Bedürfnisse und Randbedingungen ist jedoch eine Aktualisierung des damaligen Wissens notwendig. Zu diesem Zweck wurde bei der Bergbauforschung im Jahre 1977 eine Technikumsanlage mit einem Durchsatz von 10-20 kg/d Kohle zur kontinuierlichen Kohleöl-Herstellung nach dem IG-Verfahren (Sumpfphasenhydrierung) in Betrieb genommen.

Tabelle 7.4: Vergleich der neuen Projekte zur Kohlehydrierung (USA)

Prozeß	SRC (PAMCO)	Exxon	Consol	H-Coal	Synthoil	CCL
Temperatur °C	455	440	400	455	450	425
Druck bar	105	125	28	210	280	210
Katalysator	——	——	Co/Mo	Co/Mo	Co/Mo	Co/Mo
Verhältnis Lösungsmittel/Kohle	2,0	2,0	2,1	1,0	1,2	2,3
Wasserstoff-Verbrauch kg/t	20	35	43	41	24	53
Feststoff-Abtrennung	Filtration	Destillation	Filtration	Sedimentation	Zentrifugieren	Filtration

Der nächste Schritt ist eine Demonstrationsanlage mit einer Kapazität von 120 t/d Kohleöl (200 t/d Kohle), die gemeinsam von der RAG und VEBA mit finanzieller Förderung des Landes NRW in Bottrop errichtet wird.

Ebenfalls der Weiterentwicklung des IG-Verfahrens dient die von dem BMFT geförderte Pilotanlage der Saarbergwerke AG mit einer Leistung von 6 t/d, die 1979 in Völklingen-Fürstenhausen den Versuchsbetrieb aufnehmen soll.

Das gemeinsame Ziel dieser Optimierungsvorhaben ist vornehmlich die Senkung des Hydrierdruckes bei Verzicht auf Hydrierung der reaktionsträgen Kohlekomponenten und gleichzeitige Erhöhung des thermischen Wirkungsgrades. Die Abtrennung des demgemäß in größerer Menge anfallenden Rückstandes erfolgt im Unterschied zu dem IG-Verfahren durch Destillation.

Die Ruhrkohle AG ist außerdem an Entwicklungsprojekten in den USA beteiligt: So an einer Projektgemeinschaft zur hydrierenden Extraktion der Kohle, die unter Leitung der Exxon Research and Engineering Co. durch-

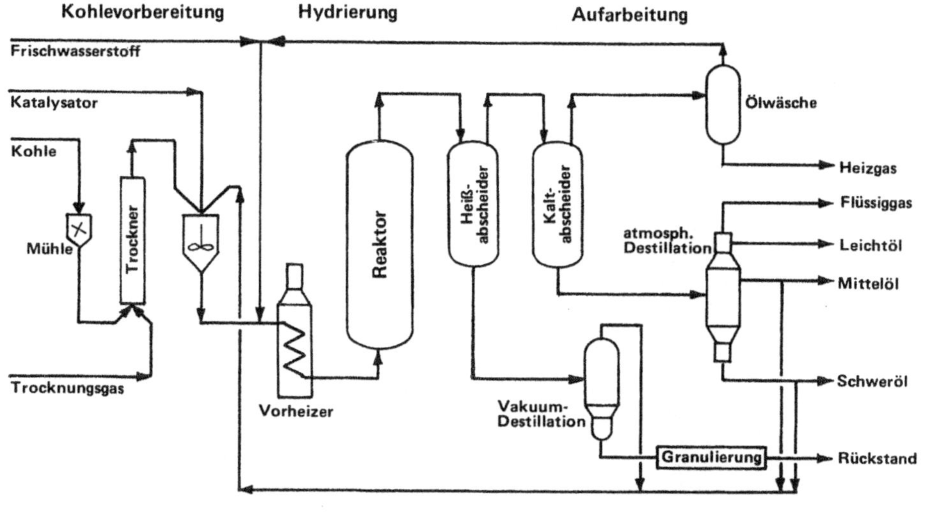

Abb. 7.5: Fließbild der Kohleöl-Anlage in Bottrop

geführt wird. Das Ziel dieses Projekts ist der Bau einer Kohleverflüssigungsanlage mit einem Durchsatz von 250 t/d Kohle zur Erprobung der Technologie des "Exxon-Donor-Solvent-Coal-Liquefaction-Process" (s. Kapitel 7.5.2).

Ferner arbeitet die RAG gemeinsam mit der STEAG in Kooperation mit Gulf Minerals and Resources Comp. an der Entwicklung des SRC-II-Verfahrens (nach vorheriger Beteiligung an dem SRC-I-Projekt). Das Projekt beinhaltet den Bau einer hydrierenden Kohleextraktion mit einer Durchsatzleistung von 6.000 t/d Kohle in Morgantown, West-Virginia, zur Herstellung eines flüssigen, schwefel- und aschearmen Kohleöls als Brennstoff für Kraftwerke und Industriefeuerungen.

Die Erfahrung hat gezeigt, daß bei der Auslegung von Anlagen und System-Komponenten für die Kohle-Extraktion und Kohle-Hydrierung die speziellen Eigenschaften der Einsatzkohle berücksichtigt werden müssen. Ihr Einfluß auf das Verfahren kann ohne umfangreiche Vorversuche nicht zuverlässig vorausgesagt werden.

Die bisher errichteten Versuchsanlagen arbeiten im allgemeinen bei Temperaturen von 380 - 480 ^{o}C und Drucken von 70 bis 300 bar (19). Wasserstoff (20) sowie die Anwesenheit von Schwefel und anderen korrosiven Stoffen stellen hohe Anforderungen an die Werkstoffe. Problematisch ist auch die Förderung der Kohle/Öl-Suspension, die zu Erosionen in Pumpen, Rohrleitungen und Armaturen führen kann (21, 22).

Der bei der Kohleverflüssigung anfallende Hydrierrückstand verbleibt in dem Reaktionsgemisch in fein verteilter Form. Die Unterschiede im spezifischen Gewicht von Feststoff und Flüssigkeit sind in der Regel gering, die Viskosität der Flüssigkeit hoch. Die Abtrennung des Feststoffes kann durch Filtration, Sedimentation oder Destillation erfolgen.

Bei der Filtration finden vornehmlich Anschwemmfilter (rotary-pressure precoat filter) Verwendung, deren Trommel z.B. mit einer Kieselgur-Suspension beschichtet ist. Die gebildete Feststoffschicht wird durch ein kontinuierlich arbeitendes Schabmesser von der Trommel entfernt. Wirksamkeit und Standzeit der Filter haben bisher nicht befriedigt. Es müssen Filter entwickelt werden, die bei hoher Filtrationsgeschwindigkeit zuverlässig arbeiten und nicht zu nennenswerten Betriebsunterbrechungen Anlaß geben.

Der Filterrückstand, der aus den mineralischen Bestandteilen, nicht umgesetzter Kohle und Öl besteht, wird im allgemeinen zur Steigerung der Ölausbeute geschwelt. Der verbleibende Restkoks wird zur Deckung der Prozeßwärme verfeuert oder - was allerdings in der Praxis noch bestätigt werden muß - mit einem Sauerstoff/Wasserdampf-Gemisch zur Gewinnung des für die Hydrierung notwendigen Wasserstoffs vergast.

Trennverfahren über Filter lassen sich im allgemeinen schwer in die Großtechnik übertragen. Bei der von der RAG und VEBA zu errichtenden Demonstrationsanlage wurde daher der Destillation der Vorzug gegeben. Dabei verbleibt als Rückstand ein festes, mineralhaltiges und hochschmelzendes pechartiges Produkt.

Eine weitere Methode zur Feststoffabtrennung, die auch in Japan erprobt wird, ist die Schwerkraftsedimentierung. Eine besondere Variante dieser

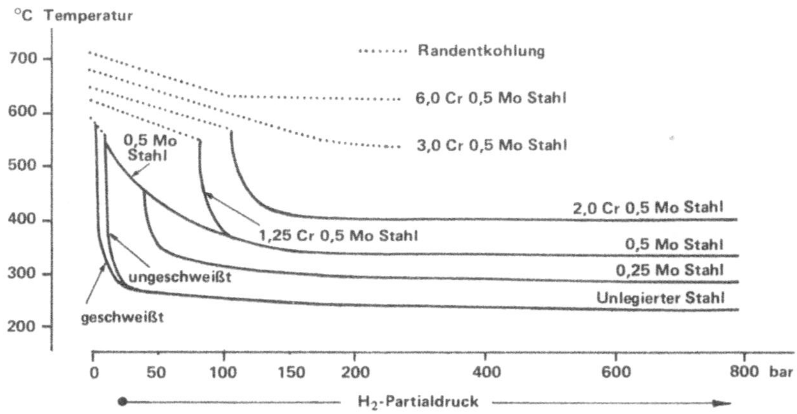

Abb. 7.6: Temperatur- und Druck-Wasserstoffbeständigkeit von Stählen; Beständigkeitsgrenzen nach Nelson

Methode wurde von Lummus Co. entwickelt. Die bei Zugabe wasserstoffreicher Verdünnungsöle vom Kerosin-Typ (Antisolvent de-ashing) ausfallenden Asphalte führen zur Agglomerierung und Niederschlagung der Asche. Die Abtrennung erfolgt durch Sedimentation. Eine nach diesem Prinzip arbeitende Anlage wird derzeit innerhalb der 600 t/d H-Coal-Pilotanlage in Catlettsburg (s. Kapitel 7.5.4) installiert.

Während die deutschen Kohleverflüssigungs-Verfahren der ersten Generation billige "Wegwerf"-Katalysatoren verwendeten, wird bei einigen Folgeverfahren versucht, die Hydrierung in neuartigen Reaktoren an stationären hochwirksamen Cobalt/Molybdän-Katalysatoren durchzuführen. Das besondere Merkmal dieses Verfahrens ist eine spezielle Form der Wirbelschicht, (ebulated bed), durch die die flüssige, feste und gasförmige Phase in ausreichender Turbulenz gehalten werden, um eine Inaktivierung des Katalysators durch Festsetzen von Feststoffen (Asche, Kohle) auf der Oberfläche zu vermeiden.

7.5.1 SRC-Verfahren (Solvent Refined Coal)

Das von der Pittsburg and Midway Coal Mining Co. (PAMCO., eine Tochtergesellschaft der Gulf Oil) aufbauend auf Vorarbeiten der Spencer Chemical Co. entwickelte, ohne Katalysator arbeitende SRC-Verfahren erzeugt aus Kohle durch Extraktion bei Anwesenheit von Wasserstoff einen asche- und schwefelarmen Brennstoff (SRC-Solvent Refined Coal). SRC kann aber auch durch anschließende spaltende Hydrierung - z.B. nach dem H-Oil-Verfahren - in Chemierohstoffe und Kraftstoffe überführt werden.

Die gemahlene Kohle wird mit prozeßstämmigem Öl (oder Anthracenöl) zu einer 35 %igen Suspension angerieben und nach dem Aufheizen und Zuführen von Wasserstoff bzw. Synthesegas mittels Kolbenpumpen in den Hoch-

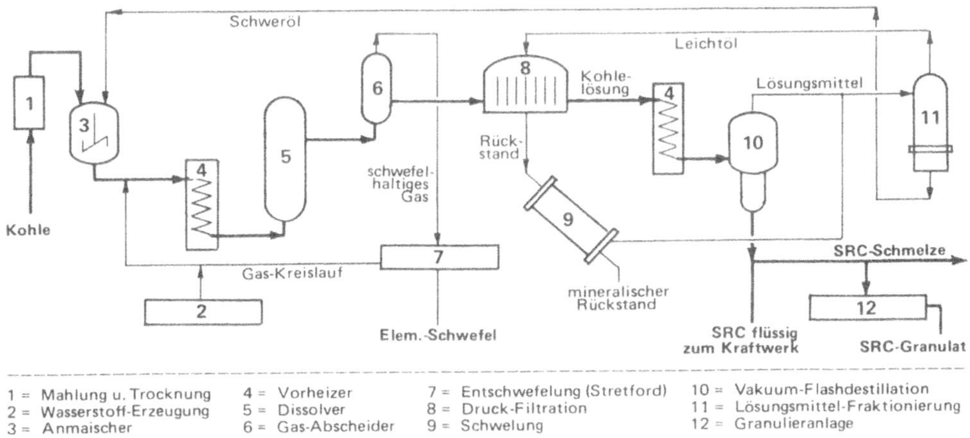

Abb. 7.7: SRC-I-Verfahren (Solvent Refined Coal; PAMCO) (23)

druck-Dissolver eingebracht. Im Vergleich zu anderen Verfahren wird - der in der Kohle enthaltene fein verteilte Pyrit FeS_2 wirkt katalytisch - nur wenig Wasserstoff verbraucht. Nach einer Verweilzeit von rund 30 min haben sich rund 90 % der organischen Bestandteile der Kohle gelöst. Der organische Schwefel-Anteil wird weitgehend in H_2S umgewandelt. Nach der Abtrennung der Gase wird der ungelöste Rückstand durch Druckfiltration (250 °C, 10 bar) abgetrennt. Das Filtrat (Lösung) gelangt nach Aufheizung auf rund 400 °C zur Flash-Destillation. Als Sumpfprodukt wird der bei Raumtemperatur feste Brennstoff SRC abgezogen, der bei 150 - 170 °C im flüssigen Zustand einem Kraftwerk zugeführt oder granuliert werden kann.

Seit 1974 wird nach diesem Verfahren eine 50 t/d-Versuchsanlage in Fort Lewis, Tacoma (Washington) von der Pittsburg and Midway Coal Mining Co. betrieben. Diese Anlage wurde in der Zwischenzeit umgerüstet mit dem Ziel, ein flüssiges Produkt (SRC-II) zu erhalten, das in seinen physikalischen Kennzahlen weitgehend dem schweren Heizöl entspricht. Eine weitere Versuchsanlage nach dem Gulf-SRC-I-Verfahren wurde von den Firmen Southern Services, Catalytic Inc. und Edison Electric Inst. in Wilsonville, Alabama, gebaut. Die Versuche, SRC-Brennstoffe in Kraftwerken zur Energieerzeugung zu nutzen, sind erfolgreich verlaufen. An dem Projekt der Errichtung einer großtechnischen SRC-II-Anlage mit einer Leistung von 6000 t/d Kohle in Morgantown sind die deutschen Gesellschaften Ruhrkohle AG und STEAG beteiligt.

7.5.2 Exxon-Donor-Solvent-Verfahren (EDS)

Bei dem von der Esso Research and Engineering Co. entwickelten Exxon-Donor-Solvent-Coal-Liquefaction-Prozeß (EDS) wird die hydrierende Extraktion der Kohle unter Verwendung eines wasserstoffabgebenden Lösungsmittels unter Zugabe von Wasserstoff ohne Katalysator durchgeführt. Die Wiederaufhydrierung des im Kreislauf geführten Anreibeöls erfolgt in einem gesonderten Hydrier-System mit Wasserstoff über fest angeordnetem Katalysator. Aus dem Hydrierprodukt werden die Öle abdestilliert und zum Teil als Anreibeöl zurückgeführt. Der eingedickte Rückstand kann zur Wasserstoff-Erzeugung durch Vergasung eingesetzt werden bzw. zur Gewinnung von zusätzlichem Öl geschwelt werden.

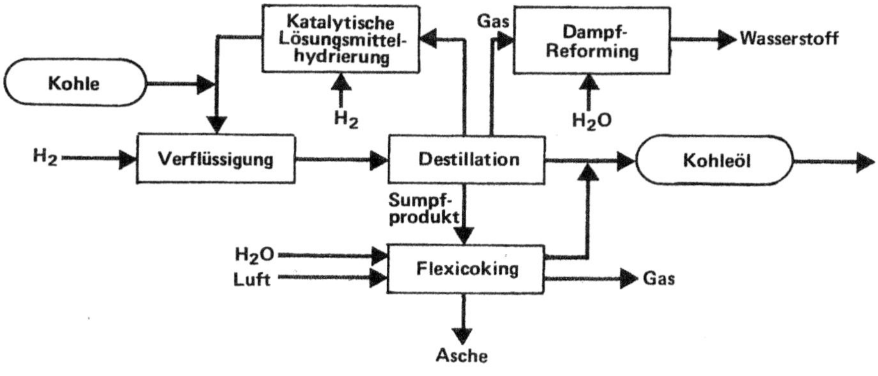

Abb. 7.8: Exxon-Donor-Solvent-Verfahren

Eine Versuchsanlage mit einer Durchsatzleistung von 250 t/d Kohle wird bei der Exxon-Raffinerie Baytown, Texas, errichet. An dem Projekt hat sich auch die Ruhrkohle AG neben anderen Gesellschaften beteiligt.

7.5.3 Consol-Synthetic-Fuel-Verfahren (CSF)

Das CSF-Verfahren der Consolidation Coal Company wurde auf Basis des Pott-Broche-Verfahrens entwickelt. Das Verfahren ist zweistufig.

In der ersten Stufe wird die gemahlene und getrocknete Kohle mit einem aus dem Prozeß stammenden Lösungsmittel angemaischt und auf rund 400°C erhitzt. Dabei stellt sich ein Druck von 28 bar ein. Der überwiegende Teil der organischen Kohlesubstanz geht in Lösung. Nach Abtrennung der Asche und der nichtumgesetzten Kohle durch Druckfiltration bei 340°C und 11 bar (später durch Hydrozyklone) wird der Extrakt im Wirbelbett (ebulated bed) an Co/Mo-Katalysatoren spaltend hydriert.

Im Jahre 1964 wurde bei Cresap, West Virginia, eine 13 t/d-Versuchsanlage in Betrieb genommen. Das Versuchsprogramm wurde 1972 abgeschlossen. Als Nebenprojekt wurde in diesen Jahren die Verwendung von geschmolzenem Zinkchlorid als Hydrocracking-Katalysator untersucht.

7.5.4 H-Coal-Verfahren

Aufbauend auf einem Prozeß zur Hydrierung von Erdölrückständen (H-Oil-Verfahren) wurde von der Hydrocarbon Research Inc. (HRI) ein Verfahren

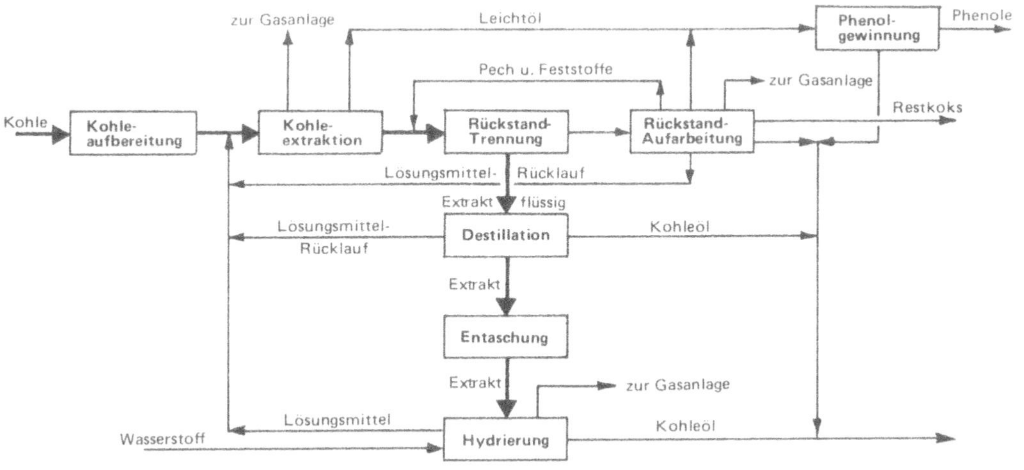

Abb. 7.9: Consol-Synthetic-Fuel-Verfahren (CSF) (23)

zur katalytischen Hydrierung von Kohleaufschlämmungen in einem Reaktor mit "wallendem" Katalysatorbett (ebulated bed) entwickelt (24).

Die gemahlene und getrocknete Kohle wird mit prozeßstämmigem Öl angerieben, mit Wasserstoff gemischt und nach dem Vorerhitzen bei 455 °C und 180 - 210 bar hydrierend gespalten. Als Katalysator dienen Kobalt und Molybdän auf einem Aluminiumoxid-Träger.

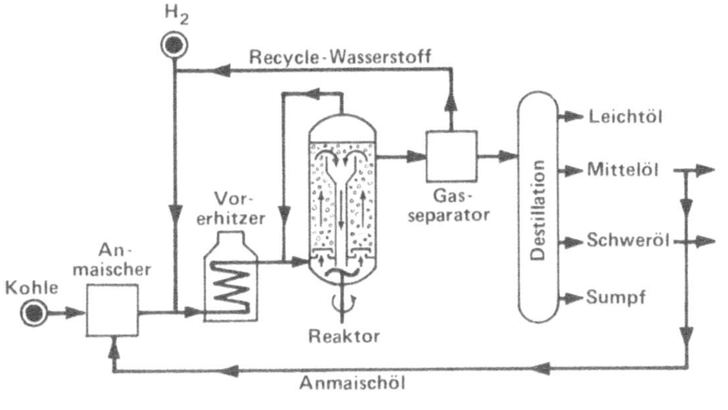

Abb. 7.10: H-Coal-Verfahren der Hydrocarbon Research Inc.

Das durch Hydrocracken entstehende synthetische Rohöl (Syncrude) ist zur Herstellung aller wichtigen organischen Chemierohstoffe geeignet. In Cattlettsburg, Kentucky, wird die derzeit größte Pilot-Kohlehydrieranlage der Welt mit einem Kohledurchsatz von 600 t/d auf Basis dieses Verfahrens errichtet. Gleichzeitig soll das Lummus Antisolvent-Verfahren zur Feststoffabtrennung erprobt werden. Die Anlage soll 1980 in Betrieb gehen.

7.5.5 Synthoil-Verfahren

Der vom Bureau of Mines entwickelte Synthoil-Prozeß wandelt Kohle in einen flüssigen Brennstoff für Kraftwerke (utility fuel) um (23). Das flüssige Endprodukt enthält weniger als 0,4 % Schwefel bei einem Aschegehalt von etwa 0,1 %. Die gemahlene Einsatzkohle wird mit Rückführöl aus der Hydrierung zu einem etwa 40 %igen Kohlebrei angerieben. Dieser Kohlebrei wird mittels turbulenter Wasserstoffströmung bei einem Druck von 280 bar in den mit Katalysatorpellets (Co/Mo auf SiO_2/Al_2O_3) ausgerüsteten Festbettreaktor eingeführt. Die Temperatur im Reaktor beträgt 455 °C.

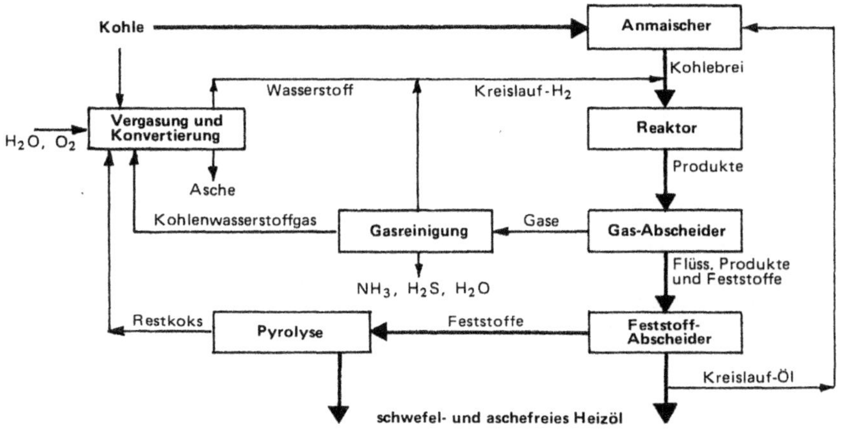

Abb. 7.11: Synthoil-Verfahren

Als wichtiges Kennzeichen des Verfahrens ist die hohe Turbulenz im Reaktor anzusehen. Die Entfernung der Feststoffe aus dem Hydrierprodukt erfolgt durch Zentrifugieren. Der Rückstand wird zur Gewinnung des restlichen Öls geschwelt. Der verbleibende Koks wird gemeinsam mit Kohle zur Wasserstoffgewinnung mit einem Wasserdampf/Sauerstoff-Gemisch vergast. Die Ausbeute an Heizöl lag bei der verwendeten Kohle zwischen 51 - 53 %. Eine 8 t/d-Pilotanlage befindet sich im Bau.

7.5.6 Catalytic-Coal-Liquid-Verfahren (CCL)

Bei dem von der Gulf Research and Development Co. entwickelten Catalytic-Coal-Liquid (CCL)-Prozeß wird die gemahlene Kohle mit Rückführöl angerieben und bei 210 bar und Temperaturen über 425 °C mit Wasserstoff über einem fest angeordneten Co/Mo-Katalysator spaltend hydriert. Die Abtrennung der Feststoffe aus dem Hydrierprodukt erfolgt durch Filtration. Das Filtrat ist ein flüssiges, schwefelarmes Heizöl, das als Brennstoff verwendet oder zu Kraftstoffen und Chemierohstoffen weiterverarbeitet werden kann. Das Verfahren wurde bisher in einer 1 t/d-Anlage erprobt.

7.6 Kohleextraktion mit überkritischen Gasen

Das Bestechende an dem Konzept, Kohle mit überkritischen Gasen zu extrahieren, sind in Anbetracht der Porosität der Kohle das hohe Permeationsvermögen der Gase und die leichte Trennung des Extraktionsmittels vom Extrakt. Im Jahre 1975 wurde vom National Coal Board in England über die Extraktion von Kohle mit überkritischem Toluol bei 350 °C berichtet (25). 17 % der organischen Substanz der Kohle konnten extrahiert werden. Später gelang es, durch Steigerung der Temperatur auf 400 °C bzw. durch Verwendung von Steinkohlenteerfraktionen die Ausbeute auf 33 % und mehr zu erhöhen (26).

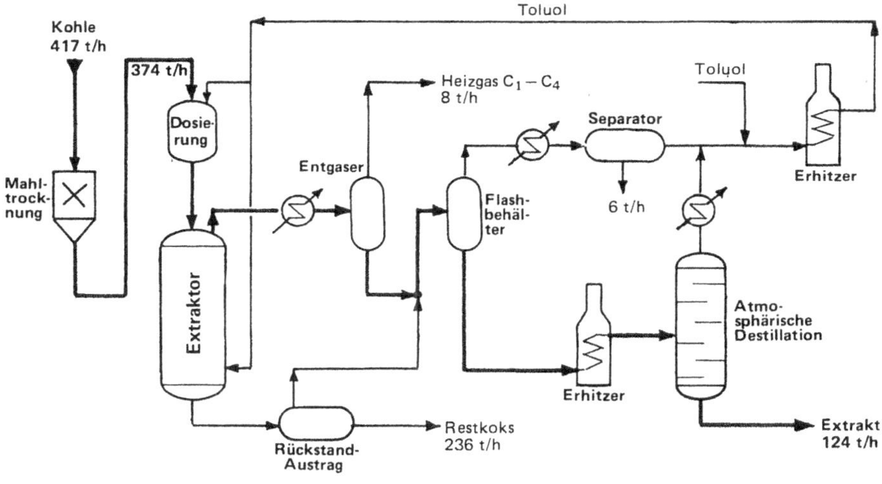

Abb. 7.12: Kohleextraktion mit überkritischem Toluol; Konzept einer 10.000 t/d-Anlage (27)

Das Verfahren, das wegen der hohen Temperaturen auch gewisse Züge einer Kohleschwelung in sich birgt, liefert vornehmlich Produkte mit einem Molekulargewicht unter 1.000, die mehr oder weniger den "flüchtigen Bestandteilen" der Kohle entsprechen und demgemäß relativ wasserstoffreich sind. Die Erprobung des Verfahrens erfolgte bisher nur in einer Kleinanlage (5 kg/h). Der Bau einer Versuchsanlage mit einer Durchsatzleistung von 24 t/d Kohle wird vom National Coal Board gemeinsam mit der Shell geplant.

7.7 Kohleverflüssigung durch Pyrolyse

Im Vergleich zu der Kohle-Hydrierung und Extraktion ist die Überführung der Kohle in gasförmige, flüssige und feste Produkte (Koks) durch Pyrolyse (Verkokung, Schwelung) ein technisch einfaches Verfahren, das keinen hohen apparativen Aufwand erfordert (s. Kapitel 3). Das Anmaischen der Kohle, der hohe Druck und die aufwendige Filtration sind nicht erforderlich. Der Anfall an flüssigen Produkten ist, in Abhängigkeit von den flüchtigen Bestandteilen der Kohle, allerdings gering. Die Teerausbeute ist im wesentlichen von dem Inkohlungsgrad der Kohle und den Reaktionsbedingungen, vornehmlich von der Erhitzungsgeschwindigkeit abhängig (28). Um eine hohe Ausbeute an flüssigen Produkten zu erhalten, ist es erforderlich, die Kohle schnell aufzuheizen und die gebildeten Dämpfe schnell abzukühlen. Die Wärme wird durch heiße Verbrennungsgase oder durch getrennt aufgeheizte, im Kreislauf befindliche Wärmeträger (z.B. Koks oder keramische Kugeln) zugeführt. Zum Backen neigende Kohlen können Probleme verursachen.

Während die Zusammensetzung der Hochtemperatur(HT)-Teere aus der Horizontalkammer-Verkokung (s.Kapitel 3.4.1) wegen der sekundären Crackprozesse weitgehend einheitlich und nur in geringem Maße von der Kohleart abhängig ist, wird die Beschaffenheit der Tieftemperatur(TT)-Teere in hohem Maße von der Art der Kohle und den Schwelbedingungen bestimmt.

Die wesentlichen Unterschiede beider Teere sind:

1. Die TT-Teere enthalten einen höheren Anteil an Paraffinen, Cycloalkanen und Olefinen sowie einen niedrigeren Gehalt an einkernigen und nichtsubstituierten Aromaten als die HT-Teere.

2. Die TT-Teere enthalten hohe Anteile sogenannter Teer-Säuren, vornehmlich höhersiedender phenolischer Verbindungen.

3. Die TT-Teere haben eine sehr vielfältige Zusammensetzung, wobei die einzelnen Verbindungen meist in sehr geringer Konzentration vorkommen.

Die Verfahren zur Aufbereitung der TT-Teere unterscheiden sich daher erheblich von denen, die bei HT-Teeren (s.Kapitel 4.4) angewandt werden. Der Teer kann nach Abtrennung des Wassers und der Feststoffe hydrierend raffiniert werden. Die dann weitgehend schwefel-, stickstoff- und sauerstoffreien Fraktionen können als Brennstoff bzw. Grundstoffe für Kraftstoffe oder Chemieprodukte eingesetzt werden. Bei der Aufarbeitung können u.a. die aus der Erdölverarbeitung geläufigen Verfahren (s.Kapitel 1.2.1.2), nämlich thermisches-, katalytisches- und Hydro-Cracken, zum Einsatz kommen. Teere sind allerdings wegen des überwiegend aromatischen Charakters schwieriger zu spalten als Erdölfraktionen (29).

Das Gas wird nach entsprechender Reinigung - hauptsächlich CO_2-und H_2S-Wäsche - als Brenngas verwertet oder zur Gewinnung von SNG oder Wasserstoff weiter aufbereitet. Der Schwelkoks dient zur Deckung der Prozeßwärme, der Überhang kann durch Vergasung zur Herstellung von Synthesegas oder Brenngas, zur Stromerzeugung in Kraftwerken oder zur Reduktion in der Metallurgie verwendet werden.

Zu den Pyrolyseverfahren zählen u.a. das bereits in Kapitel 3.3.3.1 beschriebene Lurgi/Ruhrgas-Verfahren, das COED-Verfahren (Char-Oil-Energy Development) der Food Machinery Co. (FMC), das Toscoal-Verfahren der Oil Shale Corp., das COGAS-Verfahren der COGAS-Development Co. und das Garett-Verfahren.

Die Schwelverfahren sind sehr flexibel und können unter verschiedensten Zielsetzungen - Gaserzeugung, Kohleöl bzw. Teergewinnung und Formkokserzeugung - eingesetzt werden. Das gemeinsame Prinzip zeigt Abb. 7.13.

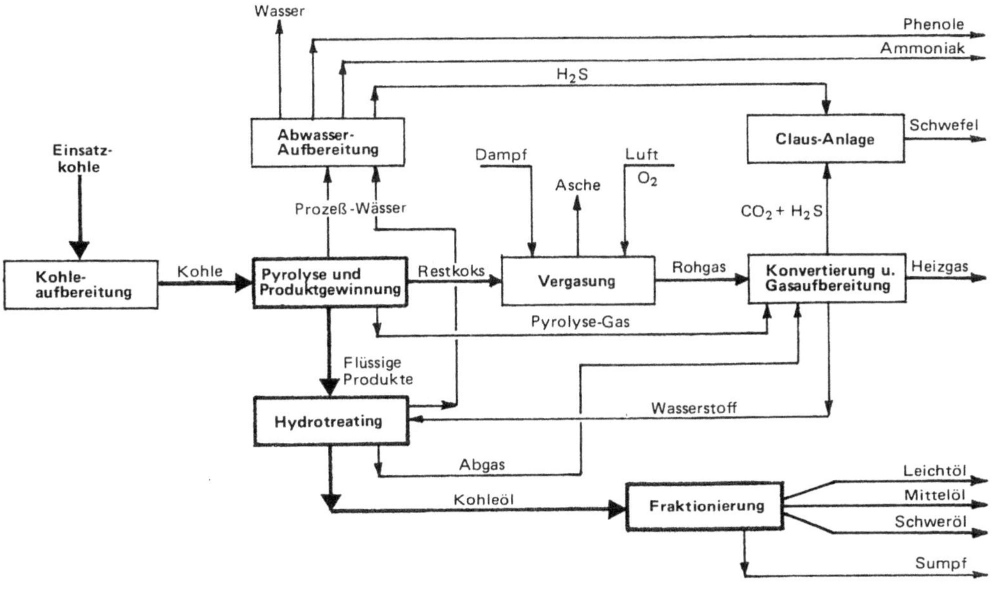

Abb. 7.13: Kohleölgewinnung durch Schwelung

Bei dem Lurgi/Ruhrgas-Verfahren und dem Garrett-Verfahren handelt es sich um Flugstromschwelverfahren; die Wärmeübertragung erfolgt durch Kreislaufkoks, der getrennt erhitzt wird. Das COED- und das COGAS-Verfahren verwenden mehrstufige Wirbelschichtreaktoren. Bei dem Toscoal-Verfahren findet die Schwelung in einem Schüttgutreaktor (Drehrohrofen) statt.

7.7.1 COED-Verfahren (Char-Oil-Energy Development)

Das gemeinsam von der FMC und dem U.S.Office of Coal Research entwickelte COED-Verfahren führte zum Bau einer 36 t/d-Versuchsanlage bei Princeton, New Jersey. Das Ziel des Verfahrens ist die Erzeugung der drei Brennstoffe Gas, Öl und Koks durch Schwelen von Kohle in mehrstufigen Wirbelschichtreaktoren (23). Die Anzahl der Stufen, die zur Vermeidung des Anbackens und von Verstopfungen im Reaktor notwendig sind, richtet sich nach der Art der Einsatzkohle. Bei einer Kohle mit ca. 35 % flüchtigen Bestandteilen erhält man rund 60 % Koks, 25 % Öl und 15 % Gas.

Der Wärmebedarf für die Pyrolyse wird hauptsächlich durch Verbrennung des Restkokses mit Sauerstoff gedeckt. Die heißen Gase aus dem letzten Reaktor werden zurückgeführt und dienen als Wirbelgas in der 2. und 3. Stufe. Die flüchtigen Produkte der Stufe 1 und 2 werden durch Einsprühen von Wasser gequencht. Nach der Abtrennung des Wassers und Filtration mit einem Drehtrommelfilter wird die feststoffreie flüssige Phase in einem Festbett-Reaktor katalytisch bei rund 400 °C und 18 bar hydrierend raffiniert (Hydrotreating).

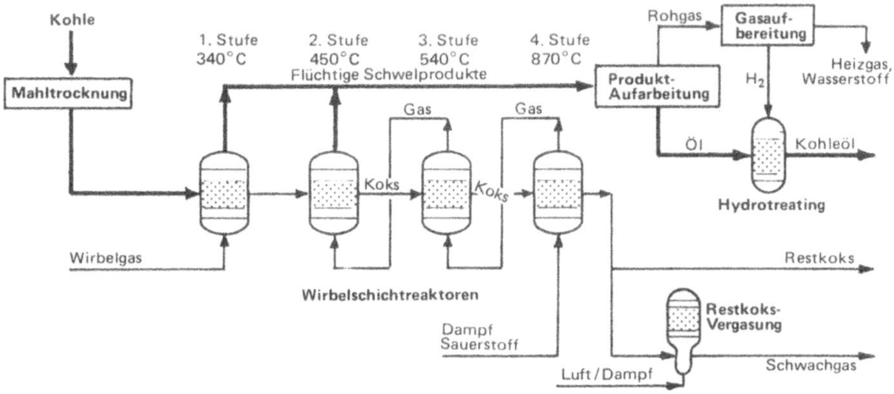

Abb. 7.14: COED-Verfahren

7.7.2 Toscoal-Verfahren

Das Toscoal-Verfahren zur Kohleschwelung ist eine Abwandlung des Tosco-II-Verfahrens, welches von der Oil Shale Corp., Golden/Colorado, zur Schwelung von Ölschiefer und Ölsand entwickelt wurde.

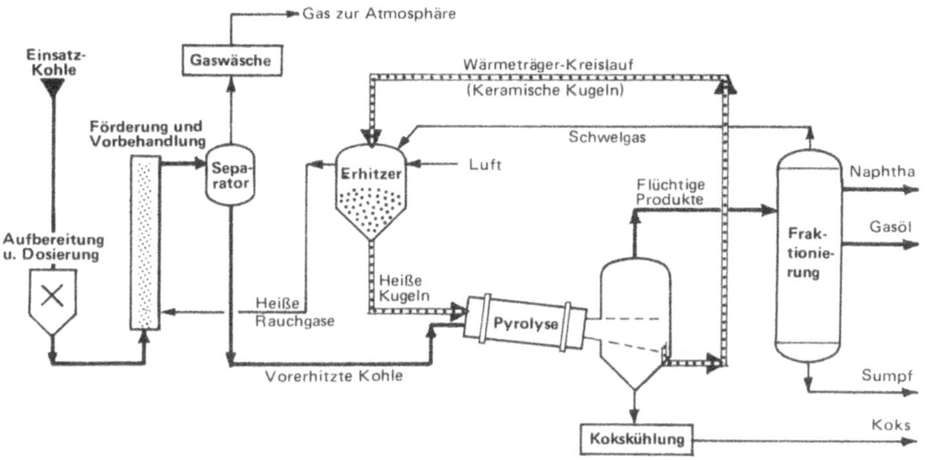

Abb. 7.15: Toscoal-Verfahren (23)

Die vorgetrocknete und vorerhitzte Kohle wird in einem Drehrohrofen mittels getrennt aufgeheizter Keramik-Kugeln bei Temperaturen zwischen

430-540°C geschwelt. In diesem Temperaturbereich ist der Anfall flüssiger Produkte am höchsten. Der Wärmeträger wird in einer Siebtrommel vom Schwelkoks getrennt. Die in einer Fraktionierkolonne kondensierten Teeröle werden nach den üblichen Verfahren aufbereitet. Das Verfahren wurde in einer Versuchsanlage in Golden mit einer Durchsatzleistung von 25 t/d Kohle erprobt. Das Hauptziel war, eine bestimmte amerikanische Kohle (30 % Wasser, 40 % flüchtige Bestandteile) zur Verwendung in Kraftwerken zu veredeln.

8. Alternativen zukünftiger Kraftstoffversorgung

8.1 Einleitung

Am 3. Juli 1886 fuhr Karl Benz mit seinem "Patent-Motorwagen" durch die Hauptstraßen Mannheims und erreichte dabei Geschwindigkeiten bis zu 15 km/h. Mit dieser denkwürdigen Fahrt begann der Siegeszug des Automobils. Das Wort "Benzin" ist eine noch ältere Wortschöpfung des Berliner Chemie-Professors Eilhard Mitscherlich, dem 1833 die thermische Spaltung der Benzoesäure gelang.

Das Automobil setzte sich so schnell durch, daß bereits 21 Jahre nach der ersten Stadtrundfahrt von Karl Benz Umweltbedenken laut wurden. Am 18. April 1907 brachte der Abgeordnete Prinz zu Schoenaich im Deutschen Reichstag folgende Anfrage ein:

"Ist im Reichsgesundheitsamt Näheres bekannt über die Versuche, welche von Seiten der Automobilindustrie angestellt worden sind, um die entsetzlichen, das Publikum belästigenden und schädigenden Ausdunstungen sowie die übermäßige Stauberregung auf öffentlichen Straßen- und Verkehrswegen einzuschränken und zu beseitigen? Man sollte wirklich dafür sorgen, daß man Erholung in der freien Natur findet. Ich bitte das Reichsgesundheitsamt dieser Sache Beachtung zu schenken."

Während der Straßenstaub zunächst insbesondere durch den Einsatz von Straßenteer schon seit Beginn der Jahrhundertwende wirksam bekämpft wurde, hat die Automobilindustrie erst später begonnen, die Emissionen von Verbrennungsmotoren nachhaltig zu reduzieren. Zukünftig werden die Umweltschutzbestimmungen die Konstruktion der Motoren und die Beschaffenheit der Kraftstoffe maßgeblich beeinflussen.

Tabelle 8.1: Einschränkungen bezüglich des Kraftstoffverbrauchs und der Abgasbeschaffenheit in den USA (1)

Modell-Jahr	Kraftstoff-Verbrauch (mile/gallon)	Emissionsgrenzwerte (g/mile) CH	CO	NO_x
1979	19,0	1,5	15,0	2,0
1980	20,0	0,41	7,0	2,0
1981	22,0	0,41	3,4	1,0
1982	24,0	0,41	3,4	1,0
1983	26,0	0,41	3,4	1,0
1984	27,0	0,41	3,4	1,0

In den USA und in Japan werden die Abgasstandards ständig herabgesetzt. Schon heute ist in den USA der Einsatz von Oxidationskatalysatoren auf der Basis Platin/Palladium für die Abgasreinigung erforderlich. Diese Katalysatoren sind allerdings bezüglich der NO_x-Emission unwirksam. Ab Modelljahr 1980/81 werden wegen der verschärften Stickoxid-Standards und der gleichzeitigen Forderung besserer Kraftstoff-Ökonomie neue katalytische Abgaskatalysatoren erforderlich werden. Die Entwicklungsarbeiten laufen auf ein geregeltes Gemischaufbereitungssystem und multifunktionelle Katalysatoren auf der Basis Platin/Rhodium als sogenannte "zweite Katalysator-Generation" hinaus. Diese Katalysatoren beseitigen sowohl NO_x als auch Kohlenmonoxid und Kohlenwasserstoffe (three way system) und arbeiten in der Nähe der stöchiometrischen Zusammensetzung des Kraftstoff/Luft-Gemisches (1).

Der Bleigehalt des Kraftstoffes (Tetraäthylblei TEL oder Tetramethylblei TML als Antiklopfmittel) ist für das Abgasproblem eine doppelte Belastung. Einmal gelangen durch den Auspuff toxische Bleiverbindungen in die Umwelt und zum anderen erschwert der Bleigehalt im Abgas die katalytische Abgasreinigung. Blei (und Phosphor) desaktivieren den Katalysator, der auf bzw. in einem Träger mit hoher spezifischer Oberfläche (γ-Al_2O_3) angebracht ist, durch Belagbildung.

Das "Benzin-Blei-Gesetz" (BzBIG vom 5.8.1971) begrenzt den Bleigehalt der Ottokraftstoffe in der Bundesrepublik Deutschland in der zweiten Stufe seit Januar 1976 auf 0,15 g/l. Trotzdem ist die Einhaltung einer hohen Oktanzahl der Kraftstoffe auch weiterhin erforderlich, da der thermische Wirkungsgrad des Ottomotors mit dem Verdichtungsverhältnis ansteigt, d.h. Motoren mit höheren Wirkungsgraden erfordern Kraftstoffe mit höherer Klopffestigkeit. Die Oktanzahl (ROZ) des Normalbenzins ist seit 1920 bis zur Gegenwart von 50 auf rund 91 (ohne Bleizusatz) dank der neuen Technologien bei der Veredlung von Erdölfraktionen (Abb. 1.6) gestiegen.

Bei einem Vergleich der Schadstoffemissionen eines Diesel- und eines Ottomotors (ohne katalytische Abgasreinigung) schneidet der Dieselmotor bezüglich der CO-, CH- und NO_x-Emissionen zunächst günstiger ab. Während aber die vom Gesetzgeber vorgeschriebenen verschärften Grenzwerte bei dem Ottomotor durch Einsatz katalytischer Nachverbrennungsanlagen eingehalten werden können, ist dieses Reinigungssystem beim Dieselmotor wegen seines hohen Luftüberschusses im allgemeinen nicht anwendbar. Diesel-PKWs haben außerdem in ihren Abgasen einen 30 bis 70 mal höheren Feststoffanteil als Benzinfahrzeuge. Nach einem Vorschlag der amerikanischen Umweltschutzbehörde (EPA) sollen mit Dieselmotoren ausgestattete Personenwagen ab Baujahr 1981 nur noch 0,6 g Feststoffpartikel pro Meile emittieren. Für das 1983er Modelljahr ist eine drastische Herabsetzung des Limits auf 0,2 g pro Meile vorgesehen.

8.2 Kraftstoffbedarf in der Bundesrepublik Deutschland

Im Jahre 1978 wurden in der Bundesrepublik Deutschland rund 24 Millionen Kraftfahrzeuge (ohne Flugzeuge) betrieben. Der Kraftstoffverbrauch erreichte mit 37,6 Mio t die bisherige Höchstmenge (2). Auch für die Zukunft wird mit einem im Vergleich zu anderen Mineralölprodukten überdurchschnittlich ansteigenden Kraftstoffverbrauch gerechnet.

Rund 27 % der in der Bundesrepublik Deutschland 1978 verbrauchten Mineralölprodukte entfielen auf Kraftstoffe. Zur Herstellung von Grundstoffen für die chemische Industrie kamen dagegen nur rund 9 % der Mineralölprodukte zum Einsatz. Die Versorgung der Chemie ist demgemäß mengenmäßig bei der zukünftigen Resubstitution des Erdöls durch Kohle ein weit kleineres Problem als die Kraftstoffherstellung.

Tabelle 8.2: Kraftstoffverbrauch in der Bundesrepublik Deutschland 1978 (2)

Verbrauch 1978		**in 1.000 t**	**%**
Motorenbenzin		23.015	61,2
davon: Super	13.549		
Normal	9.466		
Dieselkraftstoff		12.174	32,3
Flugturbinenkraftstoff		2.397	6,4
Flugbenzin		38	0,1
gesamt:		37.624	100,0

Die Einführung neuer Kraftstoffe und der Aufbau der hierfür notwendigen Produktionsanlagen in der erforderlichen Größenordnung werden bei hohen Investitionen einen erheblichen Zeitbedarf beanspruchen. Es ist nicht zuletzt deshalb unerläßlich, so rasch wie möglich alle wirtschaftlich vertretbaren Maßnahmen zur besseren Energieausnutzung und zur Senkung des spezifischen Kraftstoffverbrauches in Kraftfahrzeugen zu ergreifen. Der Spielraum dafür ist groß, das Entwicklungspotential bei weitem noch nicht ausgeschöpft.

Insgesamt ist der Umwandlungswirkungsgrad der eingesetzten Energie des Kraftstoffes im Verkehrswesen mit einem Mittel von 17 % zur Zeit noch sehr gering. Bei Personenkraftwagen liegt der Wirkungsgrad im allgemeinen sogar unter 15 %. Der Hauptteil der eingesetzten Energie, nämlich rund 35 %, geht mit den Auspuffgasen verloren. 20 % werden an das Kühlwasser abgegeben, 20 % gehen als Strahlung verloren und den Rest bilden Reibungsverluste.

Nachstehend werden nur einige technische Möglichkeiten für die Senkung des spezifischen Kraftstoffverbrauches angeführt. Naturgemäß können die angegebenen Sparprozente nicht einfach addiert werden:

- Verringerung des Fahrzeuggewichtes (je 100 kg zwischen 0,7 und 1 l pro 100 km),
- Verringerung des Luftwiderstandes (bis 5 %),
- elektronisch geregelte Gemischaufbereitung sowie optimierte Einspritzsysteme und Zündung (3 - 5 %),
- kürzere Warmlaufzeiten (2 - 4 %),

höherer thermischer Wirkungsgrad (2 - 3 %),

Verminderung der Reibungsverluste im Motor, Getriebe und Achsen (bis 5 %),

Abgas-Turboaufladung bei Otto- und Dieselmotoren (6 - 8 %),

Schichtladungsmotoren (bis 8 %),

Abschaltautomatik, die den Motor bei Stillstand des Fahrzeuges zum Beispiel an Ampeln abschaltet und bei Betätigung des Gaspedals wieder startet (bis 5 %),

bessere Abgasregelung mit einem O_2-Sensor.

Nicht vergessen werden darf, daß die erforderlichen Sicherheits- und Umweltschutzmaßnahmen zu einem erhöhten Kraftstoffverbrauch führen können.

8.3 Zusammensetzung und Eigenschaften von Kraftstoffen

8.3.1 Vergaserkraftstoffe

Vergaserkraftstoffe (3) sind Gemische von Kohlenwasserstoffen mit einem Siedebereich von 30 - 205 °C. Sie fallen bei der Aufarbeitung des Erdöls nicht als einheitliches Produkt an, sondern werden vielmehr aus verschiedenen Komponenten zusammengemischt. Die Produkte einzelner Hersteller sind in der Zusammensetzung daher im allgemeinen unterschiedlich. Die Mindestanforderungen an den Ottokraftstoff sind jedoch in den verschiedenen nationalen Normen spezifiziert, in der Bundesrepublik Deutschland zum Beispiel in der DIN 51 600.

Die prozentuale Kohlenwasserstoff-Zusammensetzung des Ottokraftstoffes liegt in den in Tabelle 8.3 dargestellten Grenzen.

Tabelle 8.3: Zusammensetzung von Vergaserkraftstoffen

Zusammensetzung (Vol.-%)	Normalkraftstoff	Superkraftstoff
Olefine	5 – 10	5 – 10
Aromaten	25 – 35	40 – 45
Gesättigte KW u. Naphthene	60 – 65	~ 50

Zur Verbesserung von Qualitätskriterien werden den Vergaserkraftstoffen noch folgende Additive in Mengen unter 1 % zugesetzt (4,5):

1. Bleialkyle als Antiklopfmittel (Bleitetraäthyl und/oder Bleitetramethyl in Verbindung mit Äthylendibromid oder -dichlorid),

2. Rückstandsumwandler (meistens Phosphorverbindungen),

3. Antioxidantien (z.B. di-tert.-Butyl-p-kresol, BHT),

4. Metalldesaktivatoren (z.B. Salicylaldehyd-Derivate),

5. Korrosionsinhibitoren (langkettige Carbonsäuren, Alkohole, Amine),

6. Zusätze gegen Vergaservereisung (entweder Gefrierpunktserniedriger oder oberflächenaktive Substanzen),

7. Vergaser-Reinigungs- und Reinhaltesubstanzen (Detergentien),

8. Farbstoffe.

Die wichtigsten Qualitätskriterien bei Ottokraftstoffen sind Klopffestigkeit, Siedeverlauf, Dampfdruck, Abdampfrückstand sowie Blei- und Schwefelgehalt. Bleiverbindungen werden zugegeben, um ausreichende Klopffestigkeit als Voraussetzung für einen störungsfreien Kompressionsablauf im Motor zu erzielen. Als Maß für die Klopffestigkeit dienen die Research-Oktanzahl ROZ und die Motor-Oktanzahl MOZ.

8.3.2 Dieselkraftstoffe

Bei den Dieselmotoren wird die in den Zylinder eingesogene Luft durch starke Verdichtung (Verdichtungsgrad 15 : 1 bis 22 : 1) auf 550 - 800 ^{o}C erhitzt, wodurch sich der eingeblasene Kraftstoff von selbst entzündet und einen Verbrennungsdruck von 50 - 80 bar erreicht, durch den der Kolben bewegt wird. Dieselkraftstoffe sind Gemische aus flüssigen Kohlenwasserstoffen mit einem Siedebereich zwischen 200 und 360 ^{o}C. Sie bestehen überwiegend aus Paraffinen mit Beimengungen von Olefinen, Naphthenen und aromatischen Kohlenwasserstoffen. Ihre Zusammensetzung ist wie die der Vergaserkraftstoffe uneinheitlich und hängt von der Herstellung und der gewählten Mischung ab. Wegen der erforderlichen guten Zerstäubung und der schnellen Verdampfung bei der Direkteinspritzung werden besondere Anforderungen an die Viskosität und an den Siedeverlauf des Kraftstoffes gestellt. Die wichtigste Eigenschaft des Dieselkraftstoffes ist seine Zündwilligkeit, für die als quantitativer Maßstab die Cetanzahl (CZ) eingeführt wurde (3). Die Cetanzahl beträgt bei Kraftstoffen für langsamlaufende Dieselmotoren 20-40, für schnellaufende Kraftfahrzeugmotoren mindestens 45. Paraffine haben eine hohe, aromatische Kohlenwasserstoffe eine niedrige Cetanzahl. Die Olefine nehmen eine Mittelstellung ein. Neben der Mindest-Cetanzahl sind für Dieselkraftstoffe ferner erwünscht ein niedriger Stockpunkt, geringer Gehalt an nicht verbrennbaren und rußenden Substanzen und ein niedriger Schwefelgehalt. Die Mindestanforderungen an Dieselkraftstoffe sind in der Bundesrepbulik Deutschland in der DIN 51 601 spezifiziert.

Auch dem Dieselkraftstoff werden Additive zugesetzt (4), so z.B. organische Nitrate (Isoamylnitrat) zur Verbesserung der Cetanzahl, Stockpunktserniedriger, Dispersionsmittel, Detergentien, Korrosions- und Polymerisationsinhibitoren und Farbstoffe. Die Vorteile des Dieselmotors liegen im besseren Wirkungsgrad (infolge der höheren Verdichtung), insbesondere im Teillastbetrieb (Stadtverkehr) und beim Warmlauf, bei niedrigeren gasförmigen Schadstoffemissionen (CO, CH, NO_x) und in einer höheren Lebensdauer. Die Nachteile im Vergleich zum Ottomotor sind ein größerer Bauaufwand (Gewicht und Preis), Emissionen von Ruß und SO_2 sowie das lautere Motorengeräusch (6).

8.3.3 Flugturbinenkraftstoffe

Die internationale Verflechtung des Flugverkehrs hat zu weltweit vergleichbaren Spezifikationen für Flugturbinenkraftstoffe geführt, die sich vorwiegend an die ASTM - D 1655 (Zivilflugzeuge: Jet A und Jet B) bzw. MIL - T - 5624-K (Militärflugzeuge: u.a. JP-4, JP-5) anlehnen. Rund 95 % des zivilen Flugverkehrs basiert auf Treibstoffen vom Kerosintyp (Jet A und Jet A1). Jet B-Kraftstoff vom Benzintyp ist vornehmlich auf den Betrieb in arktischen Gebieten beschränkt. JP-4-Kraftstoff ist ebenfalls vom Benzintyp. Jet A und A 1 sind ähnlich. A 1 hat einen um 10°C niedrigeren Stockpunkt (-50°C) entsprechend einer Forderung des internationalen Langstreckenverkehrs (7).

Die Zusammensetzung der Flugturbinenkraftstoffe wird bestimmt durch einige spezifische Anforderungen, die sich aus den Flugbedingungen, wie hohe Geschwindigkeit, große Flughöhe und wechselnde Temperaturen ergeben. Hoher Energiegehalt pro Gewichts- und Volumeneinheit, gute thermische Stabilität, niedriger Dampfdruck, günstiges Viskositäts/Temperatur-Verhalten, hohe Verdampfungswärme (Kühlwirkung), hoher Flammpunkt, gute Kältebeständigkeit und gute Brenneigenschaften zählen zu den wichtigsten Anforderungen.

Als Gasturbinenkraftstoff sind nach Wasserstoff die Kohlenwasserstoffe am besten geeignet. Kerosin mit einem Siedebereich zwischen 150 und 300°C ist der beste Kompromiß zwischen hoher spezifischer Verbrennungsenthalpie und den übrigen an Flugturbinenkraftstoffe zu stellenden Forderungen. Der Gehalt an Aromaten ist auf 20 % (Jet A) bzw. 25 % (JP-4), bei den sogenannten Advanced Supersonic Fuels, z.B. JP 7, sogar auf 5 % begrenzt. Flugturbinenkraftstoffe werden zur Zeit vorwiegend aus Straight-run-Destillaten formuliert im Unterschied zum Motorenbenzin, das vornehmlich aus Konversionsanlagen stammt. Der Anteil an Naphthenen liegt im allgemeinen zwischen 10 und 30 %. Hochleistungstreibstoffe (High Energy Fuels, HEF) enthalten größere Anteile an polycyclischen Naphthenen, z.B. Dicyclohexyl und Dekalin. Für militärische Zwecke werden trotz hoher Kosten sogar definierte Kohlenwasserstoffe wie Dekalin, Tetralin, Perhydrofluoren oder Perhydrophenanthren herangezogen. Diese Verbindungen haben gegenüber herkömmlichen Turbinentreibstoffen bei gleichem Kiloheizwert höhere Volumenheizwerte und zeigen eine besonders gute thermische Stabilität und Kältebeständigkeit.

Als Additive sind in Flugturbinenkraftstoffen Antirostmittel, Zusätze gegen Vereisung (Äthylenglykolmonomethyl-äther), Antioxidantien (Alkylphenole oder Arylamine), Antistatika (Chrom-Alkylsalicylsäure-Salze) und in manchen Fällen biozide Wirkstoffe gegen Pilz- und Bakterienbewuchs der Tanks und der Leitungen enthalten.

8.4 Umwandlungs-Wirkungsgrad und Energieinhalt von Kraftstoffen

Für die Beurteilung der Gesamt-Energiewirtschaftlichkeit eines Kraftstoffes ist die Betrachtung der gesamten Energiekette von dem Einsatz der Primärenergie bis zur Nutzung der Transportenergie erforderlich (8). Darin sind eingeschlossen auch die Verluste bei der Erzeugung (Umformung), der Verteilung und der Speicherung der Energie sowie der Teil der Transportenergie, der nicht für den Transport der Nutzlast benötigt wird. Demgemäß wird aus der Energiekette ersichtlich, wieviel Prozent der Primärenergie letztlich zum Bewegen der Nutzlast verwendet werden können. Abbildung 8.1 zeigt die Energiekette von Benzin, das aus Erdöl gewonnen wird und zum Antrieb eines Ottomotors verwendet wird.

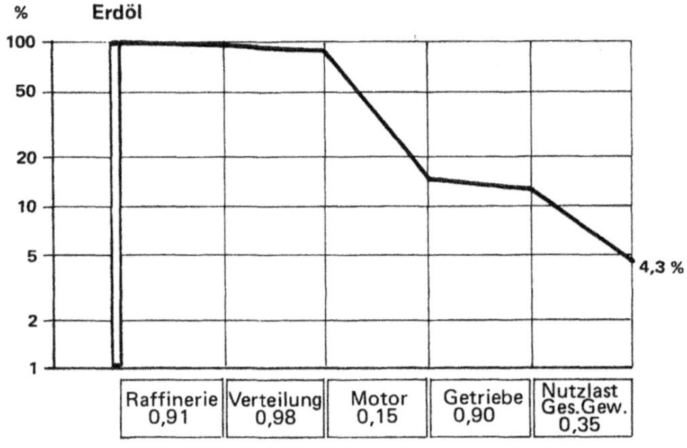

Abb. 8.1: Energiekette Erdöl - Benzin - Ottomotor (8) (VW-Passat/Variant mit 500 kg Nutzlast)

Zunächst erfolgt die Aufarbeitung des Erdöls mit einem Wirkungsgrad von etwa 91 % (Rest = Eigenverbrauch der Raffinerien zur Energieversorgung usw. 7,8 %, Betriebsverluste 0,9 %). Für den anschließenden Transport des Benzins zu den Tankstellen sind etwa 2 % der Energie erforderlich. Die Umwandlung der im Benzin enthaltenen chemischen Energie in mechanische Energie erfolgt mit einem durchschnittlichen Wirkungsgrad von nur 15 %. Die gewonnene mechanische Energie wird mit einem weiteren Energieverlust über das Getriebe den Antriebsrädern zugeführt. Da schließlich nur ein Teil des gesamten Fahrzeuggewichtes Nutzlast ist, ergibt sich ein Gesamtwirkungsgrad der Energiekette von 4,3 %. Für den Dieselmotor ist das Ergebnis mit 5,5 % etwas günstiger.

Beim Einsatz von Kohle als Primärenergieträger zeigen die Energieketten für die Sekundärenergieträger Benzin, Methanol, Wasserstoff und Elektrizität deutlich verringerte Umwandlungs-Wirkungsgrade im Vergleich zum Erdöl. So gehen bei der Herstellung des Methanols bereits rund 40 % der Energie verloren. Kraftstoffe aus Kohle sind daher weit weniger wirtschaftlich herstellbar als Kraftstoffe aus Erdöl. Erdöl sollte daher bevorzugt als

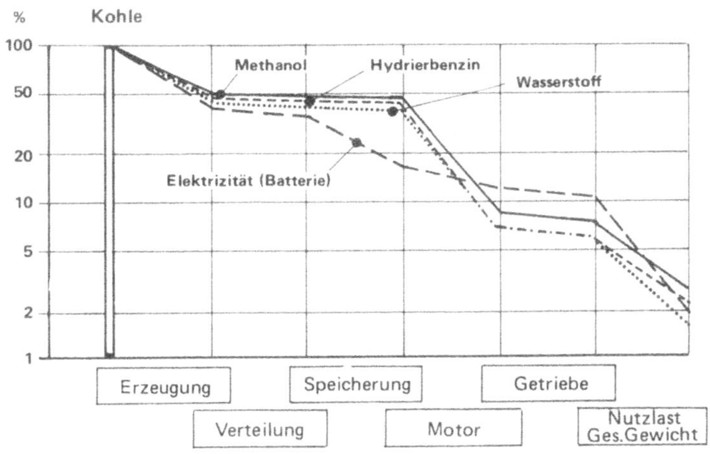

Abb. 8.2: Energiekette Kohle - Transportenergie (8)

Rohstoff für Kraftstoffe (und Chemiebenzin) eingesetzt werden bei gleichzeitig möglichst sparsamem Umgang mit diesem Rohstoff.

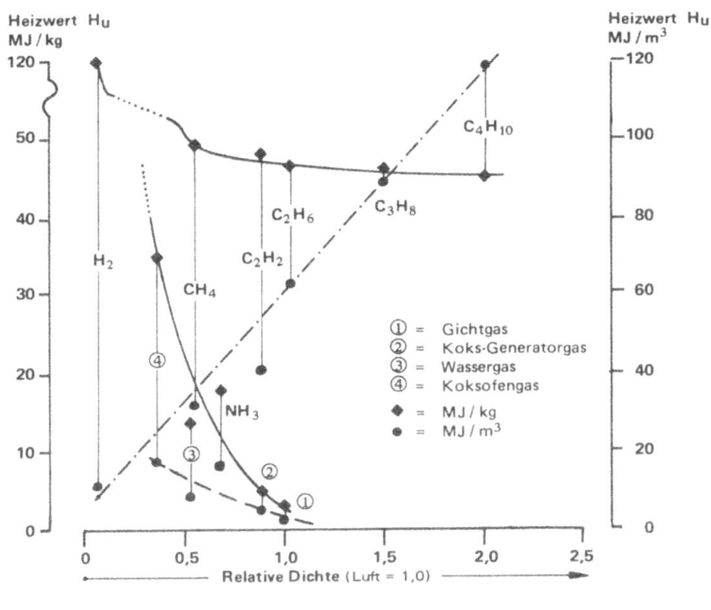

Abb. 8.3: Energieinhalt von gasförmigen Brennstoffen (10)

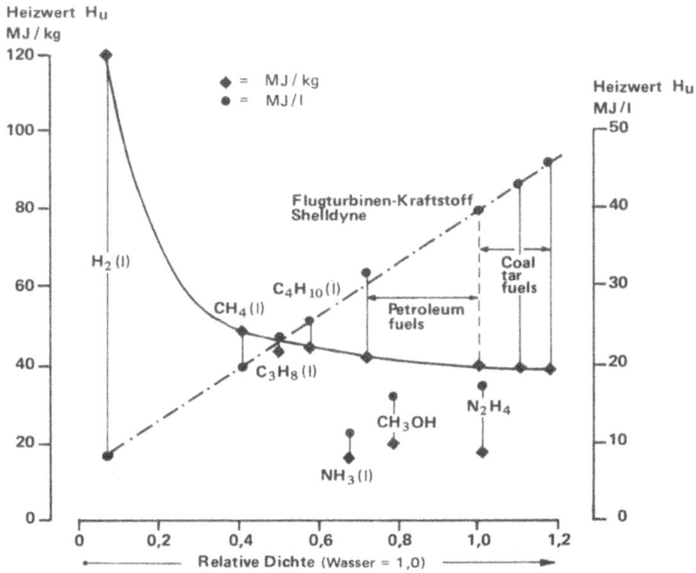

Abb. 8.4: Energieinhalt von verflüssigten Gasen und flüssigen Brennstoffen (10)

Die Abbildungen 8.3, 8.4 und 8.5 zeigen den Energieinhalt pro Volumen und Gewichtseinheit von gasförmigen, flüssigen und festen Brennstoffen. Die Überlegenheit der flüssigen Kohlenwasserstoffe für den Einsatz als Kraftstoffe in Verbrennungsmotoren und Gasturbinen ist deutlich zu erkennen.

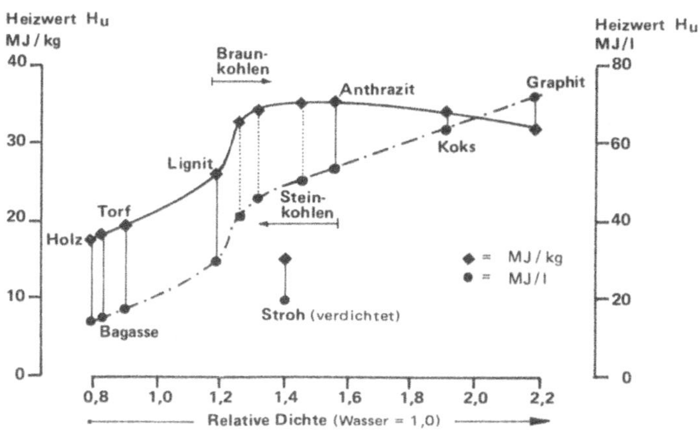

Abb. 8.5: Energieinhalt von festen Brennstoffen (10)

In Tabelle 8.4 ist die für eine Reichweite von 500 km mit einem größeren PKW erforderliche Treibstoffmenge bei Verwendung alternativer Kraftstoffe vergleichend dargestellt. Als Kraftstoffe kamen neben Benzin und hydridgespeichertem Wasserstoff Methanol, Ammoniak, Hydrazin und Methan zum Einsatz, d.h. Verbindungen, die im Prinzip chemisch gespeicherten Wasserstoff darstellen. Die Tabelle zeigt, daß nach dem derzeitigen Stand der Entwicklung Benzin nach wie vor der ideale Treibstoff für Kraftfahrzeuge ist. Der beste Ersatz für Erdölbenzin ist daher wiederum Benzin, nämlich Kohlebenzin.

Tabelle 8.4: Vergleich verschiedener Energieträger als PKW-Kraftstoff (11)

Energieträger	**Treibstoffmenge für 500 km**		**Bemerkungen**
	Gewicht (kg)	**Volumen (l)**	
Benzin	49	70	druckloser Tank, kaum giftig
H_2, flüssig	$\leqslant$ 18	$\leqslant$ 250	sehr kleines Treibstoffgewicht, Siedepunkt -253°C, ideale Abgaszusammensetzung, wenig NO_x-Bildung
Methanol	93	118	flüssig, Tank drucklos, wenig CO, CH u. NO_x-Bildung
Ammoniak	114	188	Siedepunkt -30°C, giftig, NO_x-Bildung
Hydrazin	122	120	giftig (10 ppm), NO_x-Bildung
Methan, flüssig	43	96	Siedepunkt -175°C, ungiftig, günstige Abgaszusammensetzung
Eisen-Titanhydrid [1] $FeTiH_2$	666	167 [2]	billig, arbeitet bei Raumtemperatur und 2 - 20 bar
Magnesiumhydrid [1] MgH_2	333	167 [2]	leicht, arbeitet bei 200 - 400°C und 0,1 - 10 bar

[1]) 44-kW-Motor, 2,4 t Fahrzeuggewicht [2]) das Reaktorvolumen ist um rd. 30 % größer

Für die Herstellung von Kraftstoffen aus Kohle gibt es verschiedene Wege, die bereits in den vorangegangenen Kapiteln beschrieben wurden. Gewisse Chancen haben auch Alkohole, wie Methanol und Äthanol. Ammoniak und Hydrazin scheiden dagegen wegen ihrer Giftigkeit und der Bildung von Stickoxiden bei der Verbrennung aus.

8.5 Kraftstoffe aus Kohle

Von allen Kohleprodukten hat bei der Verwendung als Kraftstoff Kohlenstaub den besten Umwandlungswirkungsgrad. Die Verwendung von Kohlenstaub im Dieselmotor ist wiederholt untersucht worden. Dabei hat sich gezeigt, daß die Einblasung von Feinststaub (unter 4 µm) zwar grundsätzlich möglich ist, doch sind der Verschleiß, die SO_2-Emission und die Schwierigkeiten bei der Steuerung der Verbrennung so große Nachteile, daß keine Aussichten für die Verwendung von Kohlenstaub als Kraftstoff bestehen (12). Es lag daher nahe, einen weitgehend von Schwefel und Asche befreiten Kohlenextrakt (s. Kapitel 7.5.1) auf seine motorischen

Einsatzmöglichkeiten zu testen. Versuche mit in flüssigem Kraftstoff (JP-4) gelöstem SRC-1-Extrakt haben sich bisher aber ebenfalls als nicht aussichtsreich erwiesen. Zumischungen von mehr als 15 % SRC-1 zum Kraftstoff führten zu Verbrennungsschwierigkeiten und selbst Beimischungen von nur 15 % hatten einen gravierenden Verschleiß im Einspritzsystem zur Folge.

Alle anderen Alternativ-Kraftstoffe aus Kohle haben einen geringeren Umwandlungs-Wirkungsgrad, der auch deutlich unter dem Wirkungsgrad eines Kraftstoffes aus Erdöl liegt.

Eine Übersicht über die geschätzten Kosten (durch das Institute of Gas Technology, IGT) für die Herstellung und Verteilung alternativer Kraftstoffe aus Kohle gibt Tabelle 8.5. Die Zahlenangaben haben nur orientierenden Charakter. Genaue Schätzungen sind schwierig und auch problematisch, weil im allgemeinen verschiedene Prozesse in Frage kommen und weil es sich dabei in der Regel um Koppelproduktionen handelt, so daß die Rechnung durch die Bewertung der Koppelprodukte und die entsprechende Kostenzuteilung wesentlich beeinflußt wird. Auf der Basis von Kohle als Primärenergieträger ist die Herstellung von Methanol, Wasserstoff und Dieselöl am kostengünstigsten. Benzin ist wegen der notwendigen Weiterverarbeitung (Reforming etc.) teurer. Beim SNG (l) wirken sich die Verflüssigungskosten stark aus. Methanol und insbesondere LNG und Wasserstoff erfordern höhere Verteilungskosten als Benzin und Dieselöl. Damit ergeben sich insgesamt frei Tankstelle für Methanol und herkömmliche Kraftstoffe etwa gleiche Kosten, während die Kosten für verflüssigtes SNG und Wasserstoff um 20 - 30 % höher liegen.

Die bei weitem höchsten Kosten erfordert die Herstellung von Äthanol aus Biomasse. Dies ist vornehmlich durch den Fermentationsprozeß bedingt, der nur in stark verdünnten, wäßrigen Lösungen durchgeführt werden

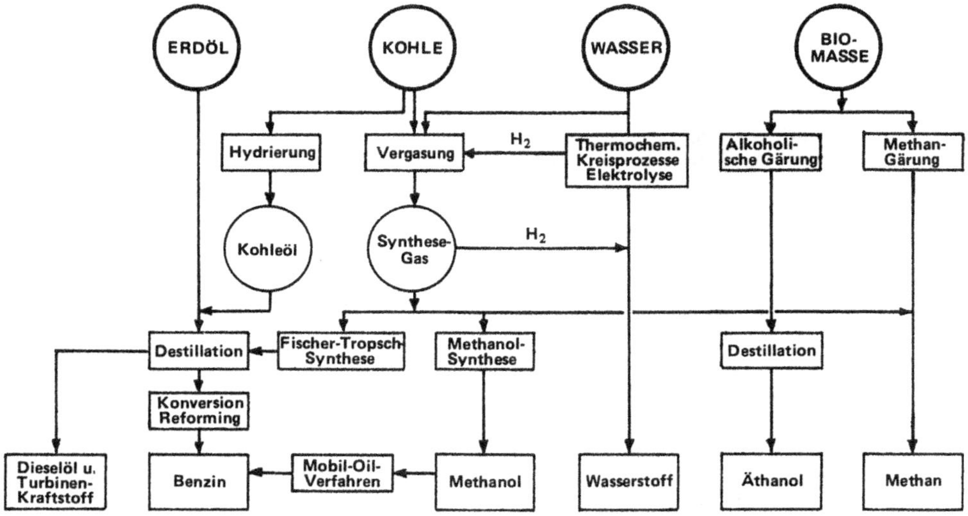

Abb. 8.6: Alternativen zukünftiger Kraftstofferzeugung

Tabelle 8.5: Relative Kosten alternativer Kraftstoffe auf den Energieinhalt bezogen nach IGT (9) (Benzin aus Kohle = 100)

Kraftstoff	Primärenergie	Herstellung Rohprodukt	Weiterverarbeitung	Verteilung	Kosten an der Tankstelle
Benzin	Kohle	37	26	37	100
Dieselöl	Kohle	37	15	36	88
Methanol	Kohle	50	–	45	95
LNG	Kohle	40	30	50	120
H_2	Kohle	52	–	66	118
H_2- Elektrolyse	Kernenergie	117	–	66	183
H_2- Thermochem.	Kernenergie	67	–	66	133
Äthanol	Sonnenenergie	288	10	40	338

kann. Zur Gewinnung von wasserfreiem Äthanol wird letztlich mehr Energie verbraucht als im Äthanol als Energieträger gespeichert ist.

Bei der Verwendung von Methanol und Äthanol als Kraftstoff beschränken sich die notwendigen Änderungen auf die Verwendung von alkoholresistenten Materialien in den Fahrzeugen und in dem Verteilungsnetz sowie die Anpassung des Kraftfahrzeuges an die speziellen Kraftstoffeigenschaften. Diese Änderungen sind mit relativ geringen Zusatzkosten durchführbar.

Beim Einsatz von verflüssigtem SNG (Methan) sind an den Motoren kaum Änderungen erforderlich. Dagegen ist ein hoher Aufwand für die Bereitstellung von Kryotanks und die völlig neue Infrastruktur notwendig. Für den Wasserstoffbetrieb ist die Neuentwicklung eines Motor-Fahrzeug-Konzeptes erforderlich. Ebenfalls erfordert die Verteilung des Wasserstoffes eine neue Infrastruktur. Die umfassendsten Umstellungen auf der Fahrzeugseite wären für den Einsatz elektrischer Energie erforderlich. Dies betrifft auch die Speicherung und die Verteilung, wobei allerdings die Anlehnung an bereits bestehende Systeme möglich ist.

8.5.1 Benzin, Dieselkraftstoff und Kerosin

Die grundsätzlichen Varianten der Herstellung konventioneller Kraftstoffe aus Kohle sind:

1. Kohlehydrierung oder Kohleextraktion mit anschließender Aufbereitung des Kohleöls

2. Kohleschwelung und anschließende Hydrierung des Schwelteeres

3. Kohlevergasung mit anschließender Fischer-Tropsch-Synthese

4. Kohlevergasung mit anschließender Methanol-Synthese und Umwandlung des Methanols zu konventionellen Kraftstoffen (Mobil-Oil-Verfahren)

Die verschiedenen Verfahren der Kohleverflüssigung führen zunächst zu einem Kohleöl, das zur Gewinnung marktfähiger Produkte aufbereitet bzw.

raffiniert werden muß. Die durch Destillation gewinnbaren Fraktionen sind für die Verwendung in Fahrzeugmotoren noch nicht geeignet, da sie zu hohe Anteile an Schwefel-, Stickstoff- und Sauerstoffverbindungen enthalten und überdies weder ausreichende Oktan- noch Cetanzahlen aufweisen. Im Vergleich zu den entsprechenden Mineralölfraktionen zeichnen sie sich durch einen höheren Aromatengehalt aus. Während ein hoher Aromatengehalt in Kraftstoffen für Ottomotoren wegen der hohen Oktanzahl durchaus erwünscht ist, sollte der Aromatenanteil in Flugturbinen- und Dieselkraftstoffen relativ niedrig sein.

Die Fischer-Tropsch-Synthese (s. Kapitel 6.9) liefert andererseits vorzugsweise geradkettige Paraffine und Olefine. Die Produkte sind, das ist ein wesentlicher Vorteil dieses Verfahrens, völlig schwefel- und stickstoffrei. Die praktisch aromatenfreien Straight-run-Destillate haben eine niedrige Oktanzahl von 40 - 45. Dagegen sind die Cetanzahlen und die Brenneigenschaften recht günstig. Die Fraktionen sind daher besonders zur Formulierung von Diesel- und Flugturbinenkraftstoffen geeignet.

Wegen der unterschiedlichen, sich ergänzenden Eigenschaften der bei der Kohleverflüssigung bzw. Extraktion und der bei der Kohlevergasung mit anschließender Fischer-Tropsch-Synthese anfallenden Produkte ist es naheliegend, in der kohlechemischen Raffinerie der Zukunft beide Verfahren miteinander zu kombinieren. Eine derartige Kombination zeigt Abb. 8.7. Die einzelnen Prozesse sind in den vorangegangenen Kapiteln beschrieben. Nach einer Studie der Ralph M. Parsons Co. entfallen rund 70 % der Betriebskosten einer kombinierten Kohle-Raffinerie in den USA auf Kosten

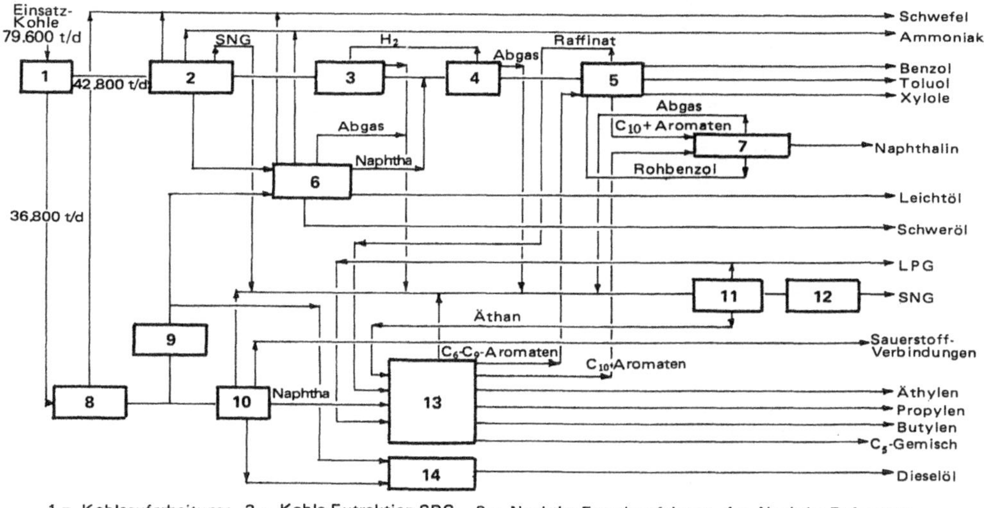

1 = Kohleaufarbeitung; 2 = Kohle-Extraktion SRC; 3 = Naphtha-Entschwefelung; 4 = Naphtha-Reformer; 5 = Aromaten-Extraktion; 6 = Hydrocracker; 7 = Hydrodealkylierung; 8 = Vergasung u. Gasreinigung; 9 = Wasserstoff-Erzeugung; 10 = Fischer-Tropsch-Synthese; 11 = SNG/LPG-Trennung; 12 = Methanisierung; 13 = Steamcracker (Pyrolyse); 14 = Destillat-Hydrierung

Abb. 8.7: Blockdiagramm und Mengenfluß einer kohlechemischen Raffinerie bei Kombination des SRC II-Verfahrens mit der Kohlevergasung und Fischer-Tropsch-Synthese (13)

für den Rohstoff Kohle. Der thermische Wirkungsgrad der Umwandlung der Kohle in marktfähige Produkte liegt bei etwa 65 %.

Eine besondere Variante der Herstellung konventioneller Kraftstoffe aus Kohle über Methanol wurde von der Mobil-Oil entwickelt (14). Das Verfahren wurde bisher in einer 0,6 t/d-Pilotanlage erprobt. Bei einem Wirtschaftlichkeitsvergleich mit der direkten Benzinsynthese nach Fischer-Tropsch haben sich Vorteile für die Methanol-Variante ergeben.

Die katalytische Umwandlung von Methanol in Kohlenwasserstoffe erfolgt mit Hilfe spezieller Zeolithe mit definierter Porengröße in einem Wirbelschichtreaktor bei 390-425 $^{\circ}$C und 1,4 bis 2,8 bar. Dabei entstehen aus Methanol in der ersten schnell ablaufenden Reaktionsstufe Dimethyläther und Wasser. Der Dimethyläther wird anschließend unter Bildung von niederen Olefinen dehydratisiert, aus denen durch Polymerisation, Umlagerung und Cyclisierung höhere Olefine und Aromaten entstehen. Wegen der spezifischen Porengröße der Zeolithe wird der Prozeß bei etwa C_{10} abgebrochen. Im Endergebnis werden aus Methanol 44 % Kohlenwasserstoffe und 56 % Wasser erhalten.

8.5.2 Methanol

Die langfristig günstigen Perspektiven der Methanolversorgung und seine vorteilhaften Eigenschaften als Kraftstoff für Ottomotoren haben weltweit Veranlassung gegeben, eine Reihe von Projekten in Angriff zu nehmen, in denen die Verwendung von Methanol als Alternative zu herkömmlichen Ottokraftstoffen untersucht wird. In der Bundesrepublik Deutschland beschäftigt sich das Volkswagenwerk mit diesem Problem (9). Ähnliche Projekte werden in Schweden, Italien, in den USA, Kanada und Neuseeland durchgeführt. Alle Forschungsvorhaben über den Einsatz von Methanol als Kraftstoff werden von den jeweiligen Regierungen gefördert. Eine besondere Rolle spielt Brasilien, wo bereits seit längerer Zeit Äthanol, das durch Fermentation von Zuckerrohr und Maniok gewonnen wird, in wechselnden Anteilen dem Kraftstoff zugemischt wird.

Tabelle 8.6: Produktverteilung der Mobil-Oil-Synthese

$$n\ CH_3OH \xrightarrow[\text{Zeolithe}]{20\ \text{bar},\ 380^{\circ}\ C} \rangle\ (CH_2)\,n + n\ H_2O$$

$C_1 + C_2$	2 %	C_6	18 %
C_3	6 %	$C_7 + C_9^+$	12 %
C_4	12 %	$C_6 + C_9^+$ (Aromaten)	30 %
C_5	20 %		

Grundsätzlich kann Methanol sowohl als Ersatzkraftstoff als auch als Mischkomponente zur Streckung von Ottokraftstoff verwendet werden. Im Vergleich zu den derzeitigen Kraftstoffen ergeben sich von der Versorgung bis zur Anwendung Vor- und Nachteile (9,15). Unmöglich ist der Einsatz von Methanol wegen seiner ungünstigen Zündeigenschaften (Cetanzahl 3) in Dieselmotoren heutiger Bauart. Wegen der nichtrußenden Verbrennung könnte Methanol allerdings langfristig für den Betrieb von fremdgezündeten Dieselmotoren (Schichtladungsmotor) interessant sein. Sowohl für reines Methanol als auch für Methanol/Benzin-Mischungen sind zusätzliche Sicherheitsvorkehrungen wegen der Giftigkeit des Methanols und der Gefahr der Phasentrennung bei Wasseraufnahme erforderlich. Naturgemäß hätte eine Umstellung auf Methanol als Treibstoff nur dann Aussicht auf Erfolg, wenn sie nicht auf einzelne Länder beschränkt bliebe, sondern zumindest im europäischen Rahmen stattfände.

Im Jahre 1978 entfielen von insgesamt etwa 1,1 Mio t etwa 0,5 % des Methanolverbrauchs in der Bundesrepublik Deutschland auf die Anwendung als Kraftstoffzusatz. Bei einem Benzinverbrauch von 23 Mio t in 1978 wären zur völligen Substitution 40 Mio t Methanol erforderlich gewesen. Diese Menge entspricht etwa dem Dreifachen der derzeitigen Produktionskapazität für Methanol in der Welt bzw. mehr als dem Dreißigfachen der Methanol-Kapazität in der Bundesrepublik Deutschland (1,17 Mio t/a). Bei einem Zusatz von 15 % läge der resultierende Bedarf bei dem Dreifachen der derzeitigen Kapazität.

8.5.2.1 Methanol als Kraftstoff

Die wichtigsten Merkmale des Methanols für die Verwendung als Ottokraftstoff sind seine hohe Oktanzahl, die hohe Verdampfungswärme und das für die Verbrennung erforderliche niedrige Luft/Kraftstoff-Verhältnis. Da der Energieinhalt nur etwa halb so groß ist wie der von Benzin, ist für die gleiche Kilometerleistung fast das doppelte Tankvolumen erforderlich.

Wegen der hohen Oktanzahl ermöglicht Methanol als Kraftstoff ein höheres Verdichtungsverhältnis bis zu 15 : 1. Dies führt gemeinsam mit der intensiven Kühlung des angesaugten Gemisches, der niedrigeren Verbrennungstemperatur und den niedrigeren Wärmeverlusten zu einer Leistungssteigerung gegenüber Benzin von etwa 20 %. Ein weiterer Vorteil des Methanol-Betriebes ist die Verminderung der Emissionen von Kohlenoxid, Kohlenwasserstoffen und Stickoxiden. Die Emission von Bleiverbindungen entfällt völlig, da auf ihren Einsatz als Antiklopfmittel verzichtet werden kann. Dagegen steigt die Emission von Formaldehyd erheblich an. Ob sich hieraus ein Umweltproblem ergibt, ist zur Zeit noch nicht geklärt.

Im Unterschied zu Benzin hat Methanol einen niedrigeren Dampfdruck, der gemeinsam mit der hohen Verdampfungswärme zu Schwierigkeiten beim Kaltstart führt. Durch Zumischung von niedrigsiedenden Komponenten, wie Butan oder Petroläther, könnte dieses Problem bewältigt werden. Der Methanol-Betrieb erfordert in jedem Fall Änderungen am Motor und den Zuleitungen wegen der mangelnden Beständigkeit der zur Zeit eingesetzten Elastomeren und einiger Metalle bzw. Legierungen. Geeignete Korrosionsinhibitoren müssen ebenso entwickelt werden wie neue Motorenöle, da Methanol mit Ölen auf Mineralölbasis nicht mischbar ist. Die sich daraus ergebenden Schwierigkeiten lassen sich zur Zeit noch nicht beurteilen.

Tabelle 8.7: Eigenschaften von Methanol und Isooctan (15)

		Methanol	Isooctan
Verbrennungsenthalpie, 25°C	kJ/kg	23.000	51.020
Verbrennungsenthalpie, 25°C	kJ/l	18.100	35.100
Siedepunkt	°C	64,6	99,3
Verdampfungswärme, 25°C	kJ/kg	1.350	350
Dichte, 25 °C	g/cm³	0,787	0,688
Zündtemperatur	°C	455	410
Explosionsgrenzen	Vol.-%	6,7-36,0	1,1-6,0
Stöchiom. Luft/Brennstoff-Verhältnis	kg/kg	6,44	15,1
Oktanzahl ROZ	–	106	100
Oktanzahl MOZ	–	92	100

8.5.2.2 Methanol/Benzin-Mischungen

Mischungen von Benzin und Methanol mit einem Methanol-Gehalt bis zu etwa 15 % bieten den Vorteil, daß eine Streckung des Kraftstoffes ohne deutlichen Leistungsverlust auch bei nicht angepaßten Fahrzeugmotoren erreicht werden kann. Die Zugabe von Methanol erhöht die Klopffestigkeit von herkömmlichen Ottokraftstoffen, wobei die ROZ stärker als die MOZ angehoben wird. Das Fahrverhalten wird bei Verwendung von Benzin/Methanol-Mischungen insgesamt etwas schlechter, wobei insbesondere auf die erhöhte Neigung zur Dampfblasenbildung hinzuweisen ist, da der Dampfdruck des Gemisches in Abweichung vom idealen Verhalten höher ist als der der reinen Komponenten. Ein wesentlicher Nachteil ist die bereits bei geringen Wassergehalten von über 500 ppm eintretende Phasentrennung der Kraftstoffmischung. Die untere schwerere Phase enthält das Methanol, einen Teil der Aromaten und das Wasser, die leichtere Phase die Kohlenwasserstoffe. Mit entmischtem Kraftstoff kann der Motor nicht mehr sicher betrieben werden. Da die erforderliche Wasserfreiheit praktisch nur schwer zu realisieren ist, kann die Entmischung auch im Versorgungssystem Schwierigkeiten bereiten. Sie kann durch Zumischung von höheren Alkoholen zurückgedrängt werden. Die mangelnde Beständigkeit von Elastomeren und einigen Metallen und Legierungen gegenüber reinem Methanol besteht im allgemeinen auch bei Benzin/Methanol-Mischungen.

Zunehmende Bedeutung als Antiklopfmittel (octane boosters) gewinnen neben Aromaten, Methanol und Äthanol auch andere organische Verbindungen mit hoher Klopffestigkeit, die großtechnisch in ausreichender Menge preisgünstig verfügbar sind. Hierzu gehören insbesondere einige sauerstoffhaltige Verbindungen mit einer tertiären Alkylgruppe, wie tertiäres Butanol (TBA), Methyl-tert.-butyläther (MTBE) und tert.-Amyl-methyläther (TAME).

MTBE, hergestellt aus Isobuten und Methanol, wird insbesondere in der Bundesrepublik Deutschland (Hersteller: Chemische Werke Hüls, Kapazität 1979: 150.000 t/a) und Italien, demnächst auch in den USA, in größerem

Tabelle 8.8: Oktanzahlen einiger Alkohole und Äther

	ROZ	MOZ
Methanol	106	92
Äthanol	104	92
Isopropanol	104	95
tert.-Butanol TBA	105	97
Methyl-tert.-butyläther MTBE	115	98
tert.-Amyl-methyläther TAME	112	99

Umfang als Antiklopfmittel eingesetzt. Damit gelangt Methanol über einen Umweg in den Kraftstoff. Im Unterschied zu Methanol ist die Löslichkeit von Wasser in MTBE gering (bei 25 °C nur 1,5 %). Neigung zur Oxidation besteht nicht, Peroxide werden daher während der Lagerung nicht gebildet. Bei Zusatz von 10 % MTBE zu einem bleifreien Normalbenzin steigt die ROZ von 91 auf 93,6, bei Superbenzin mit 0,15 g Blei pro Liter von 97,5 auf 99,2.

8.5.3 Wasserstoff

Wasserstoff wird in Anbetracht der vielen Speicherungsmöglichkeiten in anorganischen Verbindungen (Hydride, Ammoniak, Hydrazin) und in organischen Verbindungen (SNG, Methanol) heute vielfach als Energieträger der Zukunft bezeichnet. Da die Energiestrahlung der Sonne, auf der das gesamte irdische Leben basiert, aus der Verschmelzung von Wasserstoffkernen zu Helium stammt, ist die Zeitbezogenheit dieser Aussage nicht völlig korrekt.

Wasserstoff besitzt den höchsten bekannten Energieinhalt je Masseneinheit. Sein Heizwert H_o beträgt ca. 120.000 kJ/kg (Heizwert von Kohlenstoff ca. 34.000 kJ/kg). Infolge der geringen Dichte von Wasserstoffgas (0,0898 g/l) liegt der Heizwert von gasförmigem Wasserstoff allerdings bei nur etwa einem Drittel des Heizwertes von Erdgas (s. Abb. 8.3). Bei der Kernverschmelzung von Deuterium und Tritium zu Helium werden pro g Wasserstoff $38 \cdot 10^7$ kJ frei (11). Das ist im Vergleich zur Kernspaltung von Uran 235 pro Gewichtseinheit der fünffache Wert. Die Realisierung eines Fusionsreaktors liegt allerdings noch in weiter Ferne. Zwar gelang im August 1978 in den USA (Princeton), kurzfristig eine Plasmatemperatur von 60 Mio Grad zu erreichen, doch müssen für die Kernfusion über 100 Mio Grad beherrscht werden, während die Sonne wegen des höheren (Brennstoff-) Drucks bereits mit 15 Mio Grad auskommt.

Vom Standpunkt der Sicherheit ist Wasserstoff als Energieträger mit einigen Einschränkungen ebenso gut zu handhaben wie zum Beispiel Erdgas (16). Größere Sicherheitsvorkehrungen sind bei Wasserstoff im Vergleich zu Methan erforderlich wegen seines größeren Zündbereiches, des höheren oberen Grenzwertes der Detonationsgrenze, der höheren Flammengeschwindigkeit und der niedrigeren Zündenergie. So reicht zum Beispiel die Energie der elektrostatischen Aufladung, die durch das Tragen synthetischer

Tabelle 8.9: Physikalische Eigenschaften von Wasserstoff und Methan

		Wasserstoff	Methan
Siedepunkt bei 1 bar	°K	20,4	111,7
Dichte, flüssig, am Bp	g/cm^3	0,071	0,425
Gasdichte bei 0°C/1 bar	g/l	0,0898	0,717
Heizwert H_u	kJ/kg	120.000	50.030
Verdampfungswärme	kJ/kg	450	510
Zündbereich in Luft	Vol.-%	4 – 76	5 – 15
Diffusionsgeschwindigkeit in Luft bei 20°C/1 bar	cm/s	~ 2,00	~ 0,51
Detonationsgrenze in Luft	Vol.-%	18 – 59	6 – 14
Zündtemperatur	°C	560	595
Zündenergie	mJ	0,02	0,3
Explosionsenergie	g TNT/g	24	11
Explosionsenergie	g TNT/m^3_N	2	7

Stoffe hervorgerufen werden kann, aus, um Wasserstoff zu entzünden. Der größeren Zündfähigkeit steht allerdings eine im Vergleich zu Methan etwa 4-fach höhere Diffusionsgeschwindigkeit gegenüber. Dadurch erfolgt bei einer Leckage sehr rasch eine Verdünnung unter die Entzündbarkeitsgrenze.

Flüssiger und gasförmiger Wasserstoff scheidet für die Anwendung in Kraftfahrzeugen aus mehreren Gründen aus. Die einfachste Lagerform des Wasserstoffs für diesen Zweck ist die feste Form als Hydrid (17). Es ist erstaunlich, daß bei gleichem Volumen in einem Metallhydridspeicher mehr Wasserstoff gespeichert werden kann als flüssig in einem Kryobehälter. Die Ursache hierfür ist die Dissoziation des molekularen Wasserstoffs bei der Hydridbildung. Das Elektron wird dabei an das freie Elektronengas abgegeben, so daß es zu einer 2 bis 3 mal dichteren "Packung" als bei der flüssigen Speicherung kommt.

$$H_2 + Me \underset{\text{Entladen}}{\overset{\text{Laden}}{\rightleftharpoons}} \text{Me-hydrid} + \text{Wärme} \qquad (8.1)$$

Die Hydridbildung ist exotherm. Zur Freisetzung des Wasserstoffs ist daher die Zuführung von Wärme erforderlich, die beim Tanken wieder abgegeben wird. Für technische Anwendungen eines Hydridspeichers interessiert insbesondere der Temperaturbereich, bei dem der Wasserstoff-Partialdruck 1 bar oder mehr beträgt. Bei den Niedertemperaturhydriden (in Abb. 8.8 rechts oben) beträgt der Dissoziationsdruck bei Temperaturen zwischen 0 und 100°C bereits mehr als 1 bar. Hochtemperaturhydride (in Abb. 8.8 unten links) erreichen diesen Partialdruck erst über 100°C.

Die Entwicklung von Hydridspeichern wird in der Bundesrepublik Deutschland vom BMFT gefördert. Der Wasserstoffantrieb von Kraftfahrzeugen mit Hydridspeichern wird seit 1972 von Daimler-Benz untersucht. Als Speichermaterial wurde zunächst das von den Brookhaven National Laboratories ent-

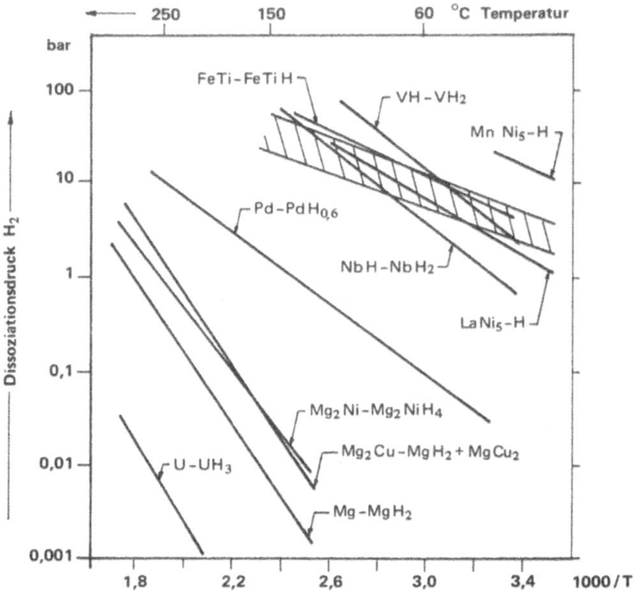

Abb. 8.8: Temperatur/Druck-Funktionen von Metallhydriden (9)

wickelte Titan-Eisen-Hydrid ($FeTiH_2$), Niedertemperaturhydrid) verwendet. Der Wasserstoffdruck erreicht bei diesem Hydrid schon bei Temperaturen um -20°C mehr als 1 bar, so daß der Motor auch bei tiefen Temperaturen problemlos mit Wasserstoff versorgt wird. Die Reaktionsenthalpie ist mit 31 kJ/mol H_2 relativ gering.

Der Wärmebedarf für die Freisetzung des Wasserstoffs kann daher sowohl aus der Abwärme des Kühlwassers als auch aus der des Abgases gedeckt werden. Wie bei allen Metallhydriden ist der Sicherheitsfaktor durch den gebundenen Wasserstoff im Vergleich zu anderen Kraftstoffen sehr hoch. Zudem ist die Titan-Eisen-Legierung nicht brennbar. Die Energiedichte ist allerdings verhältnismäßig niedrig. Sie beträgt ca. 650 Wh/kg und liegt damit zwischen Benzin (11.000 Wh/kg) und dem Bleiakkumulator (20 Wh/kg). Die Reichweite des Fahrzeugs lag mit 200 kg TiFe-Hydrid maximal bei 150 km.

Tabelle 8.10: Speichermenge und Reichweite bei Anwendung von Nieder- und Hochtemperatur-Hydriden (Fahrzeuggewicht: 2,4 t, Motor 44 kW) (9)

	Volumen	Gewicht	gespeicherte H_2-Menge	Reichweite
TiFe	50 l	200 kg	4 kg	150 km
Mg_2 Ni	100 l	200 kg	8 kg	300 km

Eine Erhöhung der Wasserstoffspeicherdichte und damit eine entsprechende Verkleinerung des Tankgewichtes um den Faktor 2 bis 4 (max. bis ca. 2.500 Wh/kg) kann nur unter Verwendung von Leichtmetallhydriden, z.B. von Magnesium- und Aluminiumlegierungen erreicht werden. Der für den Motorbetrieb erforderliche Wasserstoffdruck von 1 bar wird mit diesen Hydriden allerdings erst bei Temperaturen zwischen 200 und 400 ^{o}C erreicht. Darüber hinaus ist die H_2-Bindungsenthalpie um den Faktor 2 größer als bei dem TiFe-Hydrid. Im Fahrbetrieb muß daher wesentlich mehr Wärme zugeführt werden bzw. beim Betanken abgeleitet werden.

Um das Hydrid-Fahrzeug jederzeit insbesondere für den Startvorgang betriebsbereit zu halten, muß der Hochtemperaturspeicher (1/3 Mg_2Ni-Hydrid) mit einem Niedertemperaturspeicher (2/3 TiFe-Hydrid) gekoppelt werden. Der abgasbeheizte Hochtemperaturspeicher gibt druckgesteuert und intermittierend mit dem ebenfalls abgasbeheizten TiFe-Speicher Wasserstoff an den Motor ab. Es wird erwartet, daß mit derartigen Kombinationssystemen Reichweiten bis zu 400 km erzielt werden können. Die sicherheitstechnischen Aspekte der Hochtemperaturspeicher sind besonders günstig, da ihre H_2-Gleichgewichtsdrucke bei Raumtemperatur unter 0,1 bar liegen. Die Kombination von Hoch- und Niedertemperaturspeichern ermöglicht bei Erstellung einer entsprechenden Infrastruktur, die Speicherwärme z.B. für Fernheizsysteme nutzbar zu machen. Die Menge der auf diese Weise gewinnbaren Energie beträgt etwa 30 % des unteren Heizwertes des Kraftstofftankinhaltes. Die Primärenergieausnutzung kann bei einer derartigen Wärme-Kraftkopplung von bisher etwa 15-20 % auf über 50 % angehoben werden.

Neben dem Wasserstoffantrieb wird von Daimler-Benz in Zusammenarbeit mit der Universität Kaiserslautern auch der Benzin-Wasserstoff-Mischbetrieb erprobt. Mit einem Versuchsfahrzeug vom Typ Mercedes 280 E wurde im Fahrbetrieb belegt, daß der stufenlose Übergang von reinem Benzin bis zu reinem Wasserstoff möglich ist.

Als Flugturbinen-Kraftstoff wäre wegen des höchsten gewichtsbezogenen spezifischen Heizwertes, der ausgezeichneten Brenneigenschaften in der Turbine und der großen Kühlkapazität im Unterschied zum Automobil der flüssige Wasserstoff ideal. Mehrere Projekte befassen sich daher mit dem Einsatz von flüssigem Wasserstoff als Kraftstoff für Flugzeuge. So wurde berechnet, daß beim Betrieb von Großraumflugzeugen vom Typ Boeing 747 mit flüssigem Wasserstoff das Startgewicht um etwa 25 % gesenkt bzw. die Reichweite um etwa 50 % erhöht werden könnte. Technisch dürfte eine Umstellung des Flugturbinenkraftstoffs auf Flüssigwasserstoff keine allzu großen Schwierigkeiten bereiten. Zur Ausnutzung der beim Wasserstoffbetrieb resultierenden Vorteile sind allerdings völlige Neukonstruktionen und nicht nur Umbauten der bisherigen Flugzeugtypen erforderlich. Das derzeitig größte Hindernis sind die hohen Wasserstoffkosten.

9. Kohlefeuerung

Zwischen der Vergasung und der Verbrennung der Kohle bestehen keine grundsätzlichen verfahrenstechnischen Unterschiede. In beiden Fällen handelt es sich um eine Gas/Feststoff-Hochtemperaturreaktion, die sowohl in einem Schüttgut- als auch in einem Wirbelschicht- oder einem Flugstromreaktor durchgeführt werden kann.

Feste Brennstoffe haben weltweit große Bedeutung für die Energieerzeugung. Infolge der abnehmenden Verfügbarkeit und der steigenden Preise von Erdöl und Erdgas verstärkt sich der Trend zur Verfeuerung von Braun- und Steinkohlen, Torf, Ölschiefer und Schlämmen. Im Jahre 1978 dienten in der Bundesrepublik Deutschland rund 77 % der eingesetzten Kohle der Energiegewinnung (Abb.1.23); an der Stromerzeugung von insgesamt 353,4 TWh waren die Steinkohle mit 28,3 % und die Braunkohle mit 25,6 % beteiligt.

Kohlefeuerungen (1,2,3) können nur mit einem relativ schmalen Brennstoffband optimal betrieben werden. Da die Kohlen erhebliche Unterschiede in Bezug auf Heizwert, Mahlbarkeit, Wasser- und Aschegehalt, Ascheschmelzpunkt sowie flüchtige Bestandteile aufweisen, müssen bei der Auslegung eines Kraftwerkes, das im allgemeinen eine Lebensdauer von 30 Jahren haben soll, die langfristigen Perspektiven der Brennstoffversorgung sorgfältig berücksichtigt werden.

Kohlegefeuerte Großdampferzeuger der Stromwirtschaft sowie mittlere Anlagen in Stadtwerken und in der Industrie werden heute mit Staubfeuerungen betrieben. Geeignete Aggregate für Mahl- und Feuerungsanlagen wurden sowohl für Steinkohle als auch für Braunkohle für Leistungen bis zu 1.300 MW entwickelt. Rostfeuerungen sind nur für Dampferzeuger bis zu einer Leistung von 100 t Dampf/h technisch und wirtschaftlich sinnvoll.

9.1 Grundlagen der Verbrennung fester Brennstoffe

Einige Grundlagen der Feststoff/Gas-Hochtemperaturreaktionen sind in Kapitel 5 beschrieben.

9.1.1 Zündtemperatur

Die Zündtemperatur eines Brennstoffes ist diejenige Temperatur, bei der mehr Wärme entwickelt wird als an die Umgebung abgegeben werden kann, so daß sich die Verbrennung (in Luft bei Atmosphärendruck) selbst unterhält. Die Zündtemperaturen bzw. Zündbereiche der Brennstoffe weisen erhebliche Unterschiede auf. Abgesehen von der Brennkammerbeschaffenheit (bzw. Prüfeinrichtung) sind die Zündbereiche abhängig von den Reaktionsparametern Druck, Gasgeschwindigkeit, Sauerstoff/Brennstoff-Verhältnis sowie von der spezifischen Oberfläche des Brennstoffs und der katalytischen Wirksamkeit anorganischer Bestandteile.

Tabelle 9.1: Richtwerte für die Zündtemperaturen von Brennstoffen in Luft; 1 bar

Brennstoff	Zündtemperatur °C	Brennstoff	Zündtemperatur °C
Kohlenstoff (geb):		Propan	470
Braunkohle	250 – 410	n-Butan	365
Steinkohle	400 – 500	Äthylen	425
Anthrazit	550 – 600	Wasserstoff	560
Methan	595	Kohlenmonoxid	605
Äthan	515	Benzol	555

Mit zunehmendem Inkohlungsgrad steigt die Zündtemperatur analog zur abnehmenden Reaktivität bei der Vergasung. Die Zündtemperaturen der Entgasungsprodukte sind zum Teil erheblich höher als die der Kohlen selbst (4).

9.1.2 Maximale Flammentemperatur

Die adiabatische Flammentemperatur ist die maximale theoretische Temperatur, die bei der Verbrennung eines Brennstoffes von den Verbrennungsgasen unter der Voraussetzung erreicht werden kann, daß bis zur vollständigen Verbrennung keine Wärmeabführung an die Umgebung stattfindet. Die maximale Flammentemperatur wird errechnet aus der Rauchenthalpie des Brennstoffes und der spezifischen Wärme der Rauchgase und der Asche (Abb.9.1).

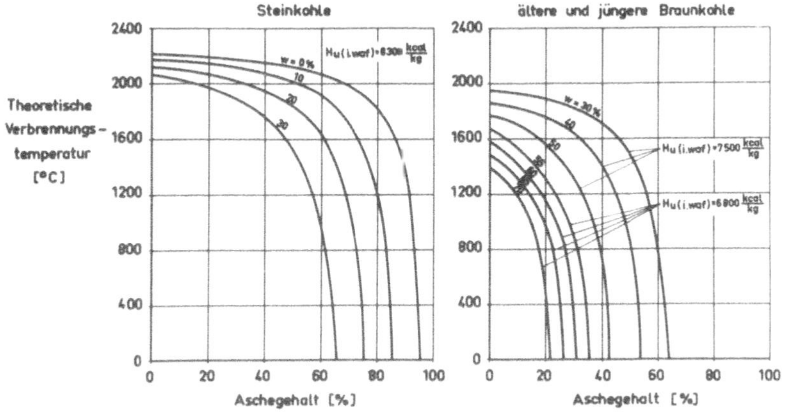

Abb. 9.1: Theoretische Verbrennungstemperatur von Kohlen unter Berücksichtigung des Wassergehaltes und der Asche (5)

Die Flammentemperatur steigt bei Vorwärmung der Verbrennungsluft und des Brennstoffes. Sie erreicht ihr Maximum bei theoretischem Luftbedarf. Die endotherme Dissoziation der Verbrennungsgase CO_2 und H_2O (z.B. bei 1.900 °C: CO_2 zu 10 %, H_2O zu 3 %) wird bei der rechnerischen Ermittlung der maximalen Flammentemperatur nicht berücksichtigt. Da in den Feuerungsanlagen adiabatische Verhältnisse nicht vorliegen, wird die maximale Flammentemperatur in der Praxis nicht erreicht.

9.1.3 Luftbedarf und Rauchgasmenge

In der Feuerungstechnik wird von der vereinfachten Annahme ausgegangen, daß die Luft aus 21,0 Vol.-% Sauerstoff und 79,0 Vol.-% Stickstoff besteht. Der Stickstoff ist dabei lediglich Ballast, der gemeinsam mit den Rauchgasen zur Übertragung der Verbrennungswärme an die Heizflächen des Dampferzeugers dient. Bei der vollständigen Verbrennung von reinem Kohlenstoff ohne Luftüberschuß enthalten die Rauchgase unter dieser Vereinfachung nur Kohlendioxid und Stickstoff, und zwar entsprechend dem Anteil in der Luft 21 Vol.-% CO_2 (maximal erreichbarer CO_2-Gehalt) und 79 Vol.-% N_2.

Tabelle 9.2: Zusammensetzung der Luft

	Vol.-%
N_2	78,09
O_2	20,95
Ar	0,933
CO_2	0,035
Ne	0,0018
He	0,0005
Kr	0,0001
H_2	0,00005
Xe	0,000008

Die brennbaren Bestandteile der Kohlen sind Kohlenstoff, Wasserstoff und Schwefel. Bei der Verbrennung nach den Gleichungen (9.1) und (9.2) ergibt sich der theoretische Luftbedarf L_0 für die vollständige Verbrennung in kg Luft pro kg Brennstoff (4,6) gemäß Gleichung (9.3):

$$C_m H_n + (m + n/4)\, O_2 = m\, CO_2 + n/2\, H_2O \tag{9.1}$$

$$S + O_2 = SO_2 \tag{9.2}$$

$$L_0 = 11{,}48\, C + 34{,}20\, (H_2 - 1/8\, O_2) + 4{,}30\, S \tag{9.3}$$

Die Zeichen C, H_2, O_2, S, H_2O und N_2 in Gleichung (9.3) und Tabelle 9.3 bedeuten die relativen Gewichtsanteile an Kohlenstoff, Wasserstoff, Sauerstoff, Schwefel und Wasser in der Kohle. Kohlefeuerungen werden in der Praxis je nach Feuerungsart mit einem Luftüberschuß zwischen 15 - 50 % betrieben. Die Menge der Rauchgase bei vollständiger Verbrennung mit der theoretischen Luftmenge in kg pro kg Brennstoff errechnet sich gemäß den Gleichungen in Tabelle 9.3.

Tabelle 9.3: Berechnung der Rauchgasmengen (kg/kg)

CO_2	=	3,66 C
H_2O	=	8,94 H_2 + H_2O [1])
SO_2	=	2,00 S

[1]) Feuchtigkeit der Kohle in kg

Die Verbrennung der gasförmigen Brennstoffe in Anlagen, die dem Stand der Technik entsprechen, ist nahezu vollständig; der CO-Gehalt der Rauchgase liegt im allgemeinen unter 0,01 bzw. 0,001 %. Ein geringer Teil der Kohle (0,5 - 3 %) bleibt jedoch unverbrannt und wird mit der Asche ausgetragen.

9.2 Feuerungen für feste Brennstoffe

Da das für einen Dampferzeuger vorgesehene Brennstoffband nicht beliebig erweitert werden kann, ist die Kohlenmischung häufig eine Voraussetzung für den Einsatz unterschiedlicher Kohlesorten in einer Feuerung. Unterschiedliche Kohlequalitäten können mit Hilfe von Kohlenmischlagerplätzen mit Stetigförderern, Absetzern und Rückladegeräten vergleichmäßigt werden.

Es besteht ein erhebliches Interesse, auch Steinkohlen zu verfeuern, die in den Kohleaufbereitungsanlagen (Abb.1.17) zwangsläufig als Abfallprodukte anfallen. Die ballastreichen Rückstände werden zur Vermeidung von Transportkosten bevorzugt in zechennahen Anlagen verfeuert. Zu diesem Zweck werden häufig Gemeinschaftskraftwerke von mehreren Zechengesellschaften oder von Energieversorgungsunternehmen und Zechengesellschaften errichtet. Unter Zechenkraftwerken werden Anlagen verstanden, die in Reviernähe ballastreiche Kohle verfeuern, deren Transport über weite Entfernungen unwirtschaftlich ist. Schwerpunkte sind in der Bundesrepublik Deutschland das Ruhr- und Saargebiet sowie der Raum Aachen und Ibbenbüren. Bei ballastreichen Brennstoffen müssen die Eigenschaften der Asche bei der Auslegung der Feuerung, des Dampferzeugers und der Hilfseinrichtungen berücksichtigt werden. Für ein einwandfreies Betriebsverhalten sind außerdem zusätzliche Maßnahmen erforderlich.

Ähnliche Gesichtspunkte gelten auch bei der Verfeuerung von Braunkohle, insbesondere von Rohbraunkohle mit niedrigem Heizwert und hohem Wasser-, Lehm- und Sandgehalt. Kraftwerke für Rohbraunkohle werden nach Möglichkeit in unmittelbarer Nähe des Tagebaues errichtet. Besondere Probleme ergeben sich bei der Verfeuerung salzhaltiger Kohle, da oberhalb von 750 °C in zunehmendem Maße mit der Verdampfung von Alkalioxiden gerechnet werden muß. Neben der Verschmutzung können die Ablagerungsprodukte besonders bei Anwesenheit von Schwefelverbindungen durch Bildung niedrig schmelzender Alkali-Eisensulfate - z.B. $Na_3Fe(SO_4)_3$ - auch an legierten Stählen Korrosionen hervorrufen. Salzhaltige Braunkohlen finden sich besonders in Australien, den USA und in Mitteldeutschland. Bei rheinischen Braunkohlen erfordert der hohe Sandgehalt besondere Maßnahmen zur Reduzierung des Verschleißes bei der Auslegung der Feuerungsanlage und des Dampferzeugers. Torf wird für die Energieerzeugung nur in geringem Umfang genutzt, u.a. in Finnland, Irland und der UdSSR.

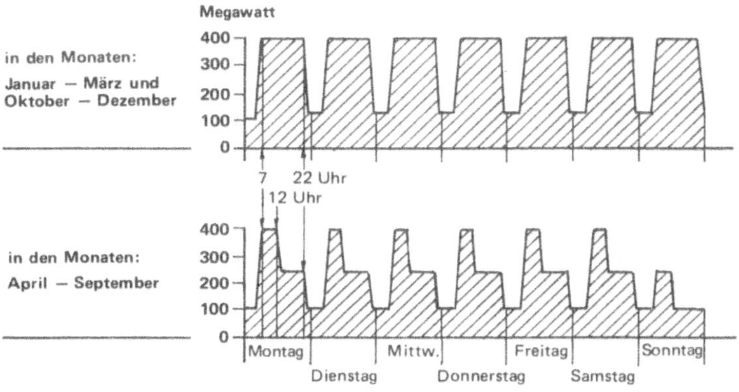

Abb. 9.2: Lastfahrplan für ein 400-MW-Steinkohlenkraftwerk

Ein weiteres wichtiges Kriterium der Feuerung ist das Verhalten bei Teillastbetrieb. Abb.9.2 zeigt den Lastfahrplan eines 400-MW-Steinkohlenkraftwerkes in den Winter- und Sommermonaten (1).

9.3 Rostfeuerung

Das Prinzip der Rostfeuerung von Kohle ist seit Jahrtausenden bekannt. Grobstückige Kohle wird auf ein Gitter von Roststäben gehäuft, durch das Verbrennungsluft geblasen oder gesaugt wird. Die Verbrennungswärme wird durch Strahlung und Konvektion an Kühlflächen, die zur Dampferzeugung dienen, abgegeben. Die Asche fällt im trockenen Zustand durch die Zwischenräume des Rostes nach unten. Die verschiedenen Luftzuführungen werden je nach ihrer zeitlichen Wirksamkeit als Primär-, Sekundär- und Tertiärluft bezeichnet. Je nachdem ob die Luft unter oder über dem Rost zugeführt wird, spricht man von Unter- oder Oberwind (2). Im wesentlichen entspricht die Rostfeuerung einem Schüttgutreaktor.

Feste Roste sind einfache, nur wenig Wartung erfordernde Anlagen. Eine gleichmäßige und vollständige Verbrennung ist auf ihnen jedoch schwer erreichbar. Dies gelingt besser mit beweglichen Rosten. Die bekannteste Art des beweglichen Rostes ist der Wanderrost. Die Roststäbe werden an endlosen Ketten über Rollen geführt, ähnlich wie die Kettenglieder eines Raupenfahrzeugs. Der Brennstoff wird aus dem Fülltrichter in 100 - 150 mm Schichthöhe über die Rostbreite aufgehäuft. Er wird zunächst aufgeheizt, entgast und gezündet und brennt dann auf der sich von der einen zur anderen Seite mit regelbarer Geschwindigkeit bewegenden Rostfläche aus. Die Asche fällt zu etwa 80 % durch den Rost bzw. seitlich nach unten (Primärasche). Der Rest wird als Flugstaub mit dem Rauchgas durch den Dampferzeuger getragen.

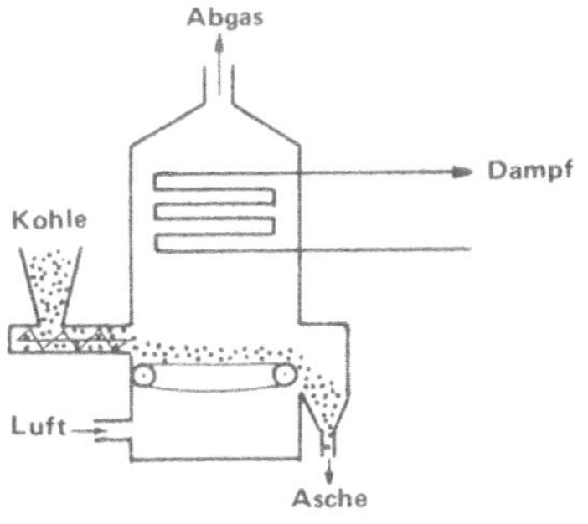

Abb. 9.3: Wanderrost-Feuerung

Alle Stückkohlensorten mit einem unteren Durchmesser von ca. 50 mm sind für die Rostfeuerung geeignet. Aufgrund der geringen Oberfläche der grobstückigen Kohle sind die Ausbrandgeschwindigkeit und die Durchsatzleistung der Rostfeuerung relativ gering.

9.4 Kohlenstaubfeuerung

Eine erhebliche Steigerung der Leistung und der Wirtschaftlichkeit gegenüber der Rostfeuerung brachte die Entwicklung der Kohlenstaubfeuerung. Bei der Staubfeuerung wird feingemahlene und getrocknete Kohle (90 - 40 % kleiner als 90 µm) mit Primärluft in den Feuerraum wie ein gasförmiger Brennstoff eingeblasen. Unter zusätzlichem Einblasen von Sekundärluft verbrennt der Kohlenstaub im Feuerraum. Um einen vollständigen Ausbrand der einzelnen Kohlenstaubteilchen bei der hohen Geschwindigkeit zu ermöglichen, muß der Feuerraum ausreichend bemessen sein.

Im Unterschied zu der Rostfeuerung, bei der die Verbrennung in ebenen oder stufenförmig gegliederten Schichten konzentriert ist, füllt bei der Staubfeuerung die Flamme den Feuerraum nahezu vollständig aus. Die Rauchgastemperatur im Flammenkern liegt dabei je nach Kohleart, Wassergehalt und Luftüberschuß zwischen 1.000 und 1.500 °C. Wie bei Rostfeuerungen werden im allgemeinen höhere Temperaturen vermieden, um eine Verschlackung des Feuerraums zu vermeiden und einen trockenen Ascheabzug zu gewährleisten.

Die große spezifische Oberfläche der Kohlepartikel (Abb.5.5) ermöglicht einen raschen, fast vollständigen Ausbrand und damit sehr hohe spezifische Verbrennungsleistungen. Wie bei der Rostfeuerung wird die Verbrennungswärme durch Strahlung und Konvektion an die Kühlflächen des Dampferzeugers abgegeben. Die zum vollständigen Ausbrand der Kohlepartikel erforderliche Verweilzeit und die notwendige Kühlfläche bedingen bei den heute in der Kraftwerkstechnik üblichen Einheitsleistungen sehr große Kesselvolumina. Um ein Anbacken der heißen Asche zu vermeiden, muß der Feuerraum meist noch erheblich größer bemessen werden als zur Verbrennung notwendig.

Grundsätzlich wird zwischen direkten und indirekten Feuerungsverfahren unterschieden. Bei indirekter Staubfeuerung wird die Kohle nach dem Mahlen und Trocknen zunächst in einem Bunker zwischengelagert. Bei der direkten Staubfeuerung wird der Kohlenstaub nach der Mahltrocknung unmittelbar den Brennern zugeführt und in die Brennkammer eingeblasen.

Die indirekten Verfahren mit Staubzwischenbunkerung werden für große Feuerungen nur noch selten eingesetzt, so zum Beispiel, wenn aufgrund niedriger Heizwerte oder des geringen Gehalts an flüchtigen Bestandteilen spezielle Anforderungen gestellt sind.

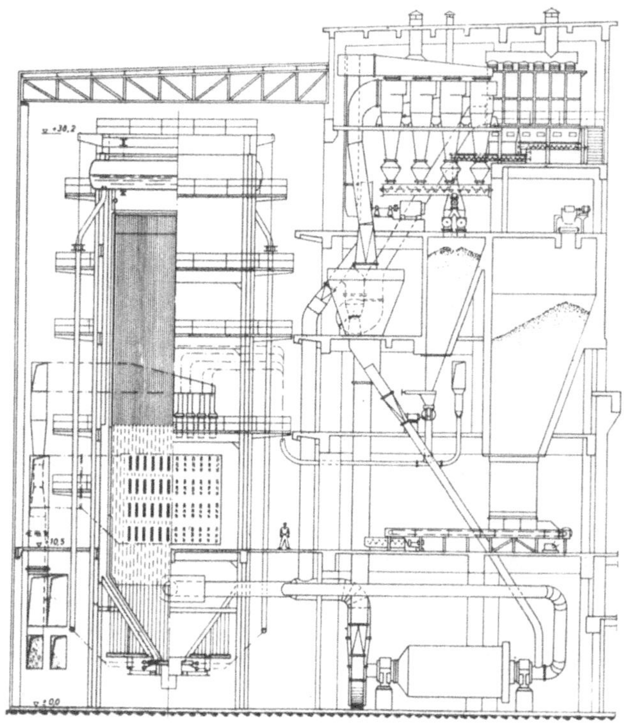

Abb. 9.4: Kohlenstaubfeuerung mit Staub-Zwischenbunkerung (7)

Abb.9.4 zeigt eine Kohlenstaubfeuerung mit Zwischenbunkerung. Die Anlage (55 MW bzw. 220 t Dampf/h) wurde für die Verfeuerung von Magerkohle mit hohem Aschegehalt bis zu 55 % ausgelegt. Der Brennstoff wird mit 2 Rohrmühlen je Einheit gemahlen und über Zyklonabscheider den Zwischenbunkern zugeführt. Aus dem Feuerraum abgesaugte Rauchgase trocknen die Kohle und inertisieren die Mahlanlage. Die Brüden werden über einen Feinfilter über Dach abgeblasen.

In den 60er Jahren wurde besonders in der Bundesrepublik Deutschland bei Kohlefeuerungen der flüssige Ascheabzug (Schmelzfeuerung) bevorzugt.

Bei allen in den letzten Jahren in Betrieb gegangenen bzw. zur Zeit im Bau befindlichen Großanlagen hat sich mit wenigen Ausnahmen der trockene Ascheabzug wegen der geringeren NO_x-Emission und der einfacheren Konstruktion durchgesetzt.

Die Feuerräume haben nur einen Aschentrichter. Die sich darin sammelnde Primärasche beträgt allerdings nur etwa 20 % der gesamten Asche. Der weit größere Anteil wird mit den Rauchgasen ausgetragen und mit Elektrofiltern, neuerdings auch Gewebefiltern, abgeschieden (s.Kapitel 9.8). Die großen, schachtartigen Feuerräume haben quadratischen oder rechteckigen Querschnitt. Die Wände werden aus von Wasser oder Dampf durchströmten Rohr-Wandelementen gebildet.

Abb. 9.5: Anfertigung der Rohrausbiegung für die Rauchgasabsaugung (links) und Herstellung der Wandelemente mit Flossenschweiß-Maschine (rechts) (Photo: EVT Energie- und Verfahrenstechnik GmbH, Stuttgart)

Die Dampferzeuger über 500 MW haben die im Abb. 9.6 dargestellten Brennkammerformen in Ein- oder Zweikammerbauweise. Sie sind mit Boxer-, Ecken- oder Tangentialfeuerung ausgerüstet, die entsprechende Unterschiede in der Brenneranordnung und -ausführung beinhalten.

Infolge der unterschiedlichen Brennstoffeigenschaften erfordern Braunkohle und Steinkohle eine verschiedene Aufbereitungs- und Feuerungstechnik. Um eine stabile Verbrennung mit gutem Ausbrand bei geringer NO_x-Bildung, möglichst geringe Verschlackung und Korrosionsfreiheit der Wandflächen zu gewährleisten, muß die Brennkammer hinsichtlich Dimensionierung, Formgebung und Brenneranordnung gut auf den Brennstoff abgestimmt sein. Dabei bestimmen Flammendimensionen und Brennerleistungen hauptsächlich den Brennkammerquerschitt. Die Höhe ergibt sich insbesondere aus der zulässigen Rauchgastemperatur am Feuerraumende bzw. dem erforderlichen Ausbrandweg. In der Bundesrepublik Deutschland werden zur Zeit für Kohlefeuerungen 600 - 700 MW-Einheiten bevorzugt. Die in

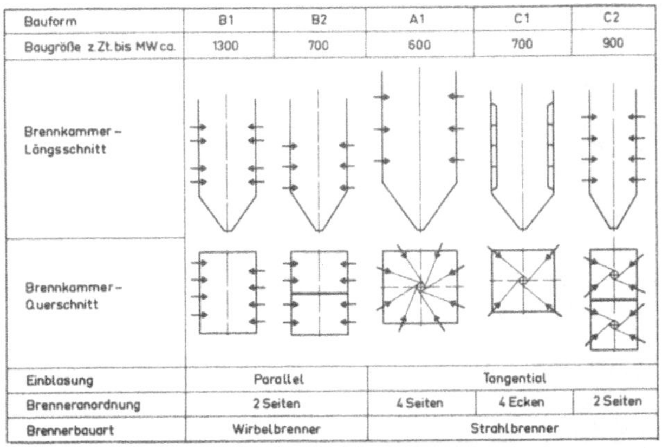

Abb. 9.6: Brennkammerbauformen für Dampferzeuger über 500 MW mit trockener Entaschung (8)

den USA erreichte Maximalgröße liegt bei 1.300 MW (z.B. AEP Kraftwerk Amos in West-Virginia).

9.4.1 Feuerungsanlagen für Steinkohle

9.4.1.1 Anlagen mit trockenem Ascheabzug

Bei der Steinkohlenstaubfeuerung wird im allgemeinen das System der direkten Einblasung angewandt, wobei die Mahltrocknung mit Heißluft erfolgt. Nur bei sehr ballastreichen Brennstoffen muß auf ein System mit Zwischenabscheidung übergegangen werden. Weit überwiegend wird die Feuerung mit trockener Entaschung durchgeführt, die in der Bauart Seitenfeuerung als Einkammerausführung z.B. in den USA bei mehreren 1.300-MW-Blöcken in Betrieb ist. Die größten Einkammereckenfeuerungen für Steinkohle sind zur Zeit in der Bundesrepublik Deutschland für 740-MW-Blöcke im Bau.

Abb. 9.7 verdeutlicht die unterschiedliche Bauweise und Bauhöhe zweier Dampferzeuger gleicher Leistung in Zweizugbauweise mit Umlenkung (85 m) und in Einzug-(Turm)-Bauweise (113 m).

Abb. 9.8 zeigt den schematischen Aufbau einer Walzenschüsselmühle wie sie zur Mahlung der Steinkohle in Kohlenstaubfeuerungen für große Dampferzeuger hauptsächlich zum Einsatz kommt (10). Dieser Mühlentyp wurde ursprünglich für die Mahlung von Kalkstein entwickelt. Der Rohkohle-Durchsatz der Walzenschüsselmühlen liegt bei 40 - 80 t/h bei Mahlbarkeiten zwischen 50°- 100 nach Hardgrove und bei Erreichung von Mahlfeinheiten von 20 - 35 % R 0,09 (Rückstand auf einem Sieb mit 0,09 mm Maschenweite). Die Ausmahlung muß um so feiner sein, je reaktionsträger die Kohle ist. Die Mühle arbeitet nach dem Prinzip des Kollergangs mit drei großen Mahlwalzen, die durch Federn auf das Mahlgut in der Mahlschüssel gepreßt werden. Während sich die Mahlschüssel, die durch einen Motor über ein

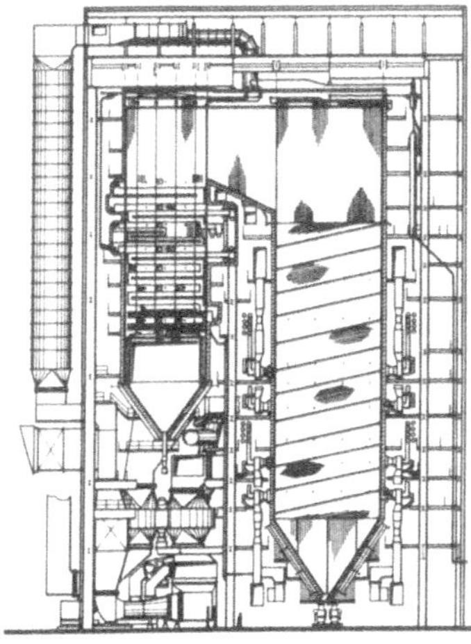

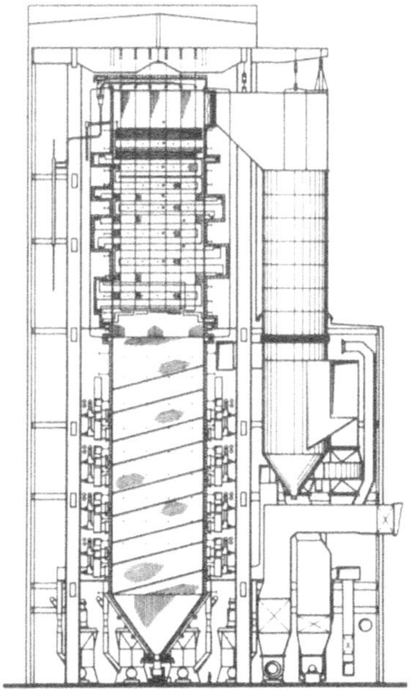

Abb. 9.7: Dampferzeuger mit Steinkohlenstaubfeuerung; 2.200 t Dampf/h, Vergleich Zweizug- und Turmbauweise (9)

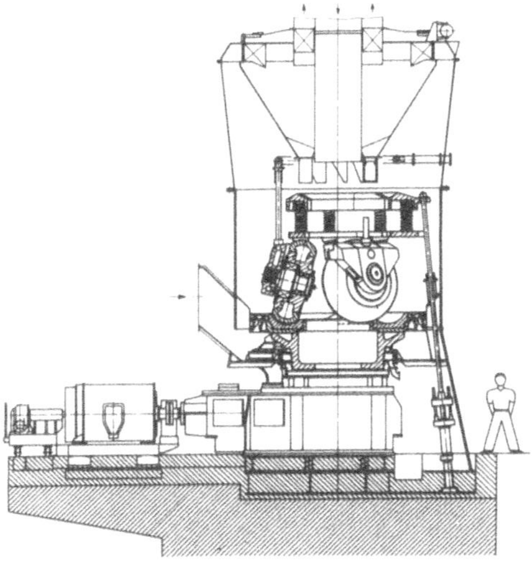

Abb. 9.8: Walzenschüsselmühle zur Mahlung von Steinkohlen (Zeichnung: Deutsche Babcock AG, Oberhausen)

Kegelstirnradgetriebe angetrieben wird, langsam dreht, werden an ihrem Außenrand Trocknungsgase (Mühlenluft) über einen Düsenring eingeführt. Die Gase trocknen die Kohle und transportieren das gemahlene Gut zum Sichter. Im Mahlgut enthaltene Fremdkörper fallen durch den Düsenring nach unten heraus. Dieser Mühlentyp wird auch in Kohlevergasungs-Anlagen eingesetzt.

Abb. 9.9: Walzenschüsselmühlen im 720-MW-Kraftwerk Wilhelmshaven

Große Dampferzeuger sind mit 24 - 48 Brennern ausgerüstet. Mit zunehmendem vertikalen Brennerabstand verringert sich die Brenner- und Flammenzonenbelastung bzw. Wärmestromdichte. Gleichzeitig werden die Korrosionsgefahr, die Verschlackungsneigung und die NO_x-Bildung reduziert.

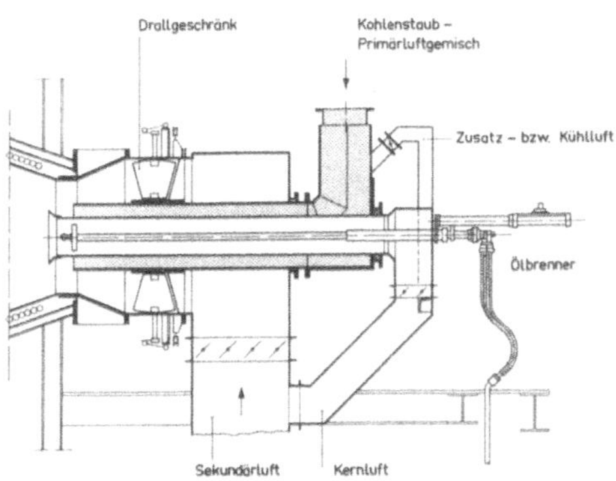

Abb. 9.10: Wirbelbrenner (Kohle- bzw. Ölbetrieb) für Frontalfeuerung mit trockener Entaschung
(Zeichnung: Deutsche Babcock AG, Oberhausen)

Für die Steinkohlenstaubfeuerung werden am häufigsten Wirbelbrenner angewendet. Bei dieser Brennerbauart (Abb. 9.10) befindet sich in der Mitte ein Kernluftrohr, das auch die Einrichtung für den Ölbrenner enthält. Das Staub-Luft-Gemisch wird gleichmäßig verteilt durch den darumliegenden Ringquerschnitt eingetragen, während die Sekundärluft außen mit wesentlich höherer Geschwindigkeit und mit über Axialklappen einstellbarem Drall eingeblasen wird. Das Zünden und Anfahren der Anlage erfolgt mit Ölfeuerung. Aus Sicherheitsgründen können die Brenner auch mit Ölstützfeuerung gefahren werden. Die Verweilzeit der Kohlestaubteilchen in der Brennkammer einer 300 - 720 MW-Einheit liegt bei Brennkammerhöhen bis zu 70 m zwischen 3 und 5 Sekunden. Bei ausreichenden Brennwegen beträgt das Unverbrannte in der Asche 0,5 - 3 %.

9.4.1.2 Schmelzfeuerung

Bei Kohlen mit niedrigem Gehalt an flüchtigen Bestandteilen, insbesondere Magerkohlen, können in trockenentaschten Brennkammern infolge der geringen Reaktionsfähigkeit der Kohlen Zündschwierigkeiten auftreten, die bereits im mittleren Lastbereich eine Ölstützfeuerung erfordern. Als Alternative bietet sich in solchen Fällen die Schmelzfeuerung an.

Die Asche, bei flüssigem Abzug als Schlacke bezeichnet, fließt aus dem Schlackentrichter in eine Wasservorlage, wo sie granuliert. Das aus größeren Körnern oder Klumpen bestehende Granulat bereitet im Unterschied zu der voluminösen, schon bei leichtem Wind davonfliegenden Flugasche weder beim Abtransport noch bei der Lagerung nennenswerte Probleme.

Die Schmelzfeuerung wird für große Einheiten in Form einer Doppel-U-Feuerung ausgelegt (Deckenfeuerung). Die Erhöhung der Feuerraumtemperatur wird konstruktiv durch eine intensivere Verwirbelung der Flamme und durch geringere Wärmeabfuhr an die Wandheizflächen des Feuerraums ermöglicht. Die Verringerung der Wärmeabfuhr erlaubt eine Verkleinerung der Heizflächen und damit der Feuerräume. Die sich daraus ergebende relativ hohe Volumenbelastung der Brennkammer in Verbindung mit der Stampfmassenauskleidung der Heizflächen bedingt auch bei niedrig-flüchtigen Kohlen ein gutes Zündverhalten und eine hohe Flammenstabilität.

Eine besonders intensive Verbrennung unter Erreichung höchster Temperaturen wird in Drallströmungen erzielt. Dafür gelangen vieleckige Brennkammern mit tangentialer Einblasung von Brennstoff und Luft zum Einsatz, die als Wirbelbrennkammern oder Zyklone bezeichnet werden. Je nach Lage der Rotationsachse der Strömung wird zwischen Horizontal- und Vertikal-Zyklonen unterschieden.

9.4.2 Feuerungsanlagen für Braunkohle

Der Wassergehalt der Braunkohle läßt sich mit den beim Abbau üblichen Maßnahmen (Entwässerung der Kohlefelder) nicht unter ein bestimmtes physikalisch bzw. chemisch bedingtes Maß verringern. Die hohe Feuchte von 25 - 70 % und die sonstigen Beimengungen setzen den Heizwert der Braunkohle erheblich herab. In der Kraftwerkstechnik hat sich folgende Einteilung durchgesetzt: Hochwertige Rohbraunkohle mit einem Heizwert H_u

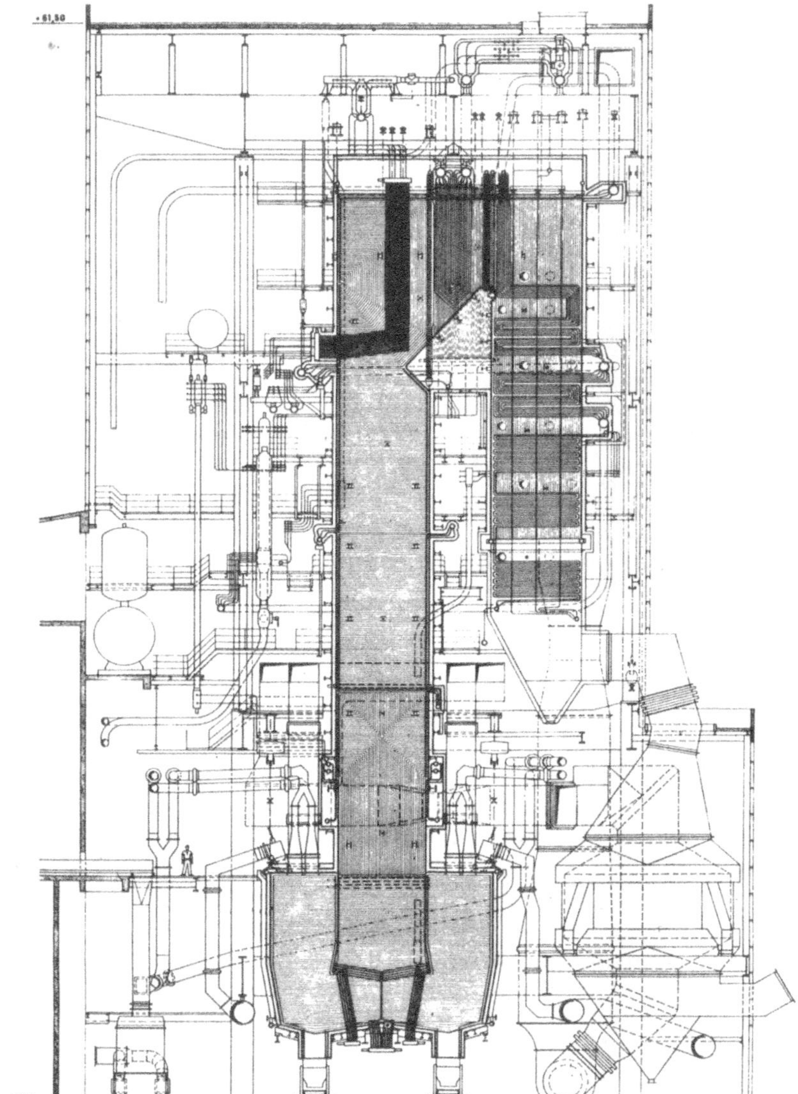

Abb. 9.11: Dampferzeuger (Steinkohle) mit flüssigem Schlackenabzug und Doppelschmelzkammer, Dampfleistung 490 t/h, Bauhöhe 61,5 m (7)

über 10.500 kJ/kg, normale Rohbraunkohle mit einem Heizwert H_u zwischen 6.300 und 10.500 kJ/kg und heizwertarme Rohbraunkohle mit einem Heizwert H_u unter 6.300 kJ/kg.

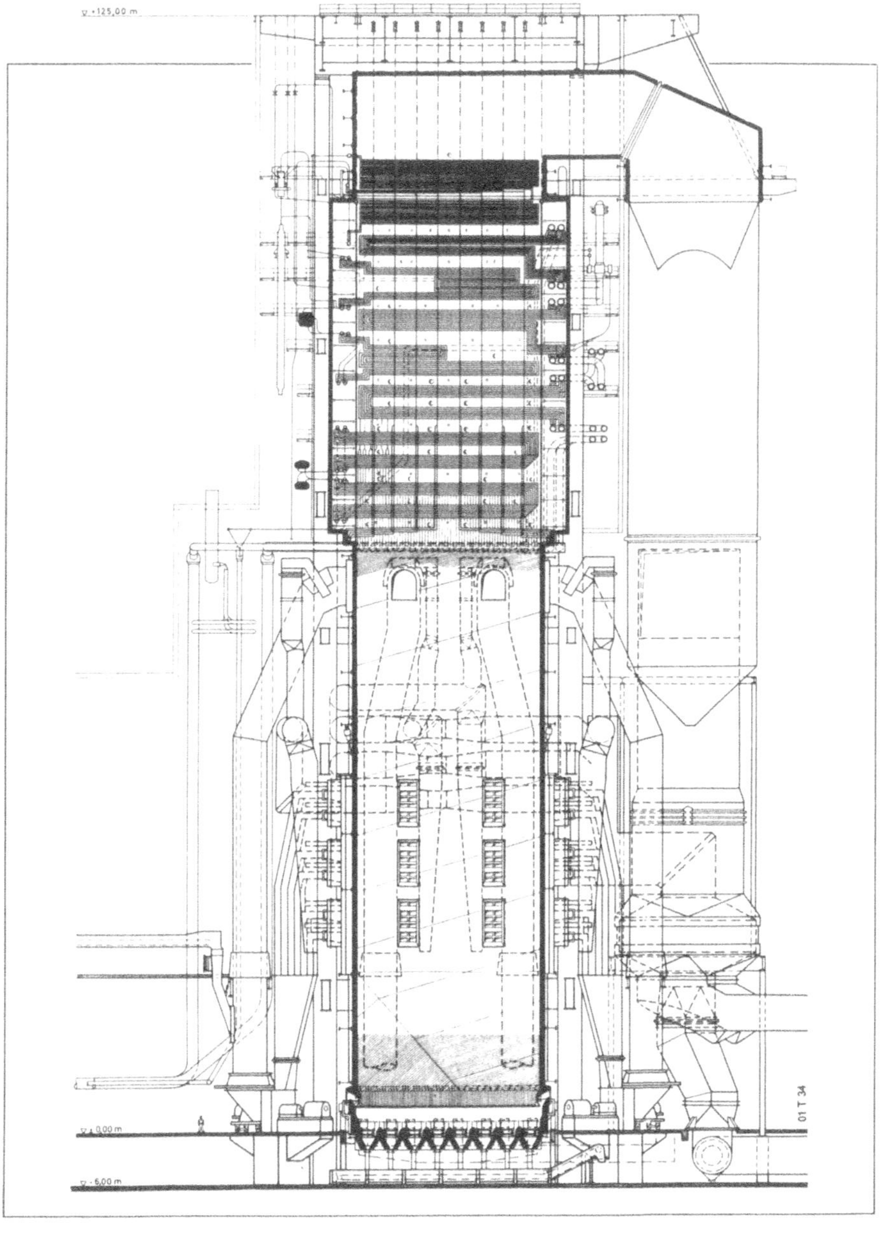

Abb. 9.12: 600 MW-Braunkohlendampferzeuger mit einer Leistung von 1.900 t Dampf/h, Bauhöhe 125 m, im Kraftwerk Niederaussem (7)

Im Vergleich zu Steinkohle betragen bei Braunkohlenfeuerungen die durchzusetzenden Brennstoffmengen bei gleicher Leistung das drei- bis vierfache und die Rauchgasmengen das 2,5-fache. Entsprechend größer sind auch die Hilfseinrichtungen (11,12).

Die auch heute noch größten Braunkohlenfeuerungseinheiten der Welt mit einer Leistung von 600 MW (1.900 t Dampf/h) wurden in den Jahren 1973/74 in der Bundesrepublik Deutschland in Betrieb genommen. Der Dampferzeuger wiegt bei einer Höhe bis zu 125 m rund 17.000 t (Abb.9.12).

Der Trocknungs- und Mahlprozeß sowie der Staubtransport zum Brenner erfolgt, um Brände oder Verpuffungen zu vermeiden, mit inerten Rauchgasen, die im oberen Teil der Brennkammer abgezogen werden. Um einen zündwilligen Staub zu erhalten, muß die Restfeuchte je nach Reaktivität der Kohle auf Werte zwischen 10 bis 30 % reduziert werden. Auch das Zerkleinern zu feinem Staub ist nur möglich, wenn der Wassergehalt wesentlich reduziert wird. Da die Trocknung der Kohle sehr schnell erfolgen muß, ist eine hohe Temperatur des Trocknungsmediums erforderlich. Das Trocknungsgemisch (Gas, Luft, Brüden und Staub) verläßt die Mühle mit einer Temperatur von 150-170 °C. Der gesamte Vorgang des Aufbereitens und Verbrennens der Kohle, d.h. vom Einfall der Kohle in die Mühle bis zur Wärmeübertragung an Wasser und Dampf dauert 20 - 30 Sekunden.

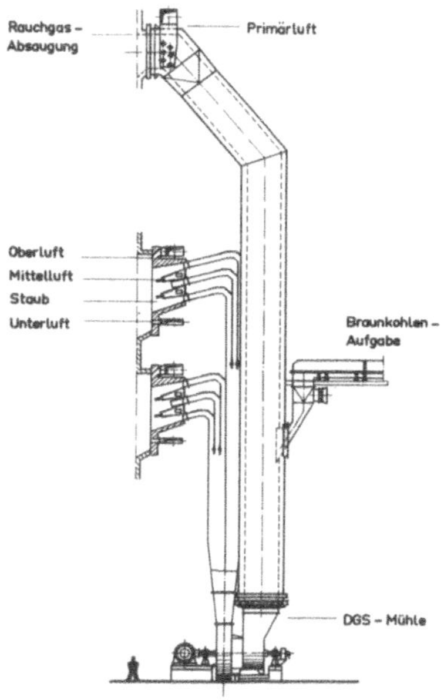

Abb. 9.13: Rauchgasabsaugung, Mahl- und Einblassystem einer Gebläse-Schlägermühle (DGS-Mühle)

Abb. 9.14 zeigt eine Gebläse-Schlägermühle mit Schlagrad, die speziell für die Mahltrocknung von Rohbraunkohle entwickelt wurde. Sie arbeitet mit einer Radialgebläsestufe und saugt Trocknungsgase von 1.000 °C aus dem Dampferzeuger an. Das Schlagzeug besteht aus in einer beidseitig gelagerten wasser- und luftgekühlten Welle angebrachten Schlägerarmen mit Schlägerköpfen. Die Zerkleinerung der Rohbraunkohle erfolgt auf 3 - 8 % R 1,0 (Rückstand auf einem Sieb mit 1 mm Maschenweite) bei einem spezifischen Arbeitsbedarf von 6 - 10 kWh/t. Es ist bisher nicht gelungen, die mit der Kohle nicht verwachsene Asche während des Mahlprozesses zu trennen und abzuführen. Die Durchsatzleistung der zur Zeit größten Mühlen beträgt 180 t/h. Das mit 12 Radialschaufeln bestückte Gebläserad hat einen Außendurchmesser von über 4 m; der Rotor wiegt 65 t.

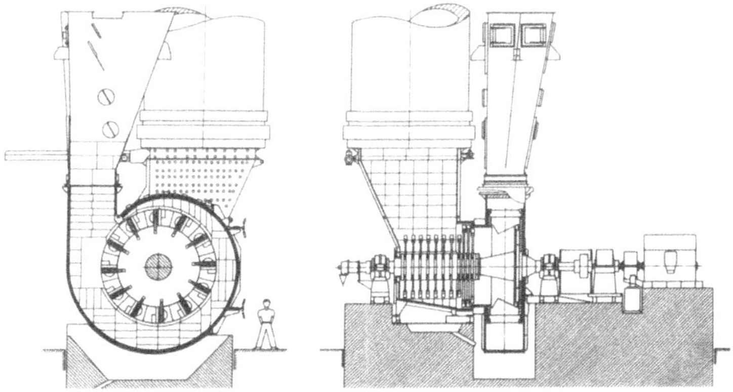

Abb. 9.14: Gebläse-Schlägermühle mit Schlagrad und teilweiser Brüden trennung zur Mahltrocknung von Braunkohlen (11)

Bei stark wasserhaltigen Braunkohlen (60 - 70 %) können die Brüden (Trocknungsgase und Wasserdampf) abgezweigt und oberhalb des Zündbereichs in den Feuerraum eingeführt oder auch weitgehend abgetrennt und über Filter ins Freie geleitet werden. Da die Verfahren ohne Trennung von Brüden und Staub einfacher sind, werden sie am häufigsten angewandt. Der Mühle nachgeschaltet ist die Staubleitung, in der das Staub-Gas-Gemisch durch geeignete Einbauten gleichmäßig aufgeteilt und zu den Brennern gefördert wird. Es sind dies Strahlbrenner, bei denen abwechselnd mehrere Staub- und Luftdüsen übereinander in Gruppen angeordnet sind. Die Ecken- bzw. Tangentialfeuerung, bei der alle Brennerstrahlen auf einen Kreis gerichet sind, hat sich bei Braunkohlen allgemein durchgesetzt.

Die Eintrittsgeschwindigkeit des Staubes beträgt ca. 11 - 12 m/s, während die Sekundärluft mit 35 - 55 m/s eingeblasen wird. Die Querschnitte und Höhen der Brennkammern von Braunkohlenfeuerungen sind erheblich größer als die eines leistungsgleichen Steinkohlendampferzeugers.

Zahlreiche große Dampferzeuger mit Braunkohlenfeuerung wurden in Einzug-Bauweise (Turmbauweise) errichtet. Da bei der Einzug-Bauweise Rauchgasumlenkungen im Bereich der Heizflächen und damit auch Sandkonzentrationen in der Außenphase der Gasströmung vermieden werden, ist diese Bauweise weniger durch Erosion gefährdet.

Für den Ascheabzug aus der Brennkammer und die Verbesserung des Ausbrandes finden heute vielfach Nachbrennroste unterhalb des Feuerraum-

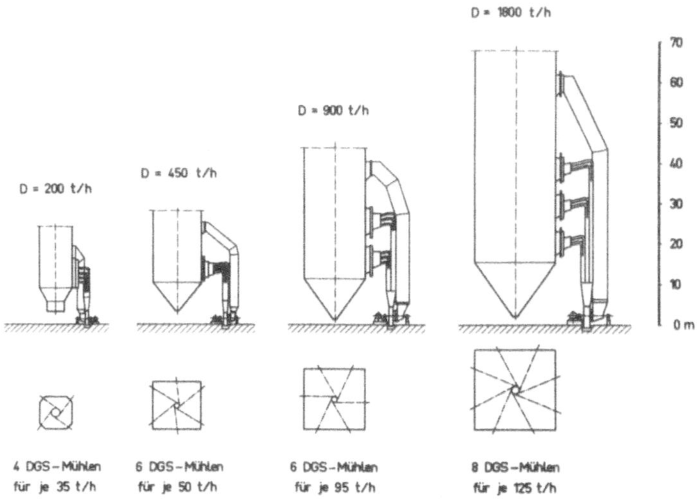

Abb. 9.15: Abmessungen der Brennkammern bei Braunkohlenfeuerungen im Größenvergleich (11)

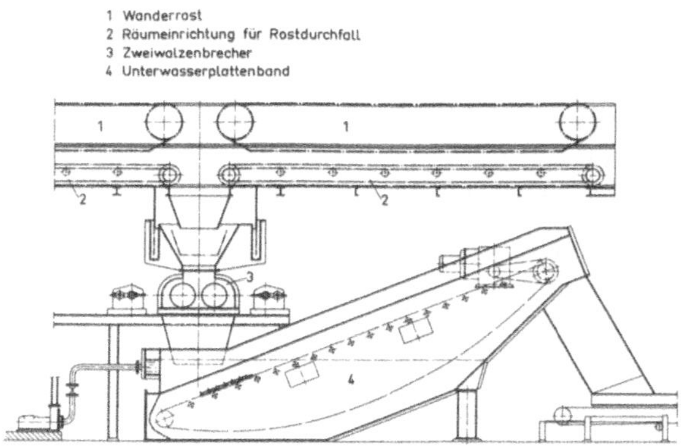

Abb. 9.16: Ascheabzug (11)

trichters Verwendung. Auf diesen Rosten können außerdem poröse Zusammenbackungen von Asche und Sand so weit auskühlen, daß sie beim Einfall in den nachgeschalteten Unterwasserkratzer keine Explosionen hervorrufen.

9.5 Wirbelschichtfeuerung

Die Wirbelschichttechnologie, die 1921 von dem deutschen Chemiker Fritz Winkler für die Vergasung der Kohle entwickelt wurde, hat erst rund 50 Jahre später Beachtung für die Verfeuerung der Kohle gefunden, obwohl zwischen den beiden Vorgängen keine grundsätzlichen Unterschiede bestehen. Andererseits haben sich zahlreiche großtechnische Verfahren, wie die Trocknung von körnigen Materialien, katalytische Verfahren der Petrochemie oder Verfeuerung von Rückständen und Ölsanden, die Wirbelschichttechnik zunutze gemacht.

Der Einsatz von Wirbelschichtverfahren für die Verbrennung der Kohle ist bisher nicht erfolgt, weil die herkömmlichen Feuerungsanlagen den ökonomischen, ökologischen und technischen Anforderungen genügten. Infolge der gestiegenen Anforderungen des Umweltschutzes reicht die heutige Technik aber langfristig nicht mehr aus, die wachsenden Aufgaben der Kohleverstromung zu erfüllen. Um den vom Gesetzgeber vorgeschriebenen Grenzwert der Schwefeldioxidemission (2,75 g/ kWh) nicht zu überschreiten, muß der SO_2-Anteil im Rauchgas um 80 bis 90 % verringert werden. Das erfordert den Einsatz aufwendiger Rauchgasentschwefelungsverfahren, die zwar zum Stand der Technik gehören, aber nur mit hohem Aufwand in die konventionelle Kraftwerkstechnik integriert werden können und zudem zu einer Erhöhung der Stromerzeugungskosten führen. Einen Ausweg aus diesen Schwierigkeiten bietet die Wirbelschichttechnologie.

Abb. 9.17 zeigt ein einfaches Schema einer Wirbelschichtfeuerung. Die Verbrennungsluft strömt über eine Verteilerplatte in die Brennkammer und verwirbelt das Bettmaterial. Die erforderliche gleichbleibende Wirbelschichthöhe wird je nach Aschegehalt des Brennstoffes durch Rückführung der Filterasche zur Erhöhung des Ausbrandes oder durch Abzug der Asche aus dem Wirbelbett erreicht. Die Wirbelschicht, in der die Kohle verbrannt wird, besteht zum größten Teil aus Asche und Kalkstein. Der Kohleanteil ist relativ gering; er liegt im allgemeinen um 1 %. Die aufbereitete Kohle wird gemischt mit Kalkstein von unten in das Wirbelbett gefördert. Die Verbrennungswärme wird durch eingetauchte, von Wasser bzw. Dampf durchströmte Rohre abgeführt. Dank der guten Durchmischung und des fortlaufenden Platzaustausches der Feststoffteilchen in der Wirbelschicht führen bereits relativ geringe Zusätze an Kalkstein - unterstützt von den alkalischen Bestandteilen der Asche - zu einer wirksamen Entschwefelung innerhalb des Feuerraumes. Dadurch wird eine gesonderte Entschwefelungsanlage überflüssig.

$$CaCO_3 + SO_2 + 1/2\, O_2 = CaSO_4 + CO_2 \qquad (9.4)$$

$$CaO + SO_2 + 1/2\, O_2 = CaSO_4 \qquad (9.5)$$

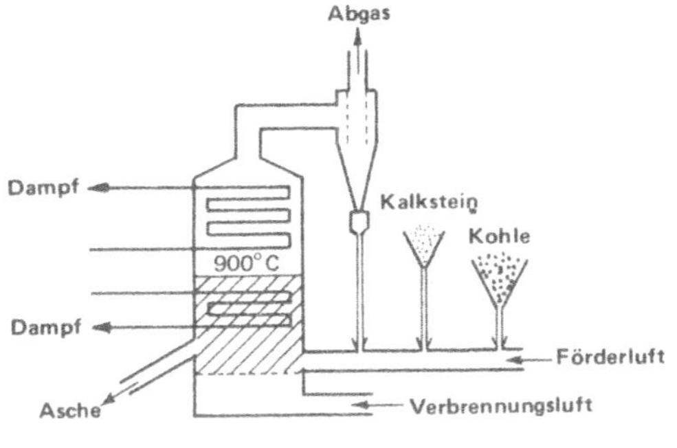

Abb. 9.17: Wirbelschichtfeuerung

Wenn die (vom CO_2-Partialdruck abhängige) Gleichgewichtstemperatur der Kalzinierungsreaktion überschritten wird, reagiert anstelle des Calciumcarbonats das Calciumoxid mit dem Schwefeldioxid. Der Kalkstein wird bei dieser Reaktion zu Gips umgewandelt, der umweltneutral gelagert werden kann. Die Entstehung von unerwünschtem Calciumsulfit findet nicht statt.

Der Wirkungsgrad der Entschwefelung ist primär vom Ca/S-Verhältnis in der Wirbelschicht abhängig (Abb. 9.18). Je nach Anteil und Zusammensetzung der Kohlenasche binden die basischen Oxide auch ohne Zugabe von Kalk bereits bis zu 50 % des Schwefels. Bei einem mittleren Schwefelgehalt der Kohle (1 - 1,5 %) ist die Zugabe von ca. 60 - 100 kg Kalkstein pro Tonne Kohle notwendig, um die Bedingungen der TA-Luft zu erfüllen.

Im Unterschied insbesondere zur Rostfeuerung, wo lokal hohe Verbrennungstemperaturen auftreten, sorgt die intensive Feststoffdurchmischung in der Wirbelschicht für eine einheitliche Temperaturverteilung und ermöglicht damit eine Verbrennung bei relativ niedrigen Temperaturen zwischen 800 und 900 °C. Das führt zu einer gegenüber anderen Feuerungssystemen wesentlich geringeren Stickoxid-Emission. Bei diesen Temperaturen, die unterhalb des Ascheerweichungspunktes liegen müssen, verflüchtigen sich die Alkalien Na_2O bzw. K_2O nur geringfügig. Es besteht daher nicht die Gefahr betriebsgefährdender Anbackungen. Druckbetriebene Wirbelschichtfeuerungen erreichen noch günstigere Ergebnisse hinsichtlich Verbrennungsumsatz, Entschwefelung und NO_x-Gehalt als Feuerungen, die unter atmosphärischen Bedingungen arbeiten (Abb.9.20). Außerdem erlaubt das Arbeiten unter Druck kleinere Abmessungen und daher kompakte, zum Teil werkstattvormontierte Einheiten.

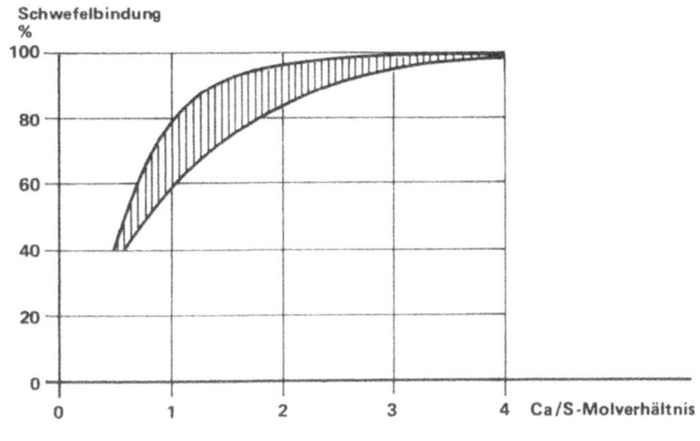

Abb. 9.18: Schwefelbindung in Abhängigkeit vom Ca/S-Verhältnis (13)

Ballastreiche Stein- und Braunkohlen, Pechsand, Ölschiefer sowie Brennstoffe mit niedrigem Reaktionsvermögen oder hohem Anteil an inerten Bestandteilen, d.h. Kohlen, die für die Staubfeuerung weniger oder gar nicht geeignet sind, können wegen der niedrigen erforderlichen Kohlenstoffkonzentration in der Wirbelschichtfeuerung eingesetzt werden. Wechselnde Brennstoffeigenschaften bzw. Brennstoffarten erfordern keine bauliche Veränderung von Feuerung und Dampferzeuger. Die für die Staub-

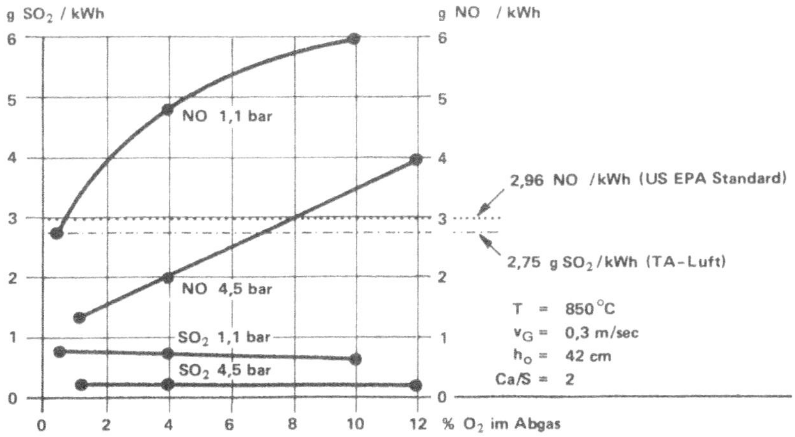

Abb. 9.19: Spezifische SO_2- und NO_x-Emissionen in Abhängigkeit von Luftüberschuß und Druck (14)

feuerung notwendige Feinmahlung der Kohle erübrigt sich; Wirbelschichtfeuerungen können mit Kohlepartikeln im Größenbereich bis zu 6 oder 8 mm beschickt werden. Die Eigenschaften der anfallenden Asche lassen die Verwendung als wärmedämmender Baustoff möglich erscheinen. Dabei wirkt sich günstig aus, daß ein Teil des $CaCO_3$ zu CaO gebrannt wird.

Tabelle 9.4: Vorteile und Auswirkungen der Wirbelschichtfeuerung (15)

Vorteile	**Auswirkungen**
Hohe Wärmeübergangszahlen Hohe Volumenbelastung	reduzierte Investitionskosten
Niedrige Verbrennungstemperatur	reduzierte NO_x- Emission reduzierte Korrosion reduzierte Erosion reduzierte Anbackungen
Entschwefelung im Wirbelbett	hoher Entschwefelungsgrad mit geringen Kosten
Geringe Einschränkung bei der Brennstoffauswahl	Einsatz auch von aschereichen, schwer brennbaren, schwefel- und salzhaltigen Brennstoffen
Betrieb bei Überdruck	reduzierte Investitionskosten reduzierte Brennstoffkosten (durch höheren Wirkungsgrad mit kombinierten Kreisprozessen)

Wirbelschichtreaktoren lassen sich allerdings nicht beliebig groß bauen. Großanlagen müssen daher in Modulbauweise errichtet werden. Die Begrenzung der Größe des Dampferzeugers führt zu einer Einschränkung der Degression der spezifischen Investitionskosten, die ab einer gewissen Größe konstant bleiben. Andererseits kann die sogenannte mittlere Technologie bei dezentraler Struktur im Vergleich zu Großobjekten der Energieerzeugung auch ein Vorteil sein.

9.5.1 Atmosphärische Anlagen

Die technische Realisierbarkeit von Wirbelschichtfeuerungen, die bei Atmosphärendruck betrieben werden (13,15,17), wird in den USA mit Unterstützung des Department of Energy (DOE) bei einigen Versuchsprojekten untersucht. Eine 30 MW_e-Demonstrationsanlage ist 1977 in Rivesville, West Virginia, in Betrieb genommen worden. Die Wirbelbetthöhe in den Zellen beträgt rund 1 m (Ruheschüttung 60 cm). Der maximale Kohledurchsatz liegt bei 15 t/h.

Die im Rahmen des Energieforschungsprogramms der Bundesregierung geförderten Wirbelschichtfeuerungs-Projekte sind darauf gerichtet, Feuerungsanlagen bis zu einer Leistung von 120 MW zum technischen Einsatz zu bringen. In diesem Leistungsbereich treten die Vorteile der atmosphärischen Wirbelschichtfeuerung am deutlichsten in Erscheinung.

Eine 35 MW-Anlage, die die Ruhrkohle AG in Zusammenarbeit mit der Gruppe Deutsche Babcock bei den Stadtwerken Düsseldorf im Kraftwerk Flingern mit Förderung durch das BMFT erstellte, ist 1979 in Betrieb gegangen (15). Bei einem vorhandenen Dampferzeuger wurde die Wanderrostfeuerung ausgebaut und dafür eine Wirbelschichtfeuerung eingebaut. Die Wirbelschicht hat einen Querschnitt von 24 m^2, verteilt auf 4 Zellen, und eine Betthöhe im expandierten Zustand von 1 m. Die mit 850 °C das Wirbelbett verlassenden Rauchgase werden an den Heizflächen des Dampferzeugers auf etwa 180 °C abgekühlt. Das nahezu schwefelfreie Rauchgas wird zweistufig zunächst in 2 parallel geschalteten Zyklonen und anschließend mit einem Gewebefilter vom Staub befreit.

Der abgeschiedene Staub wird zur Verbesserung des Ausbrandes mit dem Brennstoff wieder in das Wirbelbett aufgegeben. Der Ascheaustrag aus der Wirbelschicht erfolgt über Ablaufrohre, die am Anströmboden angeordnet sind. Als Brennstoff wird ein vom Mittelgut bis zur gewaschenen Feinkohle reichendes Brennstoffband eingesetzt. Die Kohle wird auf eine Korngröße von max. 6 mm zerkleinert und gleichzeitig auf eine Restfeuchte von ca. 3 % getrocknet. Der so aufbereitete Brennstoff wird gemeinsam mit dem Kalkstein und der rückgeführten Flugasche pneumatisch von unten in das Wirbelbett eingeführt.

Ein weiterer 6-MW-Kessel der Ruhrkohle AG, der 950 kg/h Kohle durchsetzt und Heißwasser für ein Fernheizsystem liefert, ist ebenfalls 1979 in Betrieb gegangen.

Die Saarbergwerke AG hat ein Kraftwerkskonzept entwickelt, das die Kombination einer Wirbelschichtfeuerung mit einer Staubfeuerung vorsieht. Als Einsatzkohle wird in der Staubfeuerung hochwertige Kohle und in der Wirbelschicht Ballast-Kohle verbrannt. Die Hauptkomponenten des Blocks sind die Gasturbine, die Dampfturbine, der Dampferzeuger mit einer kombinierten Kohlenstaub- und Wirbelschichtfeuerung und der Kühlturm mit der integrierten Rauchgasentschwefelungsanlage. Die elektrische Gesamt-

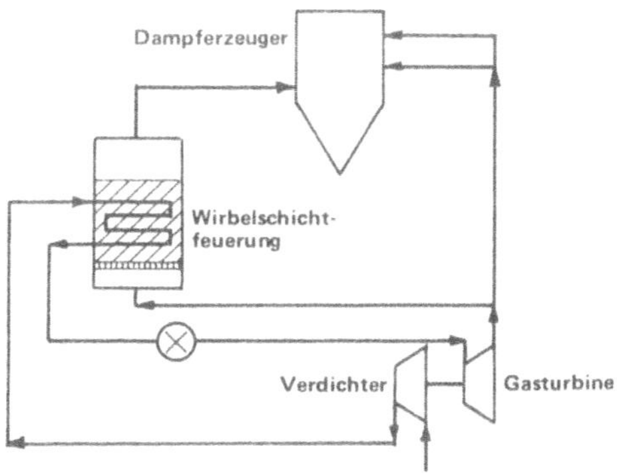

Abb. 9.20: Prinzipschaltbild des Modellkraftwerkes Völklingen der Saarbergwerke AG

leistung des Blocks wird etwa 220 MW betragen, wovon etwa 185 MW auf die Dampfturbine und 35 MW auf die Gasturbine entfallen.

Der Verdichter, durch die Gasturbine angetrieben, saugt Frischluft an und komprimiert diese auf 7,5 bar. Die 240°C heiße, verdichtete Luft wird den Tauchheizrohren der Wirbelschichtfeuerung zugeführt, hier auf 700°C erhitzt und anschließend nach weiterer Erhitzung in einer Brennkammer als Treibgas der Gasturbine zugeleitet. Beim Verlassen der Gasturbine hat dieses Gas noch eine Temperatur von 440°C und einen Restsauerstoffgehalt von über 19 %. Es dient sowohl der Wirbelschichtfeuerung als auch der Staubfeuerung des Dampferzeugers als Verbrennungsluft.

Die Abgase aus der Wirbelschichtfeuerung werden mit ca. 800°C unterhalb der Staubbrenner in den Feuerraum des Dampferzeugers eingeleitet. Hier werden die mitgeführten unverbrannten Staubpartikel zum größten Teil noch ausgebrannt.

Die Rauchgase der Wirbelschichtfeuerung und der Staubfeuerung durchströmen dann vereint die Kesselzüge und geben ihre Wärme an die Heizflächen des Dampferzeugers ab; der dabei erzeugte Dampf treibt die Dampfturbine an. Die Rauchgase werden am Kesselende durch Elektrofilter entstaubt, in einer Entschwefelungsanlage entschwefelt und emittieren gereinigt gemeinsam mit der Kühlluft des Kühlturms.

9.5.2 Druckanlagen

Umfangreiche Betriebserfahrungen mit Druck-Wirbelschichtfeuerungen (13, 15,17) besitzt die British Coal Utilization Research Association (BCURA), die in Leatherhead bereits seit Mitte der 60er Jahre Versuchsanlagen betreibt, von denen die größte einen Wirbelschicht-Querschnitt von 60 x 120 cm besitzt und bei einem Betriebsdruck von 6 bar gefahren wird. Gegenüber der bei Atmosphärendruck betriebenen Wirbelschicht läßt sich das Bauvolumen durch Betrieb der Wirbelschicht unter Druck erheblich verringern.

Die bei der BCURA vorliegenden Erfahrungen fließen auch in ein amerikanisch-englisch-deutsches Gemeinschaftsprojekt ein, das im Rahmen einer Vereinbarung der Internationalen Energie-Agentur (IEA) abgewickelt wird. Die Anlage, die in Grimethorpe, Yorkshire, aufgestellt wird, soll bei einer Leistung von 85 MW mit einem Druck von 10 - 12 bar betrieben werden. Die Wirbelschicht hat einen Querschnitt von 2 m x 2 m. Es ist insbesondere die Erforschung und Erprobung des Verhaltens von Dampferzeugerheizflächen im druckaufgeladenen Wirbelbett unter wechselnden Betriebsparametern vorgesehen.

Das Vorhaben ist abgestimmt mit einem Projekt der Arbeitsgemeinschaft Wirbelschichtfeuerung (AGW), das in der Bundesrepublik Deutschland gemeinsam von der Bergbau-Forschung GmbH und der Vereinigte Kesselwerke AG durchgeführt wird. Mit Förderung des BMFT wird auf dem Gelände des STEAG-Kraftwerkes auf der Zeche Haniel eine Pilotanlage mit 25 MW Leistung errichtet. Während in dem IEA-Projekt nur das Betriebsverhalten des wirbelschichtgefeuerten Dampferzeugers untersucht wird, ist das Ziel des AGW-Vorhabens, durch Kopplung der Wirbelschicht mit einer Gasturbine die Einsatzmöglichkeit der Gasturbine in diesem Verbund in Langzeitversuchen zu testen.

Abb. 9.21 zeigt das Schaltschema der AGW-Pilotanlage. Der Verdichter komprimiert die angesaugte Luft auf 4,5 bar. Die Druckluft wird in zwei Strömen der Wirbelschichtbrennkammer zugeführt. Der eine Teilstrom gelangt als Verbrennungsluft direkt in die Wirbelschicht, der andere Teilstrom wird durch den in der Wirbelschichtfeuerung eingetauchten Wärmetauscher geleitet. Das Verbrennungsgas, das eine Temperatur von ca. 860°C hat, wird in einem Elektrofilter gereinigt und vor Eintritt in die Gasturbine mit der Heißluft aus dem Wärmetauscher gemischt. Die wirksame Entstaubung des Wirbelgases ist wegen möglicher Erosion der Turbinenschaufeln das zentrale Problem. Die Entwicklung eines Elektrofilters für die Heißgasreinigung als Alternative zu britischen und amerikanischen Lösungen, die Zyklone bzw. Kiesfilter anwenden, ist ein wesentlicher Bestandteil des Programms. Mit den Erkenntnissen der Pilotanlage sollen Konstruktionsentwürfe für eine 100 MW-Demonstrationsanlage ausgearbeitet werden.

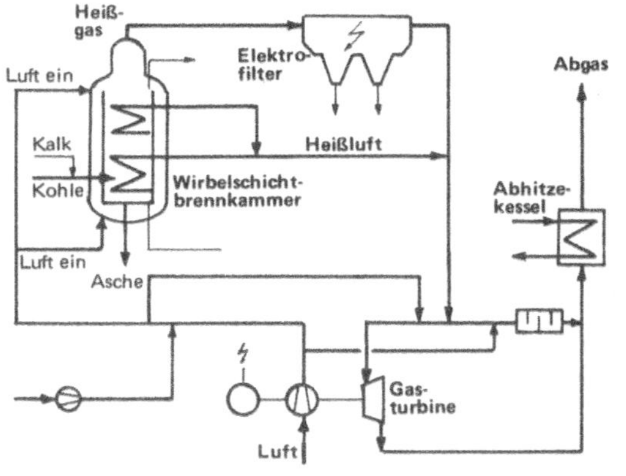

Abb.9.21: Fließ-Schema der AGW-Pilotanlage (15)

9.5.3 Aussichten

Die Wirbelschichtfeuerung der Kohle befindet sich noch im Entwicklungsstadium. Kleinere Einheiten bis zu 50 t/h Dampf für den industriellen Bereich werden bereits kommerziell angeboten. Für große Kraftwerksleistungen müssen geeignete Konzepte noch entwickelt werden. Noch nicht geklärt ist, ob die Wirbelschichtfeuerung unter Druck der atmosphärischen Feuerung vorzuziehen ist.

Die grundsätzlichen Probleme wurden in Labor- und halbtechnischen Versuchen zufriedenstellend gelöst und die prinzipiellen Vorteile der Wirbelschichtfeuerung, wie Umweltfreundlichkeit und Möglichkeit des Einsatzes heizwertarmer Brennstoffe, nachgewiesen. Die optimale Anordnung von Wärmetauschböden, die Staubabscheidung, insbesondere bei Druckwirbelschichten, die Vermeidung von Korrosion und Erosion der Heizflächen sind jedoch noch Entwicklungsschwerpunkte. Schließlich ist das Teillastproblem sowohl bei großen wie auch bei kleinen Anlagen noch zu lösen. Das von den erzielbaren Kraftwerkswirkungsgraden her überaus ansprechende Konzept der Druck-Wirbelschichtfeuerung steht und fällt mit der Lösbarkeit des Problems der Entstaubung des Wirbelgases.

Als realisierbar im Laufe der nächsten Jahre erscheint der Einsatz von atmosphärischen Wirbelschichtfeuerungen mit Leistungen bis 120 MW als Kraftwerks- oder Industrie-Dampferzeuger, und zwar insbesondere an Standorten, an denen ballast- oder schwefelreiche Brennstoffe zur Verfügung stehen. Die druckbetriebene Wirbelschichtfeuerung bedarf noch erheblicher Entwicklungsanstrengungen. Mit dem kommerziellen Einsatz dieser Technologie ist daher frühestens nach 1985 zu rechnen.

9.6 Neue Kohle-Kraftwerkskonzepte

Neue Konzepte für Kohlekraftwerke haben das Ziel einer besseren Nutzung der Brennstoffe und damit höherer Wirkungsgrade sowie einer verminderten Belastung der Umwelt. Die konventionelle Technik ist mit einem Wirkungsgrad von höchstens 38 - 39 % ausgereift. Der thermische Wirkungsgrad eines Dampfkraftwerks wird weitgehend bestimmt durch den vom Dampferzeuger zu liefernden Frischdampfzustand und durch den am kalten Ende des Dampfkreisprozesses erreichbaren Kondensationsdruck. Da der letztere von den natürlichen Möglichkeiten des Standortes (Flußwasser- oder Luftkühlung) abhängt, ist ein Einfluß auf den Wirkungsgrad nur durch den Frischdampfzustand, nämlich Druck und Temperatur, möglich.

Die Dampftemperatur wird im allgemeinen durch den mit ferritischen Werkstoffen beherrschbaren Bereich bis 530-540 °C Dampftemperatur begrenzt. Bei höheren Dampftemperaturen wird der Einsatz der erheblich teureren austenitischen Stähle notwendig.

Praktisch ist somit der Frischdampfdruck und die damit verbundene mögliche Anzahl der Regenerativ-Vorwärmstufen des Speisewassers für den Wirkungsgrad des Kreislaufes des Kraftwerkes bestimmend. Bei ausschließlich der Stromerzeugung dienenden Kondensationsanlagen kann durch die Steigerung des Frischdampfdrucks der Feuchtigkeitsgehalt des Abdampfes unzulässig hoch werden. Es besteht dann die Gefahr, daß die Schaufeln der

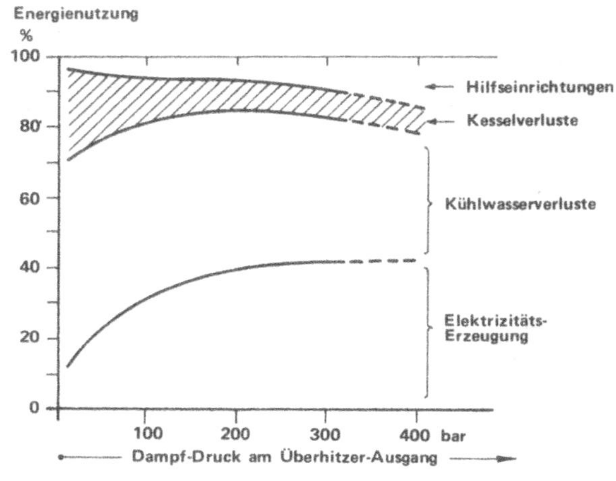

Abb. 9.22: Wärmenutzungsgrad eines Kraftwerkes

letzten Turbinenstufen vorzeitig verschleißen. In diesem Falle ist eine nochmalige Wärmezufuhr zum Arbeitsdampf (Zwischenüberhitzung) notwendig. Dies bedeutet einen beträchtlichen Mehraufwand.

Die Größenordnung der möglichen Steigerung des Wirkungsgrades durch die sich anbietenden Maßnahmen, die jedoch nur zum Teil wirtschaftlich vertretbar sind, wird nachstehend skizziert (18):

Die Steigerung des Frischdampfdrucks von 185 auf 250 bar bewirkt eine Verbesserung des Wirkungsgrades von etwa 2 %.

Mit der Steigerung der Frischdampftemperatur um 10°C von 530 auf 540°C ist eine Wirkungsgraderhöhung von 0,25 % verbunden.

Durch die Verwendung größerer Niederdruckteile der Turbine kann der Wärmeverbrauch um etwa 1,2 % verringert werden.

Bei Übergang zu doppelter Zwischenüberhitzung läßt sich der Wärmeverbrauch um weitere 1,5 - 2 % senken.

Eine nennenswerte Erhöhung des Kraftwerkswirkungsgrades kann schließlich durch kombinierte Gas- und Dampfturbinen-Anlagen erreicht werden. Derartige Anlagen bieten gleichzeitig die Möglichkeit, neue umweltfreundliche Technologien in den Prozeß einzubauen.

Ein Kraftwerkskonzept der STEAG sieht die Kombination einer Kohledruckvergasung mit einer nachgeschalteten Gas- und Dampfturbinenanlage vor: Die Kohle wird zunächst in einem Vergasungsreaktor nach Lurgi mit Luft- und Wasserdampf bei etwa 20 bar vergast. Das Gas wird anschließend unter Druck entschwefelt und in einem Kessel bei dem Ladedruck einer nachfolgenden Gasturbine verbrannt. Die Wärmeinhalte von Gas und Dampf werden über eine Gas- und eine Dampfturbine in Strom umgewandelt (Abb. 9.23 und 9.24). Mit dieser Technologie kann ein Wirkungsgrad von 43 % er-

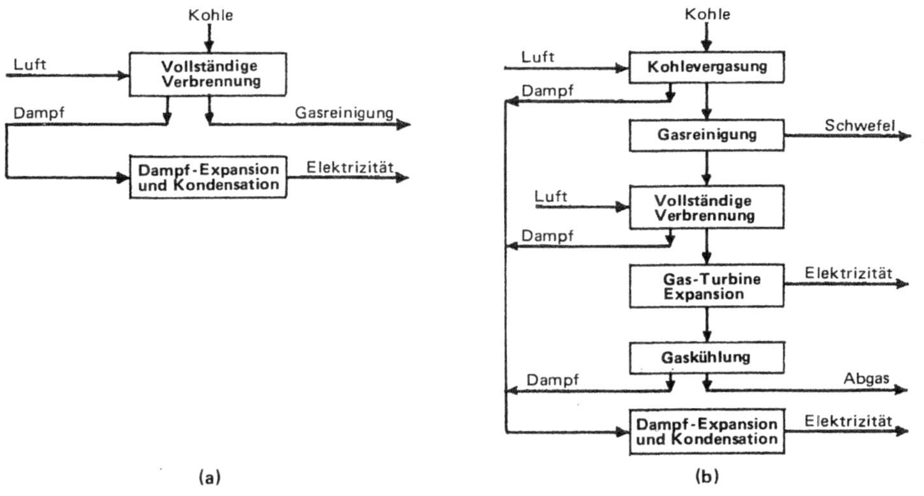

Abb. 9.23: Vergleich eines konventionellen Kraftwerkskonzeptes mit einer kombinierten Gas- und Dampfturbinen-Anlage mit Kohlevergasung

reicht werden. Ein Versuchskraftwerk mit einer Leistung von 170 MW wurde von der STEAG betrieben. Für 1980 ist ein 400 MW-Kraftwerk geplant.

Die Kombination einer Druckwirbelschichtfeuerung mit einer kombinierten Gas-Dampf-Turbinenanlage wird von der Arbeitsgemeinschaft Wirbelschichtfeuerung AGW entwickelt (s.Abb.9.21).

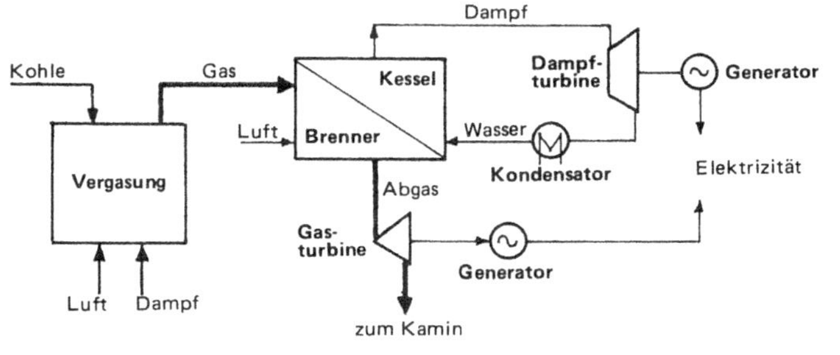

Abb. 9.24: Kohledruckvergasung mit nachgeschalteter kombinierter Gas- und Dampfturbinenanlage

9.6.1 Wärme-Kraft-Kopplung: Heizkraftwerke

In einem Kraftwerk werden bei der Stromerzeugung im Mittel rund 38 % des Energieeinsatzes in elektrische Energie umgewandelt. Über 50 % fallen als

Abwärme bei einem Temperaturniveau von 30-40°C an (Abb.9.22). Diese Kühlwasserwärme kann normalerweise nicht genutzt werden. Sie geht als Abwärme verloren und belastet den Wärmehaushalt der Flüsse und der Atmosphäre in der Umgebung der Kraftwerke. Andererseits werden über zwei Drittel des gesamten Primärenergieverbrauchs in der Bundesrepublik Deutschland zur Erzeugung von Wärme, darunter rund 40 % für Raumheizung, verwendet. Es ist also ein großes Potential für die Aufnahme der bei den Kraftwerken anfallenden Abwärme vorhanden.

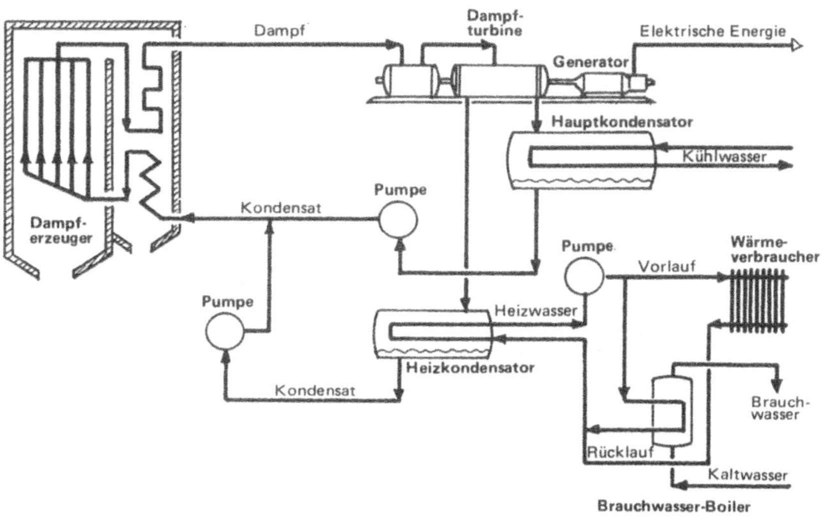

Abb. 9.25: Schematische Darstellung eines Heizkraftwerkes (19) (Wärme-Kraft-Kopplung)

Bei einer Erhöhung des Primärenergieeinsatzes im Kraftwerk um rund 20 % kann bei unveränderter Stromerzeugung die "Abwärme" auf ein Temperaturniveau von 90°C angehoben und zur Heizung von Gebäuden verwendet werden. Insgesamt ist dann die Nutzung der eingesetzten Primärenergie zu mehr als 80 % möglich.

Das bedeutet etwa eine Verdoppelung der Energieausnutzung des eingesetzten Brennstoffes. Da bei diesem Verfahren Wärme und Strom (Kraft) gleichzeitig erzeugt werden, spricht man von Wärme-Kraft-Kopplung (Abb. 9.25).

Ein wesentlicher Grund, daß trotz der vielen Vorteile der Wärme-Kraft-Kopplung zur Zeit erst rund 7 % des Heizwärmebedarfes der Bundesrepublik Deutschland auf diesem Wege durch Fernheizung gedeckt werden, liegt darin, daß die Wirtschaftlichkeit infolge der hohen Verteilungskosten nur unter günstigen Umständen in Ballungsgebieten gegeben ist. Eine wesentlich höhere Bedeutung als in Kraftwerken der öffentlichen Stromversorgung hat die Kraft-Wärme-Kopplung in den kleineren Kraftanlagen der Industrie (insgesamt rund 3.000 MW), die zusätzlich den Prozeßwärmebedarf decken.

9.7 Umweltbelastung durch fossile Energierohstoffe

Bei der Verbrennung fossiler Energieträger in den Verbrauchsbereichen Kraftwerke, Industrie, Verkehr und Haushalt werden verschiedene Schadstoffe in die Atmosphäre emittiert, wie insbesondere Schwefeldioxid, Schwefeltrioxid und Stickoxide (NO_x) neben Kohlenmonoxid, Kohlenwasserstoffen, Chlor- und Fluorwasserstoff sowie Staub. Die Stromerzeugung wird in zunehmendem Maße von den Forderungen des Umweltschutzes beeinflußt. Andererseits besteht aus Kostengründen das Bestreben, minderwertige und nur begrenzt einsatzfähige Brennstoffe zu verfeuern.

Höchstzulässige Werte für die Emission von Schadgasen, Staub und Geräuschen sind in behördlichen Vorschriften festgelegt. Bei den Schadgasen steht eine möglichst geringe Belästigung durch Schwefeldioxid im Vordergrund. So schreibt in der Bundesrepublik Deutschland die "Technische Anleitung zur Reinhaltung der Luft" (TA Luft) vor, daß Kraftwerke mit einer Wärmeleistung von mehr als 4 TJ/h - das entspricht einer Blockleistung von etwa 420 MW - mit einer Entschwefelungsanlage ausgerüstet werden müssen. Ferner ist vorgeschrieben, daß die SO_2-Emission je nach Standort einen Wert zwischen 0,14 und 0,40 mg SO_2/m^3 nicht überschreiten darf. Die Rauchgasentstaubungsanlage muß so dimensioniert werden, daß der Staubgehalt im Reingas nicht über 150 mg/m^3 liegt (18).

Auch die Einhaltung bestimmter Grenzwerte für die Geräuschemission ist festgelegt. Sie sind abhängig von der Lage der Kraftwerke zu ihrer Umgebung. Für ein Kraftwerk neben Wohngebieten gilt an der Grundstücksgrenze nachts ein Wert von 35 dB (A).

Durch die zunehmende Nutzung fossiler Brennstoffe erhöht sich der CO_2-Gehalt der Luft jährlich um etwa 20 Mrd. t. Als Schadstoff ist das ungiftige CO_2 zwar ohne Bedeutung, aufgrund der gewaltigen Menge kann diese Emission jedoch in absehbarer Zeit zu merklichen Konsequenzen für das Klima der Erde führen. Kohlendioxid ist für die sichtbare Strahlung der Sonne durchlässig, für die von der Erdoberfläche abgestrahlte langwellige Strahlung dagegen nicht. Das Vorhandensein von CO_2 in der Atmosphäre führt deshalb zu einer Wärmeanreicherung in den unteren Schichten (Treibhauseffekt).

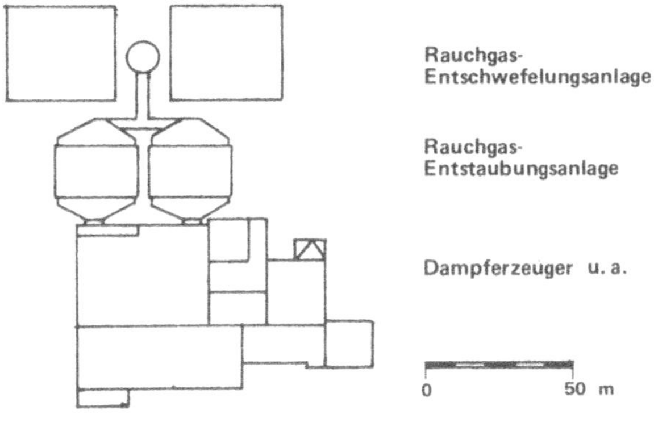

Abb. 9.26: Platzbedarf für Umweltschutzmaßnahmen bei einem 720-MW-Kohlekraftwerk (18)

Die CO_2-Konzentration in der Atmosphäre im vorindustriellen Zeitalter ist nicht genau bekannt; um 1860 betrug sie etwa 292 ppm. Seit Beginn des 20. Jahrhunderts ist ein deutlicher Anstieg der CO_2-Konzentration in der Atmosphäre festzustellen. Im Jahre 1974 lag die CO_2-Konzentration am Observatorium von Mauna-Loa, Hawaii (3.000 km vom Festland entfernt), bereits bei 326 ppm. In Ballungsgebieten ist sie erheblich höher.

Der weitere Anstieg der CO_2-Konzentration in der Atmosphäre (in Mauna Loa zur Zeit etwa 1,5 ppm/Jahr) ist nur in gewissen Grenzen prognostizierbar. Er hängt vornehmlich von der Geschwindigkeit des Austausches des Kohlendioxids zwischen Ozean und Atmosphäre ab. Obwohl die meisten gasförmigen Bestandteile der Luft in Wasser nur schlecht löslich sind, bestimmen die Ozeane wegen ihrer großen Speicherkapazität in erheblichem Maße den Gehalt der Atmosphäre an Spurengasen. Dies gilt insbesondere für das Kohlendioxid, von dem jährlich etwa 100 Milliarden Tonnen zwischen Atmosphäre und Ozean ausgetauscht werden. Neben Wind und Wellen wird die Gasaustauschgeschwindigkeit vor allem durch monomolekulare Filme aus oberflächenaktiven Substanzen ("Slicks"), die auch vom Phytoplankton des Meeres freigesetzt werden, beeinflußt.

Bei alleiniger Berücksichtigung des Treibhauseffektes ergäbe sich, daß bei einem CO_2-Anstieg um 100 % eine mittlere Temperaturerhöhung um etwa 1,5 bis 2 °C wahrscheinlich wäre. Eine derartige Temperaturerhöhung könnte katastrophale klimatische Auswirkungen haben. Das Klima der Erde wird aber nicht allein durch den Treibhauseffekt beeinflußt, sondern unterliegt einem komplexen Wechselspiel verschiedener Mechanismen, deren quantitative Gesetzmäßigkeiten noch nicht aufgeklärt worden sind. Der temperatursteigernden Wirkung stehen auch Prozesse gegenüber, die einen stabilisierenden Einfluß ausüben. So nimmt bei einem Temperaturanstieg z.B. die atmosphärische Wasserdampfkonzentration zu, was eine dichtere Wolkendecke zur Folge hat. Dadurch wird die Sonneneinstrahlung reduziert, so daß es zu einer Abnahme der Erdtemperatur kommen kann.

Der Einfluß der bei der Verbrennung von fossilen Brennstoffen emittierten Feinstäube (Aerosole) auf das Strahlungsgleichgewicht des Systems Erde/Atmosphäre ist bisher noch nicht eindeutig geklärt: Ob sich eine Erwärmung oder eine Abkühlung ergibt, hängt von der Größenordnung der Rückstreuung, die durch deren Größe beeinflußt wird, und der Absorption der Sonnenstrahlung durch die Staubteilchen ab.

Die Umweltbelastung durch Schadstoffe ist durch technische Maßnahmen bei vertretbaren Kosten reduzierbar und zum Teil sogar vermeidbar. Dagegen gibt es bis heute noch keine praktikable Methode, das bei der Verbrennung anfallende Kohlendioxid zu nutzen. Es handelt sich hier um ein weltweites, zur Zeit noch nicht eingrenzbares Umweltproblem, dessen mögliche Konsequenzen bisher nicht aufgeklärt sind.

Allen Energieumwandlungsprozessen gemeinsam ist die Umweltbelastung durch Abwärme. Mit fossilen Brennstoffen betriebene Kraftwerke haben einen Wirkungsgrad in der Größenordnung von 38 %, d.h. etwa 62 % der eingesetzten Primärenergie geht als Abwärme verloren. Dabei muß allerdings beachtet werden, daß nicht nur die Abwärme eine Wärmebelastung der Umwelt darstellt, sondern der gesamte Primärenergieeinsatz.

Die Solarenergie, die jährlich auf die Erdoberfläche auftrifft, beträgt $3 \cdot 10^{24}$ J. Die absorbierte Strahlungsleistung ist praktisch gleich der thermisch wieder abgestrahlten Leistung, so daß sich eine Gleichgewichtstemperatur einstellt. Im Vergleich zu der Sonnenenergie-Einstrahlung ist die direkte antropogene Energiezufuhr an das System Erde/Atmosphäre sehr gering. Der derzeitige Weltprimärenergieverbrauch entspricht rund 0,005 % der mittleren Sonnenenergiezufuhr (Abb.1.27). Die globale Temperaturerhöhung aufgrund des Weltprimärenergieverbrauchs ist daher gering im Vergleich zu der indirekten Wärmebelastung durch die Erhöhung der CO_2-Konzentration in der Atmosphäre.

Zur Abführung der Abwärme werden in Kraftwerken im wesentlichen drei Gruppen von Kühlverfahren unterschieden: die Frischwasserkühlung (Durchlaufkühlung), die Kühlung mit Naßkühltürmen (Verdunstungskühlung) und die Luftkühlung.

Das einfachste Verfahren ist die Frischwasserkühlung. Die Kraftwerke liegen daher bevorzugt an großen Flüssen. In der Bundesrepublik Deutschland ist die Kühlkapazität der Flüsse praktisch erschöpft. Um nachteilige Folgen durch zu starke Erwärmung der Gewässer zu vermeiden, wurden für die großen Flüsse Wärmelastpläne aufgestellt. Außerdem ist man dazu übergegangen, die Kühlung mit Naßkühltürmen durchzuführen. Bei diesem Kühlsystem werden große Mengen Wasser verdunstet, d.h. die Abwärme wird in Form von Verdunstungswärme an die Atmosphäre abgegeben. Da die erforderliche Wassermenge den Flüssen entnommen wird, sind auch dieser Kühltechnik Grenzen gesetzt. Ab Anfang der 80er Jahre muß in der Bundesrepublik Deutschland daher zur Trockenkühlung übergegangen werden. Bei dieser Kühltechnik strömt das Kühlwasser durch luftgekühlte Rippenrohre und kommt nicht in direkten Kontakt mit der Luft.

9.8 Entstaubung

Je nach Feuerungsart und Korngröße der Asche werden bis zu 80 % der anorganischen Bestandteile der Kohlen mit den Verbrennungsgasen aus der Brennkammer emittiert. Zur Abscheidung der Flugasche aus den Feuerungsanlagen bzw. Vergasungsanlagen werden hauptsächlich Elektro-Entstauber eingesetzt. In neuerer Zeit finden in der Bundesrepublik Deutschland aufgrund positiver Erfahrungen in den USA auch Gewebefilter Verwendung.

Die Wirkung des Elektro-Entstaubers beruht auf elektrostatischen Kräften, die im elektrischen Feld auf ein Feststoffteilchen ausgeübt werden. Der Abscheidevorgang läßt sich in drei Schritten beschreiben:

1. Elektrische Aufladung der Feststoffteilchen durch Anlegen einer hohen Gleichspannung zwischen einer Sprühelektrode und einer geerdeten Niederschlagselektrode,

2. Transport und Abscheidung der Teilchen auf der Niederschlagselektrode,

3. Reinigung der Niederschlagselektrode.

Bei den trocken arbeitenden Elektro-Entstaubern, die im Kraftwerksbetrieb vorherrschen, wird die anhaftende Staubschicht mechanisch durch Klopfen von den Niederschlagselektroden entfernt. Der Staub fällt in den unterhalb der Elektroden angebrachten Staubsammelraum. Für die Auslegung elektri-

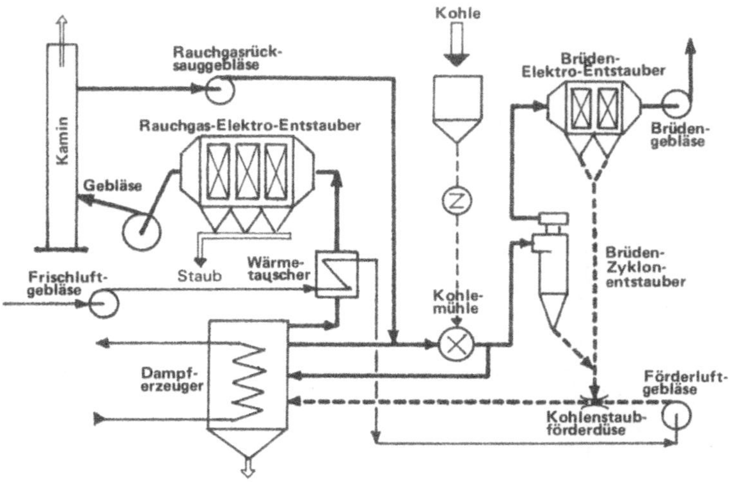

Abb. 9.27: Prinzip der Rauchgas- und Brüdengas-Entstaubung eines Braunkohlen-Großkraftwerks; Rauchgasmenge 2.800.000 m³/h Brüdengasmenge 1.800.000 m³/h (21)

Abb. 9.28: Modell eines Elektro-Entstaubers (Photo: Babcock - BSH AG, Krefeld)

scher Abscheider ist der Schwefelgehalt der Kohle eine wichtige Kenngröße. Mit steigendem Schwefeloxidgehalt steigt die Leitfähigkeit des Rauchgases, wodurch die Abscheidung erleichtert wird. Durch Rauchgas-Konditionierung mit Wasserdampf ist ebenfalls eine Steigerung der Abscheideleistung möglich.

Naß-Elektro-Entstauber finden Anwendung, wenn eine extrem niedrige Reingasstaubkonzentration gefordert wird oder schwierige Stäube bzw. Flüssigkeitsteilchen - z.B. bei der Kohlevergasung - abgeschieden werden sollen. Ein Naß-Elektrofilter arbeitet nur dann einwandfrei, wenn das zu reinigende Gas mit Wasserdampf gesättigt ist. Die Feststoffe oder Flüssigkeitsteilchen werden durch das elektrische Feld auf einer Niederschlagselektrode, über die ein Flüssigkeitsfilm läuft, abgeschieden und damit abgespült. Der Flüssigkeitsfilm wird durch Berieselung aufrecht erhalten.

Als Gewebefilter werden in der Kraftwerkstechnik schlauchförmige, von innen nach außen durchströmte Filterelemente aus Glasfasergewebe eingesetzt (21). Die Reinigung erfolgt durch Rückspülen und manchmal durch zusätzliches Rütteln. Bei Einsatz schwefelarmer Kohlen und niedriger Rauchgastemperatur können als Filtermaterial auch Nadelfilze aus organischen Fasern (Teflon, Nomex, Dralon) verwendet werden. Der Vorteil der Gewebefilter ist der niedrige erreichbare Reingasstaubgehalt von 40 mg/m^3 und weniger auch unter erschwerten Abscheidebedingungen. Im Vergleich zu elektrischen Abscheidern ist der Investitionsaufwand für filternde Abscheider geringer und der Energieverbrauch höher.

9.9 Emission von SO_2

Kohle enthält bis zu 7 % Schwefel. Der Schwefelgehalt der in der Bundesrepublik Deutschland geförderten Kohlen schwankt zwischen 0,5 und 3 %.

Nur ein Teil des Schwefels gelangt als SO_2, zum Teil auch als SO_3 in die Rauchgase. Die Reaktion der basischen Minerale (z.B. $CaCO_3$, CaO, $MgCO_3$, MgO) mit H_2S, das bei der thermischen Spaltung von Thiophen, Arylsulfiden und Mercaptanen gebildet wird (bei entsprechendem Sauerstoffangebot werden diese zunächst zu Sulfoxiden und Sulfanen oxidiert), bzw. mit SO_2, das durch Oxidation von H_2S und Schwefel entsteht, ist die wichtigste Ursache für den Verbleib eines Teils des Schwefels in der Asche. Je nach Aschezusammensetzung und Schwefelgehalt werden bis zu 50 % des Schwefels in der Asche gebunden. Der Rest wird als SO_2 (und SO_3) mit den Rauchgasen emittiert. Der Anteil an SO_3 im Rauchgas ist abhängig von der Verbrennungstemperatur, dem Sauerstoff-Überschuß, der Konstruktion der Brennkammer und der Aschezusammensetzung. Der SO_3-Anteil steigt bei Anwesenheit von Eisenoxiden in der Kohle und bei hohem Sauerstoffüberschuß.

9.9.1 Rauchgasentschwefelung

Mehr als 95 % der gesamten SO_2-Emission stammt zur Zeit aus der Verbrennung fossiler Rohstoffe in stationären Feuerungsanlagen und aus den Prozeßanlagen der Industrie, der Rest neben anderen Quellen vornehmlich aus Verbrennungsvorgängen in Kraftfahrzeugen und Abfallverbrennungseinrichtungen. In der Bundesrepublik Deutschland werden zur Zeit aus stationären Feuerungen pro Jahr rund 4 Mio t Schwefeldioxid (= 2 Mio t Schwefel) emittiert, davon etwa 20 % aus Steinkohle-Kraftwerken.

Die Einhaltung der behördlichen Umwelt-Auflagen zur Reinhaltung der Luft - in der Bundesrepublik Deutschland die Technische Anleitung zur Reinhaltung der Luft (TA-Luft), in den USA der Clean Air Act (BACT) - erfordern in der Zukunft die Verringerung der SO_2-Emission von Großanlagen um 80-85 %. Die niedrigsten SO_2-Emissionsbegrenzungen sind in Japan vorgegeben, entsprechend hoch ist die Leistungsfähigkeit und Verfügbarkeit der dort eingesetzten Verfahren. Auch in den USA und der Bundesrepublik Deutschland befindet sich eine Vielzahl von Rauchgasentschwefelungsverfahren in großtechnischem Einsatz. Daraus geht hervor, daß ausgereifte Problemlösungen für eine weitgehende Verringerung der SO_2-Emission zur Verfügung stehen. Entscheidungskriterien, die bei der Verfahrenswahl abgewogen werden müssen, sind neben den Investitions- und Betriebskosten insbesondere die Möglichkeit der Aufbereitung oder der umweltneutralen Ablagerung der Reaktionsprodukte sowie der Wirkungsgrad des Verfahrens.

Die Verfahren der Rauchgasentschwefelung werden unterteilt in Deponie-Verfahren (throwaway processes) und Verfahren, bei denen das Reaktionsprodukt zu marktfähigem Gips, Schwefel, Schwefelsäure oder Ammonsulfat aufgearbeitet und somit verwertet wird (recovery processes). Wenn auch die chemischen und technischen Grundlagen der Verfahren einfach sind, erfordert ihre Einkopplung in bestehende Kraftwerke doch erheblichen Aufwand und verursacht zusätzliche Probleme, insbesondere bei der Handhabung, Deponie bzw. Aufarbeitung der großen Schlammengen.

Von den bisher etwa 70 vorgeschlagenen Verfahren und Verfahrensvarianten zur Rauchgasentschwefelung werden in Kraftwerken mit über 100 MW Leistung hauptsächlich die nachstehend beschriebenen Waschverfahren eingesetzt. Unter diesen Verfahren nimmt die Kalkstein-Wäsche mit weitem Abstand den 1. Rang ein (22,23).

Neben der chemischen Verfahrensgrundlage sind das Flüssigkeits/Gas-Verhältnis, die wirksame Austauschfläche und die gewählte Absorberkonstruktion (s.Abb.6.2) mit den darin herrschenden Strömungsverhältnissen für den Wirkungsgrad entscheidend.

Alternativ zu den Waschverfahren wird in den USA wieder die Entwicklung von Trockenverfahren vorangetrieben. Im Gegensatz zu früheren Konzeptionen, bei denen Alkali- bzw. Erdalkaliverbindungen bei hohen Temperaturen in den Dampferzeuger eingeblasen wurden, wird dieses Prinzip jetzt erst hinter dem Luftvorwärmer angewandt.

Kalk-/Kalkstein-Waschverfahren

Bei der Gaswäsche mit einer wäßrigen Aufschlämmung von Calciumoxid oder Calciumcarbonat (Feststoffanteil 5-15 %) reagieren Kalkstein bzw. $Ca(OH)_2$ mit SO_2 zu schwerlöslichem Calciumsulfit-Hydrat. Der geschwindigkeitsbestimmende Schritt ist der Stofftransport aus der gasförmigen in die wäßrige Phase und die Bildung des SO_3H-Anions. Die chemische Reaktion wird mit den Summen-Gleichungen (9.7) und (9.8) beschrieben.

In der Praxis wird ein Teil des absorbierten SO_2 von dem absorbierten Luftsauerstoff oxidiert, so daß als Nebenprodukt Gips $CaSO_4 \cdot 2H_2O$ bzw. Calciumsulfit/Calciumsulfat-Mischkristalle $Ca(SO_3)_x(SO_4)_y \cdot z\,H_2O$ entstehen.

$$SO_2 + H_2O \rightleftharpoons SO_3H^- + H^+ \quad (9.6)$$

$$CaO + SO_2 + 1/2\,H_2O \rightleftharpoons CaSO_3 \cdot 1/2\,H_2O \quad (9.7)$$

$$CaCO_3 + SO_2 + 1/2\,H_2O \rightleftharpoons CaSO_3 \cdot 1/2\,H_2O + CO_2 \quad (9.8)$$

Da die Ablagerung von Calciumsulfit wegen der Grundwassergefährdung problematisch ist, wird in einem Reaktionsturm eine Oxidation mit Luft zu Calciumsulfat nachgeschaltet. Insbesondere die in Japan eingesetzten Verfahren sind zur Gewinnung von marktfähigem Gips als Endprodukt ausgerichtet. Die Waschsysteme sind im allgemeinen auf eine 80 bis 95 %ige SO_2-Abscheidung ausgelegt; im Prinzip kann der Abscheidungsgrad auf 99 % gesteigert werden.

Die Probleme der Kalk-/Kalkstein-Waschverfahren sind das Absetzen von schwerlöslichem Calciumsulfit (Belagbildung), die relativ niedrige Ca-Ionenkonzentration in der Waschlösung und die große pH-Empfindlichkeit, was eine zuverlässige pH-Wert-Nachsteuerung erfordert und insbesondere bei hochschwefelhaltigen Kohlen zu Betriebsstörungen Anlaß geben kann. Gegenüber den Anlagen der ersten Generation konnte die Verfügbarkeit bei Neuanlagen durch technische Verbesserungen bzw. durch Variation der Verfahren erheblich gesteigert werden.

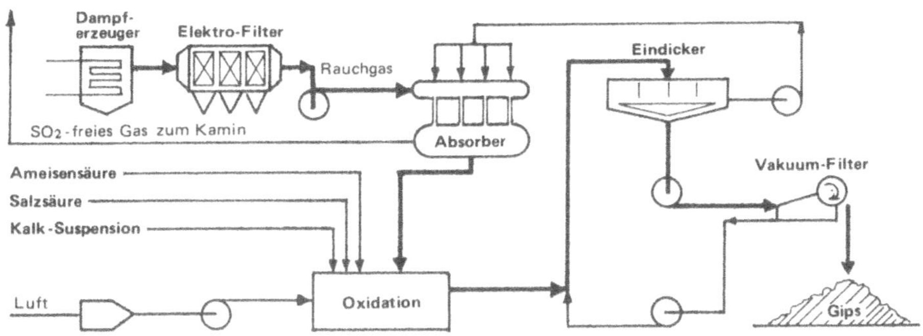

Abb. 9.29: Rauchgasentschwefelung nach dem Saarberg-Hölter-Verfahren (24)

Die Handhabung der erosiven und zur Belagbildung neigenden Calciumsulfit-Suspension wird bei dem Saarberg-Hölter-Verfahren durch Zusatz von Salzsäure und Ameisensäure vermieden. Die Salzsäure dient zur Aufrechterhaltung einer hohen Ca-Ionenkonzentration und fördert damit eine wirksame Absorption. Der Zusatz der Ameisensäure fördert durch Pufferwirkung des Calciumformiats die Bildung von wasserlöslichem Calciumbisulfit $Ca(HSO_3)_2$. Das Saarberg-Hölter-Verfahren findet Anwendung im 40 MW-Kraftwerk Weiher II und im 700 MW-Kraftwerk Weiher III (für 25 % der Rauchgasmenge) der Saarbergwerke AG (24).

Eine Verfahrensvariante der Kawasaki Heavy Industries, die in der Bundesrepublik Deutschland von der Babcock-BSH AG angeboten wird, arbeitet mit einer Kalk-Suspension unter Zusatz von $Mg(OH)_2$ bzw. MgO, wodurch die Löslichkeitsverhältnisse verbessert und die pH-Empfindlichkeit des Verfahrens verringert werden (4). Das Verfahren wird im 700 MW-Kraftwerk Mehrum eingesetzt, wobei bis 1981 33 % und bis 1984 66 % der Rauchgasmenge gereinigt werden sollen.

Wegen der hohen Kosten des Calciumoxids wird allerdings überwiegend Kalkstein als Absorptionsmittel eingesetzt. Gebrannter Kalk ist 4 bis 6 mal teurer als Kalkstein. Andererseits ist die Löslichkeit von $CaCO_3$ im Vergleich zu CaO sehr gering (pK_L = 7,92) und daher die Reaktion mit SO_2 langsam. Dieser Nachteil kann z.B. nach einem Verfahren von Pullmann-Kellog durch Zusatz von ca. 5 % MgO (als gebrannter Dolomit) weitgehend behoben werden.

Magnesiumoxid-Wäsche

Das wesentliche Merkmal der Rauchgasreinigung mit Magnesiumoxid ist die Wiedergewinnung des Schwefeldioxids und seine weitere Aufarbeitung zu flüssigem SO_2, Schwefelsäure oder elementarem Schwefel.

Bei der Absorption von SO_2 in einer wäßrigen $MgO/Mg(OH)_2$-Suspension entsteht Magnesiumsulfit neben Magnesiumsulfat. Das getrocknete Produkt wird unter Zusatz von Kohlenstoff kalziniert zur Reduktion des Magnesiumsulfats unter Bildung von MgO und SO_2. In großtechnischen Anlagen werden der Wasch- und Trockungsprozeß bei der Dampferzeugungsanlage durchgeführt, die Aufarbeitung der Salze bevorzugt in einer zentralen, konventionellen Schwefelsäureanlage.

Flugstaub-Wäsche

Braunkohlenasche enthält erhebliche Anteile an CaO, MgO und Na_2O. Wegen der großen spezifischen Oberfläche der Staubteilchen und der alkalischen Eigenschaften vermag eine wäßrige Flugasche-Suspension erhebliche Anteile an SO_2 zu binden. Der Entschwefelungsgrad ist - sofern nicht Kalk oder Kalkstein zugegeben werden - im Vergleich zu anderen Verfahren geringer. Eine Versuchsanlage für 25.000 m³/h Rauchgas wurde im Kraftwerk Herne gebaut. Auch in den USA findet dieses Verfahren bei ähnlicher Aschezusammensetzung der im Westen des Landes abgebauten Kohlen, deren Schwefelgehalt im allgemeinen unter 1 % liegt, Anwendung. Die Flugasche kann entweder im Elektrofilter gesammelt und dann in Wasser suspendiert oder bei simultaner Flugstaub- und SO_2-Abscheidung unmittelbar in der Absorptions-Suspension aufgefangen werden.

Wäsche mit Na_2CO_3, $NaHCO_3$ oder NaOH

Durch Wäsche mit Natriumcarbonat, Natriumhydrogencarbonat oder Natriumhydroxid wird das SO_2 der Rauchgase in wasserlösliches Natriumsulfit bzw. Natriumbisulfit überführt. Die Ablagerung von Salzlösungen in großen Mengen ist schwierig. Das Verfahren ist daher hauptsächlich bei kleineren und mittleren Dampferzeugern der Industrie gebräuchlich. Bei den sogenannten Doppelalkaliverfahren (dual-alkali-system) wird das beladene Absorptionsmittel in einer zweiten Stufe mit $Ca(OH)_2$ regeneriert und das gebildete Calciumsulfit zu $CaSO_4$ oxidiert.

Diese Verfahren arbeiten im allgemeinen ohne die für reine Ca-Verfahren festgestellten Schwierigkeiten durch Anbackungen oder unzureichende Absorptionswirkung. Zur Gewinnung verwertbarer Endprodukte ist allerdings eine Anzahl verhältnismäßig aufwendiger Verfahrensschritte notwendig.

Natriumsulfit-Wäsche

Die Natriumsulfit-Wäsche von SO_2-haltigen Gasen führt zu Bildung von Natriumbisulfit. Für die weitere Aufarbeitung des Natriumbisulfits, das nicht deponiert werden kann, wurden zwei Varianten entwickelt.

$$Na_2SO_3 + SO_2 + H_2O \rightleftharpoons 2\,NaHSO_3 \qquad (9.9)$$

Bei dem Wellman-Lord-Prozeß wird das Natriumbisulfit in einem Kristallisations-Verdampfer thermisch zersetzt unter Rückbildung von SO_2 und Natriumsulfit, das in den Prozeß zurückgeführt wird. Das SO_2 wird entweder mit reduzierenden Gasen (H_2, CO oder CH_4 bzw. Erdgas) zu elementarem Schwefel reduziert, als Flüssig-SO_2 abgezogen oder zu Schwefelsäure oxidiert (26).

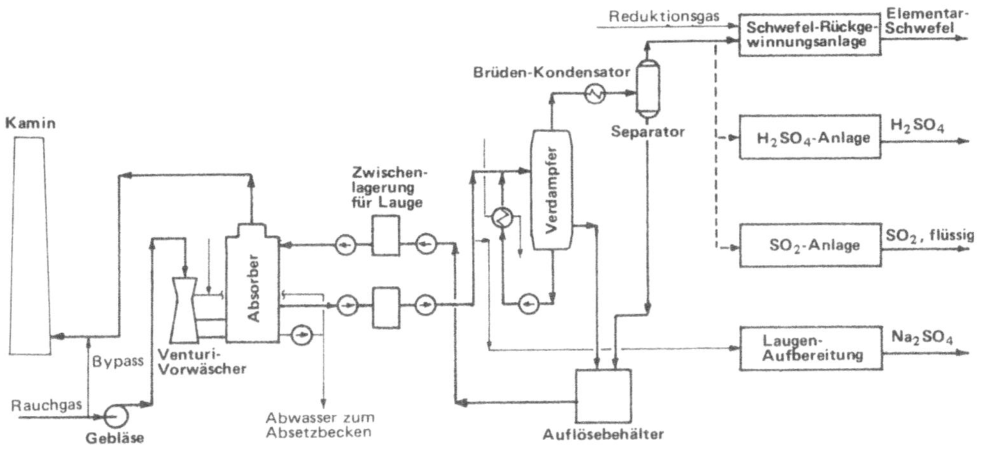

Abb. 9.30: Wellman-Lord-Verfahren (25)

Bei der Doppelalkali-Variante der FMC Corp. wird das Sulfition mit Calciumhydroxid gefällt und das gebildete Calciumsulfit anschließend im Oxidationsturm zu Gips oxidiert. Das Natriumsulfit wird in den Absorber zurückgeführt.

$$2\,NaHSO_3 + Ca(OH)_2 \longrightarrow CaSO_3 \cdot 1/2\,H_2O + Na_2SO_3 + 3/2\,H_2O \qquad (9.10)$$

Adsorption an Aktivkohle oder Aktivkoks

Von der Bergbau-Forschung GmbH wurde ein Verfahren zur Rauchgasentschwefelung durch Feststoffadsorption an aus Steinkohle hergestelltem Aktivkoks hoher Festigkeit und Adsorptionskapazität entwickelt. Das Verfahren wird u.a. im Kraftwerk Kellermann der STEAG in Lünen (Rauchgasmenge 150.000 m^3/h) eingesetzt. SO_2 wird bei Temperaturen über 110 ^{o}C adsorbiert, wobei gleichzeitig die Abscheidung des noch im Rauchgas enthaltenen Feinstaubes erfolgt. Die Regenerierung des Aktivkokses geschieht bei 500 - 600 ^{o}C unter Bildung eines SO_2-haltigen Gases, das in Schwefelsäure, Flüssig-SO_2 oder Elementarschwefel (mit Anthrazitkohle) umgewandelt werden kann.

9.9.2 Entschwefelung der Kohle

Grundsätzlich kommen zur Entschwefelung der Förderkohle drei Verfahren in Betracht:

1. die physikalische Entschwefelung (Senkung des Pyrit-Anteils),
2. die chemische Entschwefelung,
3. die Kohleumwandlung in schwefelfreie, flüssige oder gasförmige Brennstoffe.

Die Verfahren zur Vergasung der Kohle mit anschließender Gasentschwefelung und der Kohleextraktion bzw. Hydrierung zur Herstellung umweltfreundlicher gasförmiger bzw. flüssiger und damit leicht zu handhabender Energieträger sind in den Kapiteln 5, 6 und 7 beschrieben.

9.9.2.1 Physikalische Entschwefelung

Mit den physikalischen Methoden kann lediglich der Pyrit-Gehalt der Kohle in bestimmten Grenzen gesenkt werden. Etwa 30 - 70 % des Schwefelanteils der Kohlen sind im Pyrit (FeS_2) gebunden (27). Bei der Aufbereitung der Kohle (Abb. 1.17) auf der Zeche erfolgt eine teilweise Abtrennung des Pyrits durch Sedimentation und Flotation. Diese Verfahren sind einfach und erfordern einen relativ geringen Kapitalaufwand (28). Der Entschwefelungsgrad ist aber gering und genügt im allgemeinen nicht den Anforderungen des Umweltschutzes.

Eine weitere physikalische Trennmethode basiert auf der (schwachen) paramagnetischen Suszeptibilität des Pyrits und verwendet demgemäß leistungsstarke Magnet-Separatoren. Der Wirkungsgrad dieses Verfahrens ist in hohem Maße von der Verwachsung und Verteilung der mineralischen Bestandteile abhängig. Nachteilig ist, daß mit dem abgeschiedenen Pyrit auch ein erheblicher Anteil der Kohle (20 - 30 %) verworfen wird.

9.9.2.2 Chemische Entschwefelung

Chemische Entschwefelungsverfahren (29) sind erheblich wirksamer als physikalische. Sie erfordern im allgemeinen einen großen Aufwand und sind dementsprechend teuer. Technisch haben sie bisher wegen mangelnder Wirtschaftlichkeit keine Anwendung gefunden.

Das von Yurovskii empfohlene und in den USA entwickelte chemische Entschwefelungsverfahren (Meyers-Verfahren) beruht auf der Oxidation von FeS_2 (Pyrit) mit wäßrigem Eisen(III)-sulfat $Fe_2(SO_4)_3$. Pyrit wird zu Eisen(II)-sulfat $FeSO_4$ und Schwefel oxidiert, während $Fe_2(SO_4)_3$ zu $FeSO_4$ reduziert wird (30).

$$2\,FeS_2 + 4{,}6\,Fe_2(SO_4)_3 + 4{,}8\,H_2O \longrightarrow 10{,}2\,FeSO_4 + 0{,}8\,S + 4{,}8\,H_2SO_4 \qquad (9.11)$$

$$9{,}6\,FeSO_4 + 2{,}4\,O_2 + 4{,}8\,H_2SO_4 \longrightarrow 4{,}8\,Fe_2(SO_4)_3 + 4{,}8\,H_2O \qquad (9.12)$$

Zur Durchführung des Verfahrens wird die wäßrige Kohleaufschlämmung mehrstufig unter Zusatz von $Fe_2(SO_4)_3$ auf 100 - 130 °C für eine Dauer von etwa 24 Stunden erhitzt. Der gebildete elementare Schwefel wird anschließend mit Toluol extrahiert oder mit Wasserdampf abgetrieben. Das in dem Prozeß gebildete $FeSO_4$ wird durch Wasserwäsche entfernt, mit Sauerstoff (Luft) wieder zu $Fe_2(SO_4)_3$ oxidiert und in den Prozeß zurückgeführt. Die Entfernung des Pyrits gelingt zu 90 - 95 %. Das Verfahren hat aber erhebliche Nachteile, so zum Beispiel die lange notwendige Kontaktzeit und den aufwendigen Extraktions- und Waschprozeß. Zudem wird der organisch gebundene Schwefel nicht entfernt.

Das Battelle Institut und das Pittsburg Energy Research Centre (PERC, jetzt DOE) haben gemeinsam ein mit wäßriger Natronlauge bei 225 °C unter Druck arbeitendes Entschwefelungsverfahren entwickelt. Der im Pyrit vorhandene Schwefel wird dabei fast vollständig (99 %) in Natriumsulfid umgewandelt. Die backenden Eigenschaften der Kohle erfahren keine Veränderung, so daß die gereinigte Kohle zu hochwertigem Koks weiterverarbeitet werden kann.

Bei Steigerung der Temperatur auf 300 °C wird gleichzeitig auch ein Teil des organisch gebundenen Schwefels entfernt. Dabei geht die Backneigung der Kohle verloren, was für bestimmte Veredlungsprozeße von Vorteil sein kann. Der Verlust an Kohlesubstanz ist nicht unerheblich; er beträgt 10 % und mehr. Eine Variante des Verfahrens arbeitet unter gleichzeitigem Zusatz von Calciumhydroxid.

Ein recht einfacher Verfahrensvorschlag beinhaltet die oxidative Entschwefelung mit Wasser und Luftsauerstoff. Etwa 95 % des Pyrit-Schwefels werden in einer schnellen Reaktion bei einer Verweilzeit von einer Stunde und weniger bei 150-160 °C und 35-100 bar zu Schwefelsäure oxidiert. Bei Steigerung der Reaktionstemperatur auf 150 - 200 °C werden gleichzeitig bis zu 40 % des organisch gebundenen Schwefels entfernt. Die gebildete Schwefelsäure wird aufbereitet oder mit $Ca(OH)_2$ neutralisiert. Das entstandene $CaSO_4$ kann umweltneutral gelagert oder anderweitig verwendet werden. Der Verlust an Kohle ist relativ gering; er liegt im allgemeinen unter 10 %.

Auch eine biochemische Entschwefelung ist im Prinzip möglich. Die aus mehreren Teilreaktionen bestehende, recht langsame Oxidation des Pyrits

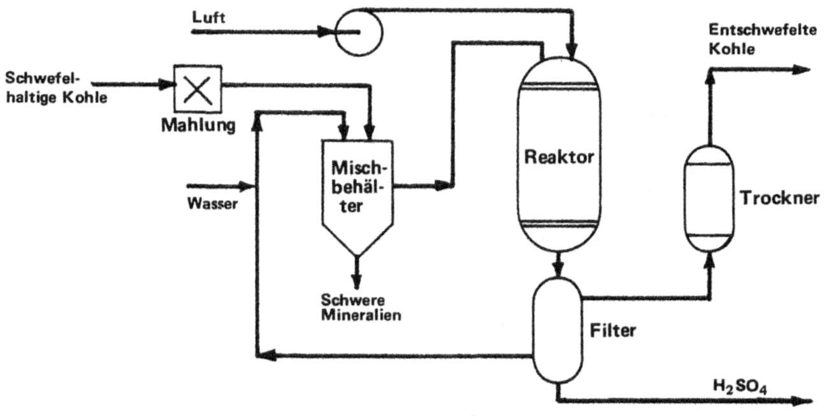

Abb. 9.31: Wasserdampf/Luft-Entschwefelung der Kohle (29)

mit Sauerstoff und Wasser zu Eisen(III)-sulfat wird in einigen Stufen durch Bakterien deutlich beschleunigt.

$$2\,FeS_2 + 2\,H_2O + 7\,O_2 \rightleftharpoons 2\,FeSO_4 + 2\,H_2SO_4 \quad (9.13)$$

$$4\,FeSO_4 + O_2 + 2\,H_2SO_4 \rightleftharpoons 2\,Fe_2(SO_4)_3 + 2\,H_2O \quad (9.14)$$

$$Fe_2(SO_4)_3 + FeS_2 \rightleftharpoons 3\,FeSO_4 + 2\,S \quad (9.15)$$

$$2\,S + 3\,O_2 + 2\,H_2O \rightleftharpoons 2\,H_2SO_4 \quad (9.16)$$

Die biochemische Pyrit-Oxidation erfolgt durch Bakterien der Art Thiobacillus ferrooxidans und Thiobacillus thiooxidans, von denen angenommen wird, das sie in die Reaktion (9.14) bzw. (9.16) eingreifen (31).

9.10 Emission von NO_x

Kraftwerks- und Industriefeuerungen zählen mit einem Anteil von etwa zwei Drittel an der Gesamt-NO_x-Emission zu den Hauptemittenten für Stickoxide in der Bundesrepublik Deutschland. Bemerkenswert ist, daß die Stickoxidemission weiter ansteigt, während bei Staub und SO_2 eine deutliche Verminderung oder wenigstens eine Stabilisierung erreicht werden konnte. Gesetzlich vorgeschriebene Grenzwerte für die NO_x-Emission sind bisher in der Bundesrepublik Deutschland noch nicht verabschiedet worden. Die Grenzwertvorschläge im Entwurf der Rechtsverordnung über Großfeuerungsanlagen sehen zur Konkretisierung der allgemeinen Anforderungen der TA-Luft eine stufenweise Absenkung der Stickoxid-Grenzen vor. Diese Vorschläge orientieren sich an erfolgreich erprobten feuerungstechnischen Maßnahmen im Ausland und den darauf basierenden Grenzwerten.

Für die NO_x-Bildung bei der Kohlefeuerung kommen zwei Stickstoffquellen in Frage:

1. der molekulare Stickstoff der Luft (thermisches NO_x),

2. der in der Kohle in verschiedenen Verbindungen vorkommende Stickstoff, der 1,3 - 1,9 % der organischen Kohlesubstanz ausmacht.

Thermisches NO_x macht die gesamte NO_x-Emission bei Gasfeuerungen und etwa die Hälfte der NO_x-Emission bei Schwerölfeuerungen aus. Bei Kohlefeuerungen kann der NO_x-Anteil aus dem Brennstoff-Stickstoff Werte bis zu 80 % erreichen.

Stickstoff bildet drei Oxide der Formel NO_x(x=1,2,3) und sechs Oxide der Formel N_2O_x(x = 1,2,3,4,5,6).

$$N_2 + O_2 \rightleftharpoons 2\,NO \qquad \Delta H_0 = +180{,}6\ kJ \qquad (9.17)$$

Das Stickstoffoxid (Stickoxid) NO ist eine stark endotherme Verbindung, die erst bei Temperaturen über 1.000 °C entsteht. Bei 1.700 °C befinden sich erst etwa 1 % NO mit Luft im Gleichgewicht. Sobald das farblose Stickoxid mit Luft in Berührung kommt, bildet es braune Dämpfe von NO_2. Da die Oxidation von Stickoxid eine exotherme Reaktion ist, verschiebt sich das Gleichgewicht mit steigender Temperatur in Richtung NO. Stickoxid reagiert bei Temperaturen über 650 °C nicht mehr mit Sauerstoff. Der thermische NO_x-Gehalt der Rauchgase ist vornehmlich von der Flammentemperatur und dem Luft- bzw. Sauerstoffüberschuß abhängig. Im Unterschied zur Reaktion von Stickstoff mit Sauerstoff zeigt die NO_x-Bildung durch Oxidation von Stickstoffverbindungen nur eine geringe Temperaturabhängigkeit. Erfahrungsgemäß werden bei der Kohlefeuerung 30 - 50 % des gebundenen Stickstoffs in NO umgewandelt. Der Rest wird als N_2 emittiert. Durch Druckerhöhung kann die NO_x-Konzentration und Emission analog zur SO_2-Emission erheblich herabgesetzt werden (Abb. 9.19).

Bei der Kohlenstaubfeuerung beträgt der NO_x-Gehalt der Rauchgase zwischen 500 und 1.000 ppm (Vol.). Bei der Schmelzfeuerung kann er aufgrund der höheren Flammentemperatur bis auf 2.000 ppm steigen. Der hohe NO_x-Gehalt der Rauchgase war einer der Gründe für die Abwendung von der Schmelzfeuerung in den 60er Jahren. Die in der Wirbelschichtfeuerung bei Temperaturen unterhalb 950 °C gebildeten Stickoxide stammen weit überwiegend aus dem Kohlenstoff-Stickstoff.

Da die Löslichkeit von Stickoxiden in Wasser 1.000 - 2.000 mal geringer ist als die von SO_2 unter gleichen Bedingungen (z.B. 0,0062 % NO bei 20 °C), werden die Stickoxide bei der Rauchgasentschwefelung mit nichtmodifizierten alkalischen Wäschen nur zu einem geringen Teil gemeinsam mit dem SO_2 ausgewaschen. Während in einem alkalischen Waschsystem der SO_2-Gehalt um z.B. 85 % gesenkt wird, sinkt gleichzeitig der NO_x-Gehalt nur um 5 - 15 %. Um den Wirkungsgrad zu erhöhen, müssen die Austauschflächen, die Verweilzeit und die Menge der Waschflüssigkeit erhöht und Reduktions- oder Oxidationsmittel neben Katalysatoren zugegeben werden.

Kommerzielle Anlagen zur NO_x-Abscheidung aus den Abgasen von Feuerungsanlagen werden bisher nur in Japan betrieben. Die Abscheidungstechnologien lassen sich in Naß- und Trocken- sowie in NO_x- und NO_x/

SO_2-Simultan-Verfahren unterteilen (22). Viele Naßverfahren zur simultanen Abscheidung von NO_x und SO_2 sind Weiterentwicklungen von bereits kommerziell eingesetzten Abgasentschwefelungsverfahren.

Bei der Gruppe der Absorptions-/Reduktionsverfahren erfolgt in einem ersten Schritt die Absorption von SO_2 und NO_x in einer Waschflüssigkeit (z.B. Natronlauge, Ammoniak) und anschließend die Reduktion des absorbierten NO_x zu N_2 durch die gebildeten Sulfitionen. Der Chemismus der Absorption von NO/NO_2-Gemischen in wäßrig-alkalischen Systemen ist relativ kompliziert. Erschwerend kommt hinzu, daß es sich um langsame Reaktionen handelt, die einen erheblichen Zeitaufwand erfordern. Dies gilt auch für die Reaktion mit NaOH. Im allgemeinen werden zur Erhöhung der Reaktionsgeschwindigkeit Katalysatoren zugesetzt.

Bei den Oxidations-/Reduktionsverfahren wird das NO im Abgas vor Eintritt in den Absorber zunächst z.B. mit Ozon oder Chlordioxid oxidiert. Als Absorptionsmittel dienen Natronlauge- oder Ammoniak-Lösungen bzw. CaO- und $CaO/CaCO_3$-Suspensionen.

Bei den trockenen katalytischen Reduktionsverfahren können Ammoniak, Kohlenmonoxid, Schwefelwasserstoff oder Methan als Reduktionsmittel eingesetzt werden. Ammoniak hat sich bisher als besonders geeignet erwiesen. In den USA wird auch die direkte NH_3-Einblasung oberhalb der Verbrennungszone erprobt.

Außer der Einführung von Verfahren zur NO_x-Abscheidung wurden insbesondere in der Bundesrepublik Deutschland, Holland und in den USA konstruktive Maßnahmen zur Verminderung der thermischen NO_x-Bildung entwickelt (32,33). Neben der Konstruktion zweckentsprechender Brenner (NO_x-arme Brenner) und Optimierung der Feuerraumgestaltung haben sich als besonders wirksam die gestufte Luftaufgabe am Brenner (verzögerte Zuteilung) und die Rückführung von relativ kühlen Rauchgasen (450 °C) in die Flammenzone erwiesen. Durch Rauchgasrückführung (20 %) in Verbindung mit anderen konstruktiven Maßnahmen gelingt eine Reduzierung der thermischen NO_x-Bildung um bis zu 75 %.

10. Literaturverzeichnis

Kapitel 1

1. Borchert, H.: Geochim. Cosmochim. Acta 2, 62 (1953)
2. Wöhlisch, K.: Erdöl. In: Ullmanns Encyclopädie d. Techn.Chem., 4. Aufl., Bd. 10, Verlag Chemie, Weinheim 1975
3. Mineralölwirtschaftsverband: Jahresbericht 1978, Hamburg 1979
4. Jentsch, Ch.: Erdölverarbeitung. In: Ullmanns Encyclopädie d. Techn. Chem., 4. Aufl. Bd. 10, Verlag Chemie, Weinheim 1975
5. Weitkamp, J.: Erdöl u. Kohle - Erdgas - Petrochemie 31, 13 (1978)
6. Gesamtverband des deutschen Steinkohlenbergbaus: Steinkohle 1977/78 - Daten und Tendenzen, Essen 1978
7. Trenel, K.: Erdgas, Aufbereitung. In: Ullmanns Encyclopädie d. Techn. Chem. 4. Aufl. Bd. 10, Verlag Chemie, Weinheim 1975
8. Mackowsky, M.T. et al.: Kohle und Kohleveredlung. In: Ullmanns Encyclopädie d. Techn. Chem., 4. Aufl. Bd. 14, Verlag Chemie, Weinheim 1977
9. Das Bergbau-Handbuch. Verlag Glückauf, Essen 1976
10. van Krevelen, D.W.: Coal: Topology, Chemistry, Physics, Constitution. Elsevier, Amsterdam 1961
11. Kölling, G., Schnur, F.: In: Chemierohstoffe aus Kohle; hsgb. v. J. Falbe; G. Thieme Verlag, Stuttgart 1977
12. Given, P.H.: Fuel 39, 147 (1960)
13. Dryden, J.G.C.: Chemistry of Coal Utilization. Suppl. Vol. p. 232, J. Wiley, New York 1963
14. Wiser, W.: Fuel Division ACS Meeting 20, 122 (1975)
15. Chakrabartty, S.K., Berkowitz, N.: Fuel 53, 240 (1974)
16. Jasienko, S.: Fuel 57, 131 (1978)
17. Wise, W.S.: Solvent Treatment of Coal. Mills & Boon, London 1971
18. Corey, R.C.: Chemical Engineering, Jan. 16, 111 (1978)
19. Jahrbuch für Bergbau, Energie, Mineralöl und Chemie 1978/1979, Glückauf Verlag, Essen 1978
20. Rheinbraun AG, Köln, Jahresbericht 1977
21. Shell Erdöl-Information, Jan. 1/2 (1978)
22. Franck, H.-G.: Chem. Ind. 30, 185 (1978)
23. Ruhrkohle AG, Essen, Jahresbericht
24. Pfletschinger, W, Ritzmann, G, Kegel, W: Das Gas- und Wasserfach, Ausgabe Gas/Erdgas 119/9, 389 (1978)
25. Verband der Chemischen Industrie: Chemiewirtschaft in Zahlen. Frankfurt 1978
26. Richter, G.: Stoffwechselphysiologie der Pflanzen. 3. Aufl., Thieme, Stuttgart 1976
27. Hall, D.O.: Fuel 57, 322 (1978)

Kapitel 2

1. Verband der Chemischen Industrie: Chemiewirtschaft in Zahlen. Frankfurt 1978
2. Ponder, C.T.:Hydrocarbon Processing, June 1977, S. 155
3. Hatch, L.H., Matar, S.: Hydrocarbon Processing, January 1978, S. 213; March 1978, S. 129
4. Weißermel, K., Arpe, H.J.: Industrielle Organische Chemie. 2. Aufl., Verlag Chemie, Weinheim 1979
5. Asinger, F.: Die Petrolchemische Industrie. Akademie Verlag, Berlin 1971
6. Kamptner, K.H.: Chemische Technologie des Erdöls. In: Winnacker-Küchler: Chemische Technologie, Bd. 3/1, C. Hanser Verlag, München 1971
7. Haymann, H.: CEP 29, Sept. 1977
8. Collin, G.: Erdöl-Kohle-Erdgas Petrochemie 29 159 (1976)
9. N.N.: Chemische Industrie 30, 427 (1978)
10. Hoechst AG: SCP aus Methanol. Technisches Merkblatt
11. Franck, H.-G., Collin, G.: Steinkohlenteer; Chemie, Technologie und Verwendung. Springer Verlag, Heidelberg 1968
12. Roskill Information Services Ltd.: Carbon and Graphite. 2. Aufl. 1978
13. Vohler O. et al.: Kohlenstoff. In: Ullmanns Encyclopädie d. Techn. Chem. 4. Aufl. Bd. 14, 595, Verlag Chemie, Weinheim 1977
14. Bergbau-Forschung GmbH, Essen: 20 Jahre Gemeinschaftsforschung des Steinkohlenbergbaus. Essen 1978
15. Gesamtverband des Deutschen Steinkohlenbergbaus, Essen: Steinkohle 1977/1978 - Daten und Tendenzen. Essen 1978

Kapitel 3

1. Ress, F.M.: Geschichte der Kokereitechnik. Glückauf Verlag, Essen 1957
2. Kurtz, R.: Schwelung und Verkokung von Braunkohle. In: Ullmanns Encyclopädie d. Techn. Chem. 4. Aufl. Bd. 14, Verlag Chemie, Weinheim 1977
3. Campbell, J.H.: Fuel 57, 217 (1978)
4. Rammler, E., Alberti, H.-J.: Technologie und Chemie der Braunkohlenverwertung. VEB Deutscher Verlag für Grundstoffindustrie, Leipzig 1962
5. Jahrbuch für Bergbau, Energie, Mineralöl und Chemie 1978/1979. Glückauf Verlag, Essen 1978
6. Lurgi Ges.: Veredelung fester Brennstoffe. Firmenschrift
7. Bertling, H., Eisenhut, W., Langer, E., Langhoff, J.: Schwelung und Verkokung von Steinkohle. In: Ullmanns Encyclopädie d. Techn. Chem. 4. Aufl. Bd. 14, Verlag Chemie, Weinheim 1977
8. Ahland, E., Nashan, G., Peters, W., Weskamp, W.: Schwelung und Verkokung. In: Chemierohstoffe aus Kohle. Hsgb. J. Falbe; G. Thieme, Stuttgart 1977
9. Laboratoriumsvorschriften für den Steinkohlenbergbau. Hrsg. vom Chemiker-Ausschuß beim Steinkohlenbergbauverein, Essen; Glückauf Verlag, Essen 1966
10. Jasienko, S.: Fuel 57, 131 (1978)
11. Beck, K.-G.: Die Veredlung der Steinkohle. In: Winnacker-Küchler 3. Aufl. Bd. 3/1, C. Hanser Verlag, München 1971
12. Ruhrkohle AG: Firmenschrift

13. Okada, Y., Fujimura, T., Murakami, Y.: I & SM, May 1977, S. 11
14. Fiedler, J.: Bergbau 9, (1977)
15. Kümper, E.F.: Tech. Mitt. Krupp-Werksberichte 35, 17 (1977)
16. Gesetz zum Schutz vor schädlichen Umwelteinwirkungen durch Luftverunreinigung (Bundes-Immissionsschutzgesetz-BImSchG) vom 15. März 1974, BG-Bl. I. S. 721 (1974); BG-Bl. I, S. 1253 (1976)
17. Erste Allgemeine Verwaltungsvorschrift zum Bundes-Immissionsschutzgesetz (Technische Anleitung zur Reinhaltung der Luft; TA Luft) vom 28. August 1974, GM-Bl. Nr. 24, S. 426 (1974)
18. Gesetz zur Ordnung des Wasserhaushaltes (Wasserhaushaltsgesetz) vom 26. April 1976, BG-Bl. I, Nr. 48, S. 1109 (1976)
19. Gesetz über Abgaben für das Einleiten von Abwasser in Gewässer (AbwaG) vom 13. September 1976, BG-Bl. I, S. 2721 (1976)
20. Hinweise für das Einleiten von Abwasser aus gewerbl. und industr. Betrieben in eine öffentliche Abwasseranlage, ATV-BDI-KfK 1970, BDI-Drucksache Nr. 90, DBI, 5 Köln 51
21. Development Document for Effluent Limitations Guidelines for Petroleum Refining, U.S. Environmental Protection Agency, EPA 440/1-74-014-a, April 1977
22. Hochgesand, G. et al: Gaserzeugung aus Kohle und Kohlenwasserstoffen. In: Ullmanns Encyclopädie d. Techn. Chem., 4. Aufl. Bd. 14, Verlag Chemie, Weinheim 1977
23. Sierp, F.: Die gewerblichen und industriellen Abwässer. Springer Verlag, Heidelberg 1967
24. Wurm, H.-J.: Chem.-Ing.-Tech. 48, 840 (1976)
25. Lanouette, K.H.: Chem. Engn., Oct. 17, 99 (1977)
26. Jüntgen, H., Klein, J.: Energy Sources 2, 311 (1976)
27. Hahn, E., Herpers, E. Th., Neff, I.: Chem. Ind. 28, 591 (1976)
28. Peters, W.: Fachberichte Hüttenpraxis Metallweiterverarbeitung 15, 34 (1976)
29. Habermehl, D., Beck, K.-G.: Gwf-Gas/Erdgas 118, 438 (1977)
30. Mecan Arbed, C. Still.: Ancit Formed Coke a New Blast Furnace Fuel. Firmenschrift
31. Ottow, W.: Eisen. In: Ullmanns Encyclopädie d. Techn. Chem., 4. Aufl. Bd. 10, Verlag Chemie, Weinheim 1977
32. Neuhaus, H.: Vom Erz zum Klöckner Stahl. 7. Aufl., Schriftenreihe der Klöckner-Werke AG, Duisburg 1977
33. Kalla, U., Steffen, R.: Stahl u. Eisen 98, 1211 (1978)
34. Quintero, R.G.: Stahl u. Eisen 98, 1224 (1978)
35. Klingelhöfer, H.-J., Rottmann, G.: Stahl u. Eisen 98, 1213 (1978)
36. Reuter, G., Schnabel, W., Serbent, H.: Stahl u. Eisen 98, 1232 (1978)

Kapitel 4

1. Körting, J.: Geschichte der deutschen Gasindustrie. Vulkan-Verlag W. Classen, Essen 1963
2. Franck, H.-G.: Chem. Ind. 26, 468 (1974)
3. Collin, G.: Zusammenhänge zwischen Eigenschaften und Verwendung von Steinkohlenteer-Kohlenwasserstoffen. DGMK-Vortrag, Berlin 1978
4. Franck, H.-G., Collin, G.: Steinkohlenteer, Chemie, Technologie und Verwendung. Springer-Verlag, Heidelberg 1968
5. Lang, K.F., Eigen, I.: Fortschr. chem. Forsch. 8, 91/170 (1967)
6. Sauerland, H.D., Zander, M.: Erdöl u. Kohle-Erdgas-Petrochemie 19, 502 (1966)
7. Collin, G., Köhler, H.: Erdöl u. Kohle-Erdgas-Petrochemie 30, 257 (257)

8. Shobert, E.I.: Carbon Materials in Large Volume Applications. In: Petroleum Derived Carbons. ACS Symposium Series 21, ACS Washington 1976
9. Sigri Elektrographit GmbH, Meitingen: Firmenschrift
10. Boy, R., Wittner, H.: Aluminium. In: Ullmanns Encyclopädie d. Techn. Chem. 4. Aufl. Bd. 7, Verlag Chemie, Weinheim 1972
11. Collin, G., Gemmecke, W.: Erdöl u. Kohle-Erdgas-Petrochemie 30, 25 (1977)
12. Klöckner-Werke AG, Duisburg: Vom Erz zum Klöckner-Stahl. Firmenschrift, 7. Aufl. 1977
13. Mantell, C.L.: Petroleum Based Carbon. In: Petroleum Derived Carbons. ACS Symposium Series 21, ACS, Washington 1976

Kapitel 5

1. Körting, J.: Geschichte der deutschen Gasindustrie. Vulkan Verlag W. Classen, Essen 1963
2. Hochgesand, G. et al.: Gaserzeugung aus Kohle und Kohlenwasserstoffen. In: Ullmanns Encyclopädie d. Techn. Chemie, 4. Aufl. Bd. 14. Verlag Chemie, Weinheim 1977
3. Pichler, H., Hecker, A.: Synthesegas. In: Ullmanns Encyclopädie d. Techn. Chemie, 3. Aufl. Bd. 16, Urban und Schwarzenberg, München 1965
4. Reh, L.: Auswahlkriterien für nichtkatalytische Gas/Feststoff-Hochtemperaturreaktoren. Chem.-Ing.-Tech. 49, 786 (1977)
5. Baron, G. et al.: Kohlevergasung. In: Chemierohstoffe aus Kohle. Hsgb. J. Falbe. G. Thieme Verlag, Stuttgart 1977
6. Neumann, Kl.-K.: Erdöl u. Kohle-Erdgas-Petrochemie 31, 228 (1978)
7. Peter, P., Woyke, G., Baumgärtel, G.: Chem.-Ing.Tech. 48, 742 (1976)
8. Schilling, H.-D., Bonn, B., Krauß, W.: Kohlevergasung. Verlag Glückauf, Essen 1979
9. Staehle, R.W.: NBS Spec. Publ. (US) 1977, 468, 50-79
10. van Heek, K.H., Wanzl, W.: Erdöl u. Kohle-Erdgas-Petrochemie 32, 116 (1979)
11. Hugson, R.V.: Chemical Engineering, November 22, 1976, S. 125
12. Rudolph, P.F.H.: Coal Gasification, L' Congresso Brasileiro de Petróleo, Rio de Janeiro, Nov. 1978
13. Anwer, J., Bögner, G.: Brennstoff-Wärme-Kraft 2, 57 (1976)
14. Davy International AG, Köln: Winkler Fluidized Coal Gasification. Firmenschrift
15. Franke, F.H.: Chem.-Ing.-Tech. 50, 917 (1978)
16. Staege, H.: Glückauf 114, 344 (1978)
17. Sharpe, R.A.: Hydrocarbon Processing, Nov. 1976, S. 171
18. van der Burgt, M.J.: Hydrocarbon Processing, Jan. 1979, S. 161
19. Ruhrkohle AG, Ruhrchemie AG.: Entwicklungsvorhaben Kohlestaubvergasung. Firmenschrift
20. Dr. C. Otto & Co. GmbH, Bochum: Firmenschrift
21. Considine, D.M. (Ed): Energy Technology Handbook. McGraw-Hill Book Co., New York 1977
22. Tarman, P.B., Punwani, D.V.: Proc.-Intersoc.Energy Convers. Eng.Conf. 11, Vol. 1,286 (1977)
23. Weiss, A.J.: Hydrocarbon Processing, June 1978, S. 125
24. Bundesministerium für Wirtschaft: Fakten über die nationale und internationale Energiepolitik (1978)

25. van Heek, K.H., Jüntgen, H.: Synthesegas und Methan durch Kohlevergasung mit nuklearer Prozeßwärme. In: Chemierohstoffe aus Kohle. G. Thieme Verlag, Stuttgart 1977
26. Arndt, E. et al.: Erdöl u. Kohle - Erdgas - Petrochemie 32, 17 (1979)
27. Bialuschewski, H. et al.: Erdöl u. Kohle - Erdgas - Petrochemie 32, 24 (1979)
28. Gregg, D.W., Edgar, F.T.: Underground Coal Gasification. AIChE Journal 24, 753 (1978)
29. Beckervordersandforth, Ch.P.: Erdöl u. Kohle - Erdgas - Petrochemie 31, 263 (1978)

Kapitel 6

1. Pichler, H., Hecker, A.: Synthesegas. In: Ullmanns Encyclopädie d. Techn. Chemie 3. Aufl. Bd. 16. Verlag Urban und Schwarzenberg, München 1965
2. Bieger, F. et al.: Kohle, Gaserzeugung aus Kohle und Kohlenwasserstoffen. In: Ullmanns Encyclopädie d. Techn. Chem., 4. Aufl. Bd. 14, Verlag Chemie, Weinheim 1977
3. Staege, H.: Coal Gasification within the Framework of Synthesis Gas Chemistry. Symposium on the Gasification and Liquefaction of Coal; Katowice, April 1979
4. Holzer, K.: Chem.-Ing.-Tech. 51, 200 (1979)
5. Staege, H.: Erdöl - Erdgas - Zeitschrift 92, (1976)
6. Hersmann, A., Hofert, H., Stichlmeyer, J.: Chem.-Ing.-Tech. 51, 157 (1979)
7. Weissermel, K., Arpe, H.-J.: Industrielle Organische Chemie. 2. Aufl., Verlag Chemie, Weinheim 1979
8. Ballon, W.R.: Carbon Dioxide. In: Kirk-Othmer: Encyclopedia of Chemical Technology. 3 Ed. Vol. 4; J. Wiley, New York 1978
9. Kohn, P.M.: Chemical Engineering, Jan. 29, 1979, S. 52
10. Bartish, C.M., Driessel, G.M.: Carbon Monoxide. In: Kirk-Othmer: Encyclopedia of Chemical Technology. 3 Ed. Vol. 4; J. Wiley, New York 1978
11. Atar, A.: Fuel 57, 201 (1978)
12. Meisen, A., Bennet, H.A.: Hydrocarbon Processing, Nov. 1974, S. 171
13. Fischer, H.: Hydrocarbon Processing, March 1979, S. 125
14. Chute, A.: Hydrocarbon Processing, April 1977, S. 119
15. Netzer, D., Moe, J.: Chemical Engineering, Oct. 24, 1977, S. 129
16. Waitzmann, A.D.: Chemical Engineering, Jan. 30, 1978, S. 69
17. Kobrin, G., Kopecki, E.S.: Chemical Engineering, Dec. 18, 1978, S. 115
18. Leonard, J.P.: Chemical Engineering, March 26, 1979, S. 183
19. Buskies, U., Summers, F.: Erdöl u. Kohle - Erdgas - Petrochemie 31, 474 (1978)
20. Supp, E., Jockel, H.: Erdöl u. Kohle - Erdgas - Petrochemie 29, 117 (1976)
21. Keller, C.: Chemiker Zeitung 101, 223 (1977)
22. Cox, K.E., Williamson, K.D. (Ed.): Hydrogen, Its Technology and Implications. Vol. I; CRC-Press, Cleveland 1977
23. Srinivasan, S., Salzano, F.J.: Int. J. Hydrogen Energy 2, 53 (1977)
24. Nuttall, L.J.: Int. J. Hydrogen Energy 2, 395 (1977)
25. van Velzen, D., Langenkamp, H.: Int. J. Hydrogen Energy 3, 419 (1978)

26. Marschner, F., Möller, F.W., Schulze-Bentrop, R.: Methanol aus Synthesegas. In: Chemierohstoffe aus Kohle. Hsgb. J. Falbe, G. Thieme Verlag, Stuttgart 1977
27. Roelen, O.: Erdöl u. Kohle - Erdgas - Petrochemie 31, 524 (1978)
28. Frohning, D., Berns, M., Kölbel, H., Rottig, W., Schnur, F., Schulze, H.: Stand und Entwicklungstendenzen der Fischer-Tropsch-Synthese zur Erzeugung von Chemiegrundstoffen und Chemierohstoffen. BMFT-Forschungsbericht T 77/43
29. Schulz, H., Cronjé, J.H.: Fischer-Tropsch-Synthese. In: Ullmanns Encyclopädie der Techn. Chem., 4. Aufl. Bd. 14, Verlag Chemie, Weinheim 1977
30. Kölbel, H., Ralek, M.: Fischer-Tropsch-Synthese. In: Chemierohstoffe aus Kohle. Hsgb. J. Falbe; G. Thieme Verlag, Stuttgart 1977
31. Büssemeier, B., Frohning, C.D., Cornils, B.: Hydrocarbon Processing, Nov. 1976, S. 105
32. Pichler, H., Hector, A.: Carbon Monoxide-Hydrogen Reactions. In: Encyclopedia of Chemical Technology. 2. Aufl. Bd. 4
33. Gerstenberg, H.: Chem.-Ing.-Tech. 51, 208 (1979)
34. Rudolf, P.F.H.: Coal Gasification. L'Congresso Brasileiro de Petróleo, Rio de Janeiro, Nov. 1978
35. Cornils, B., Payer, R., Traenckner, K.C.: Hydrocarbon Processing, June 1975, S. 83
36. Staege, H.: Glückauf 113, 416, (1977)
37. Anwer, J., Bögner, G., Wittstock, E.: Brennstoff-Wärme-Kraft 28, 189 (1976)
38. Tippmer, K.: Erdöl u. Kohle - Erdgas - Petrochemie 29, 153 (1976)
39. Schuster, F.: Handbuch der Brenngase und ihrer Eigenschaften. Vieweg, Braunschweig 1978
40. Lom, L.W., Williams, A.F.: Substitute Natural Gas. Applied Science Publishers, London 1976

Kapitel 7

1. Hoering, M., Donath, E.E.: Kohle- und Ölhydrierung. In: Ullmanns Encyclopädie d. Tech. Chem., 3. Aufl. Bd. 10, Urban u. Schwarzenberg, München 1958
2. Kröning, W.: Die katalytische Druckhydrierung von Kohlen, Teeren und Mineralölen. Springer Verlag, Berlin 1950
3. Donath, E.E., Hoering, M.: Early Coal Hydrogenation Catalysis. Fuel Processing Technology 1, 3 (1977)
4. Pier, M.: Die chemische Fabrik 5/6, 45 (1933)
5. Kröning, W.: Kohlehydrierung. In: Chemierohstoffe aus Kohle. Hsgb. J. Falbe, G. Thieme Verlag, Stuttgart 1977
6. Gibson, J.: J. Inst. of Fuel, June 1978, S. 67
7. Squires, M.A.: Applied Energy 4, 161 (1978)
8. Wise, W.S.: Solvent Treatment of Coal. Mills & Boon, London 1971
9. Robinson, L.: Hydrocarbon Processing, Nov. 1978, S. 213
10. Cusamano, J.A., Betta, R.A., Levy, B.R.: Catalysis in Coal Conversion. Academic Press, New York 1978,
11. Ruether, J.A.: Ind. Eng. Chem. Process Des. Dev. 16, 249 (1977)
12. Neavel, C.R.: Fuel 55, 237 (1976)
13. Ruhrkohle AG/STEAG: Kohleöl. Studie für den Minister für Wirtschaft, Mittelstand und Verkehr des Landes NRW, Düsseldorf 1975
14. Givens, E.N., Collura, M.A., Skinner, R.W., Greskovich, E.J.: Hydrocarbon Processing, Nov. 1978, S. 195

15. O'Hara, J.B., Klumpe, H.W., Bela, A., Jentz, N.E.: Chemical Engineering Progress 74, 49 (1978)
16. Ellington, R.T. (Ed.): Liquid Fuels from Coal. Academic Press, New York 1977
17. Jäckh, W.: Hydrierung. In: Rohstoff Kohle; Eigenschaften, Gewinnung, Verwendung. Verlag Chemie, Weinheim 1978
18. Dauphiné, T.C.: Erdöl u. Kohle - Erdgas - Petrochemie 31, 417 (1978)
19. Schulze, G.: Drucktechnik. In: Ullmanns Encyclopädie d. Techn. Chem. 4. Aufl. Bd. 3, Verlag Chemie, Weinheim 1973
20. Clark, C.C.: Chemical Engineering, July 1978, S. 87
21. O'Hara, J.B., Lochmann, W.J., Jentz, N.E.: Material Challenges of Coal Liquefaction. Chemical Engineering, April 11, 1977, S. 147
22. Staehle, R.W.: Critical Problems in Coal Conversion. NBS Spec. Publ. (US) 1977, 468, 50-79
23. Considine, D.M. (Ed.): Energy Technology Handbook. McGraw-Hill Book Co., New York 1977
24. Johnson, C.A., Stotler, H.H., Volk, W.: H-Coal Process for Producing Liquid Hydrocarbons. Proc. Synth. Hydrocarbons Conf., Am. Inst. Min. Metall., Pet. Eng. Annu. Meeting 193 rd. 1974
25. Bartle, K.D., Martin, T.G., Williams, D.F.: Fuel 54, 226 (1975)
26. Larsen, J.W. (Ed.): Organic Chemistry of Coal. ACS Symposium Series 71, Washington 1978
27. Maddocks, R.R., Gibson, J.: Chemical Engineering Progress, 73, 59 (1977)
28. Bertling, H., Eisenhut, W., Langer, F., Langhoff, J.: Schwelung und Verkokung von Steinkohle. In: Ullmanns Encyclopädie d. Techn. Chem. 4. Aufl. Bd. 14, Verlag Chemie, Weinheim 1977
29. Janardanarao, M.: Erdöl u. Kohle - Erdgas - Petrochemie 32, 117 (1979)

Kapitel 8

1. Koberstein, E., Völker, H.: Chem.-Ing.-Tech. 50, 905 (1978)
2. Mineralölwirtschaftsverband, Hamburg: Jahresbericht 1978
3. Gondermann, H.: Treibstoffe. In: Ullmanns Encyclopädie d. Techn. Chem. 3. Aufl. Bd. 17, Urban und Schwarzenberg, München 1966
4. Barusch, M.R., MacPherson, H.J., Amberg, H.G.: Additives, Engine Fuel. In: Encyclopedia of Chemical Processing and Design. Vol. 2. Hsgb. Ketta, J.J.; Marcel Dekker, New York 1977
5. Cordes, J.F.: Chemie in unserer Zeit 11, 83 (1977)
6. Seidel, G.H.; Oel-Zeitschrift für die Mineralölwirtschaft, Dez. 1977, S. 333
7. Aviation and Other Gas Turbine Fuels. In: Kirk-Othmer: Encyclopedia of Chemical Technology. 3. Aufl., Bd. 3, J. Wiley, New York 1978
8. Fiala, E.: VDI-Nachrichten 41, 34 (1978)
9. König, A., Menrad, H., Lee, W., Bernhardt, W.: Erdöl u. Kohle - Erdgas - Petrochemie 31, 360 (1978)
10. Goodger, E.M.: Applied Energy 4, 39 (1978)
11. Keller, C.: Chemiker-Zeitung 101, 223 (1977)
12. Pischinger, F.: Möglichkeiten des Einsatzes von Kraftstoffen auf Kohlebasis für Dieselmotoren. DGMK-Tagung, Berlin 1978
13. O'Hara, J.B., Jentz, N.E., Newton, R.J., Teeple, R.V.: Hydrocarbon Processing, Nov. 1978, S. 117
14. Chang, D.C. et al.: Ind.-Eng.Chem.Process. Des. Dev. 17, 255 (1978)

15. Davison, R.R.: Alcohol, Methanol as a Motor Fuel. In: Encyclopedia of Chemical Processing and Design. Hsgb. Ketta, J.J., Vol. 2, Marcel Dekker, New York 1977
16. Brewer, G.D.: Int. J. Hydrogen Energy 3, 461 (1978)
17. Buchner, H.: Int. J. Hydrogen Energy 3, 385 (1978)

Kapitel 9

1. Vereinigung der Großkesselbetreiber e.V., Essen: Fachkunde für den Dampfkraftwerkbetrieb, 2. Aufl. Essen 1971
2. Thomas, H.-J.: Thermische Kraftanlagen. Springer Verlag, Berlin 1975
3. Jahrbuch der Dampferzeugungstechnik. Vulkan Verlag, Essen 1976
4. Considine, D.M., (Ed.): Energy Technology Handbook. McGraw-Hill Book Co., New York 1977
5. Hennecke, H., Lotz, H.: Braunkohle, Wärme und Energie, Heft 3, 85 (1978)
6. Corey, R.C.; Chemical Engineering, Jan. 16, 111 (1978)
7. EVT Energie- und Verfahrenstechnik GmbH, Stuttgart: Firmenschrift
8. Hennecke, H., Beelmann, R.: Feuerungseinrichtungen großer Dampferzeuger für feste Brennstoffe. VGB-Kongreß Kraftwerke 1975, Hamburg 18.9.1975
9. Hennecke, H., Stellbrink, B., Thelen, F.: VGB-Kraftwerkstechnik 59, 93 (1979)
10. Schneider, G.: Aufbereitungs-Technik 12, 537 (1971)
11. Wiehn, H., Hennecke H., Thelen, F.: Brennstoff-Wärme-Kraft 23, 263 (1971)
12. Lautenschläger, F.W.: Energieerzeugung mit heizwertarmer Kohle. Tagung der Thermal and Nuclear Power Section, Canadian Electrical Ass. St. Johns, Newfoundland 1973
13. Schilling, H.-D.: Chem.-Ing.-Tech. 51, 184 (1979)
14. Schilling, H.-D., Schreckenberg, H., Münzner, H.: Erstellung baureifer Unterlagen für ein 100 MW-Kohlekraftwerk mit druckbetriebener Wirbelschichtfeuerung. BMFT-Forschungsbericht T 77-48 (1977)
15. Wied, E.: VGB-Fachtagung Dampfkessel und Dampfkesselbetrieb, Essen 1978
16. McKenzie, E.C.: Chemical Engineering, August 14, 116 (1978)
17. Werter, J., Holighaus, R.: Chem.-Ing.-Tech. 50, 662 (1978)
18. Brandes, H., Thelen, F., Wittchow, E.: Technische Mitteilungen, Heft 3, 1978
19. Fernwärme. Hsgb. H. Matthöfer. Umschau Verlag, Frankfurt 1977
20. Schulte, H.: Brennstoff-Wärme-Kraft 29, 366 (1977)
21. Babcock-BSH, Krefeld: Firmenschrift
22. Davids, P., Güthner, G., Häng, N., Lange, M.,: Brennstoff-Wärme-Kraft 31/4, 158 (1979)
23. Kaplan, N., Maxwell, A.M.: Chemical Engineering, Oct. 17, 127 (1977)
24. Kirkby, R.D.: Chemical Engineering, Jan. 1, 1979, S. 56
25. Davy International AG, Köln: SO_2-Entfernung nach dem Wellmann-Lord-Verfahren. Firmenschrift
26. Pedroso, R.I.: Sulfur Recovered from Flue Gas at Large Coal Fired Power Plants. 3. Symposium on Sulfur and Other Airborne Emissions, Salford (GB), April 1979
27. Atar, A.: Fuel 57, 201 (1978)
28. Leiniger, D. et al.: Kohle. In: Ullmanns Encyclopädie d. Techn. Chem. 4. Aufl. Bd. 14, Verlag Chemie, Weinheim 1977

29. Friedmann, S., Warzinski, R.P.: Journal of Engineering for Power 99, 361 (1977)
30. Meyers, L.A.: Hydrocarbon Processing, June 1975, S. 93
31. Ford, W.H., Roffman, H.K., Beimborn, W.A.: Combustion, August 1977, S. 36
32. Mason, H.B.: Gas Wärme International 28, 95 (1979)
33. Reidick, H., Schuster, H.: Gas Wärme International 28, 98 (1979)

11. Sachwortverzeichnis

12. Anhang

Heizwerte (H_u) der Energieträger und Faktoren für die Umrechnung von spezifischen Mengeneinheiten in Wärmeeinheiten

Quelle: Arbeitsgemeinschaft Energiebilanzen, Frankfurt; Energiebilanzen der Bundesrepublik Deutschland

Energieträger	Mengen-einheit	Heizwert kJoule	SKE-Faktor
Steinkohlen	kg	29.300	1,00
Steinkohlenkoks	kg	28.600	0,98
Steinkohlenbriketts	kg	31.400	1,07
Braunkohlen	kg	8.100	0,28
Braunkohlenbriketts	kg	20.100	0,69
Braunkohlenkoks (Inland)	kg	30.150	1,03
Staub- und Trockenkohlen	kg	20.100	0,69
Hartbraunkohlen	kg	14.250	0,49
Brennholz ($1 m^3 = 0{,}7$ t)	kg	14.650	0,50
Brenntorf	kg	14.250	0,49
Klärschlamm	kg	8.500	0,29
Erdöl (roh)	kg	42.600	1,45
Motorenbenzin	kg	43.550	1,49
Flugbenzin, leichter Flugturbinenkraftstoff	kg	43.550	1,49
Schwerer Flugturbinenkraftstoff, Petroleum	kg	42.700	1,46
Dieselkraftstoff	kg	42.700	1,46
Heizöl, leicht	kg	42.700	1,46
Heizöl, schwer	kg	41.100	1,40
Petrolkoks	kg	29.300	1,00
Flüssiggas	kg	45.900	1,57
Raffineriegas	kg	48.350	1,65
Kokereigas, Stadtgas [1])	m^3	16.000	0,55
Gichtgas [1])	m^3	4.200	0,14
Erdgas [1])	m^3	31.750	1,08
Erdölgas	m^3	41.850	1,43
Grubengas	m^3	16.000	0,55
Klärgas [1])	m^3	16.000	0,55
Rohteer	kg	37.700	1,29
Pech	kg	37.700	1,29
Elektrischer Strom			
a) in der Primärenergiebilanz [2]) (Wasserkraft, Kernenergie, Müll u.ä. für die Stromerzeugung sowie Stromaußenhandel)	kWh	9.600	0,328
b) in der Umwandlungsbilanz und beim Endenergieverbrauch	kWh	3.600	0,123

[1]) siehe auch Tabelle 6.13

[2]) bewertet mit dem spezifischen Brennstoffverbrauch in konventionellen öffentlichen Wärmekraftwerken

Vorsätze und Vorsatzzeichen für Energieeinheiten:

Kilo	k	10^3	Tausend
Mega	M	10^6	Million
Giga	G	10^9	Milliarde
Tera	T	10^{12}	Billion
Peta	P	10^{15}	Billiarde
Exa	E	10^{18}	Trillion

Umrechnungsfaktoren:

Einheit	kJ	kWh	kcal
1 kJ	———	0,000 278	0,238 8
1 kcal	4,1868	0,001 163	———
1 kWh	3 600	———	860
1 kg SKE	29 308	8,14	7 000
1 kg RÖE	41 868	11,63	10 000

H. G. Franck, G. Collin

Steinkohlenteer

Chemie, Technologie und Verwendung

1968. 42 Abbildungen. VIII, 245 Seiten
ISBN 3-540-04118-4

Das Buch beschreibt den Stand der Aufarbeitung des Steinkohlenteers und die Verwendung der aus ihm hergestellten Erzeugnisse. Dabei werden die Entwicklungen der letzten Jahrzehnte besonders hervorgehoben. Verfahrenstechnisch entscheidend ist die Konzentrierung der Teerverarbeitung und zentrale, kontinuierlich arbeitende Großanlagen. Die Verfahren werden anhand zahlreicher schematischer Fließbilder instruktiv erläutert. Insbesondere wird auch auf die wirtschaftliche Bedeutung des Steinkohlenteers und seiner Produkte eingegangen. Dieses in seiner Konzeption neue Buch ergänzt die Literatur über die Chemie und Technologie der Aromaten.

A. Knop, W. Scheib

Chemistry and Application of Phenolic Resins

1979. 111 figures, 88 tables.
XIII, 269 pages
(Polymers. Properties and Applications, Volume 3)
ISBN 3-540-09051-7

Contents:
Historical and Economic Development of Phenolic Resins. – Raw Materials. – Reaction Mechanisms. – Resin Production. – Physiology and Environmental Protection. – Analytical Methods. – Degradation of Phenolic Resins by Heat, Oxygen and High Energy Radiation. – Modified and Thermal-Resistant Resins. – Composite Wood Materials. – Molding Compounds. – Heat and Sound Insulation Materials. – Industrial Laminates and Paper Impregnation. – Coatings. – Foundry Resins. – Abrasive Materials. – Friction Materials. – Phenolic Resins in Rubbers and Adhesives. – Phenolic Antioxidants. – Other Applications. – Index.

The authors present the current theory of phenolic resin chemistry and the technical application of phenolic resins, based on day-to-day experience in research, production and marketing, and against the background of economic relevance. Where the first fully synthetic polymers (phenolic resins) stand today and what their future is are subjects of discussion. Looking back at their development, it is shown that after a wide variety of adaptions, they remain technically and economically irreplaceable products with potential for further market growth and a commensurate appreciation of their value. This book will be greatly appreciated by chemists, engineers, marketing professionals, and students.

Springer-Verlag
Berlin
Heidelberg
New York

GPSR Compliance

The European Union's (EU) General Product Safety Regulation (GPSR) is a set of rules that requires consumer products to be safe and our obligations to ensure this.

If you have any concerns about our products, you can contact us on ProductSafety@springernature.com

In case Publisher is established outside the EU, the EU authorized representative is:

Springer Nature Customer Service Center GmbH
Europaplatz 3
69115 Heidelberg, Germany

Batch number: 10704763

Printed by Printforce, the Netherlands